中国石油科技进展丛书（2006—2015年）

低孔低渗储层测井评价技术

主　编：周灿灿

副主编：石玉江　柴细元　李长喜

石油工业出版社

内 容 提 要

本书系统总结了中国石油低孔低渗储层测井评价在"十一五""十二五"期间的技术进展，主要介绍了低孔低渗储层特征、岩石物理特征、测井采集和质量控制、储层参数评价、流体识别以及产能预测等自主创新技术，并以近几年有效勘探开发的典型油藏为例解剖了低孔低渗储层测井评价思路及其技术的综合应用方法。

本书适合从事油气勘探开发工作的地质、测井、油藏工作者以及大专院校相关专业师生参考使用。

图书在版编目（CIP）数据

低孔低渗储层测井评价技术／周灿灿主编．— 北京：石油工业出版社，2019.6

（中国石油科技进展丛书．2006—2015 年）

ISBN 978-7-5183-3428-5

Ⅰ．①低… Ⅱ．①周… Ⅲ．①低渗透储集层-测井-评价-研究 Ⅳ．①P618.130.2

中国版本图书馆 CIP 数据核字（2019）第 101589 号

出版发行：石油工业出版社

（北京安定门外安华里 2 区 1 号楼　100011）

网　　址：www.petropub.com

编辑部：（010）64523736　图书营销中心：（010）64523633

经　　销：全国新华书店

印　　刷：北京中石油彩色印刷有限责任公司

2019 年 6 月第 1 版　2019 年 6 月第 1 次印刷

787×1092 毫米　开本：1/16　印张：18.5

字数：470 千字

定价：160.00 元

（如发现印装质量问题，我社图书营销中心负责调换）

版权所有，翻印必究

《中国石油科技进展丛书（2006—2015年）》
编委会

主　任：王宜林

副主任：焦方正　喻宝才　孙龙德

主　编：孙龙德

副主编：匡立春　袁士义　隋　军　何盛宝　张卫国

编　委：（按姓氏笔画排序）

于建宁　马德胜　王　峰　王卫国　王立昕　王红庄
王雪松　王渝明　石　林　伍贤柱　刘　合　闫伦江
汤　林　汤天知　李　峰　李忠兴　李建忠　李雪辉
吴向红　邹才能　闵希华　宋少光　宋新民　张　玮
张　研　张　镇　张子鹏　张光亚　张志伟　陈和平
陈健峰　范子菲　范向红　罗　凯　金　鼎　周灿灿
周英操　周家尧　郑俊章　赵文智　钟太贤　姚根顺
贾爱林　钱锦华　徐英俊　凌心强　黄维和　章卫兵
程杰成　傅国友　温声明　谢正凯　雷　群　蔺爱国
撒利明　潘校华　穆龙新

专家组

成　员：刘振武　童晓光　高瑞祺　沈平平　苏义脑　孙　宁
高德利　王贤清　傅诚德　徐春明　黄新生　陆大卫
钱荣钧　邱中建　胡见义　吴　奇　顾家裕　孟纯绪
罗治斌　钟树德　接铭训

《低孔低渗储层测井评价技术》编写组

主　　编：周灿灿

副 主 编：石玉江　柴细元　李长喜

编写人员：

　　　　　李高仁　丁娱娇　李潮流　李　霞　杨　林　孙宏智
　　　　　胡法龙　成志刚　万金彬　孙中春　钟吉彬　孙　红
　　　　　王长胜　刘俊东　徐　明　周金星　郭浩鹏　杨春梅
　　　　　张海涛　徐红军　俞　军　程相志　王昌学　宁从前
　　　　　刘忠华　宋连腾　张龙海

序

习近平总书记指出，创新是引领发展的第一动力，是建设现代化经济体系的战略支撑，要瞄准世界科技前沿，拓展实施国家重大科技项目，突出关键共性技术、前沿引领技术、现代工程技术、颠覆性技术创新，建立以企业为主体、市场为导向、产学研深度融合的技术创新体系，加快建设创新型国家。

中国石油认真学习贯彻习近平总书记关于科技创新的一系列重要论述，把创新作为高质量发展的第一驱动力，围绕建设世界一流综合性国际能源公司的战略目标，坚持国家"自主创新、重点跨越、支撑发展、引领未来"的科技工作指导方针，贯彻公司"业务主导、自主创新、强化激励、开放共享"的科技发展理念，全力实施"优势领域持续保持领先、赶超领域跨越式提升、储备领域占领技术制高点"的科技创新三大工程。

"十一五"以来，尤其是"十二五"期间，中国石油坚持"主营业务战略驱动、发展目标导向、顶层设计"的科技工作思路，以国家科技重大专项为龙头、公司重大科技专项为抓手，取得一大批标志性成果，一批新技术实现规模化应用，一批超前储备技术获重要进展，创新能力大幅提升。为了全面系统总结这一时期中国石油在国家和公司层面形成的重大科研创新成果，强化成果的传承、宣传和推广，我们组织编写了《中国石油科技进展丛书（2006—2015年）》（以下简称《丛书》）。

《丛书》是中国石油重大科技成果的集中展示。近些年来，世界能源市场特别是油气市场供需格局发生了深刻变革，企业间围绕资源、市场、技术的竞争日趋激烈。油气资源勘探开发领域不断向低渗透、深层、海洋、非常规扩展，炼油加工资源劣质化、多元化趋势明显，化工新材料、新产品需求持续增长。国际社会更加关注气候变化，各国对生态环境保护、节能减排等方面的监管日益严格，对能源生产和消费的绿色清洁要求不断提高。面对新形势新挑战，能源企业必须将科技创新作为发展战略支点，持续提升自主创新能力，加快构筑竞争新优势。"十一五"以来，中国石油突破了一批制约主营业务发展的关键技术，多项重要技术与产品填补空白，多项重大装备与软件满足国内外生产急需。截至2015年底，共获得国家科技奖励30项、获得授权专利17813项。《丛书》全面系统地梳理了中国石油"十一五""十二五"期间各专业领域基础研究、技术开发、技术应用中取得的主要创新性成果，总结了中国石油科技创新的成功经验。

《丛书》是中国石油科技发展辉煌历史的高度凝练。中国石油的发展史，就是一部创业创新的历史。建国初期，我国石油工业基础十分薄弱，20世纪50年代以来，随着陆相生油理论和勘探技术的突破，成功发现和开发建设了大庆油田，使我国一举甩掉贫油的帽子；此后随着海相碳酸盐岩、岩性地层理论的创新发展和开发技术的进步，又陆续发现和建成了一批大中型油气田。在炼油化工方面，"五朵金花"炼化技术的开发成功打破了国外技术封锁，相继建成了一个又一个炼化企业，实现了炼化业务的不断发展壮大。重组改制后特别是"十二五"以来，我们将"创新"纳入公司总体发展战略，着力强化创新引领，这是中国石油在深入贯彻落实中央精神、系统总结"十二五"发展经验基础上、根据形势变化和公司发展需要作出的重要战略决策，意义重大而深远。《丛书》从石油地质、物探、测井、钻完井、采油、油气藏工程、提高采收率、地面工程、井下作业、油气储运、石油炼制、石油化工、安全环保、海外油气勘探开发和非常规油气勘探开发等15个方面，记述了中国石油艰难曲折的理论创新、科技进步、推广应用的历史。它的出版真实反映了一个时期中国石油科技工作者百折不挠、顽强拼搏、敢于创新的科学精神，弘扬了中国石油科技人员秉承"我为祖国献石油"的核心价值观和"三老四严"的工作作风。

《丛书》是广大科技工作者的交流平台。创新驱动的实质是人才驱动，人才是创新的第一资源。中国石油拥有21名院士、3万多名科研人员和1.6万名信息技术人员，星光璀璨，人文荟萃、成果斐然。这是我们宝贵的人才资源。我们始终致力于抓好人才培养、引进、使用三个关键环节，打造一支数量充足、结构合理、素质优良的创新型人才队伍。《丛书》的出版搭建了一个展示交流的有形化平台，丰富了中国石油科技知识共享体系，对于科技管理人员系统掌握科技发展情况，做出科学规划和决策具有重要参考价值。同时，便于科研工作者全面把握本领域技术进展现状，准确了解学科前沿技术，明确学科发展方向，更好地指导生产与科研工作，对于提高中国石油科技创新的整体水平，加强科技成果宣传和推广，也具有十分重要的意义。

掩卷沉思，深感创新艰难、良作难得。《丛书》的编写出版是一项规模宏大的科技创新历史编纂工程，参与编写的单位有60多家，参加编写的科技人员有1000多人，参加审稿的专家学者有200多人次。自编写工作启动以来，中国石油党组对这项浩大的出版工程始终非常重视和关注。我高兴地看到，两年来，在各编写单位的精心组织下，在广大科研人员的辛勤付出下，《丛书》得以高质量出版。在此，我真诚地感谢所有参与《丛书》组织、研究、编写、出版工作的广大科技工作者和参编人员，真切地希望这套《丛书》能成为广大科技管理人员和科研工作者的案头必备图书，为中国石油整体科技创新水平的提升发挥应有的作用。我们要以习近平新时代中国特色社会主义思想为指引，认真贯彻落实党中央、国务院的决策部署，坚定信心、改革攻坚，以奋发有为的精神状态、卓有成效的创新成果，不断开创中国石油稳健发展新局面，高质量建设世界一流综合性国际能源公司，为国家推动能源革命和全面建成小康社会作出新贡献。

2018年12月

丛书前言

石油工业的发展史，就是一部科技创新史。"十一五"以来尤其是"十二五"期间，中国石油进一步加大理论创新和各类新技术、新材料的研发与应用，科技贡献率进一步提高，引领和推动了可持续跨越发展。

十余年来，中国石油以国家科技发展规划为统领，坚持国家"自主创新、重点跨越、支撑发展、引领未来"的科技工作指导方针，贯彻公司"主营业务战略驱动、发展目标导向、顶层设计"的科技工作思路，实施"优势领域持续保持领先、赶超领域跨越式提升、储备领域占领技术制高点"科技创新三大工程；以国家重大专项为龙头，以公司重大科技专项为核心，以重大现场试验为抓手，按照"超前储备、技术攻关、试验配套与推广"三个层次，紧紧围绕建设世界一流综合性国际能源公司目标，组织开展了50个重大科技项目，取得一批重大成果和重要突破。

形成40项标志性成果。（1）勘探开发领域：创新发展了深层古老碳酸盐岩、冲断带深层天然气、高原咸化湖盆等地质理论与勘探配套技术，特高含水油田提高采收率技术，低渗透/特低渗透油气田勘探开发理论与配套技术，稠油/超稠油蒸汽驱开采等核心技术，全球资源评价、被动裂谷盆地石油地质理论及勘探、大型碳酸盐岩油气田开发等核心技术。（2）炼油化工领域：创新发展了清洁汽柴油生产、劣质重油加工和环烷基稠油深加工、炼化主体系列催化剂、高附加值聚烯烃和橡胶新产品等技术，千万吨级炼厂、百万吨级乙烯、大氮肥等成套技术。（3）油气储运领域：研发了高钢级大口径天然气管道建设和管网集中调控运行技术、大功率电驱和燃驱压缩机组等16大类国产化管道装备，大型天然气液化工艺和20万立方米低温储罐建设技术。（4）工程技术与装备领域：研发了G3i大型地震仪等核心装备，"两宽一高"地震勘探技术，快速与成像测井装备、大型复杂储层测井处理解释一体化软件等，8000米超深井钻机及9000米四单根立柱钻机等重大装备。（5）安全环保与节能节水领域：

研发了 CO_2 驱油与埋存、钻井液不落地、炼化能量系统优化、烟气脱硫脱硝、挥发性有机物综合管控等核心技术。（6）非常规油气与新能源领域：创新发展了致密油气成藏地质理论，致密气田规模效益开发模式，中低煤阶煤层气勘探理论和开采技术，页岩气勘探开发关键工艺与工具等。

取得15项重要进展。（1）上游领域：连续型油气聚集理论和含油气盆地全过程模拟技术创新发展，非常规资源评价与有效动用配套技术初步成型，纳米智能驱油二氧化硅载体制备方法研发形成，稠油火驱技术攻关和试验获得重大突破，井下油水分离同井注采技术系统可靠性、稳定性进一步提高；（2）下游领域：自主研发的新一代炼化催化材料及绿色制备技术、苯甲醇烷基化和甲醇制烯烃芳烃等碳一化工新技术等。

这些创新成果，有力支撑了中国石油的生产经营和各项业务快速发展。为了全面系统反映中国石油2006—2015年科技发展和创新成果，总结成功经验，提高整体水平，加强科技成果宣传推广、传承和传播，中国石油决定组织编写《中国石油科技进展丛书（2006—2015年)》(以下简称《丛书》)。

《丛书》编写工作在编委会统一组织下实施。中国石油集团董事长王宜林担任编委会主任。参与编写的单位有60多家，参加编写的科技人员1000多人，参加审稿的专家学者200多人次。《丛书》各分册编写由相关行政单位牵头，集合学术带头人、知名专家和有学术影响的技术人员组成编写团队。《丛书》编写始终坚持：一是突出站位高度，从石油工业战略发展出发，体现中国石油的最新成果；二是突出组织领导，各单位高度重视，每个分册成立编写组，确保组织架构落实有效；三是突出编写水平，集中一大批高水平专家，基本代表各个专业领域的最高水平；四是突出《丛书》质量，各分册完成初稿后，由编写单位和科技管理部共同推荐审稿专家对稿件审查把关，确保书稿质量。

《丛书》全面系统反映中国石油2006—2015年取得的标志性重大科技创新成果，重点突出"十二五"，兼顾"十一五"，以科技计划为基础，以重大研究项目和攻关项目为重点内容。丛书各分册既有重点成果，又形成相对完整的知识体系，具有以下显著特点：一是继承性。《丛书》是《中国石油"十五"科技进展丛书》的延续和发展，凸显中国石油一以贯之的科技发展脉络。二是完整性。《丛书》涵盖中国石油所有科技领域进展，全面反映科技创新成果。三是标志性。《丛书》在综合记述各领域科技发展成果基础上，突出中国石油领先、高端、前沿的标志性重大科技成果，是核心竞争力的集中展示。四是创新性。《丛书》全面梳理中国石油自主创新科技成果，总结成功经验，有助于提高科技创新整体水平。五是前瞻性。《丛书》设置专门章节对世界石油科技中长期发展做出基本预测，有助于石油工业管理者和科技工作者全面了解产业前沿、把握发展机遇。

《丛书》将中国石油技术体系按15个领域进行成果梳理、凝练提升、系统总结，以领域进展和重点专著两个层次的组合模式组织出版，形成专有技术集成和知识共享体系。其中，领域进展图书，综述各领域的科技进展与展望，对技术领域进行全覆盖，包括石油地质、物探、测井、钻完井、采油、油气藏工程、提高采收率、地面工程、井下作业、油气储运、石油炼制、石油化工、安全环保节能、海外油气勘探开发和非常规油气勘探开发等15个领域。31部重点专著图书反映了各领域的重大标志性成果，突出专业深度和学术水平。

《丛书》的组织编写和出版工作任务量浩大，自2016年启动以来，得到了中国石油天然气集团公司党组的高度重视。王宜林董事长对《丛书》出版做了重要批示。在两年多的时间里，编委会组织各分册编写人员，在科研和生产任务十分紧张的情况下，高质量高标准完成了《丛书》的编写工作。在集团公司科技管理部的统一安排下，各分册编写组在完成分册稿件的编写后，进行了多轮次的内部和外部专家审稿，最终达到出版要求。石油工业出版社组织一流的编辑出版力量，将《丛书》打造成精品图书。值此《丛书》出版之际，对所有参与这项工作的院士、专家、科研人员、科技管理人员及出版工作者的辛勤工作表示衷心感谢。

人类总是在不断地创新、总结和进步。这套丛书是对中国石油2006—2015年主要科技创新活动的集中总结和凝练。也由于时间、人力和能力等方面原因，还有许多进展和成果不可能充分全面地吸收到《丛书》中来。我们期盼有更多的科技创新成果不断地出版发行，期望《丛书》对石油行业的同行们起到借鉴学习作用，希望广大科技工作者多提宝贵意见，使中国石油今后的科技创新工作得到更好的总结提升。

2018年12月

前 言

自"十一五"以来，低孔低渗油藏在我国油气勘探开发中占有的比重越来越大，十多年来特别是"十二五"期间中国石油高度重视其地质理论和勘探开发关键配套技术的研究，取得了丰硕成果。在此期间，中国石油科技管理部和中国石油勘探与生产分公司组织了几乎所有中国石油所属油公司和测井服务公司，对测井技术在低孔低渗油藏的响应、岩石物理机理、资料采集和处理、解释、评价进行了全方位攻关研究，测井技术在低孔低渗油藏的成功勘探开发过程中起到了不可替代的技术支撑作用。

低孔低渗油藏一般具有以下四个地质特征：一是储层物性条件差（低孔隙度、低渗透率），这是该类储层的最显著特征；二是常伴随孔隙结构的复杂化，孔隙度与渗透率匹配不均衡，物性非均质性明显；三是储层低孔低渗的地质控制因素多样，不同的主控因素使储层具有不同的表现特征；四是低孔低渗油藏不均一的地层流体分布形式，造成了低孔低渗油层产液状态的复杂性和油藏特征的多样性。

利用测井技术对低孔低渗油藏进行评价，主要是评价其储层物性特征特别是孔隙结构特征、流体饱和度大小及其分布规律和富集模式。对于低孔低渗油藏的评价，测井资料采集的精度和丰度是前提，岩石物理认识是基础，孔隙结构评价是关键，油层识别和饱和度计算是重点，油藏描述、储量参数计算和"甜点"评价是目的。而在攻关研究初期，采集资料精度低、孔隙结构测井评价方法不足、储层分类与有效性评价没有成功经验、储层参数精确评价困难、储层流体难以准确识别、油层产能难以准确预测等难点问题，使测井技术面对低孔低渗油藏遇到了极大挑战。

针对难题，中国石油相关科技职能部门坚持业务驱动、目标导向和顶层设计的科技发展理念，组织和指导渤海湾、鄂尔多斯、准噶尔、松辽、吐哈等主要盆地的油气田公司和测井服务公司，调动了大量测井科研骨干，重点瞄准测井系列优选、储层识别与分析、测井孔隙结构评价、测井储层参数解释、测井储层流体识别、有效厚度下限与储层分类、测井产能预测与评估、油气藏特征评价等关键问题，对低孔低渗油藏开展系统的测井攻关研究。通过十余年的努力，取得了突破性进展，获得了一大批自主创新成果，形成了具有中国石油特色的低孔低渗油藏测井评价技术，并且得到了及时有效的推广应用，对上述盆地近些年的储量快速增长和产量稳中有增发挥了重要作用。

低孔低渗油藏测井评价技术是中国石油集中组织、有效推动各油气田和测井服务公司共同研究的成果，体现了中国石油科技研发的继承性、完整性、标志性、创新性和前瞻性。根据中国石油科技管理部的统一部署，由中国石油勘探开发研究院测井与遥感技术研究所牵头，携手中国石油集团渤海钻探有限公司测井公司、中国石油长庆油田勘探开发研究院和中国石油集团测井有限公司评价中心，代表全体参与低孔低渗测井评价技术的研究单位和研究者，以本书为载体，完成技术的凝练和总结，并作为《中国石油科技进展丛书（2006—2015年）》重点专著之一出版发行。

全书可分为三个部分，第一部分是第一至第三章，为低孔低渗测井评价技术的研发和应用基础，第一章介绍了低孔低渗测井评价技术的地质背景及其相应的测井响应，第二章介绍了这一期间研发的以低孔低渗储层为对象的测井岩石物理实验关键技术，第三章从低孔低渗油藏最常用的常规测井和核磁共振测井两个方面介绍了资料采集和质量控制的关键技术。第二部分是第四至第七章，为低孔低渗测井评价技术系列，第四章介绍其储层精细评价技术，第五章介绍其饱和度评价技术，第六章介绍其油气层识别技术，第七章介绍其储层产能分级预测方法。第三部分就是第八章，以典型低孔低渗油藏为例，介绍了如何针对不同的地质和油藏特点，依托各种测井评价技术综合解决油层、油藏评价问题。

为了保证书稿的质量，中国石油科技管理部先后多次召开研讨会，组织专家组和编写组，商讨技术方案，确定编写提纲，并反复讨论分析，不断完善构思，最终确定了书稿的内容。一年半的编写过程中，得到了科技管理部金鼎高级主管极为周到的组织和协调，得到了中国石油勘探与生产分公司刘国强教授的精心指导和把关，得到了中国石油大学（北京）王贵文教授的大力帮助，同时也得到了中国石油勘探开发研究院、中国石油集团渤海钻探有限公司、长庆油田和中国石油集团测井有限公司的全力支持。

本书专家组由周灿灿、柴细元、石玉江和杨林组成，他们既是各单位的技术负责人和协调人，同时也是本书构架的决策者及其技术内容把关者。一批随着研发过程迅速成长起来的青年专家团队是本书编写组的主力军，中国石油勘探开发研究院测井与遥感技术研究所李长喜、李潮流、李霞、胡法龙，中国石油集团测井有限公司天津分公司丁娱娇、刘俊东、徐明，长庆油田勘探开发研究院李高仁、钟吉彬、王长胜、郭浩鹏等作为本书的主要作者付出了极为艰辛的努力，中国石油集团测井有限公司评价中心成志刚和万金彬也参与了部分内容的编写。全书前后六易其稿，数次专家审查和作者大幅度修改保证了本书的技术质量。全书的具体编写组织工作由周灿灿和李长喜负责，并由他们进行最终统稿、统一名词术语、调整部分内容、完善方法与技术论述。

我国的油气勘探开发阶段以及我国的油气资源现状，决定了低孔低渗油藏是中国油气工业今后必须面对的领域。本书通过对中国石油"十一五""十二五"期间低孔低渗储层测井评价技术的系统总结和归纳，期望能够为低孔低渗油层识别与油藏评价提供有效的分析思路与方法技术。真诚地希望本书的出版能够对今后低孔低渗油藏的勘探开发有所裨益、有所促进。

本书虽然是科研成果的学术总结，但仍具有较强的可操作性，适用于油田现场测井技术人员和地质类、石油类院校师生阅读。尽管本书编写组已经非常认真努力，但仍难以避免书中出现不妥之处，敬请读者提出宝贵意见。

目 录

第一章 低孔低渗储层特征及测井响应 ... 1
第一节 岩石学特征 ... 1
第二节 物性特征 ... 9
第三节 低孔低渗储层测井响应特征 ... 21
参考文献 ... 37

第二章 高精度岩石物理分析方法 ... 38
第一节 低孔低渗储层岩石物理实验关键方法 ... 38
第二节 低孔低渗储层岩石物理快速分析应用技术 ... 48

第三章 低孔低渗储层测井采集关键技术 ... 56
第一节 常规测井系列采集质量控制 ... 56
第二节 低孔低渗储层核磁共振测井质量控制 ... 65

第四章 低孔低渗储层精细评价方法 ... 85
第一节 岩矿组分定量评价方法 ... 85
第二节 测井成岩相识别方法 ... 88
第三节 孔隙结构分析与定量评价技术 ... 96
第四节 储层参数精细建模方法 ... 101
参考文献 ... 126

第五章 低孔低渗储层饱和度评价方法 ... 128
第一节 低孔低渗油藏含油特征与电性规律 ... 128
第二节 阿尔奇变参数含油饱和度模型 ... 131
第三节 低孔低渗储层含油饱和度新模型 ... 142
参考文献 ... 154

第六章　低孔低渗油气层测井识别方法 ······ 155
第一节　基于电阻率测井识别方法 ······ 155
第二节　基于核磁共振测井识别方法 ······ 171
第三节　基于声波测井识别方法 ······ 181
第四节　油气层综合识别方法 ······ 186
参考文献 ······ 195

第七章　低孔低渗储层产能分级预测方法 ······ 196
第一节　低孔低渗储层产能影响因素 ······ 196
第二节　产能指数法 ······ 199
第三节　数据挖掘产能预测方法 ······ 204
第四节　地层压力与孔隙结构相结合的产液量预测 ······ 209
参考文献 ······ 215

第八章　低孔低渗油气藏测井评价实例 ······ 216
第一节　鄂尔多斯盆地姬塬地区长 8_1 段油藏测井评价实例 ······ 216
第二节　鄂尔多斯盆地姬塬地区西北部长 8_2 段、长 9 段油藏测井综合识别实例 ··· 239
第三节　渤海湾盆地黄骅坳陷低孔低渗油藏测井解释评价 ······ 266
第四节　典型低孔低渗油气藏测井评价效果 ······ 274
参考文献 ······ 276

第一章　低孔低渗储层特征及测井响应

低孔低渗储层的孔隙度一般小于 15%、渗透率一般小于 50mD。低孔低渗砂岩油藏主要发育在陆相坳陷盆地的大面积中低丰度岩性地层油藏中，主要含油砂体类型以三角洲为主，如松辽盆地、鄂尔多斯盆地、准噶尔盆地三角洲储集体油气储量占其各自总储量的 80%左右[1]。此外，在陆相断陷盆地和陆相前陆盆地的冲积扇、水下扇等砂体中也发育有低孔低渗储层。勘探实践表明，低孔低渗砂岩油藏就其储层储集特性而言，具有很多共性特征，但由于各盆地或地区沉积环境的差异，其沉积相带、成岩作用、矿物成分等储层地质特征也有相当大的变化范围，测井响应特征差异较大。

第一节　岩石学特征

中国陆相沉积地层中大量发育的低孔低渗储层几乎遍布各个盆地，由于不同盆地或地区低孔低渗储层地质年代、沉积物源、母岩类型、沉积后生作用等不同，使得低孔低渗储层的矿物成分和岩石学特征均有较大的差异，直接控制了低孔低渗储层的孔隙类型、孔隙结构和物性特征等。

一、矿物成分与岩性特征

一般来说，低孔低渗储层普遍具有成分成熟度低、岩屑和长石含量高的特点。不同盆地低孔低渗储层地质年代不同，物源的母岩类型不同，会导致储层矿物成分有差异。同一盆地的沉积物源来自多个水系时，不同区域的储层矿物成分也会有差异。

低孔低渗储层岩性受物源影响，以岩屑砂岩、长石岩屑砂岩为主，其次是长石砂岩，长石和岩屑含量高，石英含量低。由于陆相沉积低孔低渗储层物源区母岩多为火山岩沉积区，可塑性矿物含量较高，经搬运沉积形成的储层物性一般较差。

低孔低渗储层填隙物含量各盆地之间差异明显，与物源类型、物源远近关系较大。远物源沉积的砂体在剖面上以细粒沉积为主，砂体占比较低，呈薄层状或透镜体状分布，填隙物以泥质、钙质、硅质为主，多为化学沉淀胶结物。近物源沉积砂体分选相对较差，填隙物以杂基支撑结构为特征。

正是由于上述母岩类型、搬运距离、沉积环境和沉积作用等等因素的影响，各盆地低孔低渗储层矿物成分和岩性特征往往有较大的差异。下面分别以松辽、鄂尔多斯、准噶尔三大盆地为例分析储层矿物成分和岩性特征。

1. 松辽盆地南部白垩系

松辽盆地南部大情字井及周边地区白垩系青山口组和泉头组主要含油砂体类型以三角洲和河流相砂体为主。储层岩性细，主要岩石类型为细粒岩屑砂岩，成分成熟度低，见表 1-1。颗粒矿物组成以岩屑为主，岩屑含量最高达 82%，最低为 28%，平均为 51.72%；

石英颗粒含量次之，最高达60%，最低为14%，平均为37.08%；长石颗粒含量较少，一般为10%左右，平均为11.1%。岩屑颗粒组成以火成岩岩屑为主，平均达43.95%；变质岩岩屑次之，平均含量为5.62%。根据砂岩分类标准（表1-2），该地区砂岩类型几乎全为岩屑砂岩，如图1-1（a）所示，样品均落在岩屑砂岩区内。

该地区岩心基质含量普遍较低，一般在3%以下，基质成分主要为黏土和凝灰质。胶结物成分以方解石最为普遍，其次为硅质、含铁方解石、白云石、铁白云石等，胶结类型以孔隙式为主。

表1-1 大情字井地区白垩系典型井岩矿特征表

井号	井深 m	层位	薄片定名	主要粒径 mm	碎屑成分，%					基质 %	胶结物，%					孔隙类型		组成，%		
					石英	长石	岩屑				方解石	白云石	硅质	石膏		粒间溶孔 %	颗粒溶孔 %	填隙物总量	颗粒总量	面孔率
							火成岩	变质岩	沉积岩											
黑51	2476.3	K_2qn_1	细粒岩屑砂岩	0.1~0.25	55	13	28	4		3	5		<1	3		6	1	11	82	7
	2468.2		细粒岩屑砂岩	0.1~0.25	60	13	25	3		3	4	2	1			6	1	10	83	7
	2202.5	K_2qn_2	细粒岩屑砂岩	0.1~0.25	52	11	33	4		2	3		1			9	1	7	83	10
	2193.3		细粒岩屑砂岩	0.1~0.25	48	11	37	4		2	3		1			3	<1	7	93	3
	2184.5		细粒岩屑砂岩	0.1~0.25	45	13	39	3		2	5		1			4	1	9	86	5
花1	1304.7	K_2qn_3	介形虫细粒岩屑砂岩	0.1~0.25	18	14	58	10		2	5		<1	2		14	1	9	76	15
黑101	2479.5	K_2qn_1	细粒岩屑砂岩	0.1~0.25	53	12	31	4		4	2		1			4	1	7	88	5
	2475		细粒岩屑砂岩	0.1~0.25	54	13	30	4		3	4		1			4	<1	7	89	4
	2464.5		粉砂质细粒岩屑砂岩	0.1~0.25	52	14	29	5		4	5		1			4	<1	10	86	4
	2461.2		细粒岩屑砂岩	0.1~0.25	55	15	27	4		4	7		1			3	1	13	83	4
	2409.5		细粒岩屑砂岩	0.1~0.25	48	16	31	5	<1	2			5	2		5	1	10	84	6
黑55	1990	K_2qn_1	细粒岩屑砂岩	0.1~0.25	51	14	29	4		2			1			7	1	7	85	8
	2002.9		含泥云质细粒岩屑砂岩	0.1~0.25	22	6	40	6	26	10		26				2	<1	36	61	3
	2009		中细粒岩屑砂岩	0.1~0.25	14	4	36	2	44	9		5						15	75	10
	2021.6		含云凝灰质细粒岩	0.1~0.25	38	10	47	3	<1	16	2	10				<1		38	62	<1

表1-2 砂岩分类标准

分类图位置	岩 类	石英，%	长石，%	岩屑，%
Ⅰ	纯石英砂岩	≥90	≤10	
Ⅱ	石英砂岩	75~90	10~25	
Ⅲ	次岩屑长石砂岩或次长石岩屑砂岩	50~75	≤25	≤25
Ⅳ	长石砂岩	<75	≥25	<25
Ⅴ	岩屑长石砂岩或长石岩屑砂岩	<50	≥25	≥25
Ⅵ	岩屑砂岩	<75	<25	≥25

第一章 低孔低渗储层特征及测井响应

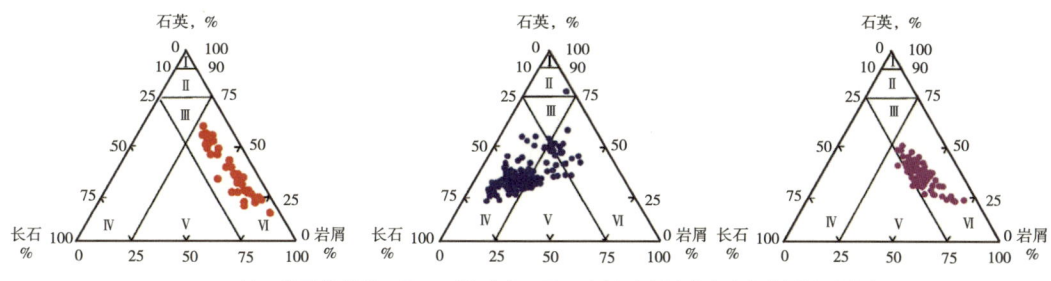

Ⅰ—纯石英砂岩；Ⅱ—石英砂岩；Ⅲ—次长石岩屑砂岩或次岩屑长石砂岩；
Ⅳ—长石砂岩；Ⅴ—长石质岩屑砂岩或岩屑质长石砂岩；Ⅵ—岩屑砂岩

（a）松辽盆地D区白垩系储层　　（b）鄂尔多斯盆地J区上三叠统储层　　（c）准噶尔盆地B区侏罗系储层

图 1-1　松辽盆地 D 区白垩系、鄂尔多斯盆地 J 区上三叠统和准噶尔盆地
B 区侏罗系储层砂岩碎屑成分图

2. 鄂尔多斯盆地三叠系

鄂尔多斯盆地姬塬地区延长组主要含油砂体类型以三角洲相砂体为主。长 4+5 段砂岩储层的沉积几乎均与三角洲前缘密切相关，其沉积微相包括河口坝、水下分流河道、远沙坝和前缘席状砂等。储层岩性细，主要岩石类型为细—中粒岩屑长石砂岩和长石砂岩，成分成熟度低，见图 1-1（b）和表 1-3。岩石矿物成分组成以长石为主，长石颗粒含量最高达 58%，最低为 31%，平均为 47.64%；石英颗粒含量次之，最高达 48%，最低为 17.5%，平均为 27.0%；岩屑颗粒总量较少，一般为 10% 左右，平均为 11.7%。岩屑颗粒组成以变质岩岩屑为主，平均为 5.9%；火成岩岩屑次之，平均含量为 2.3%；而沉积岩岩屑较少。延长组 3006 个薄片样品统计结果表明该区以长石砂岩为主。

表 1-3　姬塬地区重点取心井长 4+5 薄片鉴定结果

区块	井号	岩石类型	碎屑成分，%								填隙物成分，%					面孔率 %
			石英	长石	岩屑						绿泥石	浊沸石	硅质	铁方解石	高岭土	
					喷发岩屑	云母	石英岩屑	千枚岩	白云母	岩屑总量						
盐池	冯105	含浊沸石中细粒长石砂岩	19.4	53.0	2.2		2.0			9.2	2.6	10.5	0.5	1.6		3.5
铁边城	元61	细粒长石砂岩	21.0	56.0	2.0		3.0	3.0		8	3.0			3.0	6.0	2.1
	元73	细粒长石砂岩	24.0	53.0	3.0		2.0	2.5		7.5	6.0		1.0		0.5	4.6
	新4	细粒长石砂岩	20.0	58.0	3.5	4.5	3.5	3.5	1.0	16	2.0		0.5	0.5		3.4
	元69	极细—细粒岩屑长石砂岩	28.0	35.2	6.0	7.4	4.8	7.6		25.8	4.2		0.4	1.0	4.4	4.9
安边	A40	细—中粒长石砂岩	20.0	52.0	3.0		4.0	4.0		11	0.5		2.5	6.0	4.0	2.7
	A50	含浊沸石细粒长石砂岩	17.5	57.0	1.0		2.0	4.5	2.0	9.5	1.0	16.5		0.5		3.0
	A15	细粒长石砂岩	18.5	48.5	2.0		1.5	8.0		11.5	2.5	15.0		3.5		1.1
姬塬	耿19	中—细粒岩屑长石砂岩	48.0	31.0	3.0		2.0	6.0	2.0	13	2.0		4.0	1.0		9.2

该地区砂岩的填隙物含量一般在 10% 左右，填隙物主要由胶结物构成。胶结物成分以绿泥石和方解石最为普遍，其次为高岭土和硅质等，绿泥石的胶结主要作为孔隙衬里或颗

- 3 -

粒环边产出，它们不出现在颗粒接触处，且以近于等厚的环边为主，因而其主要的形成时间应在早成岩早期之后。国内外已有大量研究表明，这种产状的绿泥石的存在是深埋藏地层中孔隙得以保存的原因之一。胶结物中绿泥石含量平均为1.85%（普遍存在），铁方解石含量平均为3.35%（普遍存在），硅质含量平均为1.79%，高岭土含量为3.08%，硅质和高岭土胶结物为部分存在。除上述胶结物外，在少量样品中还有浊沸石等，含浊沸石长石砂岩中的浊沸石含量一般高达10%以上。胶结类型多为孔隙式或薄膜—孔隙式。

3. 准噶尔盆地侏罗系

准噶尔盆地侏罗系主要含油砂体类型以河流—三角洲相砂体为主，其中，八道湾组以辫状河砂体为主，三工河组以三角洲砂体为主，西山窑组以三角洲、滨浅湖砂体为主，头屯河组以河流相砂体为主。八道湾组—三工河组—西山窑组砂岩的粒级总体偏细，中粒和细粒砂岩约占砂质岩的60%以上，盆地边缘的车—拐等地区的砂岩粒径偏粗，中粒和粗粒砂岩约占砂质岩的65%以上。在层位上，三工河组砂岩的粒级较西山窑组和八道湾组要粗。八道湾组和西山窑组在靠近盆地边缘的车—拐地区、盆地腹部的陆西地区粒级较粗，以砂砾岩、中—粗粒砂岩为主，约占砂质岩的80%；其他地区（莫索湾、阜东斜坡北部等）粒径变细，中—粗砂岩约少于50%；三工河组砂岩粒径普遍较粗，以中粒和粗粒砂岩为主，其次为砂砾岩和细砂岩。中—粗砂岩在东区占64%~81%，西区占85.6%，盆地腹部也高达60%~75%。盆地侏罗系砂岩储层在岩石学上表现为低成分成熟度、低胶结物含量和高结构成熟度"两低一高"特征。颗粒矿物组成以岩屑砂岩为主，见图1-1（c）和表1-4。岩屑含量一般在39.6%~62.2%，平均为48%。岩屑组分主要为火山岩岩屑，且以凝灰岩岩屑为主，其次为浅变质岩岩屑，如千枚岩和少量板岩。该区砂岩储层的分选性较好、泥质杂基含量较低（一般低于3.0%，平均泥质含量在1.0%左右，中—上侏罗统略偏高，平均约3.5%~5.3%）和磨圆度中等。胶结物以（含铁）方解石、白云石、高岭石和硅质等为主。胶结类型多为孔隙式、压嵌式、孔隙—压嵌式和再生—孔隙式。

表1-4 准噶尔盆地腹部侏罗系岩矿特征表

地区或井	地层	主要粒级	碎屑组分，%			塑性岩屑	填隙物，%				接触关系	胶结类型
			石英	长石	岩屑		泥质	高岭石	硅质	总量		
滴西南凸起	J_1b	粗、中细	36.0	14.5	49.5	11.3	1.7	1.7	2.1	7.0	线—凹	压嵌
	J_1s	砾、粗、中	28.9	15.5	55.6	4.4	0.6	2.3	1.1	6.0	点—线	再生—孔隙
莫索湾	J_1s	粗、细、中	34.7	21.3	44.0	7.72	1.0	2.2	0.8	6.5	线	再生—孔隙
	J_1b_1	中、细	30.3	21.6	48.1	10.5	1.1	1.8	0.4	6.2	凹—线	压嵌
	J_1b_3	中、细	24.1	18.5	57.4	13.93	1.0	1.5	0.3	4.8	线—凹	压嵌
陆西	J_2t	细、中	32.1	21.2	46.7	9	1	2.4	0.5	8.1	点—线	孔隙
	J_2x	细、中	31.9	21.3	46.8	12.4	1.1	3.2	0.9	7.8	点—线	孔隙
	J_1s	细、中	41.3	19.9	38.8	8.8	0.9	2.1	1.1	5	点—线	再生—孔隙
	J_1b_1	粗、中	44	13.6	42.4	8.1	1	2.5	1.8	5.7	点—线	再生—孔隙
中拐	J_2x	中、细	26	26	48.0	7	0.5	2.7	少	8.8	线—点	孔隙
	J_1s	中	28.5	21.9	49.6	4.1	1.6	2.5	0.6	6.4	线—点	孔隙
	J_1b_1	中	38.8	23.3	37.9	4	1.9	3	1.1	8.33	点—线	孔隙
	J_1b_3	中	35.2	21.6	43.2	5.3	1.6	3.3	0.6	8.2	线	孔隙—压嵌

续表

地区或井	地层	主要粒级	碎屑组分，%			塑性岩屑	填隙物，%				接触关系	胶结类型
			石英	长石	岩屑		泥质	高岭石	硅质	总量		
车排子	J_2t	细、中	29.3	21.9	48.8	5.2	0.8			17.7	点	连晶—孔隙
	J_1b_1	粗、中	38.8	14.8	46.4	4.8	1.9	3.2		7.4	线—点	孔隙
	J_1b_3	砾、中、粗	26.7	7	66.3	4.8	3.3	2.3	0.8	8.4	凹、线	孔隙—压嵌

二、物源对岩石学特征的控制

碎屑沉积岩中的沉积物主要来自物源区的母岩。从物源区母岩风化剥离下来的碎屑物质尽管经历过地质作用的"筛选"，包括选择性的损失和富集，以及搬运时的磨蚀与成岩作用时的蚀变或溶解，使得储层中沉积物的成分和物源区母岩的成分有区别，但其主要的矿物成分仍与物源区的母岩密切相关。

砂岩中通常都含有岩屑，按照其定义岩屑必然是细粒的。这些岩屑是一些先前存在的岩石经化学破坏和崩解作用之后残留下来的不溶物质，它们可能是主要以玄武岩或霏细岩形式出现的火山岩，也可能主要是以泥质或微晶质的形式出现的沉积岩，或者是板岩及千枚岩一类的细粒变质岩，其可塑性和可溶性与储层物性有密切的关系。因此了解储层沉积过程中物源的母岩类型对于分析储层物性是特别有益的。

重矿物对母岩类型是极其有用的线索，某些重矿物是某种特殊类型母岩的判断标志（Boswell 等），见表 1-5。

表 1-5 各种母岩类型的矿物组合特征

母岩	矿物组合	母岩	矿物组合
再次沉积物	重晶石+白钛石 海绿石金红石 石英（特别是受磨蚀的次生加大） 圆化的电气石燧石 圆化的锆石 石英岩碎屑（正石英岩型）	酸性火成岩	磷灰石锆石（自形晶） 黑云母石英（火成的变种） 角闪石微斜长石 独居石磁铁矿 白云母榍石 电气石（小的粉红色自形晶）
低级变质岩	板岩及千枚岩碎屑白钛石 黑云母及白云岩一般不含长石 石英及石英岩碎屑（变质石英岩类型） 电气石（小的淡棕色自形晶，具碳质包裹体）	基性火成岩	锐钛矿白钛石 辉石橄榄石 板钛矿金红石 紫苏辉石斜长石（中性的） 蛇纹石钛铁矿及磁铁矿 铬铁矿
高级变质岩	石榴石石英（变质变种） 蓝晶石白云母及黑云母 硅线石长石（酸性斜长石） 绿帘石角闪石（蓝绿色变质） 红柱石黝帘石 十字石磁铁石	伟晶岩	萤石白云母 电气石，典型蓝色（蓝电气石） 石榴石黄玉 钠长石独居石 微斜长石

研究指出，储层沉积过程中其物源的母岩为花岗岩时，由于其耐溶蚀的刚性成分多，所形成的储层一般物性较好；而母岩为其他类型的火山岩时，由于沉积形成的储层含有较多的可塑性岩屑，一般物性较差；其他母岩类型沉积形成的储层介于上述两者之间。

上述三个盆地地层的沉积针对盆地而言都是多个水系和物源的，如松辽盆地南部地层的沉积就是来自四个物源（图1-2），但对于所研究的具体区块而言，则往往是以一个水系的物源为主。

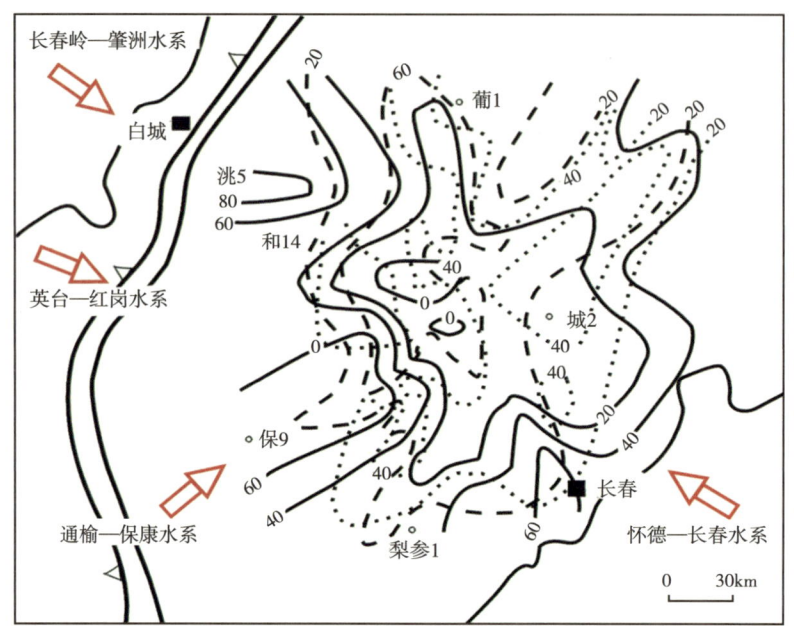

图1-2　松辽盆地南部的沉积物源

松辽盆地南部大情字井地区的沉积物源主要来自通榆—保康水系，重矿物为锆石+石榴石组合，含有特征矿物白钛矿和磁铁矿，该重矿物组合表明其物源的母岩类型以火山岩为主，其次是变质岩。

鄂尔多斯盆地姬塬地区的沉积同样来自不同的物源，各区块延长组砂岩的重矿物中矿物组合主要为锆石+电气石+石榴石、榍石+绿帘石组合，其他重矿物有金红石、绿泥石，同时金红石矿物普遍存在，故其母岩类型应该是变质岩为主，其次是火山岩和少量沉积岩。

准噶尔盆地陆梁和莫北区块地层沉积的物源来自不同的方向，不同方向物源的沉积地层重矿物组合有所区别。其中，陆梁地区侏罗系头屯河组以钛铁矿+石榴石+锆石的不稳定组合出现；侏罗系西山窑组主要组合类型为钛铁矿+褐铁矿+锆石+石榴石，属于混合类组合，不稳定重矿物含量与稳定重矿物含量相差不大。由准噶尔盆地重矿物的组合可以判断陆梁区块物源区的母岩类型主要为变质岩，其次为中基性火山岩。莫北地区碎屑岩中的重矿物组合以钛铁矿、石榴石、褐铁矿、白钛石、电气石为主；其次为重晶石、黄铁矿、尖晶石、榍石和少量的绿帘石、黑云母和普通辉石等，由此可以推测物源区母岩应以中基性—酸性火山岩为主，其次为变质岩。

由上述三个盆地地层中重矿物分析得出的母岩类型可以看出，它们的母岩类型有一个共同的特点，就是其母岩类型中都含有大量火山岩，这使得沉积形成的储层含有较多的可塑性岩屑，经压实后造成物性较差，这也是形成低孔低渗储层的一个重要因素。

三、不同沉积体系岩性岩相带控制储层发育

低孔低渗砂岩油藏主要发育在陆相坳陷盆地的大面积中低丰度岩性地层圈闭中，以三角洲沉积为主。其中，松辽、鄂尔多斯、准噶尔等大型坳陷盆地最为典型，是中国石油低孔低渗砂岩储层最主要的发育区。这些盆地具有较为宽阔平缓的湖盆区域和比较稳定的古水系物源供给的沉积背景，岩性、岩相和沉积厚度分布较为稳定，沉积体系平面规模较大，且普遍具有多物源、多沉积体系、相带呈环状分布的特点。

三个盆地的沉积体系以河流—三角洲和湖泊沉积体系为主，在轴向一般发育冲积扇—辫状河—曲流河—三角洲砂体；在陡坡一般发育冲积扇—扇三角洲砂体；在缓坡一般发育冲积扇—辫状河—三角洲砂体。储层特征与其在沉积体系中所处的部位、物源的母岩类型以及离物源的远近有着密切的关系。

低孔低渗储层一般存在于扇三角洲和三角洲前缘沉积中。

松辽盆地南部的大情字井油田为三角洲前缘沉积，如图1-3所示，其中青山口组三角

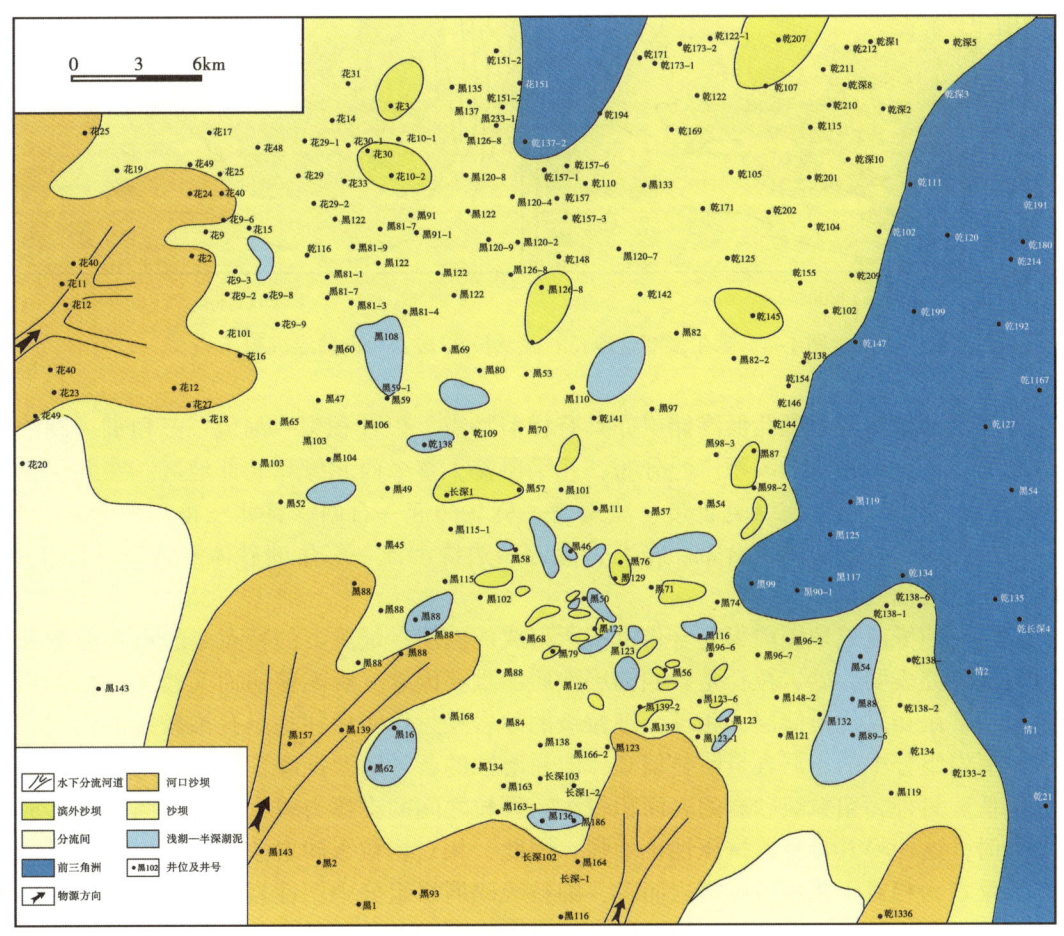

图1-3 大情字井油田三角洲前缘沉积

洲砂体最为发育。在该层位吉林油田发现了以大情字井油田为代表的亿吨级油田。

鄂尔多斯盆地上三叠统有大面积的三角洲沉积砂体,以三角洲前缘砂体最为发育。长庆油田在延长组发现的姬塬、西峰等亿吨级整装油田都是在三角洲前缘带沉积中,如图1-4所示。

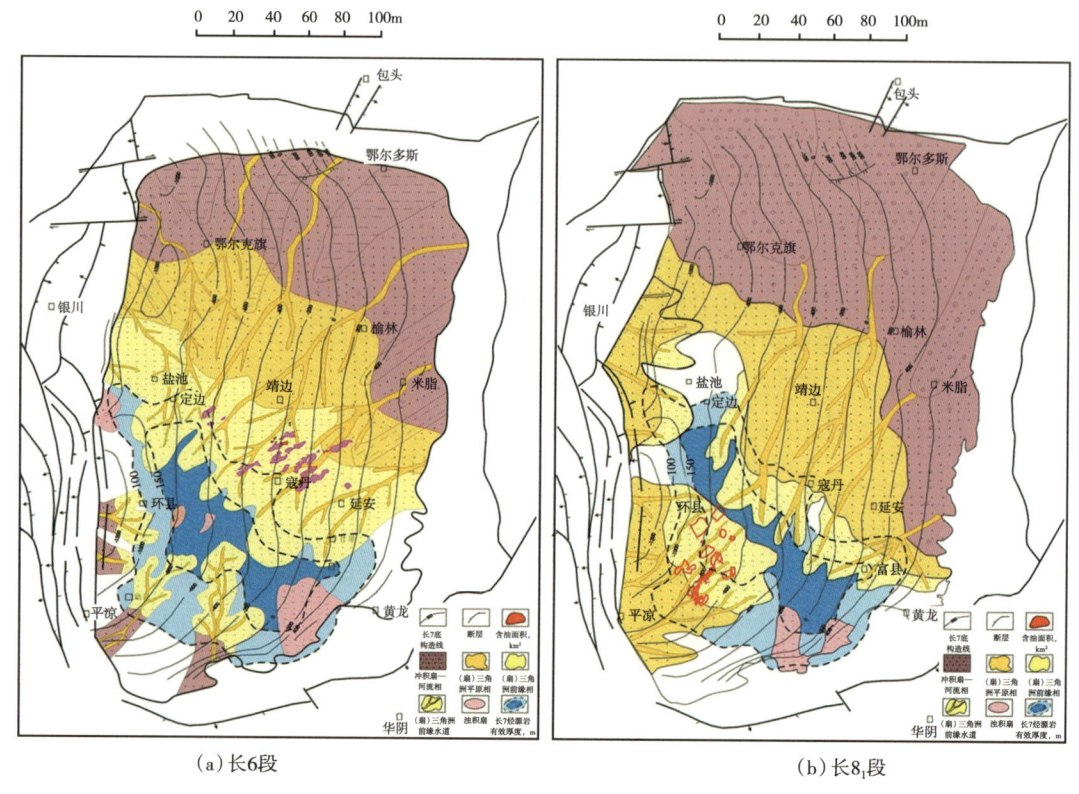

(a) 长6段　　　　　　　　　　(b) 长8_1段

图1-4　鄂尔多斯盆地长6段及长8_1段三角洲前缘沉积

准噶尔盆地侏罗系低孔低渗储层亦具有相似特点。以冲积扇—河流—三角洲—湖泊沉积体系为主,其中三角洲沉积广泛分布,几乎覆盖了整个西北缘和北部地区。在此层位的基东鼻凸—石南三角洲前缘复合带、莫索湾—莫北凸起—石西—莫北三角洲前缘复合带、白家海凸起—三角洲前缘复合带、车莫古隆起—边缘河流—三角洲砂体复合带(图1-5)都发现了较大油气田。

三角洲前缘或三角洲前缘复合带沉积所形成的储层,最重要的特点是岩石颗粒细和分选性好。研究表明,砂岩粒径是影响储层性质的重要因素,影响普遍而又较大,相对粗粒级砂岩常常是相对优质储层,相反,细粒级的砂岩经过压实后往往是孔渗较差的储层。粗粒级碎屑岩组分中的岩屑含量明显偏高,但易磨蚀的各种陆源抗磨性弱的塑性岩屑含量等明显偏低。另外,粗粒级砂岩的表面积较小,颗粒之间的支撑力较大,尤其当颗粒形成自生加大时,这使得其自身的抗压性也增强。因此,相对粗粒级砂岩往往易于形成相对优质储层。反之,相对于粗粒级碎屑岩而言,细粒级碎屑岩组分中塑性岩屑含量偏高,颗粒之间的支撑力小,易形成颗粒间的线接触,使储层物性变差。通常三角洲前缘砂体则由于粒级偏细,其储层性质较三角洲平原砂体和前缘分流河道砂体差。这种现象不仅存在于准噶尔盆地，还广泛出现于塔里木盆地、鄂尔多斯盆地、吐哈盆地以及松辽等东部诸多盆地。

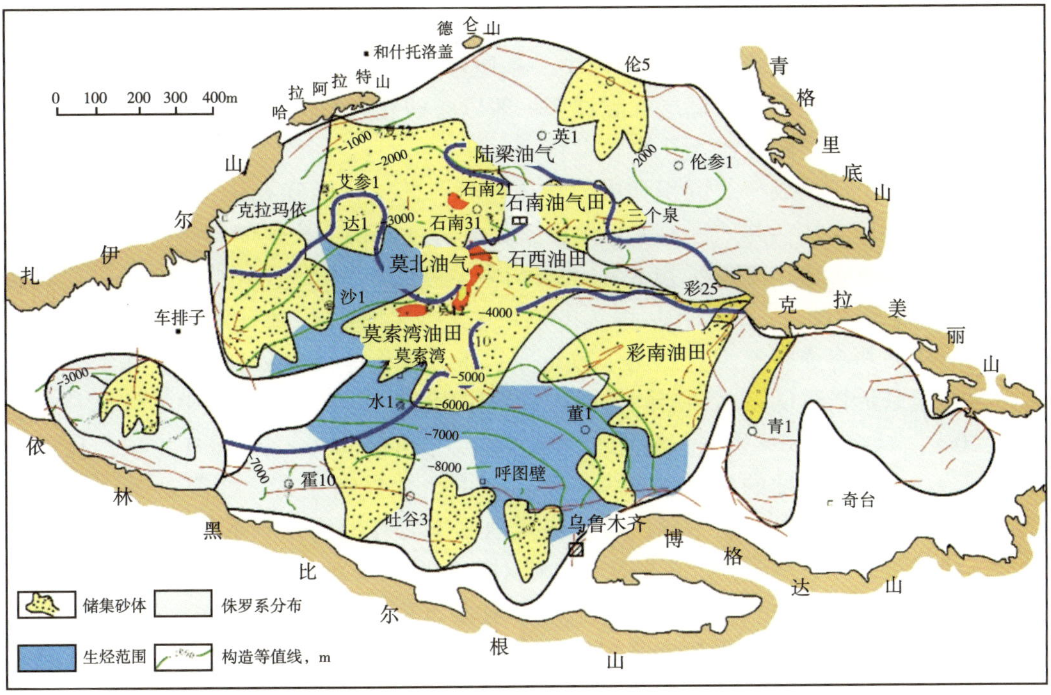

图 1-5 准噶尔盆地北部地区侏罗系油气藏沉积体系

第二节 物 性 特 征

储层物性是评价储层性质好坏的重要参数。低孔低渗储层的物性一般孔隙度小于 15%、渗透率小于 50mD。低孔低渗储层通常又称为低渗透储层，其典型特征是渗透率低。渗透率反映了油层渗流能力的大小，因此是划分普通油层与致密层的重要依据。应用渗透率可将低孔低渗储层分为三类：一般低渗透油层，油层渗透率为 10~50mD，在常规试油、试采工艺技术下，不经压裂、酸化等措施即可获得自然产能，压裂、酸化后可大幅增加产能，该类油层占中国石油低渗透油层地质储量的 31% 左右；特低渗透油层，油层渗透率为 1~10mD，在常规试油、试采方法下，一般不易获得产能，压裂、酸化后才可获得产能，该类油层占中国石油低渗透油层地质储量的 48% 左右；超低渗透油层，油层渗透率小于 1mD，一般的油层改造措施难获产能，在原油性质较好条件下，须经高强度压裂、重复压裂后才可获得产能，该类油层占中国石油低渗透油层地质储量的 21% 左右。

储层物性受多种地质因素的控制，包括沉积、成岩作用和构造作用三个主要方面。沉积物源和沉积环境决定了储层岩石颗粒的成分、大小、分选、排列、组合以及胶结物成分、含量、胶结类型等。压实和胶结作用使得储层孔隙度大幅度减少，溶蚀作用形成次生孔隙使得孔隙度有所上升，不同沉积环境的成岩作用差异很大，如鄂尔多斯盆地长 6 油层，原生孔隙 35%，压实后降至 17.5%，胶结充填后降至 7.1%，溶蚀后上升至 12.9%。

一、低孔低渗储层孔渗分布

低孔低渗储层一般岩屑和长石含量高,岩石矿物成分成熟度和结构成熟度低,受沉积和成岩作用影响,孔隙度低,孔喉半径小,基质渗透率低,非均质强,储层连通性差异大,孔渗关系复杂。低孔低渗储层孔隙类型一般以粒间孔、粒间及粒内溶孔、晶间孔和微孔为主,部分发育微裂隙,次生孔隙较发育。

不同盆地由于矿物成分、沉积和成岩作用差异,储层物性和孔渗关系复杂程度不同。例如松辽盆地南部大情字井地区白垩系储层,其成岩过程导致孔隙度和渗透率的变化范围较大,孔隙度分布在2%~22%,以8%~18%为主,渗透率分布在0.01~100mD,以0.01~50mD为主;岩屑含量高,成岩作用引起的储层非均质性强,导致孔渗关系非常复杂,孔隙度相近的样品其渗透率差别可达两个数量级以上,如图1-6(a)所示。鄂尔多斯盆地姬塬地区三叠系延长组低渗透储层同样因为成岩作用强,孔隙度和渗透率均较低,孔隙度为2%~20%,以6%~16%为主,渗透率为0.01~200mD,以0.05~5mD为主,孔渗关系也非常复杂,相近孔隙度的样品渗透率差别也在两个数量级左右,如图1-6(b)所示。与上述两个典型低孔低渗储层不同,准噶尔盆地八道湾等地区侏罗系储层溶蚀作用发育,碳酸盐、浊沸石、长石等溶蚀产生的次生孔隙对总孔隙度贡献大,以粒间孔隙为主。虽然储层段宏观统计孔隙度和渗透率都相对较高,孔隙度以12%~20%为主,渗透率以0.5~200mD为主,但由于岩屑含量高,沉积和成岩作用引起的孔渗关系更为复杂,相近孔隙度

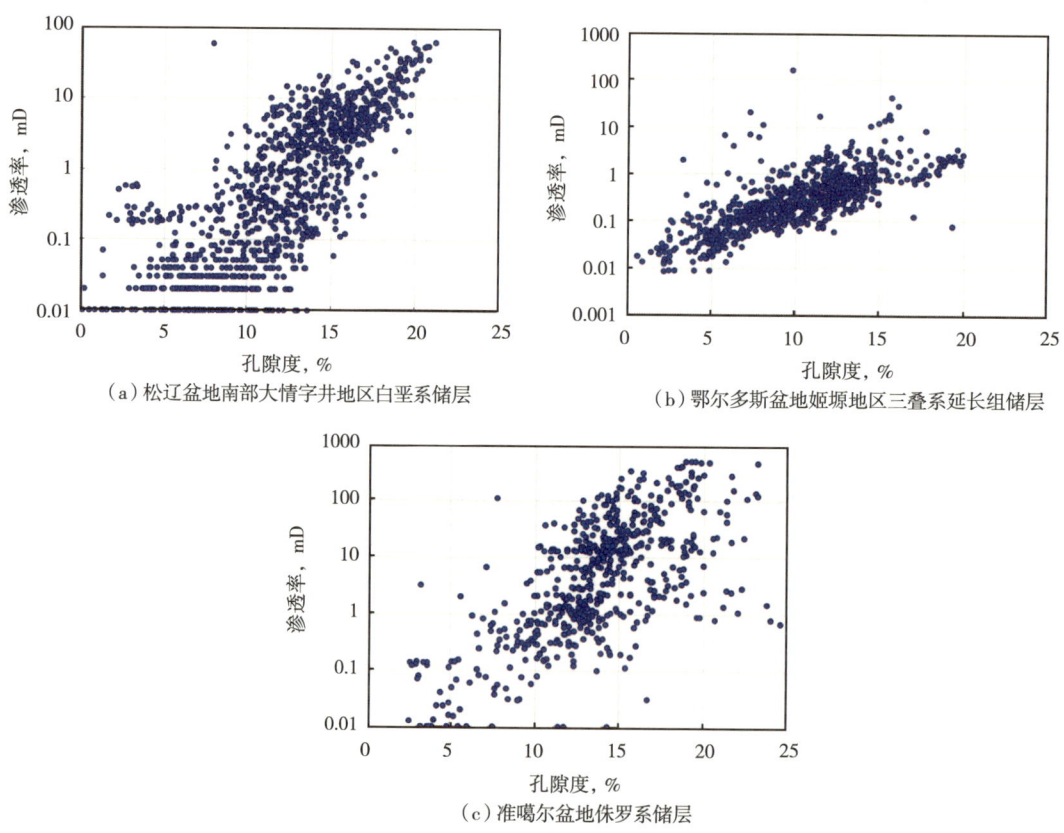

(a)松辽盆地南部大情字井地区白垩系储层　　(b)鄂尔多斯盆地姬塬地区三叠系延长组储层

(c)准噶尔盆地侏罗系储层

图1-6　三个盆地相关储层孔渗关系图

的样品其渗透率变化更大，差别可达三个数量级，如图1-6（c）所示。这意味着较高的孔隙度有可能即对应着正常的较高渗透率，也有可能对应着较低的渗透率。

二、孔隙结构特征

1. 孔隙类型

低孔低渗储层的一个重要特征是发育多种类型的孔隙空间。在发育低孔低渗储层的沉积盆地中，强压实作用使得储层原生粒间孔隙空间大量消失，但在溶解作用下又不同程度地产生次生孔隙，如果经历较强的构造作用还会形成裂缝，这些以次生孔隙为主的储集空间使得盆地深部油气聚集成为可能。

大量资料表明，低孔低渗砂岩中常见以下四种基本的孔隙类型：残余粒间原生孔隙、溶蚀孔隙、晶间孔和微裂缝[2]。

1）残余粒间原生孔隙

残余粒间原生孔隙是指经压实作用后砂岩颗粒之间剩余的原生粒间孔隙。随着压实程度的增强，原生粒间孔隙会逐渐减少。其残余粒间原生孔隙在储层孔渗性质的改善中仍能起到较大作用，原因在于孔隙半径较大，特别是喉道较粗、连通性好，有利于流体的渗流。无论是从储集能力还是渗流观点来看，以粒间孔为主的储层是最好的储层。

2）溶蚀孔隙

溶蚀孔隙是碎屑岩中碳酸盐组分、长石、硫酸盐或者其他可溶组分被酸性溶液溶解而形成的。溶蚀孔隙又可细分为：

（1）溶蚀粒间孔——颗粒组分的边缘或者连接的胶结物被溶解，相当于被压实缩小的原生粒间孔又被再次放大。它们对储层渗透率的贡献取决于溶蚀的程度［图1-7（a）］，若溶蚀充分则与残余原始粒间孔隙是相当的。

（2）粒内溶孔——碎屑颗粒中不稳定的组分，如长石或岩屑，其内部被部分溶解后的孔隙。粒内溶孔的边缘呈港湾状，形状不规则［图1-7（b）（c），颗粒被溶解成蜂窝状］。粒内溶孔连通性差，一般对渗透率贡献很小。

（3）铸模孔——陆源碎屑或自生矿物被溶解而保留其碎屑颗粒原貌的一种孔隙，包括颗粒的铸模和粒间易溶胶结物的铸模，其外形与原组分外形特征相同，可有颗粒印模、胶结物印模等［图1-7（d）］。显然，铸模孔如果不与周边的喉道产生有效沟通，则对渗透率贡献不大。

3）晶间孔

石英的再生长明显地减少了原生粒间孔，最后只在再生长的晶体之间保留了细小的四面体孔或片状缝隙（喉道）。石英再生长可以相当可观地降低孔隙度和渗透率，有时几乎填满全部孔隙。这类孔隙一般不大，而且具有片状的喉道。其喉道宽度一般小于$1\mu m$，储、渗条件均很差［图1-7（e）］。

4）微裂缝

由构造与成岩等作用在砂岩中形成的微裂缝，其强度与碳酸盐岩不同。在低渗透砂岩中，微裂缝可改善砂岩的渗流能力。裘亦楠等将微裂缝按张开度不同划分为四级：大裂缝（大于$100\mu m$）、小裂缝（$50\sim100\mu m$）、微裂缝（$5\sim50\mu m$）、超微裂缝（小于$5\mu m$），低渗砂岩中微裂缝与超微裂缝较多，在岩心中肉眼很难观察［图1-7（f）］。

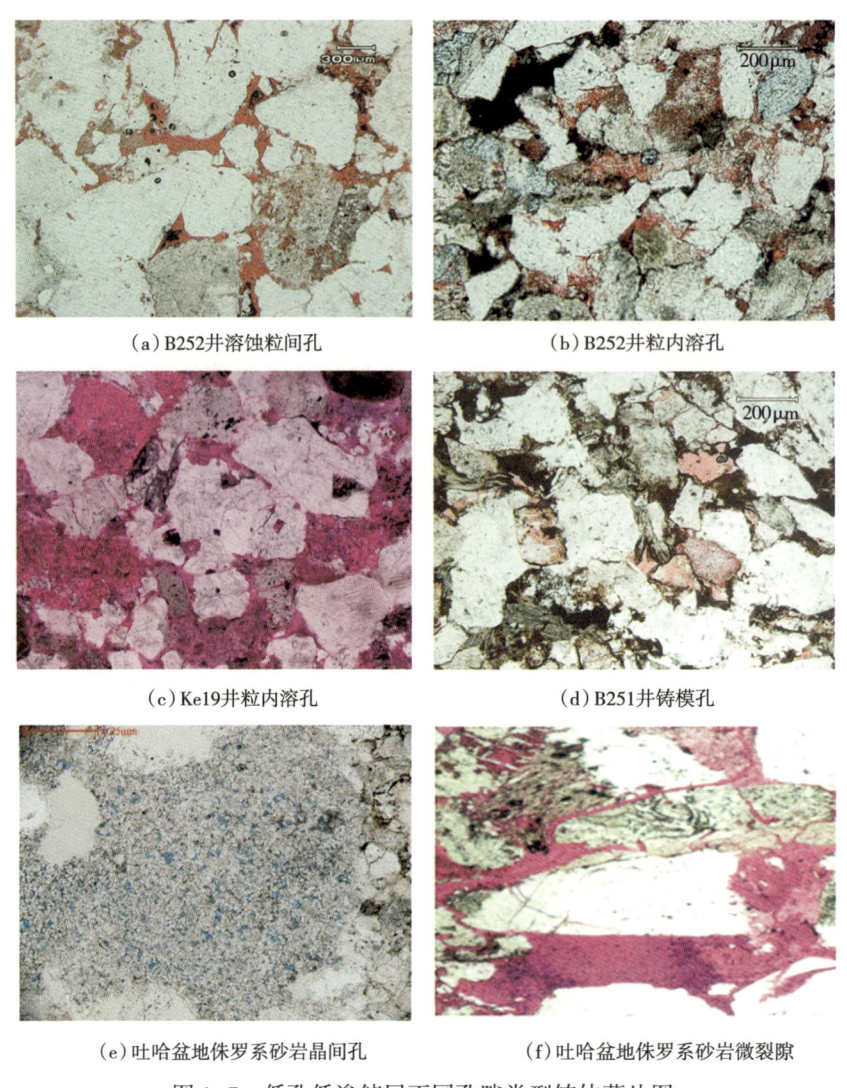

(a) B252井溶蚀粒间孔　　　　　　　　(b) B252井粒内溶孔

(c) Ke19井粒内溶孔　　　　　　　　(d) B251井铸模孔

(e) 吐哈盆地侏罗系砂岩晶间孔　　　　(f) 吐哈盆地侏罗系砂岩微裂隙

图1-7　低孔低渗储层不同孔隙类型铸体薄片图

2. 不同孔隙类型砂岩储层的孔渗关系

根据上述对低孔低渗储层不同孔隙类型的特征分析可以看出，原生粒间孔隙对于储层渗透率的贡献最大，粒内溶孔、铸模孔发育的储层尽管其孔隙度比较大，但渗透率往往偏低，对渗透率的影响大小取决于溶蚀的强度特别是溶孔与喉道的连通程度。

图1-8是两块分别来自鄂尔多斯盆地陕北油田延长组、苏里格气田石盒子组低孔低渗砂岩样品的薄片图像，代表了典型的溶蚀粒间孔和粒内溶孔两种类型的储层。两块样品的孔隙度ϕ中分别为12.01%、13.16%，大致相当，但渗透率K相差非常显著，溶蚀粒间孔样品的渗透率为16.3mD，而粒内溶孔样品的渗透率仅0.9mD。这个例子充分表明粒间孔对储层渗透率的贡献作用明显，而粒内溶孔的连通性相对较差。

进一步地，将分别取自鄂尔多斯盆地苏里格地区石盒子组（大量发育粒内溶孔）和歧口凹陷深层沙河街组（主要为溶蚀粒间孔）的710块样品孔渗资料进行对比，如图1-9所示。可以看出，苏里格地区石盒子组样品孔隙度主体分布在8%~15%，渗透率不大于10mD，主体在1mD以下。但是在相近的孔隙度条件下，歧口凹陷深层以溶蚀粒间孔为主的储层渗透率明显高于大量发育粒内溶孔的苏里格储层渗透率。

以上两个实例分析表明，低孔低渗储层的次生孔隙类型对其渗透率影响非常显著，其中最关键的因素是次生孔隙与喉道的搭配关系。这种关系不但影响渗透率，也对储层的电学性质有着重要影响。

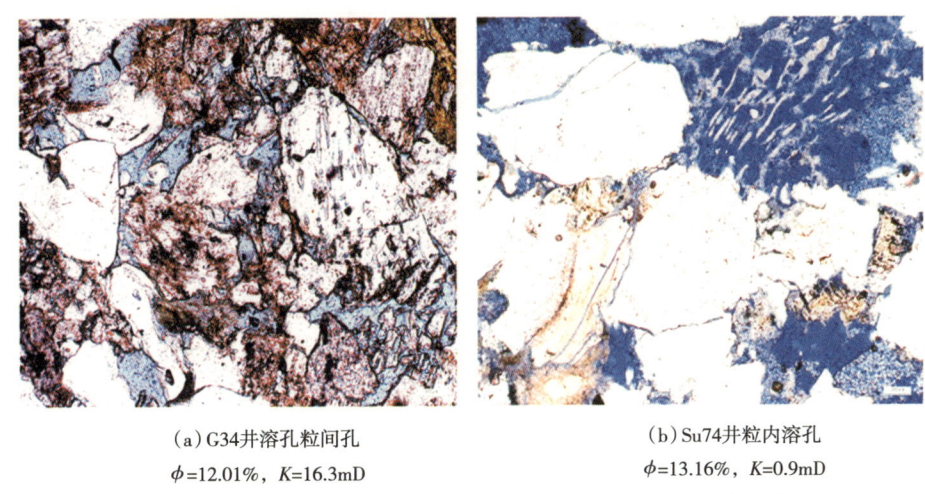

(a) G34井溶孔粒间孔
ϕ=12.01%，K=16.3mD

(b) Su74井粒内溶孔
ϕ=13.16%，K=0.9mD

图1-8　溶蚀粒间孔与粒内溶孔对渗透率的不同影响实例分析

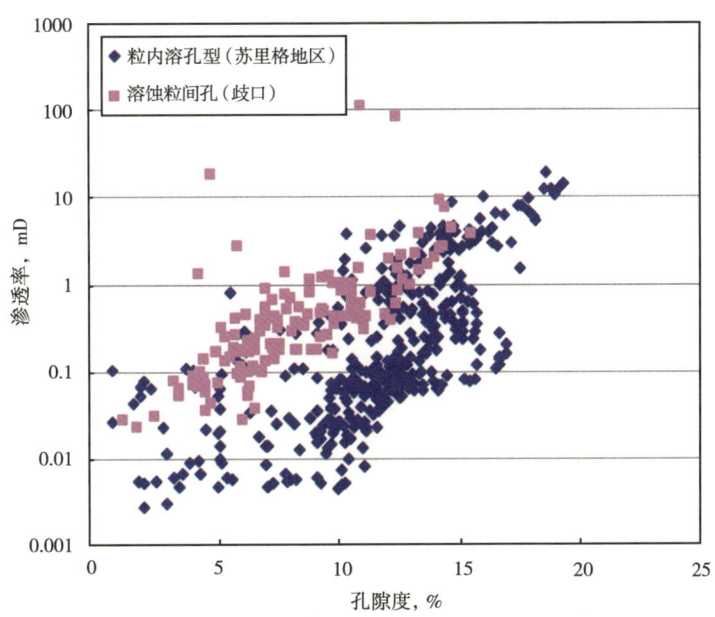

图1-9　歧口、苏里格地区低孔低渗储层不同孔隙类型的孔渗关系对比

3. 孔隙结构对电阻率的影响

影响低孔低渗储层电阻率高低的因素很多，大量研究表明，孔隙结构是重要因素之一。实验结果表明，砂岩储层的平均孔喉比 τ（核磁共振反映的平均孔隙半径与压汞实验

反映的平均喉道半径的比值定义为平均孔喉比，用 τ 表示）可以较好地刻画复杂孔隙结构储层的导电特征，如图 1-10 所示，其中 R_0 为地层地阻率。

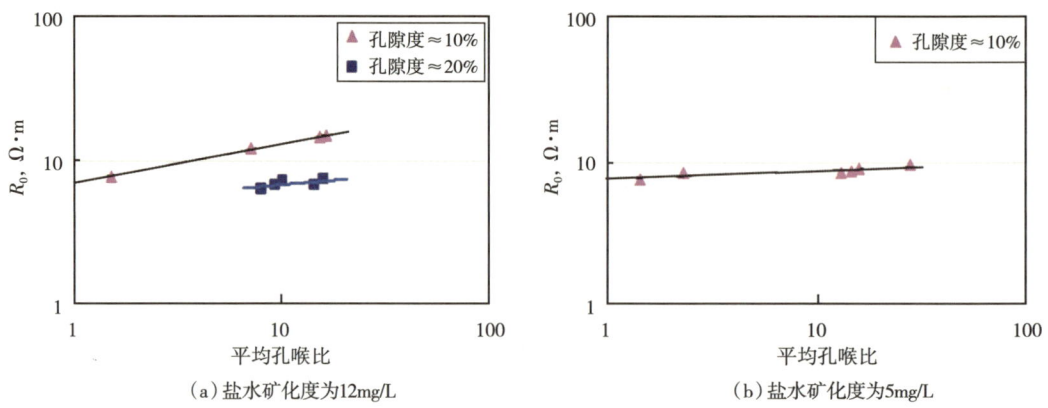

图 1-10　不同地区相近孔隙度的低孔低渗储层 τ—R_0 的关系图版

图 1-10（a）来自歧口凹陷沙河街组样品，饱和 12000mg/L 盐水后测量 R_0 值；图 1-10（b）来自鄂尔多斯盆地白豹地区长 6 储层样品，饱和 50000mg/L 盐水后在相同条件下测量 R_0。可以看出，特低渗储层电阻率受 τ 影响明显。随着 τ 增大，大孔细喉电阻率较高，粗喉道则具有较好的导电能力、较低的电阻率。另外，在相近孔隙度下，随着 τ 减小，喉道相对变粗，渗透性和导电能力均增强，岩石电阻率降低，并且低孔隙度岩样的变化规律更为明显。

图 1-11 是考察 τ 对电阻增大率影响规律的交会图，其中 S_w 为含水饱和度。假设这些样品的润湿性均为亲水，可以看出，在储层孔隙中具有相近含水饱和度的情况下，由于其孔喉比的差异，细喉道（τ 高）的储层电阻增大率呈降低的趋势，这主要是由于不导电的

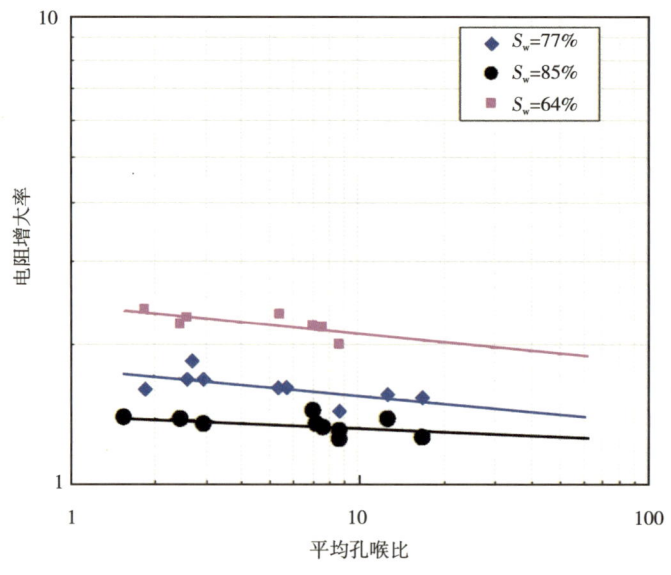

图 1-11　平均孔喉比 τ 对电阻增大率 I 的影响规律分析

非润湿相（此例中为空气）主要占据大孔喉、微细喉道中含大量束缚水而引起的。

进一步地，根据白豹地区长 6 段 12 块低孔低渗砂岩样品驱替岩电实验测量结果进行内插，得到含水饱和度分别为 40% 和 70% 时的电阻率，如图 1—12 所示。图中 $S_w=40\%$ 和 $S_w=70\%$ 理论曲线是利用阿尔奇公式（假设 $a=b=1$，$m=n=2$）计算的电阻率。可以看出，这 12 块孔隙度分布在 4.6%～13.1% 区间的砂岩样品，由于孔隙结构的差异，在相同含水饱和度时实际电阻率与理论曲线严重偏离，特别是孔隙度低于 10% 的样品，电阻率测量数值一般相比于理论值偏低，而孔隙度较高的几块样品，电阻率测量数值相对于理论值一般偏高。实验证实，孔隙结构对电阻率高低有着显著影响。

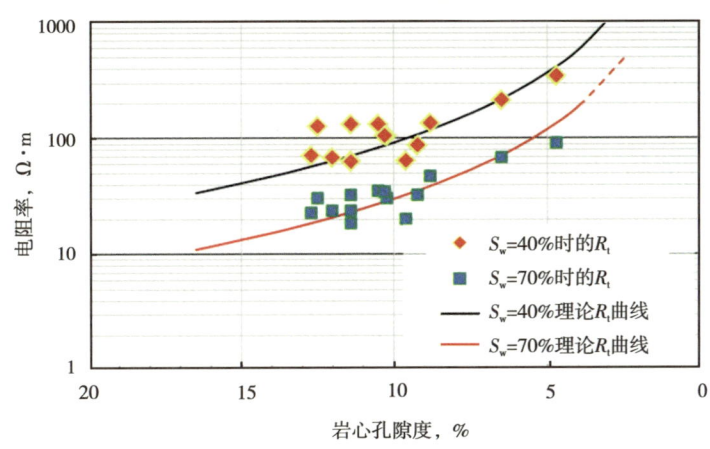

图 1—12 低孔低渗砂岩样品不同饱和度时的电阻率—孔隙度图版

三、储层物性影响因素

储层物性是评价储层性质好坏的重要参数，不论在油气勘探初期对储层进行评价和预测，或是油田进入开发阶段，进行储层分类、非均质性研究、测井解释与评价以及储量计算或拟订增产措施，储层物性都具有重要意义。

储层的特性和成因受多种地质因素的控制，不同类型盆地储层的性质和分布，首先受地质构造背景的控制。我国东部地区属于拉张型盆地，西部地区属于挤压型盆地，中部地区属于过渡型盆地。由于不同类型盆地构造演化阶段和性质的差别，储层的性质也存在明显差别。

所讨论的松辽盆地白垩系、鄂尔多斯盆地二叠—三叠系和准噶尔盆地侏罗系都是湖盆沉积的地层，其储层物性受沉积、成岩和构造作用的控制。沉积条件方面有湖盆水体性质、物源区母岩类型、储层成因类型及其在湖盆中的位置、不同沉积微相和岩石相等。成岩作用有机械压实作用、胶结作用、溶解作用和表生淋滤作用等。构造张性应力使储层产生裂缝提高储层孔渗性能，挤压应力则使岩石更为致密。

1. 物源和沉积环境对储层物性的影响

地层沉积物质与物源区的母岩有关，每种母岩类型都趋向于得到一种特殊的矿物组合，因此构成了沉积岩石特征的指标。由于在沉积岩石成分中，石英的硬度较高而且稳定性好，所以母岩为花岗片麻岩和花岗岩的物源所沉积形成的储层趋向于物性较好；而母岩为火山岩的物源，由于含有较多的可塑性矿物成分，所沉积形成的储层物性最差；其他类型母岩的物源所沉积形成的储层物性位于两者之间。在沉积环境中湖盆水体性质有淡水、微咸水、半咸水湖盆、含盐湖盆和湖泊、沼泽交替湖盆等，对于储层物性最有利的湖盆水介质是淡水、微咸水和半咸水。

2. 沉积相对储层物性的影响

统计资料表明，沉积相是影响物性的最基本因素，不同沉积砂体和不同沉积相带储层往往具有不同物性参数。水动力强、粒级相对较粗且岩石中填隙物少、分选好的储层，其物性常较好，即使经受长期成岩作用改造，仍有较好物性。松辽盆地、鄂尔多斯盆地、渤海湾盆地等很多油田不同亚相的储层物性分析表明，三角洲河口坝、河道及水下分流河道等砂体储层物性最好。

以渤海湾盆地为例，歧口凹陷发育多种沉积相类型，不同的沉积微相类型储集性能有明显差异。歧北斜坡区 $SQEs_3$ 发育滨浅湖滩坝、扇三角洲、辫状河三角洲、远岸水下扇等沉积相类型。统计表明，辫状河三角洲和扇三角洲前缘水下分支河道、河口坝、滨浅湖沙坝等微相储集性最好；辫状河三角洲和扇三角洲前缘分支河道侧翼及远岸水下扇主水道等微相储集性中等；辫状河三角洲和扇三角洲前缘席状沙坝、远沙坝储集性相对较差（表1-6）。这种差异性的产生主要是由于不同沉积环境下储集体在岩石成分、结构构造（粒度及分选）、孔隙微观结构等方面的不同造成的。

表1-6 歧北斜坡区 $SQEs_3$ 不同沉积相类型孔渗性能统计表

沉积相类型	孔隙度，% 最小—最大/平均	渗透率，mD 最小—最大/平均	样品/井数
辫状河三角洲水下分支河道主水道	6.5~27.5/18.5	0.20~579.0/42.6	91/4
辫状河三角洲水下分支河道侧翼	5~29.9/14.9	0.06~3100.0/34.5	237/9
辫状河三角洲河口坝	5.8~31.4/18.4	0.02~7350.0/476.3	295/13
辫状河三角洲席状砂	7.3~18.8/15.1	1.00~5.0/2.1	12/1
辫状河三角洲席远沙坝	7.6~25.1/13.5	0.02~28.0/2.1	22/3
扇三洲水下分支河道主水道	8.9~30.6/19.8	0.05~68.0/12.8	18/3
扇三洲水下分支河道侧翼	5.1~30.0/14.3	0.01~604.0/6.1	215/14
扇三洲河口坝	6.1~27.6/16.6	0.01~86.0/5.0	112/9
扇三洲席状砂	2.4~10.0/6.4	0.16~7.1/2.0	10/2
扇三洲远沙坝	5.3~14.4/7.7	0.10~6.8/1.0	10/3
滨浅硝沙坝	7.09~24.0/19.2	0.10~52.4/9.0	23/6
远岸水下扇主水道	5.6~28.5/16.1	0.01~54.4/3.4	184/2

砂岩粒径的粗细是决定储层物性的重要因素之一。如准噶尔盆地彩南地区三工河组（图1-13），由粗砂岩至中砂岩，孔隙度约减小 0.3%，渗透率约减小 133.2mD；砂岩粒径从中砂岩至细砂岩，孔隙度约减小 2.3%，渗透率约减小一个数量级。由中砂岩至细砂岩储层物性减小的幅度远远大于从粗砂岩至中砂岩，即细砂级砂岩往往储层物性差，易形成低孔低渗储层。这是因为粒径的影响中同时也包含了塑性岩屑的影响，粒径越细往往塑性岩屑含量越多，导致储层孔渗减小加快。

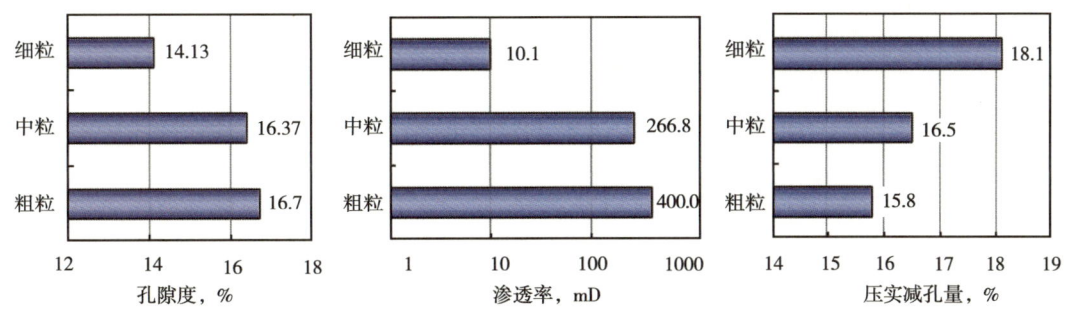

图 1-13 彩南地区三工河组砂岩粒径与储层性质关系图

3. 成岩作用对储层物性的影响

成岩作用对储层物性的改造，主要以压实作用、胶结作用、溶解作用及破裂作用对物性影响最为明显。其中机械压实作用和胶结作用是破坏原生孔隙的重要原因，压实作用与上覆地层厚度、埋藏深度、埋藏时间、岩石骨架颗粒粒级大小、成分及其物理、化学上的稳定性、填隙物含量以及构造应力作用强弱和有无异常高压存在等有关。胶结作用包括碳酸盐、硫酸盐、各类沸石及石英、长石次生加大和各种自生黏土矿物的析出，它们对孔隙及喉道大小有重要影响，使孔隙和渗透性变差。而溶解作用则有利于物性的改善。溶解作用除与埋藏过程中有机酸的溶解有关以外，表生淋滤作用下形成的次生孔隙，在我国碎屑岩储层中也有广泛分布。

以渤海湾盆地歧口凹陷古近系中深层低孔低渗储层为例，其成岩作用类型多样，主要有建设性的溶蚀、破裂作用和破坏性的压实、胶结作用，不同成岩作用对储集性能的影响各不相同，直接影响低孔低渗油藏的成藏富集程度。

压实作用是储层原生孔隙度减少的主要原因。压实作用使岩石变得致密，孔隙大量损失，物性变差。压实作用对该区砂岩储层的影响很大。歧北斜坡区 $SQEs_3$ 平均减孔率在 86.2%，相当于因压实作用孔隙度减少了 32.3%。

胶结作用是中深层储层物性变差的重要因素。$SQEs_3$ 储层中胶结作用以碳酸盐胶结为主，歧北斜坡区 $SQEs_3$ 以胶结作用为主的岩样所占比例为 33.5%，样品平均胶结率为 39.3%，由此损失的孔隙度平均为 12.7%。

溶蚀作用是深层优质储层发育的重要原因。有机质向烃类转化过程中释放出大量的有机酸和 CO_2，从而使砂岩孔隙流体成为酸性，促使长石等硅酸盐矿物和早期方解石胶结物的溶解。歧北斜坡区 $SQEs_3$ 以溶蚀作用为主的岩样所占比例为 53.1%，样品平均溶蚀率为 42.1%，由此增加的孔隙度平均为 20.0%。

镜下观察表明，溶蚀的对象以硅铝酸盐矿物（长石、岩屑）为主，而碳酸盐岩矿物溶蚀不明显，这与有机质向烃类转化过程中释放出的大量有机酸和 CO_2 形成酸性孔隙流体密切相关，由于在地层温压条件下，硅酸盐矿物不稳定且不受流体环境中 CO_2 分压的影响，而碳酸盐岩矿物的溶蚀则受此影响，由于外源输入性高钙地下水的大量存在以及在酸性介质中本身溶解度的问题，故地层条件下的碳酸盐岩矿物易于沉淀而非溶解，这是对人们长期以来普遍认为的砂岩储层中次生孔隙主要由碳酸盐胶结物溶解产生观点的更新。

破裂作用对储层物性尤其是渗透率有很大改善。随着埋深的不断增加，岩石上覆载荷不断增大，造成矿物颗粒的破裂或产生微裂缝，裂缝面孔率占1%~5%。微裂缝对于溶蚀作用来说具有更加重要的意义，酸性流体沿着微裂缝侵入，发生溶蚀，溶蚀程度高时可形成铸模孔，同时提供流体运移通道以利于溶蚀后高浓度流体的迁出，促进溶蚀作用的进一步加强。

4. 埋深及地温对储层物性的影响

储层的孔隙度和渗透率随埋深增加而相应减小，不论是东部的松辽盆地还是我国西部的一些含油气盆地，物性的演化均具这一规律，且岩石颗粒越细随着埋藏深度的增加其孔隙度越难以保存。

研究表明，一般情况下粗、中、细粒级砂岩的孔隙度保存量在同一深度下存在差异（图1-14），其变化趋势为粗中砂岩与中砂岩之间的差异较小，而粗砂岩与细砂岩之间差异较大。在限定塑性岩屑含量的条件下，2000~4500m深度区间对比细砂岩和粗砂岩保存的孔隙度值，可以看出其差值为3.1%~3.6%，即相同深度下细砂岩比粗砂岩少保存3.1%~3.6%的孔隙度，而粗砂岩与中砂岩之间差异为0.66%~0.75%。

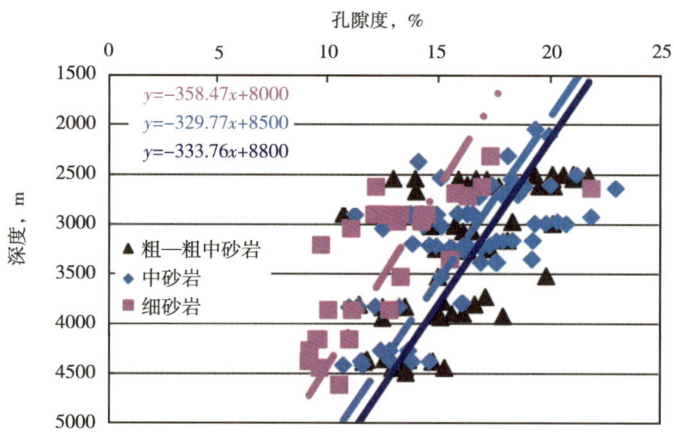

图1-14 不同粒级砂岩储层孔隙度与深度关系（塑性岩屑含量低于8%）

研究表明，储层物性的递减速率在各盆地有很大不同，物性除受埋深影响外，在深度上的变化速度还受其他因素的控制，比如成岩演化。如东部松辽盆地和二连盆地高地温梯度地区的储层，埋深在1200m以浅物性较好，而到2200m以深，岩石已很致密，物性明显变差。渤海湾盆地2800m以浅的古近—新近系储层，一般物性较好，孔隙度大于20%，渗透率在100~1000mD，埋藏浅的物性更好，到3500m或3900m以深物性才变差。而塔里木盆地地温梯度低（2.2℃/100m），达5800m的石炭系储层，仍有较好物性，孔隙度为12%~19%，渗透率为10.7mD，最大达460mD。图1-15是中国23个油田成岩演化深度与地温梯度的关系，在相同深度下，地温梯度高的地区成岩演化快。

储层物性在纵向上的演变速率除受上述因素控制之外，在不同成岩相序列和成岩亚相中，储层的具体物性参数还与水和岩石性质有密切关系，包括沉积和成岩过程中水介质性质，所处沉积相带，岩石组分及成岩过程中所发育的自生矿物含量、类型及其稳定性有关，此外也与构造应力、地层流体压力，以及有无异常高压的存在有关。

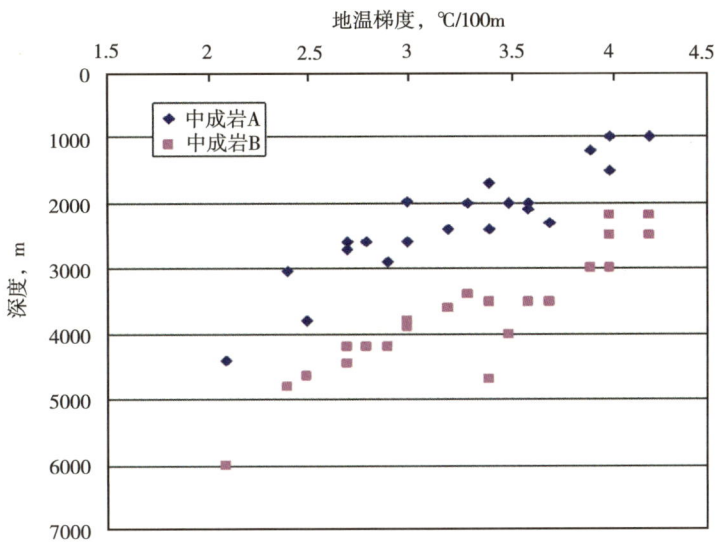

图1-15 成岩演化深度与地温梯度的关系

5. 孔隙压力与烃类充注作用

超压的存在减缓了压实作用，可以有效地保留一部分原生孔隙，从而使储层保持了较高的孔隙度。烃类充注一方面改变了孔隙流体性质，减缓或抑制了胶结作用，其所含的有机酸及大量 CO_2 等酸性气体有利于溶蚀的进行；另一方面充注产生的超压能缓冲上覆地层的压实作用，使深部储层孔隙得到保护。

以渤海湾盆地歧口凹陷古近系尤其是 $SQEs_1^z$—$SQEs_1^x$ 和 $SQEs_3$ 中深层为例，地层具有异常流体压力普遍发育的特点，其中歧口凹陷斜坡及主凹区压力系数普遍大于1.2。异常压力的分布与湖泛期厚层泥岩的发育直接相关，符合格架控制下的源储一体流体超压封存系统纵向分布规律，纵向上具有三段式发育特点，每段顶底板为超压湖泛泥岩段（EST），中部为相对低压储层段（HST+LST）。歧北斜坡区异常压力起始分布深度位于2100~3200m，中深层3个二阶超压封存系统特征明显（图1-16）。

超压的存在使储层保持了较高的孔隙度，如B28X1井3500~3700m深度的高压段内孔隙度达到了19%，B19井3300~3500m深度的高压段内孔隙度达到了16%。同时当地层压力系数超过1.4时就可以使岩石产生破裂，微裂缝的产生对渗流能力的改善具有重要意义，尤其是对深层低孔低渗—特低渗致密砂岩储层。

研究表明歧口主凹 $SQEs_3$、$SQEs_1$ 和 $SQEd_3$ 三套烃源岩主要经历东营组沉积末期和明化镇组沉积末期两期主要的生排烃过程，但 $SQEs_3$ 烃源岩在渐新世早期（36.5Ma），凹陷中心成熟度 R_o 已经达到0.6%以上，进入成熟生烃门限深度，油气已经开始生成并排出而进入临近的储层，$SQEs_3$ 碎屑岩储层内包裹体测温资料证实了 $SQEs_1$ 油气的早期充注现象，说明在早成岩晚期至中成岩早期阶段位于生烃范围之内或临近生烃中心的成岩演化程度较低的储层已经接受了运移来的首期油气，从而对储层自身物性产生了一定的保护作用，同时，生烃增压作用也是低孔低渗油藏充注的主要动力，控制着低孔低渗油藏含油饱和度和富集程度高低。

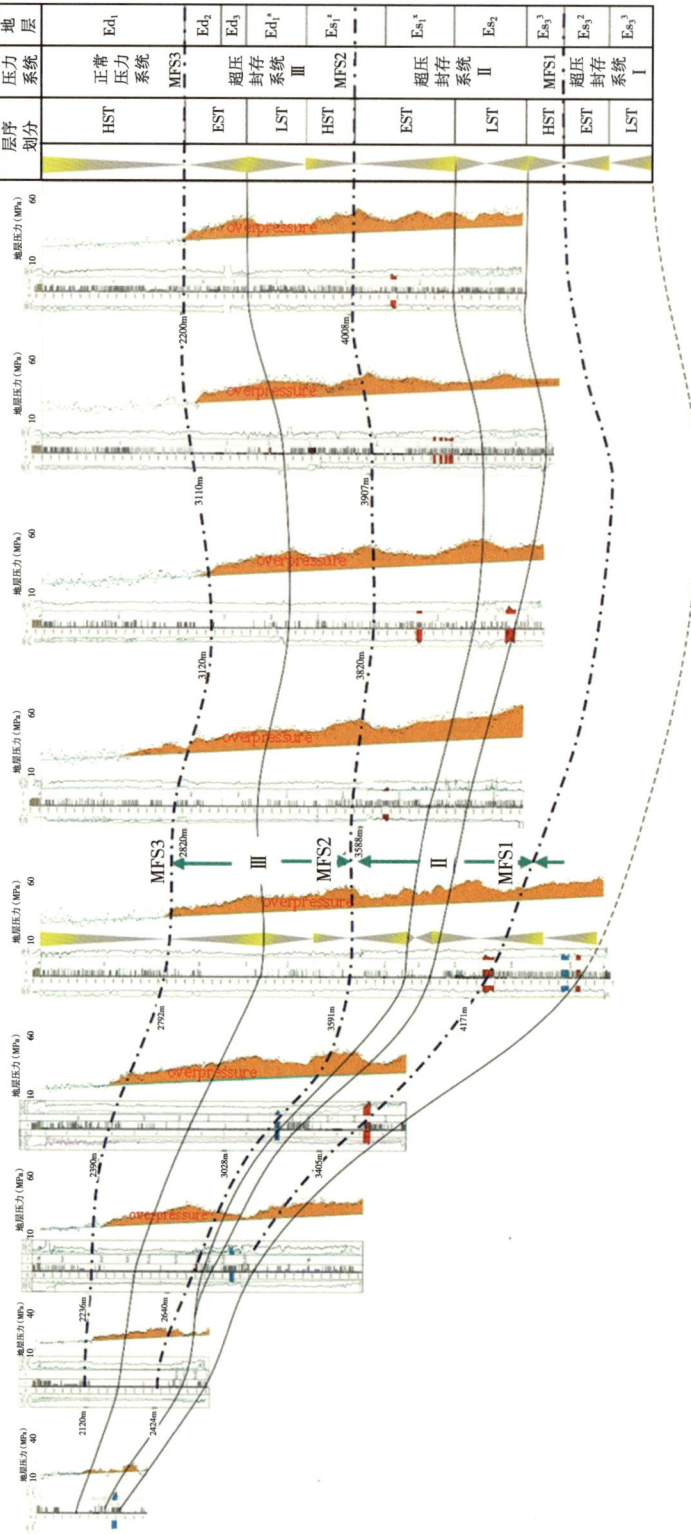

图1-16 歧北斜坡区中深层地层压力连井综合剖面图

6. 构造应力作用对物性的影响

构造应力作用对物性的影响，表现为既有有利的一面，也有不利的一面。有利的方面是对于岩性致密物性较差的脆性地层，由于构造应力作用可产生裂缝，而裂缝的发育和地下水活动可引起溶解作用的产生，使物性得到明显改善，甚至有的储层可达中孔中渗级别；其不利方面是由于挤压应力使岩石变得更加致密。

第三节　低孔低渗储层测井响应特征

低孔低渗油藏类型多样，主要包括低幅度的构造油藏、岩性油藏及复合油藏。由于低孔低渗储层孔隙结构复杂，一般来说油藏的油水过渡带较宽，油水关系复杂[3]。前两节已经介绍的低孔低渗油藏的沉积作用和成岩作用主要控制储层物性特征，另外烃源岩与储层的配置关系及运移距离主要控制油藏的充注程度和含油饱和度高低。

低孔低渗油藏一般具有以下四个地质特征：一是孔渗条件差，这是该类储层的最显著特征；二是常伴随孔隙结构的复杂化，孔隙度与渗透率匹配不均衡，物性非均质性明显；三是储层低孔低渗的地质控制因素多样，不同的主控因素使储层具有不同的表象特征；四是低孔低渗油藏不均一的地层流体分布形式，造成了低孔低渗油层产液状态的复杂性和油藏特征的多样性。这些地质特点决定了低孔低渗储层测井响应特征的复杂性和多样性，因此，明确其测井响应特征与规律是低孔低渗油气藏测井评价的关键。

一、低孔低渗储层测井响应特征

按照岩石体积物理模型，测井信号来自岩石骨架和孔隙流体，其数值大小按其特征值和所占体积比例加权平均。孔隙度越大，流体的贡献就越大，利用测井信息判断流体类型的过程就相对简单。反之，孔隙度越小，流体的贡献就越少，就会出现低对比度的突出特征，即有效储层与干层、油气层与水层的测井响应特征差异小，测井参数的对比度降低，从而使得储层划分和流体类型的判识过程复杂化。

1. 岩性测井响应特征

自然伽马测井能很好地划分储层和反映泥质含量，但对于低孔低渗储层，由于其中的岩屑、陆源杂基含量较高，再加上某些地区发育富含钾长石的高放射性矿物，使得自然伽马曲线的分层能力和反映泥质含量的能力有所下降。

鄂尔多斯盆地中生界延长组东北体系的长 4+5 段、长 6 段，岩性主要为细—极细粒长石砂岩、岩屑长石砂岩，岩石组分具有高长石、低石英的特点，高伽马砂岩普遍存在，且普遍富含云母等高放射性矿物，储层与围岩的自然伽马测井值差异很小，容易被误解释为泥质夹层，通过成像测井综合分析，可以看出高伽马层段对应的往往是粉细砂岩（图 1-17）。

自然电位测井也是划分储层的有效手段，它同时受地层渗透性以及地层水矿化度差异的影响。在渗透性较差的地层，用自然电位曲线计算泥质含量有较大的误差，尤其是对特低渗透储层和夹层比较发育的储层，用其划分储层的效果不理想。在高矿化度区，自然电位测井除反映地层水矿化度的大小外，还与岩石的吸附性质、孔隙度及含油饱和度有关，在同水系相近孔隙度和渗透率的条件下，水层的自然电位幅度比油层大，可作为判断水层的依据之一。在低矿化度区，由于地层水与钻井液滤液矿化度差别甚小，自然电位测井主

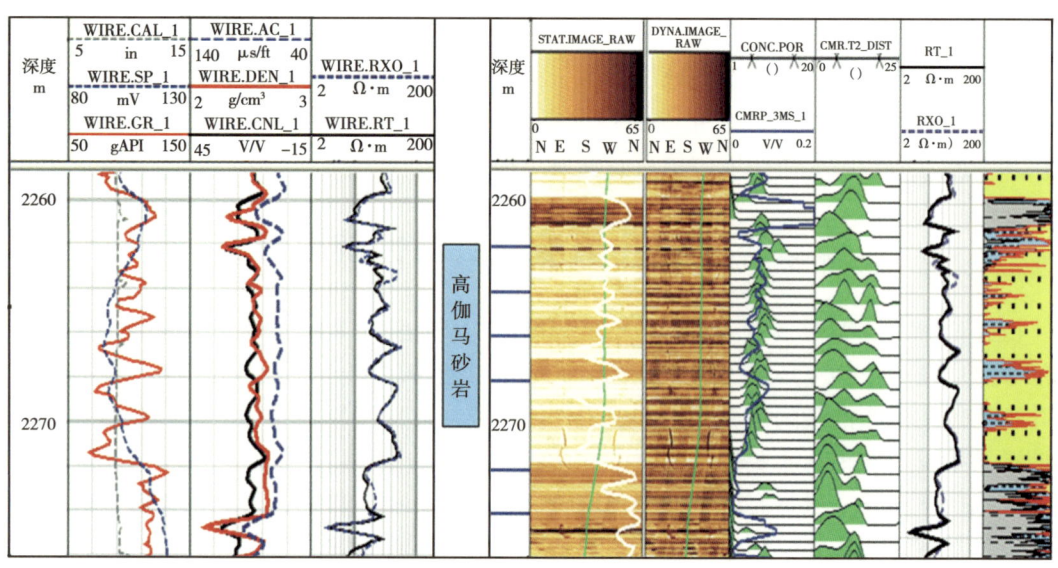

图1-17 鄂尔多斯盆地典型高伽马低孔低渗砂岩测井响应特征

要反映岩性影响。

微电极曲线对渗透率大于1mD的储层有较好的反应，但对特低渗透、超低渗透储层，由于储层渗透性极差，钻井液的渗滤作用比较弱，滤饼很难形成，微电极曲线通常为尖锋状高值，微电位和微梯度之间的差异也不确定，因此很难利用微电极曲线划分这类储层。

2. 孔隙度测井响应特征

一般情况下，孔隙变化在测井曲线上的响应是明显而易于识别的，而低孔低渗储层由于岩石成分复杂，骨架参数确定难度大，岩石结构又受到次生改造的强烈作用，致使影响因素较为复杂，使孔隙度测井的分辨率降低。

常用的声波测井仪采用双发双收补偿技术，有效减小仪器在井筒中的不对称和井壁不规则的影响，测量数据稳定可信，与实验室岩心测量的孔隙度有较好的相关性，用于低孔低渗储层的孔隙度测量效果较好，但缺点是对有效储层的分辨能力不如密度测井。密度测井对有效储层的反应比较好，孔隙度测量精度更高，但不利条件是测井质量受井眼状况的影响比较大。中子测井本身受统计起伏的影响较大，再加上低孔隙度、低信噪比等因素的影响，划分储层的精度在三种孔隙度测井方法中最差。

分析低孔低渗储层物性变化与三孔隙度测井值变化的关系发现，在各种影响因素下，密度测井值与渗透率变化的关系为单调负相关关系，而声波时差、补偿中子与渗透率的关系为非单调变化，因此在低孔低渗储层中，密度测井比声波测井、补偿中子测井的分辨能力高（表1-7）。

表1-7 不同因素对孔隙度测井的影响特征分析

地质因素	渗透率	密度测井	声波测井	中子测井
钙质增加	↘	↗	↘	↘
泥质增加	↘	↗	↘	↗

续表

地质因素	渗透率	密度测井	声波测井	中子测井
塑性岩屑增加	↘	↗	↗	↗
粒度变细	↘	↗	↗	↗
孔隙减小	↘	↗	↘	↘

图 1-18 是姬塬地区一口探井的岩心孔隙度、岩心密度与测井孔隙度曲线对比，可以看出，在 B272 井 2130~2150m 井段内发育厚层块状低孔低渗砂岩，密度测井曲线幅度有明显起伏，与岩心分析孔隙度相关性最好，能够很好地反映砂岩段自下而上孔隙度的变化趋势，而补偿中子、声波测井曲线基本为平直段，难以表征储层的物性变化。

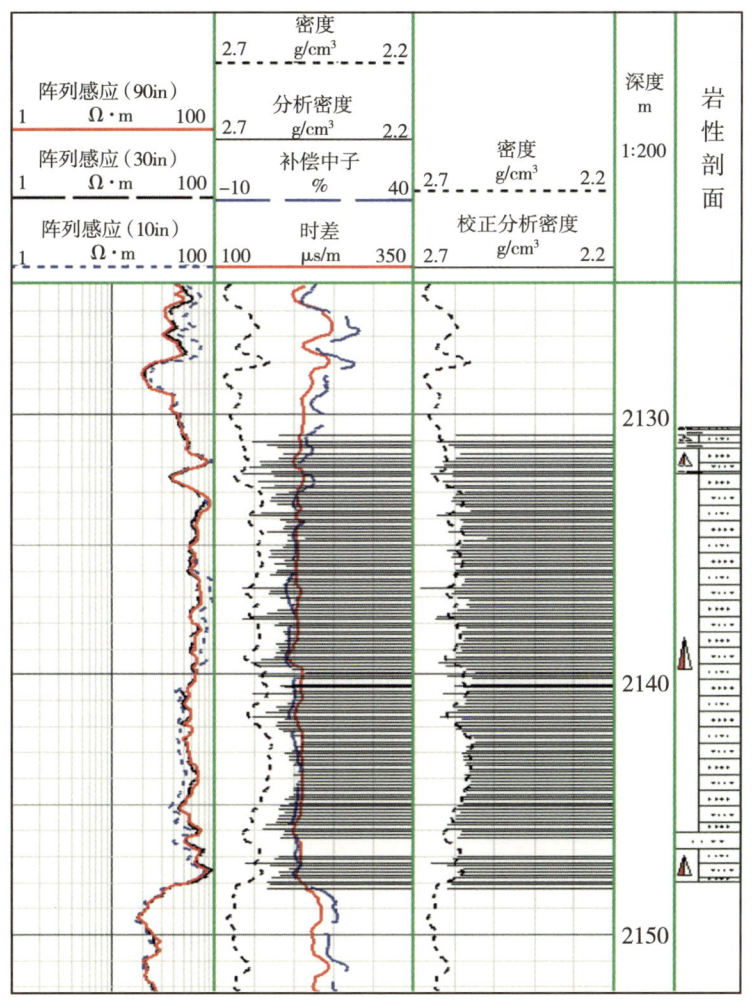

图 1-18 B272 井孔隙度曲线与岩心分析对比

图 1-19 是利用理论模拟分析不同砂岩储层的孔隙度计算误差，表明随着储层孔隙度降低，测井计算的孔隙度相对误差明显增大，当孔隙度小于 10% 时，误差最显著，孔隙度为 5% 时，$0.02g/cm^3$ 的骨架密度值误差可以引起 25% 的孔隙度计算相对误差。

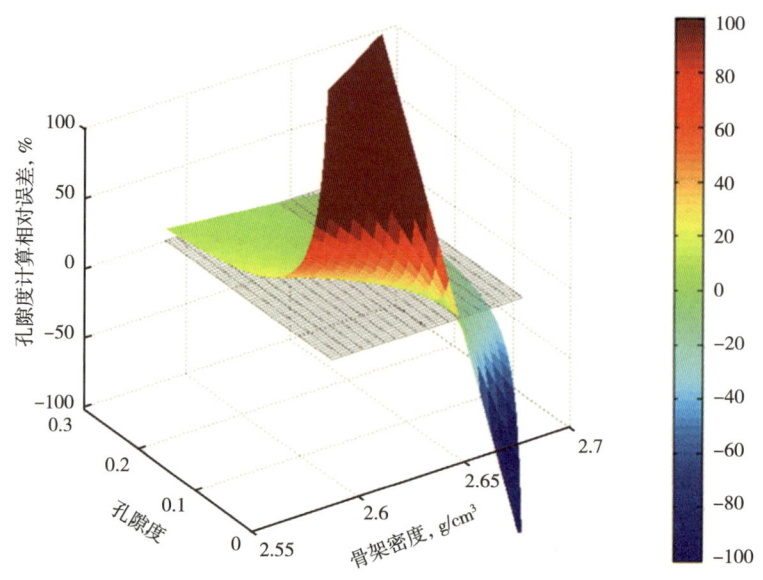

图 1-19 利用密度测井计算孔隙度误差模拟分析

图 1-20 是鄂尔多斯盆地姬塬油田长 4+5 段不同系列的密度曲线与岩心孔隙度相关性对比。在孔隙度为 5%~15% 的低孔低渗储层，斯伦贝谢公司的 MAXIS 500 测井系列密度仪器的精度为 $0.01\text{g}/\text{cm}^3$，信噪比 $\eta=14.4$；阿特拉斯公司的 ECLIPS5 700 测井系列的密度仪器精度为 $0.02\text{g}/\text{cm}^3$，$\eta=8.54$。可以发现，高精度的仪器系列对于提高孔隙度计算精度是至关重要的。

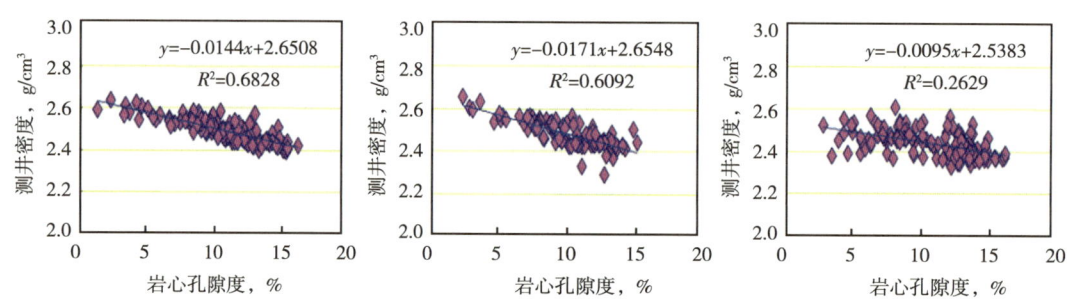

图 1-20 姬塬地区不同系列的密度测井与岩心孔隙度相关性对比

3. 电阻率测井响应特征

低孔低渗储层孔隙流体体积小，加上孔隙结构、泥质、钙质、地层水性质等因素对电阻率测井的影响，测井对含油性的反映具有不确定性。

首先是由于在低幅度构造的岩性油气藏背景下，油水分异不明显，油水同层和界限层比较普遍，油层与水层电阻率的差异小，通常不足 1.5 倍。在低孔低渗背景下，由于储层岩性或孔隙结构变化使得束缚水含量大大增加，造成的低阻油层甚至比常规水层的电阻率还低，即所谓的低孔低渗与低阻交叉成因的复杂油气层，进一步增加了测井解释的困难。

图 1-21 是斯伦贝谢公司提供的碎屑岩储层中不同孔隙度、渗透率对应的束缚水饱和

度变化情况，图中阴影部分为孔隙度在 5%~15%、渗透率在 0.01~1mD 的特低渗透致密储层，对应的束缚水饱和度最高可达 90%，相当于单位体积的岩石中束缚水体积可达 0.12，这将会引起油层电阻率显著的下降。实际钻探资料表明，常常存在较细的岩性造成地层微孔隙发育、束缚水饱和度明显增加、油气层电阻率降低即低阻油层的情况，对储层流体性质识别造成很大影响。

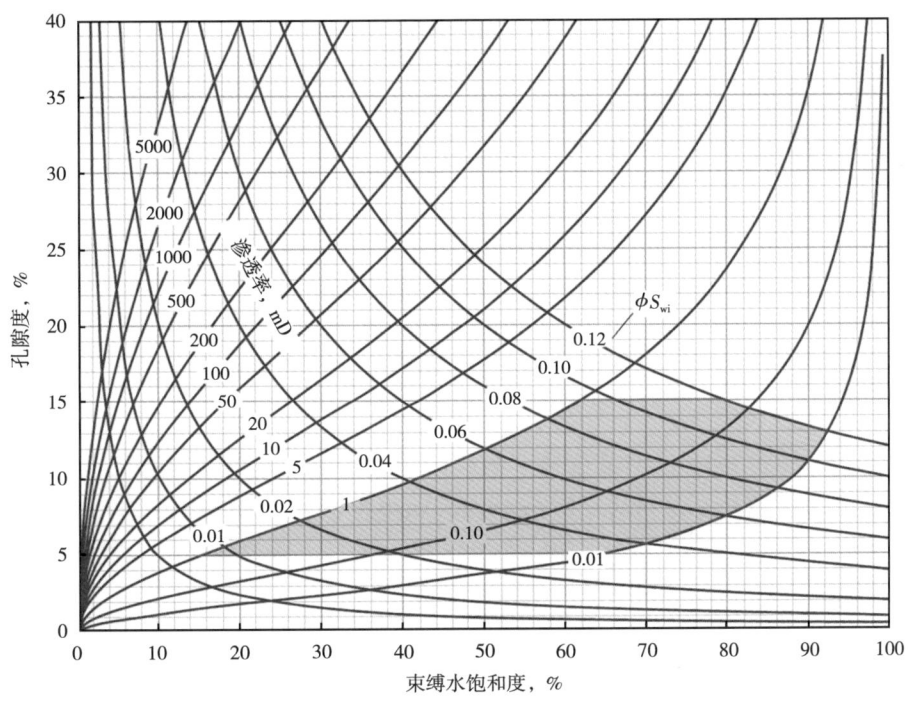

图 1-21　砂岩储层渗透率—孔隙度—束缚水饱和度模版（据斯伦贝谢公司）

图 1-22 是鄂尔多斯盆地典型的低孔低渗储层与渤海湾盆地高孔高渗常规储层测井响应特征对比。图 1-22（a）为低孔低渗储层，孔隙度为 8%~13%，渗透率为 1~2mD，上部试油证实为油层，底部 2503m 以下为水层，但第 1 道电阻率曲线显示自上而下储层电阻率并无明显变化，油层与水层电阻率均分布在 8~10Ω·m；图 1-12（b）为高孔高渗常规砂岩储层响应特征，上部水层电阻率为 7Ω·m，下部油层电阻率为 33~48Ω·m，二者在电性上区别明显。这个例子充分表明了低孔低渗储层低信噪比、低对比度的测井响应特征。

图 1-23 是大港油田歧口凹陷 QS8X1 井沙河街组深层低孔低渗储层电阻率受水性变化影响实例。该井沙三段 5011~5077.3m 试气，日产气 51179m³，有油花，结论为气层；沙三段 4678.9~4709.7m 试气，日产气 4667m³、水 82 m³，结论为含气水层。从图中分析可以看出，沙三段上部含气水层段电阻率明显高于下部气层段，而孔隙度非常接近。根据试油的水资料分析结果，上部地层水矿化度为 12391mg/L，下部为 39404mg/L，均为 $CaCl_2$ 水型。由此可见，地层水性质的变化也会引起低孔低渗储层测井响应特征的改变，因此在油气层识别评价过程中既要考虑孔隙度、孔隙结构的变化，也要充分认清水性质的变化趋势，否则极有可能引起解释偏差。

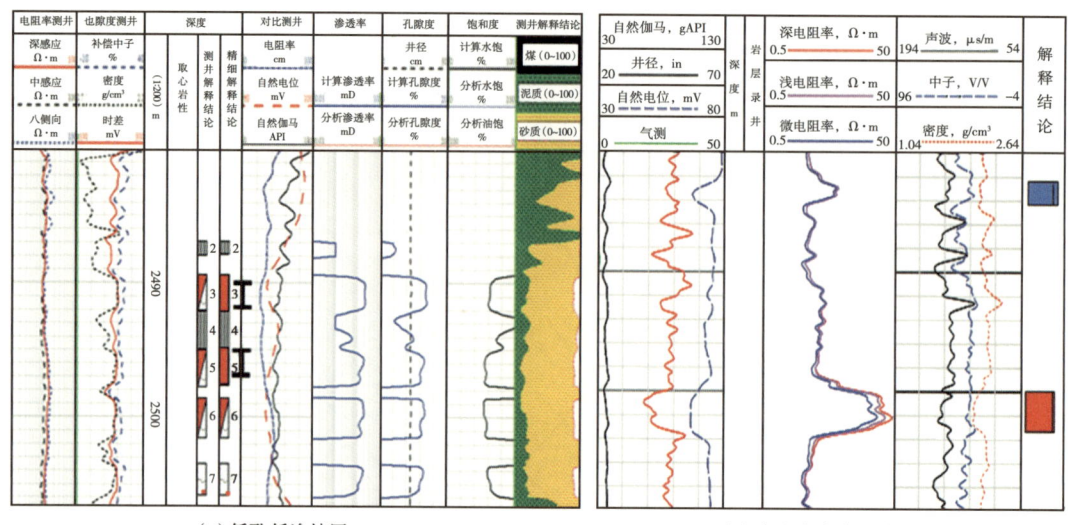

(a) 低孔低渗储层 (b) 高孔高渗常规储层

图 1-22 低孔低渗储层与高孔高渗常规储层测井响应特征对比

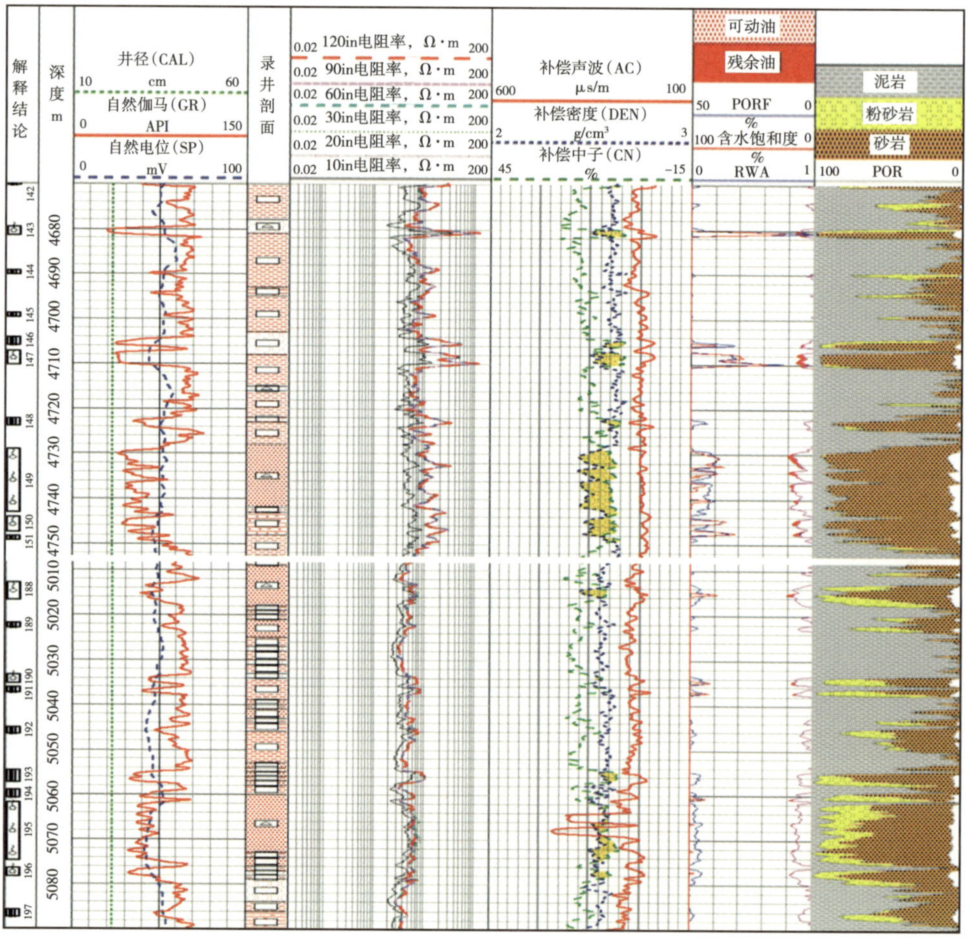

图 1-23 大港油田歧口凹陷低孔低渗储层测井响应特征实例

二、不同油藏类型对测井解释的影响

1. 低幅度构造油藏对测井解释的影响

众所周知，构造油藏指在构造作用形成的有效圈闭中形成的油藏。也就是说，连通的储集体在油气进去之前，必须存在已经形成的构造，来捕获这些油气。以松辽盆地南部大情字地区为例，一般情况下在地层的上倾方向，由于反向正断层发育形成遮挡，构成了该区重要的反向屋脊式断块圈闭。油气形成后，以断层为其垂向的运移通道、以平面展布的砂体为其横向的运移通道，运移过程中遇到先期形成的反向屋脊式断块圈闭，则形成构造油藏。构造油藏的类型主要有断鼻（断背斜）构造油藏以及零星的微型背斜、小断阶等构造油藏。在向斜西翼及东翼顺河道的上游方向寻找构造圈闭，而此类油藏的油气富集部位，正是圈闭内较高位置，并且以水下分流河道和河口坝的发育为前提。

大情字井地区发育多条反向断层，构成多个反向断鼻状（断背斜）构造油藏，含油层段较长，且油层厚度变化较大。针对此种类型的圈闭来说，在同一个油水系统内，油水界面以上有油气聚集。大量的低幅度构造对于青一段和青二段的油藏形成，具有举足轻重的作用。低幅度构造如：小背斜、小断阶、小断垒和小型披覆构造等，这些微构造幅度小，通常闭合高度大多在 20~30m，个别的甚至小于 10m，构造面积不大，小的不足 1km^2，大的不过几平方千米。

此外，构造部位与所处沉积相带的配置，决定油气的平面分布及含油性。当构造高部位与砂体主体部位一致时，对油气形成显然起到一种聚敛作用，使油气相对富集，丰度较高。平面上，砂体的展布范围控制油气的分布范围；剖面上，相同时间单元的砂体发育在构造高部位含油较好、低部位含油较差；而同一构造部位，砂体发育的沉积相带影响油层的发育。如 HU9 块的 K_2qn_3-XI（闭合高度 20m）、HE45-14-20 块的 K_2qn_2-I（闭合高度 20m）、HE46 块的 K_2qn_1-14（闭合高度 18m）均属于低幅度构造油藏。

该类油藏的油层物性条件较差，孔隙度一般分布在 10%~25%，渗透率分布在 0.1~400 mD，多数油层属于低渗透。研究认为储层物性差是受沉积相带和成岩作用共同影响。一般情况下储层物性大小与埋深相关，油层埋深小于 500m 时，油层孔隙度一般大于 20%，渗透率大于 100mD；油层埋深小于 1500m，其孔隙度一般大于 15%，渗透率一般大于 10mD；油层埋深大于 1500m，其孔隙度一般小于 15%，渗透率一般小于 10mD。成岩作用（埋深）一定条件时，沉积微相控制储层的物性。河道、河口坝砂体的物性明显好于其他微相类型的砂体。如 DQZ 油田虽为低孔低渗油藏，位于河道、河口坝核部的储层物性相对较好，投产的产能高，在油藏高部位为纯油层。HE79 井 34 号层，油层孔隙度 16%，渗透率 5mD，射开厚度 6m，试油日产油 37t，不含水。而位于河道间、席状砂部位的储层，孔隙度只有 10%，渗透率小于 1mD。

根据油气二次运移原理可知，油气在二次运移过程中只有驱动力大于阻力时，油气才能在储层中运移，遇到有效圈闭而聚集成藏。松辽盆地属于封闭性盆地，因此假定油气二次运移是在静水条件下进行的，则驱动力就是浮力。而浮力的大小与油水的密度差和油气柱高度有关，油水的密度差越大，其浮力也越大；油气柱越高，其浮力也越大。而阻力则为储层的毛细管压力。由于储集油气的储集空间是由复杂的微小孔喉组成，油气在进入储层之前（岩石为水润湿），储层为水饱和，油气进入这种储层必须要克服细小喉道产生的毛细管阻力。根据实验可知，毛细管压力（即阻力）大小与孔隙喉道半径、油气水界面张力和润湿性有关，当油气水界面张力和润湿性一定时，毛细管压力即阻力与孔隙喉道半径成反比。因此，当孔隙喉道半径越小，毛细管压力越大，阻力也越大；反之亦然。

当孔隙结构一定，地下油水性质变化不大时，油藏高度（油气柱高度）越高，浮力越大，油气能进入喉道越小的孔隙。如大安油田、新立油田扶杨油层，含油高度达到200~300m，油气进入的最小喉道为0.1μm。孔隙度下限为9%，渗透率下限为0.1mD。

当孔隙结构和油藏高度相近的条件下，油气驱动力主要取决于油水密度差。油水密度差越大，驱动力越大，油藏中含水饱和度越低，含油饱和度则越高。以轮南、塔中等油藏或凝析气、天然气藏为代表，孔隙度下限为12%或7%，油水或气水密度差为0.3~0.4g/cm³或大于0.7g/cm³，含油气饱和度达到60%~90%。

当含油高度相近，油水密度差基本相同时，储层的微观孔隙结构控制了含油饱和度的大小，国内大多油田实例也证明这一特点。从已发现油气田证实，不同类型油藏或在油藏中的不同部位，流体分布形式各异。

根据已发现油田油水分布特征分析，油藏中油水分布概括起来大体上可分为三段（区），即纯油段（区）、同层段（区）、水层段（区）。目前生产实践认为三段之间并没有严格界限可分，根据生产需求利用综合含水率而确定。

纯油区，油气充满在可流动的孔喉中，地层水则以吸附和束缚的形式存在，其饱和度大小视油藏高度、流体密度差、储层物性和孔隙结构不同而不同。对于流体密度差较大、储层物性较好和孔隙结构相近的储层，油藏高度越大，储层中油气充满度越好，含油饱和度则越高，一般可达到70%~80%。如扶余油田（图1-24），油藏类型为构造油藏，油层埋深300~500m，油藏含油高度140m，岩性为细粉砂岩，为三角洲分流河道和河口坝沉积。储层孔隙度为25%，渗透率为180mD，喉道半径中值为2.8μm，黏土矿物以高岭石为主。在油藏顶部约100m井段含油饱满，岩心显示为富含油砂岩，含油饱和度可达到75%以上，在构造顶部含油饱和度可达到80%。大庆长垣等油田均属此类。

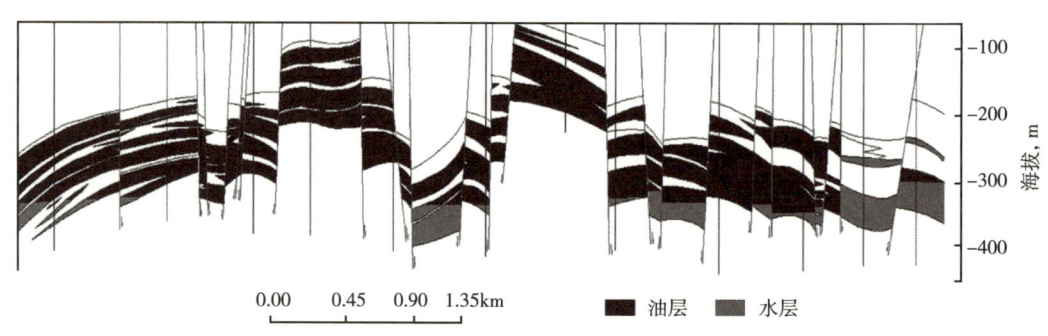

图1-24 T15井—T88井油藏剖面示意图

对于物性相对较差的储层，在油藏高度一定条件下（中等幅度），虽然含油饱和度也随储层物性变好而增大，但原始含油饱和度并不很大。扶余油田在纯油段内，位于河道边部的储层孔隙度为18%~20%，渗透率为20~50mD，原始含油饱和度只有60%~65%，与物性好的储层中的高含油饱和度相差约20%。

对于低孔低渗储层，纯油段内由于储层物性（孔隙结构）影响，纯油层的原始含油饱和度并不高（在55%左右）。水则以束缚形式存在于储层中。如新立、新民、大老爷府等油田均属于此类特征，纯油层的孔隙度一般分布在12%~18%，渗透率为3~10mD，纯油段内含油饱和度最高不超过60%，一般分布在53%~58%（表1-8）。

表1-8 低孔、低渗油层含油饱和度数据表

油田	层位	孔隙度 %	渗透率 mD	含油饱和度 %	井号	试油，t/d	
						油	水
新立	扶余、杨大城子	16	12	58	新103	3.52	0
新民	扶余	14	5.5	56	民19	17.1	0
大安	扶余	13	3.4	54	大221	6.9	
大老爷府	高台子	15	5.4	57	老4	14.9	

油水同层区，既油水过渡段，流体主要以束缚水、可动水、残余油、可动油等4种基本形式存在，油水相对渗透率均大于0，在一定的生产压差下，油水均流动。一般情况下油水同层区分布在纯油层以下纯水层以上的井段内，长短不一，有的高达上百米，有的只有几米。如套保油田（图1-25），油藏高度为38m，由于储层物性好，在纯油段下部发育油水过渡段只有8m。四方坨子油田（图1-26）为层状构造油藏，含油高度5~15m，由于储层物性好（渗透率为440mD）油水过渡段只有5m左右。而大老爷府油田含油高度30m，油水过渡带达25m。

勘探实践证实，如果油藏高度小于油水分异所需要的临界含油高度 H（即低幅度油藏），整个油藏均处于油水过渡段内，油水同出。如英台油田高台子油层，油层平均渗透率为398mD，油藏高度10m。根据英124井压汞资料建立的油藏临界含油高度与储层物性关系表明，渗透率为400mD时，临界含油高度为10m，与油藏实际含油高度基本一致，油层基本处于油水过渡带内（图1-27）。英143区块含油高度35m，其中油藏顶部有5m左右纯油段，储层渗透率为130mD，计算该区块临界含油高度为29m，与实际基本一致，含油饱和度57%。

2. 岩性油藏及其复合油藏对测井解释影响分析

由于砂岩尖灭或物性变差造成封堵，或者砂岩储层四周被非渗透岩层所包围，从而形成纯岩性油藏，其主要控制因素是在一定的构造背景下的砂体类型。大情字油田岩性油藏的普遍特征是，砂体沿着构造高部位上倾尖灭，并在侧向上发生相变，从而造成侧向封堵，其油气富集部位主要分布在相对构造高部位的主流线砂体内，这一观点已被完钻的开发井及其动态反映所证实。

复合油藏主要指受构造和沉积双重因素的控制，是低孔低渗储层最重要的油藏类型。一类是砂岩储层一侧相变为非渗透层，另一侧受构造控制；一类是砂岩储层上倾方向为断层遮挡，侧向岩层尖灭，有时还伴有鼻状构造或半背斜构造等。对于复合油藏来说，以单砂体为研究单元，首先寻找河道主流线砂体，顺河道展布方向追踪对比。分析沉积微相的侧变形成的构造+岩性圈闭，然后结合油水层的分布，建立油气富集模式。构造高处含油饱和度相对较高。其沉积微相类型为三角洲前缘水下分流河道。

上述两种类型油藏中具有共同的特点：在含油饱满，具有较高含油饱和度的油层部

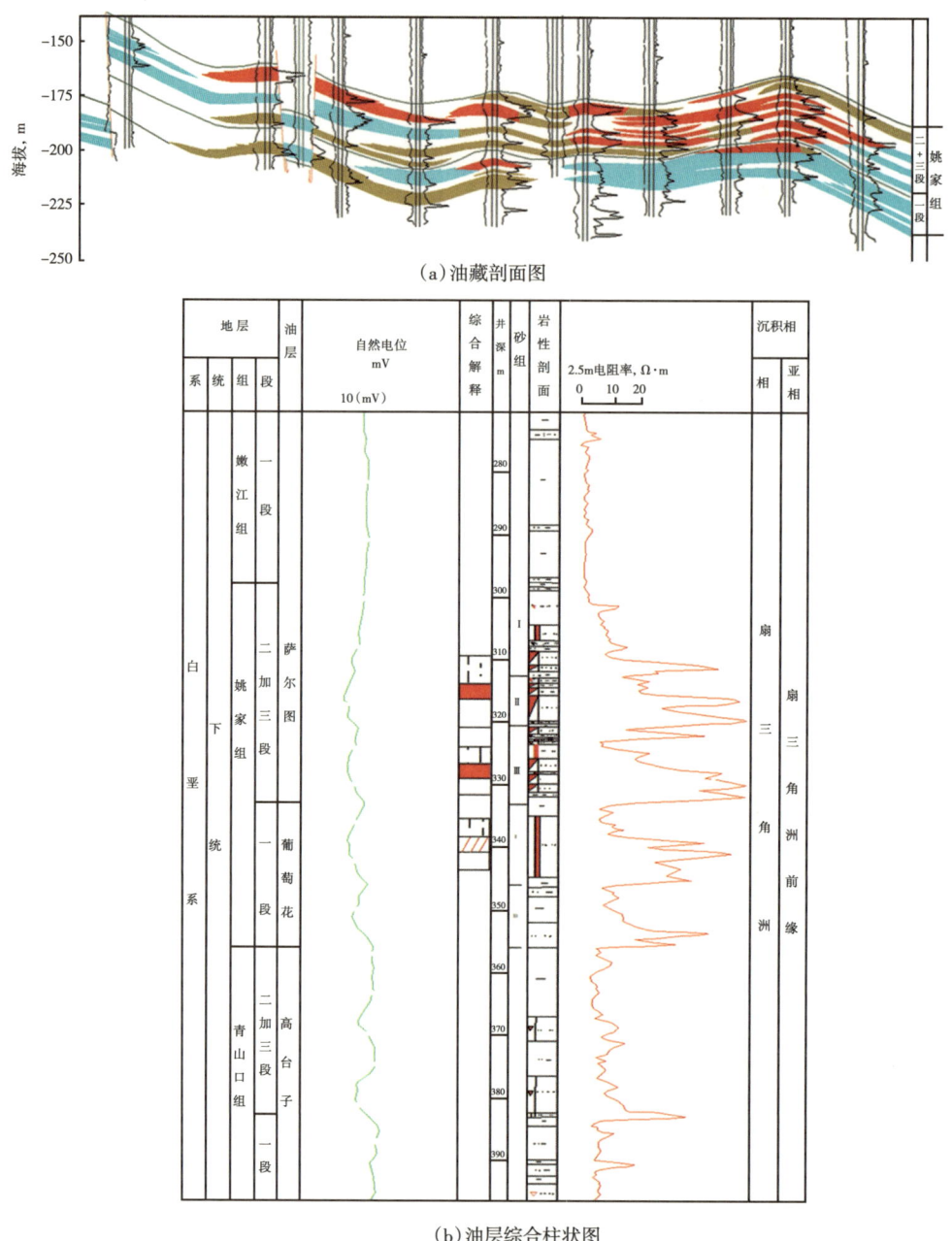

图 1-25 套保油田油藏构造图

位，测井响应表现为三孔隙度曲线反映为物性好，电阻率高，易于识别评价。主要受控于受沉积相和构造高点。在含油性差、具有低含油饱和度的油水同层部位，测井响应表现为三孔隙曲线度反映为物性差，电阻率低，不易于识别评价。该种储层岩性细，泥质含量较高，形成束缚水饱和度高，同时处于低幅度构造或构造低部位，油水分异不好，从而形成低阻油层。这也是低孔低渗油层流体难以识别的原因之一。

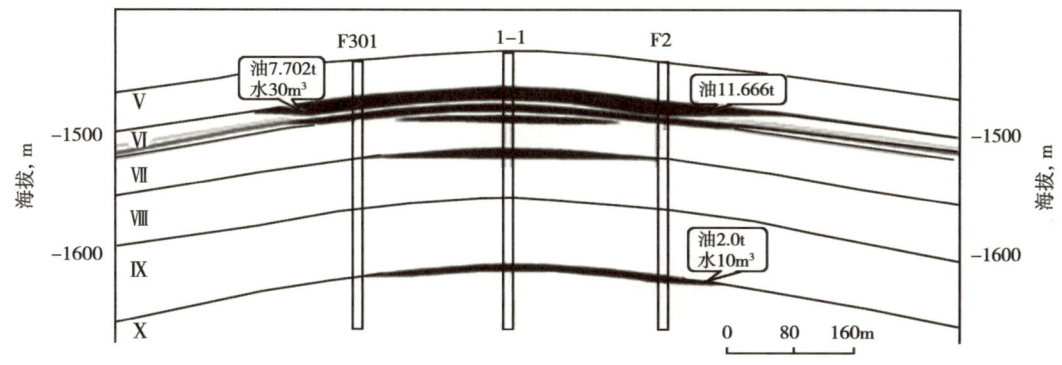

图 1-26　F301-F2 井油藏剖面图

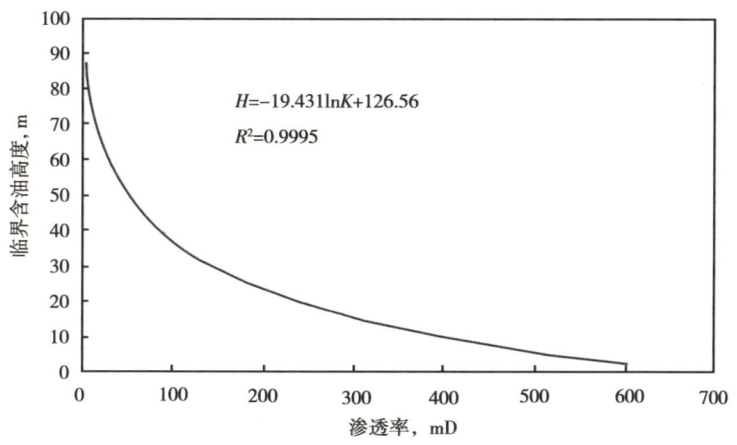

图 1-27　临界含油高度与渗透率关系图

如图 1-28 所示，H60 井的 13 号层上部，由 AC、GR 与 RILD 的对应关系看，RILD 降低以及 AC 的升高，可以认为是由于泥质含量的增加导致了 AC 增高的水层。经计算含油饱和度仅为 20.46%。但由补偿密度及补偿中子测井资料综合反映本段泥质含量并不高，所以该层电阻率偏低是由于岩性偏细，其孔隙间含有大量的束缚水而导致的；由于录井显示级别为 13 级，故认为该层是束缚水饱和度较高的"低含油饱和度"油层。

对于具有一定油藏高度的构造—岩性油藏或岩性油藏，多数为低孔低渗油层，由于受储层孔隙结构的影响，使得油层和油水同层在平面上和纵向上的分布复杂化。在同一含油井段内，储层物性相对较好的层段内，油水分异好，试油或投产为纯油层。在储层物性较差的层段内，油水分异不充分，除存在较高束缚水还存在一部分可动水，试油或投产均为油水同层。如乾安油田高台子油层，油藏类型为砂岩上倾尖灭油藏，在构造高点处的 QS1 井、QS6 井，由于储层物性变差，含油段内试油油水同出，两口井日产油、水分别为 2.8t/2.1m³ 和 1.0t/1.0m³。而位于构造相对低部位的 Q203 井（比 QS1 井低 200m），储层物性相对较好的 3 个层试油均为纯油层（1.2~5.1t/d）。

在油层和油水同层段，原始含油饱和度 S_o 的变化决定了电阻增大率（R_t/R_0）的大小。如按阿尔奇公式（纯砂岩）和 Waxman-Smits（泥质砂岩）方程计算，取 $b=1$、$n=2$，含油饱和度与电阻增大率具有较好相关关系，随含油饱和度增加，电阻增大率也随之增大，见表 1-9，

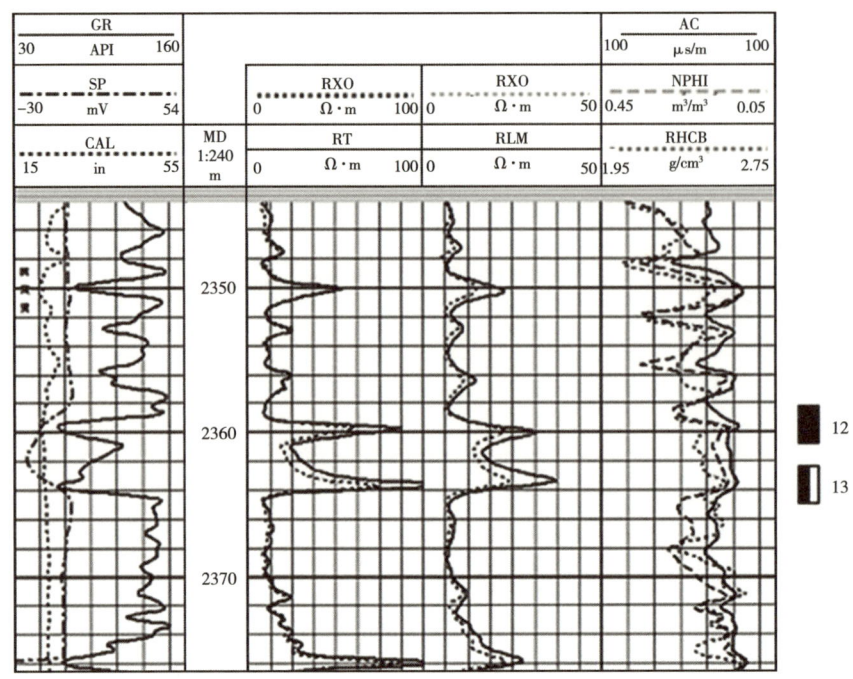

图 1-28　H60 井测井曲线图

其中 Q_v 为阳离子交换量，meq/mL。

表 1-9　含油饱和度—电阻增大率关系

S_o（%）	90	85	80	75	70	65	60	55	50	45	40	30
(R_t/R_0) 阿尔奇公式	100	44	25	16	11	8.2	6.3	4.9	4	3.3	2.7	2
(R_t/R_0) Waxman-Smits 方程、$Q_v=0.05$	44	29	16	12	8.2	6.3	5.2	4.4	3.7	3.1	2.6	2
(R_t/R_0) Waxman-Smits 方程、$Q_v=0.5$	16	11	7.1	5.8	4.6	4	3.2	2.8	2.5	2.3	2	1.7

水层段在同一油藏内位于油水同层之下，储层内 100% 含水或除含水外还含有一部分残余油，射孔后只有可动水流动。

三、低孔低渗储层钻井液侵入特征

准确认识钻井液侵入对井眼周围地层岩石物理性质的影响，特别是电学性质的影响，对裸眼井的精细测井评价至关重要。因此，钻井液侵入规律以及侵入带地层岩石物理性质的变化一直受到测井岩石物理学家的高度关注。钻井液侵入是一个复杂的动态变化过程，受到温度、压力、钻速、井斜角、钻井液性质、钻井液循环速度等施工条件，以及储层岩石的孔隙度、渗透率、孔隙结构、岩石机械强度等内在因素的共同影响[4,5]。长期以来，由于没有钻井过程仿真实验装备，实验室难以从物理模拟的角度揭示钻井液侵入的实际规律。针对这一难题，"十二五"期间以国家油气专项为依托，在数值模拟研究的基础上设计研制了国内外首套反映井筒条件下钻井液侵入特征的 600mm 半径超大尺寸岩石样品实验模拟装置,真实再现钻井液侵入过程中滤饼性质和井周储层岩石物理性质变化,为钻井液侵入时储层岩石物理性质动态变化规律研究奠定了扎实基础。

很久以来,国内外学者在实验室条件下开展过不同尺度的钻井液侵入物理模拟装置研究,按照模型尺度可分为三类:一是模拟井尺度下的钻井液侵入实验装置,二是岩心尺度下的钻井液侵入模拟装置,三是填砂模型的钻井液侵入模拟装置。这些模拟装置对钻井液侵入地层过程中岩石物理响应变化规律的认识起到了一定作用,但与真实地层的响应还有较大的差距。

本次自主设计的超大尺寸岩石样品钻井液侵入实验模拟装置试图继承和充分扩大上述三类模拟装置的优点,努力解决它们的缺陷。图 1-29 给出了钻井液侵入实验装置的结构示意图和侵入实验岩样夹持器实物图。该装置具备以下功能:利用地表露头岩石制作地层模型,模型尺寸可保证足够的侵入空间;能够模拟钻井液的动态滤失、静态滤失过程,并且动态滤失、静态滤失能够自由切换;有足够的压差,能够模拟不同埋深储层的钻井液侵入;能够监测钻井液滤液动态侵入过程并采集相应的数据;能够获取不同侵入阶段的滤饼,并检测其厚度、孔隙度、渗透率。整个系统的结构示意图如图 1-30 所示。

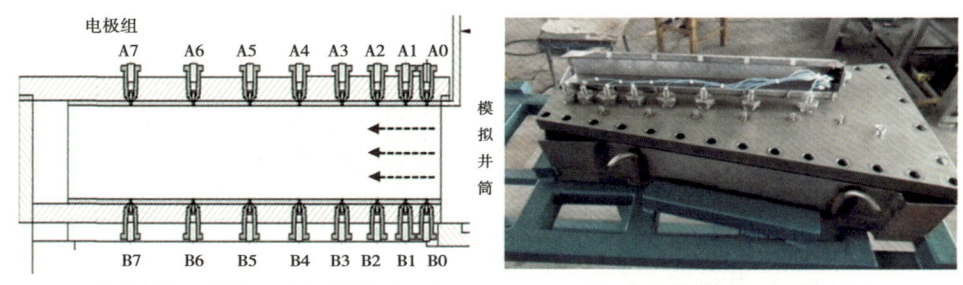

(a)钻井液侵入电阻率监测电极分布图　　(b)侵入实验岩样夹持器实物图

图 1-29　钻井液侵入实验模拟装置设计与实物图

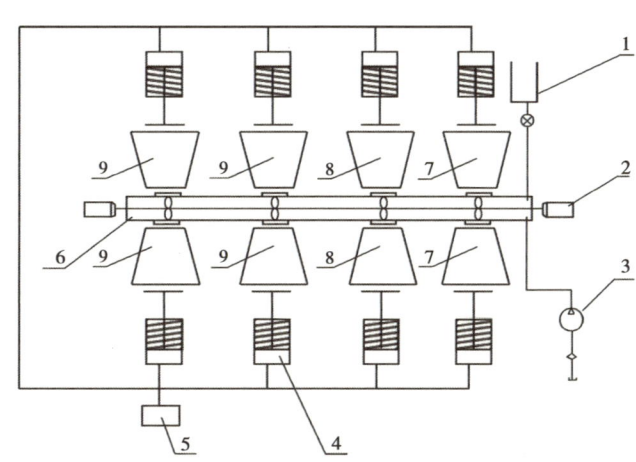

图 1-30　钻井液侵入物理实验装置结构示意图

1—加料阀;2—钻井液搅拌装置;3—钻井液加压泵;4—千斤顶;5—千斤顶液压控制装置;
6—模拟井筒;7—第一类侵入室(带电极);8—第二类侵入室(带压力传感器);
9—第三类侵入室(不带电极、压力传感器)

测试实际岩块样品半径 600mm,为扇形结构,选自陕西省延长县鄂尔多斯盆地延长组长 6 露头和部分华北地区的采石场,测试驱替液按照长庆油田某钻井队实际使用的钻井液进行配方。

通过实验得到的滤饼厚度、滤饼孔隙度和滤饼渗透率随侵入时间的变化规律如图 1-31 至图 1-33 所示。可以看出,在动态滤失过程中,滤饼形成初期,侵入速率快,滤饼表面固

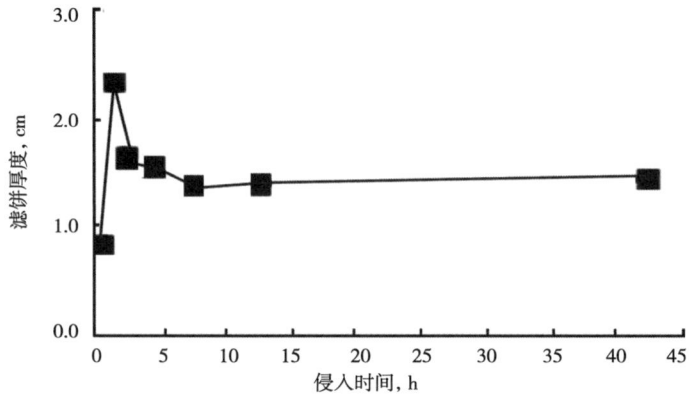

图 1-31　滤饼厚度—侵入时间交会图

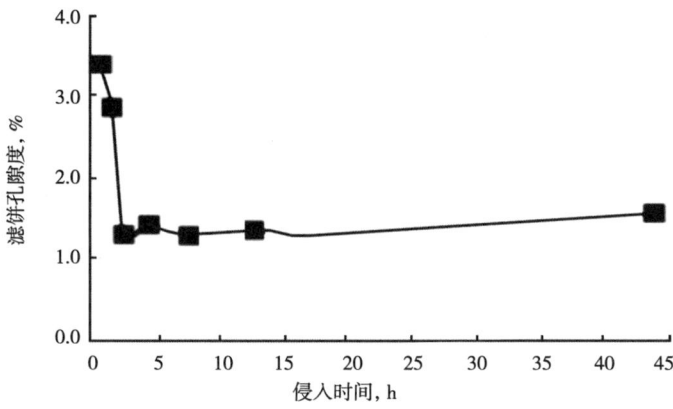

图 1-32　滤饼孔隙度—侵入时间交会图

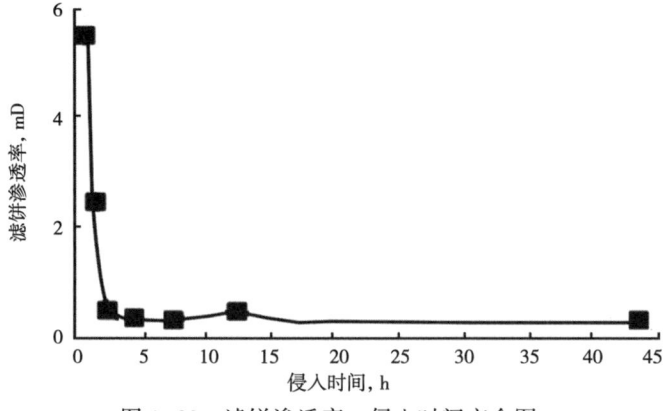

图 1-33　滤饼渗透率—侵入时间交会图

体颗粒的沉淀速率大于冲蚀速率，滤饼增厚，滤饼较疏松，渗透性好；随着侵入的持续，滤饼被逐渐压实，滤饼厚度、孔渗降低，滤饼上的压差也随之升高，侵入速率降低，滤饼表面固体颗粒的沉淀速率逐渐减小，直至沉淀速率等于冲蚀速率，钻井液侵入达到动态平衡，滤饼厚度、孔隙度、渗透率等物理量也趋于稳定。

通过这组实验结果的分析，认为低孔低渗储层的钻井液侵入效果的影响因素主要是：

（1）物性。图1-34和图1-35分别是压差为2.5MPa时Ⅲ号、Ⅴ号砂岩（样品孔渗数据见表1-10）的滤失流量和侵入深度与侵入时间的交会图。钻井液侵入初始阶段（侵入时间<30h），物性更好的Ⅲ号砂岩的滤失流量大于Ⅴ号砂岩，侵入更快，滤饼形成的也越早，并且由于受钻井液压力的持续压实Ⅲ号砂岩的滤饼渗透率降低得更快，因此持续一段时间后，Ⅲ号砂岩的滤失流量逐渐小于Ⅴ号砂岩。滤饼取样测试结果见表1-10，Ⅲ号砂岩模块井壁滤饼的渗透率小于Ⅴ号砂岩井壁滤饼，证实了上述推断。

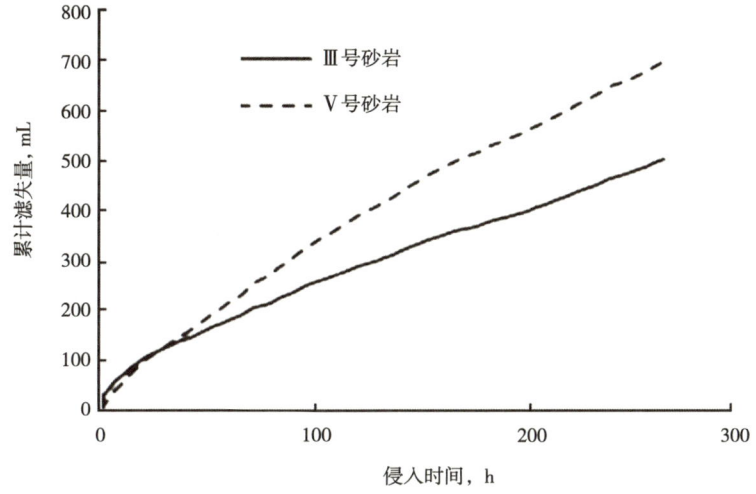

图1-34　累计滤失量—侵入时间交会图（压差2.5MPa）

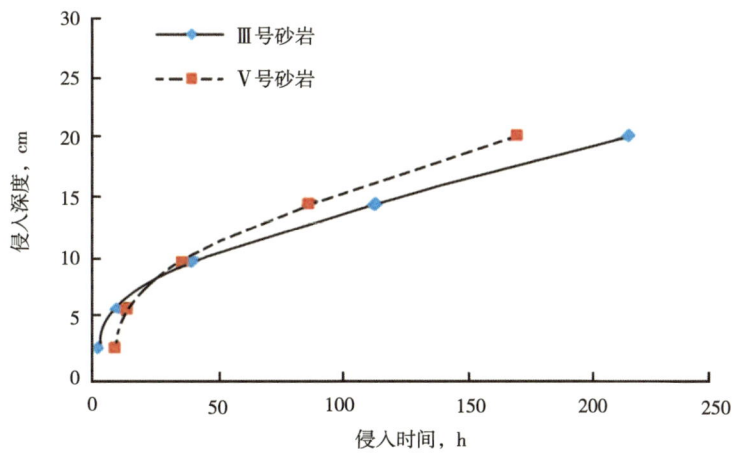

图1-35　侵入深度—侵入时间交会图（压差2.5MPa）

表1-10 实验过程中滤饼数据统计表

样品编号	样品孔隙度 %	样品渗透率 mD	滤饼厚度 cm	滤饼孔隙度 %	滤饼渗透率 mD
Ⅲ	17.07	42.23	1.07	1.12	0.11
Ⅴ	7.53	0.51	0.71	1.35	0.21

从实验结果可以看出，钻井液侵入初期低孔渗地层滤饼尚未形成有效封堵，侵入速度慢，钻井液的滤失流量及累计滤失量小。但是在侵入中后期，低孔渗地层的侵入速度明显增加，这主要是因为滤饼形成速度慢，有效压实程度低，渗透性好。

（2）压差。如图1-36所示，由于钻井液压差是钻井液滤液侵入地层的动力，因此压差越大，相同时间内侵入速度越快，侵入深度越大。

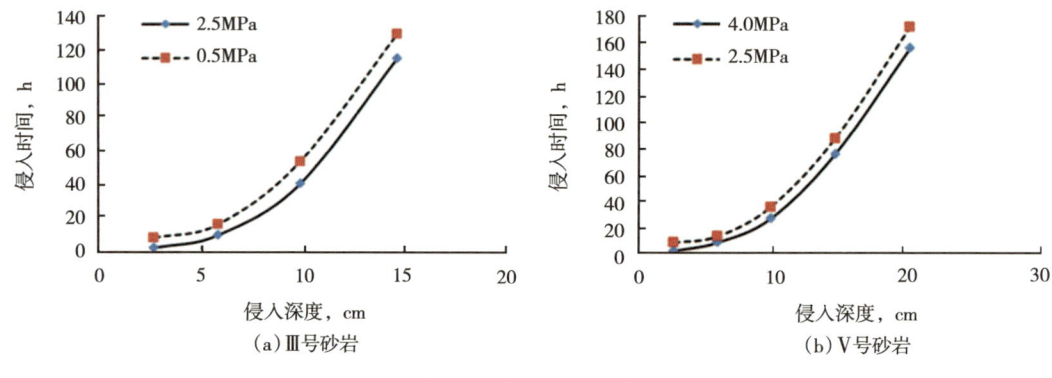

图1-36 不同压差下侵入深度—侵入时间交会图

（3）地层渗透率伤害分析。实验发现，将砂岩模块井壁滤饼刮取干净后，用饱和溶液测量的砂岩模块渗透率小于砂岩模块原始渗透率，也即钻井液侵入还会影响砂岩模块的渗透率，进而降低低孔渗砂岩储层的产能。为了量化钻井液侵入对砂岩模块渗透率的影响，定义渗透率损伤率 R_{Kd}：

$$R_{Kd} = 100 - \frac{K_{mi}}{K_{in}} \times 100\% \tag{1-1}$$

式中　K_{in}——模块原始渗透率，mD；

　　　K_{mi}——模块钻井液侵入后渗透率，mD。

当 $K_{mi}=K_{in}$ 时，$R_{Kd}=0$，表明砂岩模块渗透率没有受到损伤；$K_{mi}<K_{in}$ 时，$0<R_{Kd}<100$，表明砂岩模块渗透率受到钻井液侵入的损伤，R_{Kd} 越大，侵入对渗透率损伤的越严重。

不同压差和侵入时间的实验结果见表1-11，可以看出，砂岩模块渗透率损伤主要发生在侵入开始到滤饼形成这段时间，由于钻井液中的高分子聚合物和黏土细颗粒随钻井液滤液侵入储层，占据近井眼储层孔隙喉道，导致近井眼附近渗透率降低；待滤饼形成并稳定后，滤饼有效阻隔了高分子聚合物和黏土细颗粒的持续侵入，渗透率损伤率也逐渐稳定。压差越大，渗透率损伤率越大。与中高孔渗样品相比，低孔低渗砂岩模块孔径小，高分子聚合物和黏土细颗粒侵入越浅，渗透率损伤率也略小，但由于其原始渗透率低，因此侵入污染对产能造成的影响更严重。

表1-11　砂岩模块钻井液侵入渗透率损伤率统计表

实验编号	压差 MPa	侵入时间 h	渗透率损伤率，%									
			Ⅱ	Ⅲ	Ⅴ	Ⅳ						
						侵入 0.82h	侵入 1.67h	侵入 2.63h	侵入 4.68h	侵入 7.75h	侵入 12.78h	侵入 44h	侵入 44h
1	1.00	44	—	—	—	10.27	27.95	32.84	35.97	37.17	37.04	39.37	39.17
2	0.50	140	23.71	28.63									
3	2.50	263	—	36.97	27.73								
4	4.00	178	40.36	—	31.69								

实验研究认为，影响钻井液侵入的因素可分为内部因素和外部因素两大类，内部因素主要是储层的孔隙度、渗透率、非均质性等，外部因素包括井筒压差、浸泡时间、钻井液性能（黏度、滤失性能、固液比例等）等。在动态滤失过程中，在滤饼生长期内，滤饼厚度增加；侵入持续一段时间后，当滤饼表面固体颗粒的沉淀速率等于冲蚀速率时，侵入将达到动态平衡，滤饼性质趋于稳定，地层径向压力梯度、滤失流量也趋于稳定，因此滤饼在井壁形成封堵，有效延缓了滤液的侵入。

侵入初期，低孔渗储层的滤饼形成比较慢，滤失流量、侵入速度均小于中高孔渗储层。侵入持续一段时间后，低孔低渗储层的滤饼渗透率降低的较慢，因此滤失流量大于中高孔渗储层，其累积滤失量和侵入速度也逐渐超过中高孔渗储层。由于钻井施工持续时间一般都在15天到30天，有时由于处理工程事故则会延长至几个月。因此低孔渗储层在长时间钻井液浸泡下，侵入深度更大，渗透率损伤导致的储层产能也受影响更大。为尽可能获取接近原状地层的测井资料，降低钻井液侵入对低孔低渗储层产能的影响，除了优化钻井液的滤失性能（让井壁滤饼尽快形成），还应该尽可能降低压差、及时测井。

参 考 文 献

[1] 贾承造，赵政璋，杜金虎，等．中国石油重点勘探领域——地质认识、核心技术、勘探成效及勘探方向［J］．石油勘探与开发，2008，35（4）：385~396．
[2] 罗蛰潭，王允诚．油气储层的孔隙结构［M］．北京：科学出版社，1986．
[3] 中国石油勘探与生产分公司．低孔低渗油气藏测井评价技术及应用［M］．北京：石油工业出版社，2009．
[4] 欧阳健，王贵文，毛志强，等．测井地质分析与油气层定量评价［M］．北京：石油工业出版社，1999．
[5] 欧阳健，毛志强，修立军，等．测井低对比度油层成因机理与评价方法［M］．北京：石油工业出版社，2009．

第二章　高精度岩石物理分析方法

　　储层的岩石物理性质及其测井响应机理是利用测井信息发现和评价油气层的依据，这一过程中一项重要的基础工作就是针对岩心开展实验测试和岩石物理研究，明确测井信息与储层本身物理—化学特性的内在联系，从而确定基于测井信息评价储层特性的解释方法模型。这是提高测井解释符合率、更准确计算储层参数的基本途径。地质目标越复杂，对岩石物理测量精度和时效性的要求就越高。就低孔低渗储层而言，所熟悉的主要基于中高孔渗储层所建立的理论方法模型的适用性大大降低，必须依据高精度配套的岩石物理实验结果进行修正，甚至需要研究提出新的方法模型。因此，在低孔低渗储层勘探研究中，不仅需要加大岩石物理研究的力度，更需要重视岩石物理实验测试的仪器装备、工艺流程与测量精度分析。

　　本章重点讨论提高低孔低渗储层常规孔渗、覆压孔渗、核磁共振等实验测试精度的方法，以及用于快速确定储层关键参数的井场岩石物理快速分析系统。

第一节　低孔低渗储层岩石物理实验关键方法

　　孔渗、岩电和核磁共振实验是常用的储层岩石物理研究手段。针对低孔渗砂岩储层的独特岩石物理特征，为提高实验结果的精度，本节详细介绍了关键技术工艺和测试流程。

一、常规孔渗实验

　　孔隙度、渗透率实验测量是长期以来储层岩石物理分析过程中一项最基本的任务，实验室测量过程都是基于气体波义耳定律，已经形成了相关的行业规范和标准测试流程。但对低孔低渗储层而言，柱塞岩样的孔隙度和渗透率测量对精度控制要求更高，测量过程需要注意一些特殊的工艺要求。

　　以 CoreTest 公司的 AP608 孔渗测量仪器为例，通常使用氦气作为介质，利用气体膨胀原理测定岩样的颗粒体积 V_G 和孔隙体积 V_P。柱塞形状或其他规则形状的岩样总体积 V_B 可以用卡尺测量计算得到，孔隙度计算公式为：

$$\phi = \frac{V_P}{V_B} = \frac{V_B - V_G}{V_B} \tag{2-1}$$

　　测量岩石颗粒体积通常采用岩心杯，在常温常压下测量，该方法测定的颗粒密度的精确度在 0.01g/cm³ 内，孔隙度精度在 ±0.4pu 以内。

　　如果能直接测量岩样的孔隙体积，就可以有效排除 V_B 或 V_G 的测试误差对孔隙体积的影响。测量孔隙体积需要连接岩心夹持器，岩心夹持器可以是 Hassler 型、均匀受压的双轴向或三轴向装载室。对于理想的圆柱样品，经过校准后的测得的孔隙体积绝对偏差一般在 ±0.03cm³ 之内。

实际岩样测定结果表明，总体积为 50cm³ 的岩样，其测试绝对偏差约在 ±0.1cm³ 以内，得出的孔隙度与真实值的绝对偏差在 ±0.2pu 以内。由于采用气体波尔定律，因此测试过程中要求环境温度恒定（小于 1℃），保证气体质量平衡；压力传感器精度要求满足全量程 0.5%，质量称量需要采用精确到 1mg 的分析天平，以满足测量孔隙度测量精度的要求。

基于低压环境的常规稳态法渗透率测试方法，对低孔低渗岩石的测试效率和精度较差，而采用高压脉冲瞬态法可以提高精度。该方法是通过测量岩石样品两端压力容器的压强变化来获得渗透率。其测量原理为采用上、下游两个容器，其中一个容器（或两个容器）的体积相当小，容器和岩样都充入气体达到足够高的压力（7~14MPa）以减少气体滑脱效应和压缩率。整个系统的压力达到平衡后，在原有的稳定孔隙压力 p_2 状态下，通过在样品的上游端突然施加一个孔隙压力脉冲，增加上游容器的压力（一般为初始压力的 2%~3%）产生通过岩样流动的压力脉冲。造成样品的上游端和下游端之间瞬间存在附加的压力差（设此时上游端、下游端瞬间压力分别为 p_1 和 p_2，如图 2-1 所示），随着流体在样品中的流动，上游端、下游端游端压力逐渐衰减，并遵从下式的变化规律：

$$p_1(t) = p_f + (p_1 - p_f) e^{-\alpha t} \tag{2-2}$$

$$p_2(t) = p_f - (p_f - p_2) e^{-\alpha t} \tag{2-3}$$

式中　α——衰减系数，无量纲；

　　　t——平衡时间，s；

　　　p_f——重新平衡状态的压力，MPa。

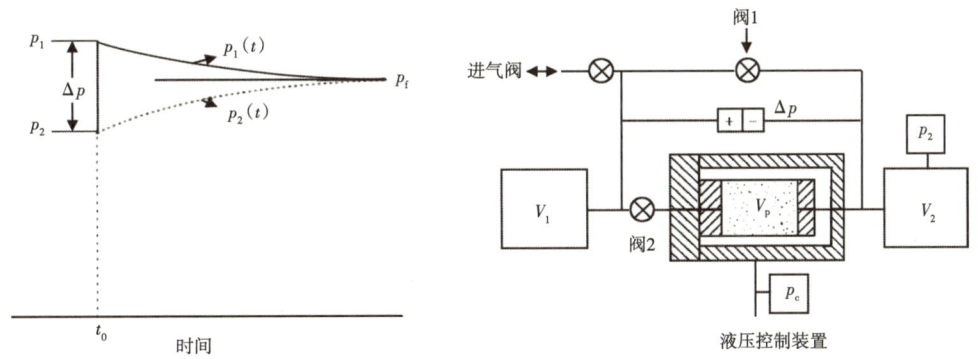

图 2-1　压力脉冲法测量渗透率原理示意图

介质的渗透率 K 与衰减系数成正比，通过测量样品上游端、下游端的压力随时间的变化可以求得 α，进而计算出介质的渗透率，计算公式为：

$$\alpha = \frac{KA}{\mu_w C_w L} \left(\frac{1}{V_u} + \frac{1}{V_d} \right) \tag{2-4}$$

式中　C_w——孔隙体积，cm³；

　　　μ_w——测量使用的流体黏度，mPa·s；

　　　C_w——测量使用的流体压缩系数，无量纲；

　　　A——样品的横截面积，cm²；

　　　L——样品的长度，cm；

　　　V_u，V_d——分别为上游、下游容器的体积，cm³。

小压差和低渗透率实际上消除了惯性流动阻力影响。这种方法非常适合于测定渗透率在低于 0.1mD 的特低渗透率岩样。压力脉冲衰减法最大的优点是测量快速，因为该方法属于非稳态法，测量的是非稳态的压力，大大缩短测量时间，减少了伴随长时间测量而带来的泄漏或温度波动等误差影响。

采用 AP608 系统测量孔隙度、渗透率时，必须严格注意以下几点：

（1）正确施加压力条件建立合理的围压和孔压。

为了提高数据的对比性和实验条件的一致性，在流程中设计了压差产生装置。压差的产生不再需要人为干预，同时调节的准确性也进一步提高。压差产生装置如图 2-2 所示。

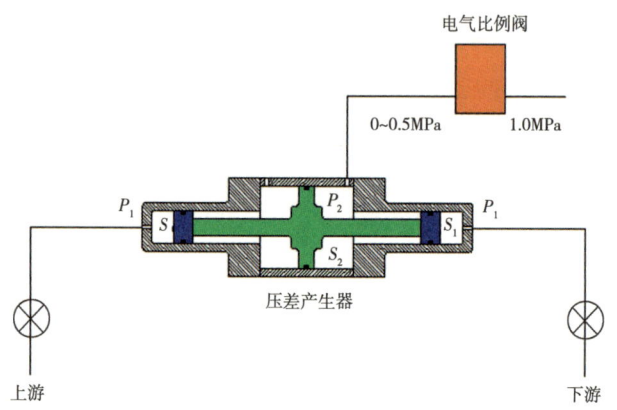

图 2-2　AP608 孔渗测量系统压差形成示意图

在产生压差时，压差产生器的上下游阀门打开，压差产生器和设备的上下游相连，在中间连杆的右侧施加一个外界压力源，其压强记为 P_2，记上下游两端所受的压强分别为 P_1，P_3，对中间连杆受力平衡分析得到如下关系式：

$$P_1 S_1 = P_2 S_2 + P_3 (S_2 - S_3)$$
$$S_1 = S_3 \tag{2-5}$$

式中，S_1，S_2，S_3——分别为压差产生器的两端及中部的受力面积，cm^2。

当压力产生装置形成上下游压差后，断开产生器和上下游的联系，阀门关闭。从而减小了上下游气室的体积，有利于超低渗透率样品的测量。

（2）使用自动围压跟踪装置。

在进行低孔低渗岩样测量时，压力脉冲衰竭比较缓慢。整个测量时间可能很长，外界环境温度的变化会导致岩心加持器中液体压力的强烈变化。自动围压装置可以实时的改变测量围压进行补偿，保持整个测量过程中围压的恒定。同时通过程序控制，自动实现不同围压下渗透率的测量。

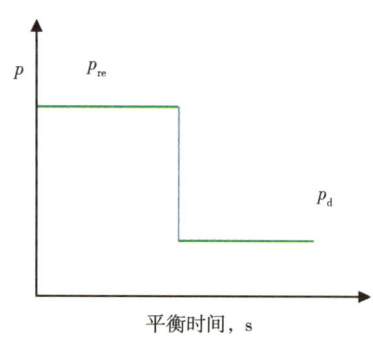

图 2-3　参考体积确定方法原理示意图

（3）准确确定参考体积。

在进行测量前，需要使用上下游气室的体积。当更换了外部管线或岩心加持器时，需要运行体积标定功能重新获取上下游管线的体积（图 2-3）。

标定原理采用波义耳定律，标定步骤如下：

第一步：向大气室中注入一定压力的气体（小于 0.34MPa），等待系统压力稳定后记录压力为 p_1，温度为 T_1。

第二步：放空与大气室连接的管线中的压力，同时保持大气室中的压力。

第三步：待管线压力彻底放空后，打开连接大气室和管线的阀门，气体从大气室扩散到管线中，待压力稳定后记录压力为 p_2。根据如下式便可以计算出与大气室连接的管线体积：

$$\frac{p_1 V_1}{T_1} + \frac{p_a V_2}{T_1} = \frac{p_2 (V_1 + V_2)}{T_2} \tag{2-6}$$

式中　V_1——参考体积，cm^3；

　　　V_2——管线体积，cm^3；

　　　p_a——大气压力，MPa；

　　　p_1，p_2——分别为放空管线前后大气室的平衡压力，MPa；

　　　T_1，T_2——分别为放空管线前后的温度，℃。

二、模拟地层条件下孔渗饱多参数测量系统

储层岩石是一种多孔介质，孔隙度、渗透率等属性参数的测量结果与样品所处的环境息息相关。前面介绍的是在实验室条件下测量岩心样品孔隙度、渗透率的关键操作流程，但是通过模拟地层温度和压力条件下测量岩石物理参数，可以更真实反映地层条件下储层岩石物理特性，为有效评价低孔渗储层提供可靠依据。

SCMS-E 型高温高压多参数测量系统为中国石油集团渤海钻探有限公司测井公司引进的新型全自动岩心测量系统，可模拟地层高温高压环境下岩电参数 a、b、m、n、孔隙度、渗透率、岩石动态弹性模量（纵波时差 ΔT_p、横波时差 ΔT_s、密度 ρ）、应力敏感、压缩系数等物理属性的测试，实现对气体孔隙度、气体渗透率、液体渗透率、岩心地层因素、岩心电阻增大系数、岩心纵横波时差、岩心总体积压缩量、岩心孔隙压缩系数、岩心应力敏感性的综合测量。

1. 覆压物性与常压物性对比分析

为分析常规物性测量与地层压力条件下（覆压）物性测量的差异，选取了大港油田 2#井和 4#井两口井同一层位、不同埋深的砂岩样品 53 块，开展了不同压力状态下孔隙度、渗透率测量，对比分析压力对储层物性的影响程度。其中 2#井岩样埋深在 2340m 左右，上覆地层压力为 48MPa，地层孔隙压力为 23MPa，地层净覆压约为 25MPa；4#井岩样埋深在 3686m 左右，上覆地层压力为 76MPa，地层孔隙压力为 36MPa，地层净覆压为 40MPa。测量流程为：首先测量常压状态下（不添加外加围压）孔渗参数，然后逐渐将围压增至 5MPa、15MPa、25MPa、30MPa、35MPa、40MPa、45MPa 等状态分别测量孔隙度、渗透率。

图 2-4 显示了不同埋深岩样孔隙度随外加围压变化的变化情况。图 2-4（a）显示了其中 12 块岩样孔隙度随外加压力的变化情况，表明随着外加围压的增加，孔隙度降低。埋深浅的岩样（2#井）孔隙度随压力变化呈三段式变化，在 5MPa 之内，孔隙度随压力变化趋势最快；5~25MPa，趋势变缓；大于 25MPa 时，孔隙度随着压力变化非常缓慢，基本保持稳定。埋深大的岩样（4#井）孔隙度随压力变化呈四段式变化，在 5MPa 之内，孔

隙度随压力变化趋势最快；5~15MPa，趋势变缓但大于埋深浅的岩样；15~25MPa，变化趋势进一步变缓；大于 25MPa 时，孔隙度基本保持稳定。当外加围压与地层净覆压相当时（2#井 25MPa，4#井 40MPa），孔隙度基本保持不变，此时得到的孔隙度基本上能够反映地层条件下的真实孔隙度，称为覆压孔隙度。

图 2-4（b）为两口井共计 53 块岩样常压条件下孔隙度与覆压条件下孔隙度对比，其中横坐标为常压孔隙度（不加围压），纵坐标为覆压孔隙度（加围压，2#井 25MPa，4#井 40MPa），可见覆压孔隙度整体低于常压孔隙度。而且对于不同埋深的储层，覆压孔隙度与常压孔隙度之间的变化趋势是一致的，说明正常压实以后，埋深增加对孔隙度影响不明显。

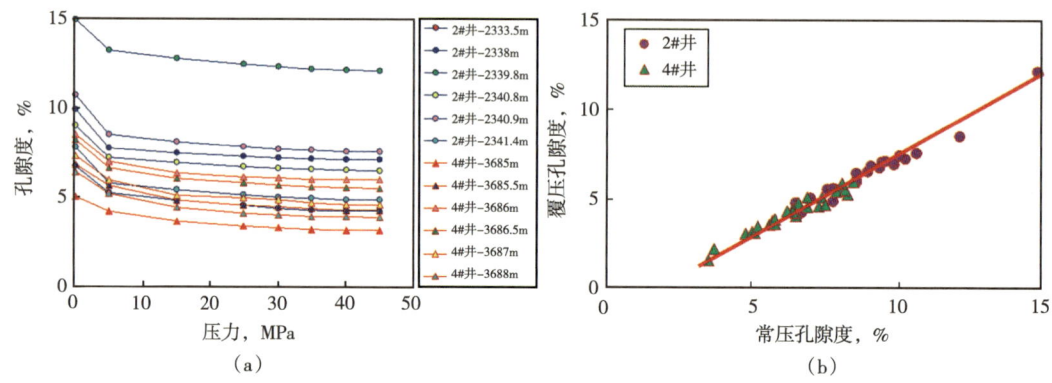

图 2-4　不同埋深岩样孔隙度随外加围压变化关系图

图 2-5 为不同埋深岩样渗透率随外加围压变化的变化情况。图 2-5（a）给出了其中 12 块岩样渗透率随外加压力的变化情况，可以看出，随围压的增加，渗透率降低，不同埋深的两组样品变化趋势存在明显差异。埋深浅的岩样（2#井）渗透率随压力变化类似于孔隙度呈三段式变化，在 5MPa 之内，渗透率随压力变化趋势最快；5~25MPa，渗透率随压力变化趋势迅速变缓；大于 25MPa 时（相当于岩样埋深净覆压），渗透率随着压力变化非常缓慢，基本保持稳定。埋深大的岩样（4#井），在 25MPa 之内，渗透率随压力增大迅速降低；25~40MPa 变化趋势变缓；大于 40MPa 时（相当于岩样埋深净覆压），渗透率随着压力变化基本保持稳定。当外加围压小于地层净覆压时，渗透率随着外加围压增加而降低，当外加围压达到地层净覆压时，随着围压增加，渗透率变化不明显，基本保持稳定，

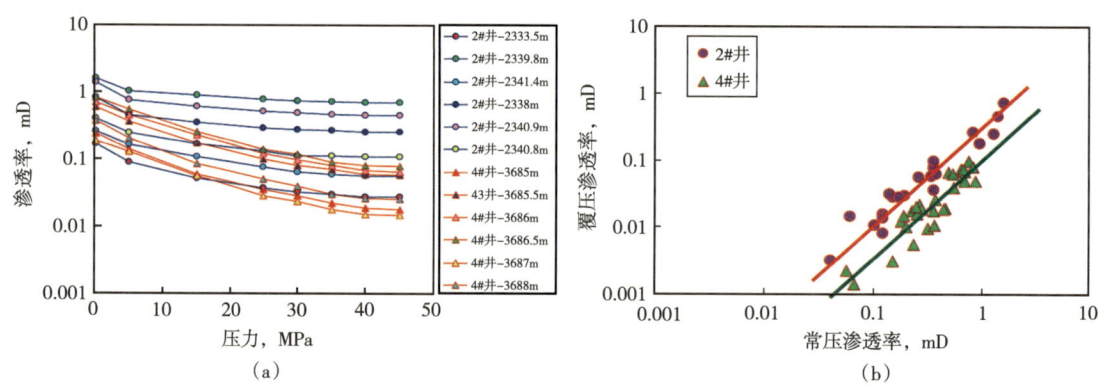

图 2-5　不同埋深岩样渗透率随外加围压变化关系图

此时得到的渗透率基本上能够反映地层条件下的真实渗透率，为覆压渗透率。

图2-5（b）为两口井共计53块岩样常压渗透率与覆压渗透率对比，其中横坐标为常压渗透率（不加围压），纵坐标为覆压渗透率（加围压，2#井25MPa，4#井40MPa），可见覆压渗透率整体低于常压渗透率，不同埋深储层，覆压渗透率与常压渗透率之间的关系存在较大差异，埋藏越深，差异越大，说明埋深对储层渗透率影响明显。

2. 高温高压岩电参数与常温常压岩电参数对比

通过高温高压m、n与常温常压m、n测量结果对比分析发现（图2-6），测量环境对m、n影响明显，为获得准确的饱和度参数，建议进行高温高压岩电参数测量，或将常温常压岩电参数转换为高温高压条件下。

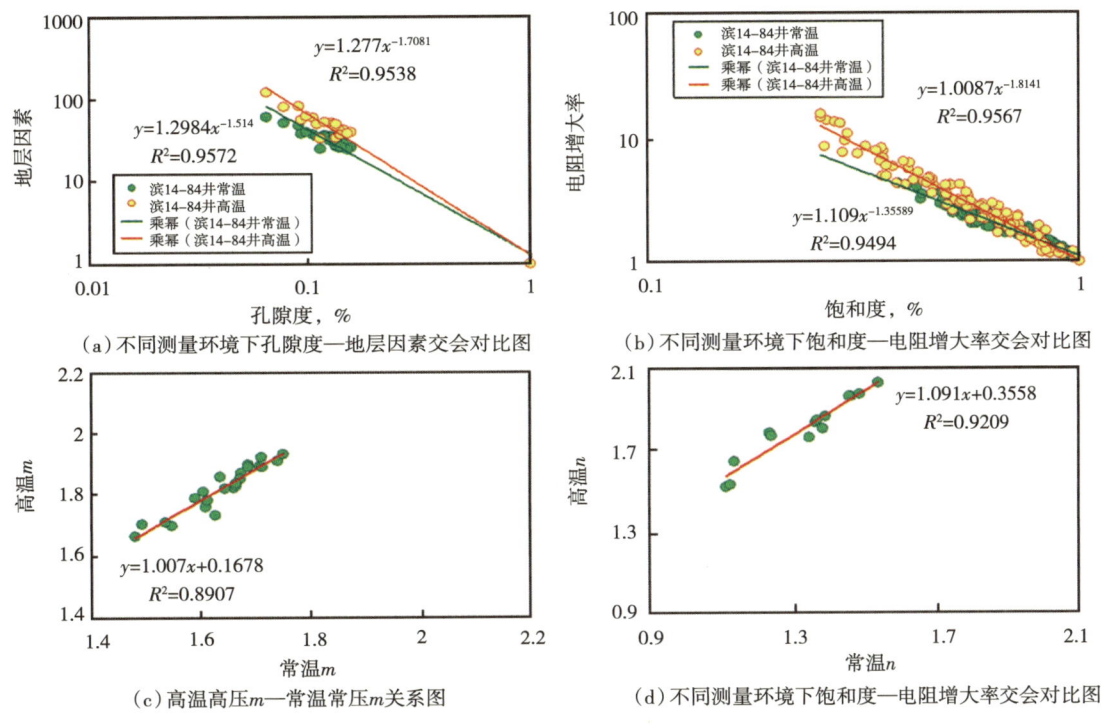

图2-6　高温岩电与常温岩电测量结果对比图

图2-7为歧口凹陷某区块含有不同类型流体储层的岩心分析孔隙度—渗透率关系图。如图2-7（a）所示，利用孔隙度计算渗透率误差大，油层、差油层、干层孔隙度—渗透率分布点子交织在一起，利用孔隙度—渗透率关系图版难以判别有效储层；图2-7（b）的孔渗关系明显要优于图2-7（a）的孔渗关系，且油层、差油层、干层孔隙度—渗透率分布界限明显，能够用于识别有效储层。在低孔低渗储层，利用覆压孔隙度渗透率评价储层有效性的效果明显优于常压孔隙度渗透率。

图2-8为歧口凹陷某井低孔渗储层分别利用不同环境下测量m、n计算的饱和度与密闭取心岩心分析含油饱和度对比图。图中第6道绿色实线为利用常温常压m、n计算的含水饱和度，红色实线为利用高温高压m、n计算的含水饱和度，离散杆状图为密闭取心岩心分析含油饱和度。由图可见，根据模拟地层条件测量的m、n计算的含油饱和度与岩心分析含油饱和度一致性较好，利用常温常压m、n计算的含油饱和度误差偏大。

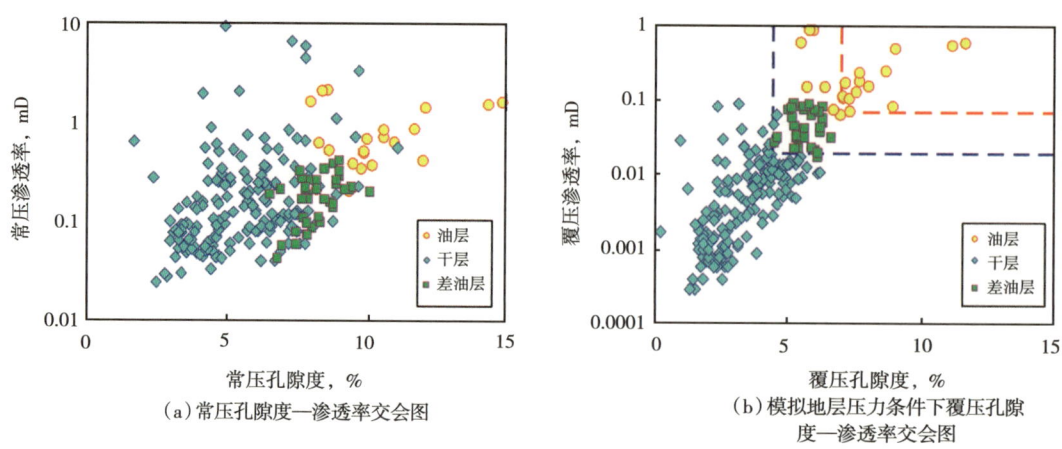

(a) 常压孔隙度—渗透率交会图

(b) 模拟地层压力条件下覆压孔隙度—渗透率交会图

图 2-7 含有不同类型流体储层的孔隙度—渗透率关系图

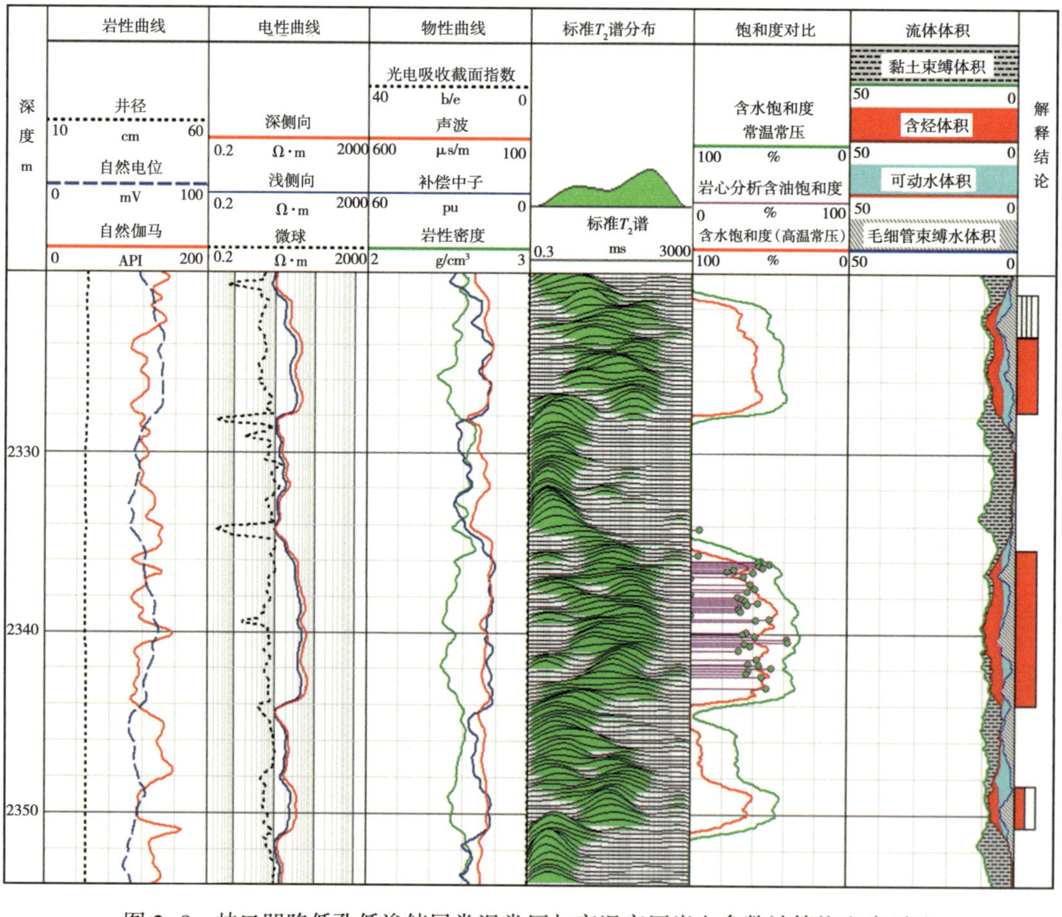

图 2-8 歧口凹陷低孔低渗储层常温常压与高温高压岩电参数计算饱和度对比

三、核磁共振实验

核磁共振实验以能够提供准确的孔隙度、孔隙尺寸分布、渗透率、可动流体体积等参数而成为目前仅次于孔渗实验的常用测试分析手段,其原理可靠,测量过程相对简单,实验周期短,能够无损无污染地获取样品孔隙结构信息。但是对于低孔低渗储层样品,必需高度重视核磁共振实验测试工艺、测试参数对测量结果精度的影响,有时由于参数设置不合理造成的低孔低渗岩样的测量误差是非常显著的,下面通过一些实例来说明这一影响。

1. 回波间隔 T_E

目前在用的商业化核磁共振仪器多采用CPMG脉冲序列,它是由 $(90°)_x$ 脉冲后经过 τ 时间延迟,再连续施加间隔相同的 $(180°)_y$ 脉冲, $T_E = 2\tau$。下式是核磁共振弛豫响应的一般表达式:

$$\frac{1}{T_2} = \frac{1}{T_{2B}} + \rho_2 \frac{S}{V} + \frac{D(\gamma G T_E)^2}{12} \tag{2-7}$$

式中 T_2——横向弛豫时间,ms;

T_{2B}——自由弛豫时间,ms;

ρ_2——横向表面弛豫率,μm/ms;

S——孔隙表面积,cm²;

V——孔隙体积,cm³;

D——扩散系数,cm²/ms;

γ——旋磁比,无量纲;

G——梯度,Gs/cm;

T_E——回波间隔,ms。

从式(2-7)可以看出,在其他参数一定的情况下,T_E 越小,可以采集的 T_2 信号值越大。因此,为了测全低孔低渗样品所有尺寸孔隙的分布,应尽可能减小 T_E,实际上也只有足够小的 T_E 才能确保小孔隙中的弛豫信号能够被激发。但是,由于仪器结构设计的原因,当选择的 T_E 较低时仪器会严重发热。因此,对于低孔低渗岩样,实验室通常只能选择 $T_E = 0.2\text{ms}$。

图2-9是对同一块样品选用5种不同的 T_E 进行测量得到的 T_2 谱。可以看出,随着 T_E

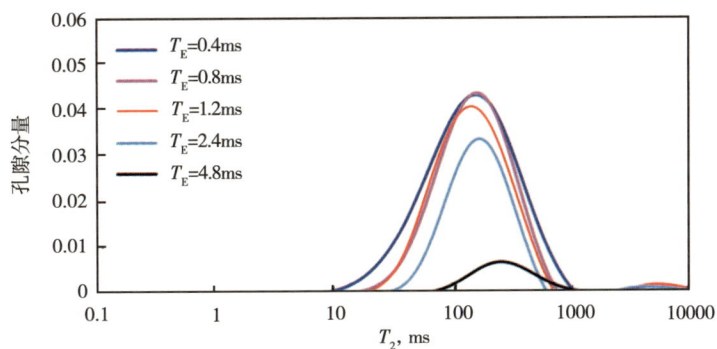

图2-9 不同回波间隔的核磁共振测量结果对比

的增大，T_2 谱幅度下降，峰值往右移动，说明越来越多的小孔隙的响应减弱直至消失，测得的 T_2 谱也逐渐偏离真实的孔隙结构特征。

2. 扫描次数

为了提高测量精度，实验室常采用将多次 CPMG 脉冲序列扫描的结果进行累加求平均的方法以获取高信噪比的回波串。实验证明，越多的扫描次数可以获得精度越高的结果。

对一块低孔低渗岩样进行 6 次测量，分别采用了 32 次、64 次、128 次、256 次、512 次和 1024 次扫描，图 2-10 是其 T_2 谱及孔隙度结果对比。可以看出，在其他参数一定的情况下，随着扫描次数的增加，采集的回波串信噪比不断提高，反演得到的 T_2 谱形状越来越趋于稳定，特别是短弛豫的组分逐渐得到体现，对小孔隙的反应能力增加，特别是当扫描次数达到 256 次时，回波串的信噪比可达 35 以上，T_2 谱基本稳定并对 10ms 以下的小孔隙有明显的反应，核磁共振孔隙度也不断接近气测孔隙度并趋于稳定。可见，低孔低渗岩样的核磁共振实验扫描次数一般不应少于 128 次，在有条件的情况下应采用 256 次扫描。

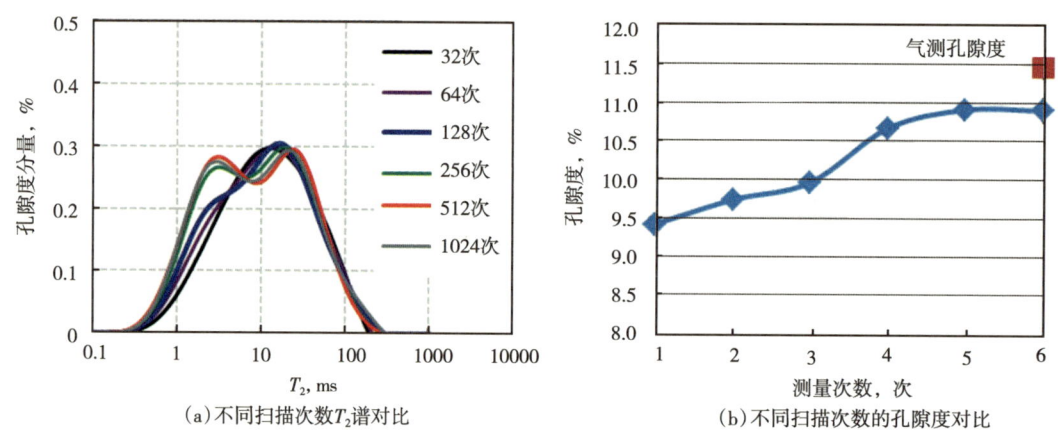

图 2-10 不同扫描次数的核磁共振测量结果对比

3. 接收增益

仪器接收增益是天线的主要指标之一，它是方向系数与效率的乘积。对于核磁共振实验仪器而言，接收增益值越大，则接收性能越强。为了证实增益对核磁共振信号的影响，分别选取称重孔隙度为 29.2%［图 2-11（a）］和 12.5%［图 2-11（b）］两块样品，在仪器接收增益 RG 分别为 2 和 50 的情况下测量 T_2 谱，结果对比如下：

如果以称重孔隙度为标准，对高孔渗样品，接收增益选为 2 和 50 时对应的孔隙度相对误差分别为 6.2% 和 0.68%，而对于低孔低渗样品上述相对误差分别为 5.6% 和 1.6%。由此可见，仪器接收增益的增大，无论对于什么样的储层而言，都可以成倍地提高精度、降低误差。

4. 仪器频率

核磁共振实验仪器的频率是决定信号强度的重要指标，频率越高，磁场强度越高，核磁共振信号就越强。但由于岩心内部梯度磁场的客观存在，如果仪器的场强较高，尽管可以提高岩心测量信噪比，但该磁场在岩心内部造成的梯度磁场也就越大，会导致较明显的扩散弛豫信号，使得最终测量的 T_2 谱不能准确反映实际储层的孔隙度和孔隙结构。理论分析

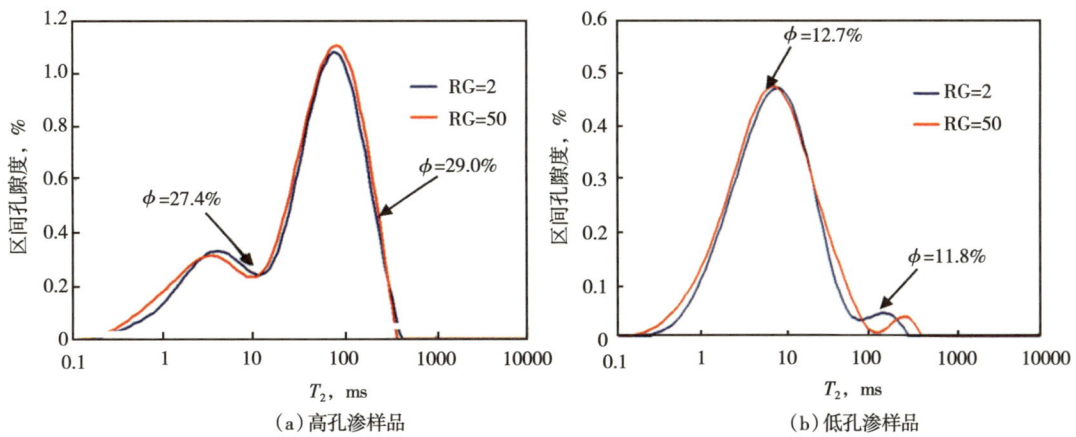

图 2-11 仪器增益为 2 和 50 时高孔渗与低孔渗样品的核磁共振测量结果对比

表明,在其他参数一定的情况下,核磁共振实验仪器的测量结果是外部磁场强度和岩心内部梯度场折中的结果,较高的场强往往并不一定就能获得高精度核磁共振信号。图 2-12 是选用某国产核磁共振实验仪器的 1MHz、12MHz 和 23MHz 三种频率分别测量 6 块低孔低渗岩样的孔隙度与称重法孔隙度对比。可以看出,随着场强或共振频率的增加,核磁共振孔隙度呈变小的趋势,并逐渐偏离真实值。一般来讲,在设置合理的采集参数时,2MHz 低场核磁共振实验仪器可以获得相对准确的孔隙度和可靠的信噪比。

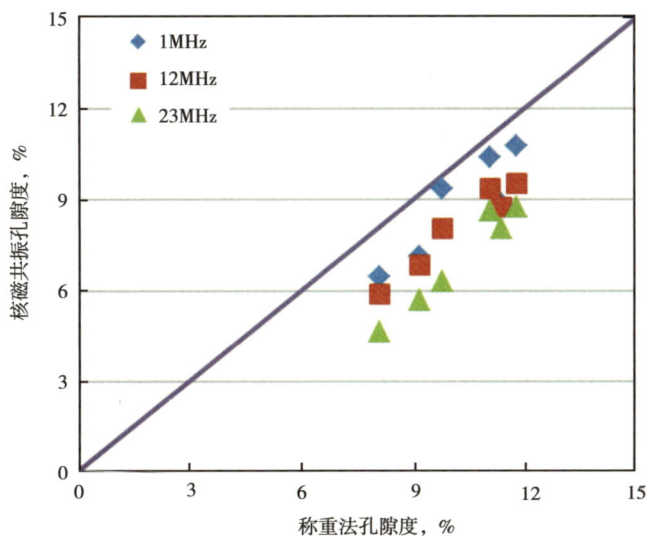

图 2-12 不同频率仪器测量的核磁共振孔隙度与称重法孔隙度对比

综上所述,对低孔低渗样品开展实验室核磁共振测试时,应该合理地选择 T_E、扫描次数、RG 以及仪器频率。如果要开展离心测试,还应该根据实际地层的可能生产压差选择合理的离心转速。这些是影响核磁共振实验结果精度的关键参数。

第二节 低孔低渗储层岩石物理快速分析应用技术

低孔低渗储层岩石物理快速分析应用技术是在常规岩石物理实验分析技术基础上，考虑低孔低渗储层非阿尔奇岩电响应及常规岩石物理实验周期较长等问题，有机结合旋转式井壁取心、现场核磁共振实验等工艺，形成的一项储层参数快速获取和现场解释支持技术，可广泛应用于低孔低渗储层现场快速油气层识别和定量解释评价。

低孔低渗储层岩石物理快速分析应用技术主要包括岩心获取与现场快速测量、储层品质快速评价、饱和度参数快速获取与现场解释评价应用。

一、岩心获取与现场快速测量

1. 旋转式井壁取心

低孔低渗储层岩石物理快速分析技术支持对钻井取心、井壁取心（爆炸撞击式或旋转式）、岩屑的分析。该技术现场应用与推广时可提供旋转式井壁取心作业。旋转式井壁取心兼有钻井取心的整体性和爆炸撞击式井壁取心便捷快速的优点，所取岩心规则，可直接进行岩性、电性、物性和含油性分析实验。因此，旋转式井壁取心仪器已经成为低孔低渗储层岩石物理快速测量设备的重要工艺组成之一（图2-13）。

图2-13 旋转式井壁取心仪器及现场取样效果

2. 核磁共振实验标定及井场快速测量

低孔低渗储层岩石物理快速分析技术的现场快速核磁测量采用 RecCore-2500 型核磁共振岩样分析仪，仪器主频4.7MHz，最小回波间隔 T_E 为0.1ms。如图2-14所示。现场岩心核磁共振快速测量仪能够对岩心柱样、岩屑等进行核磁共振测量。岩心的核磁共振信

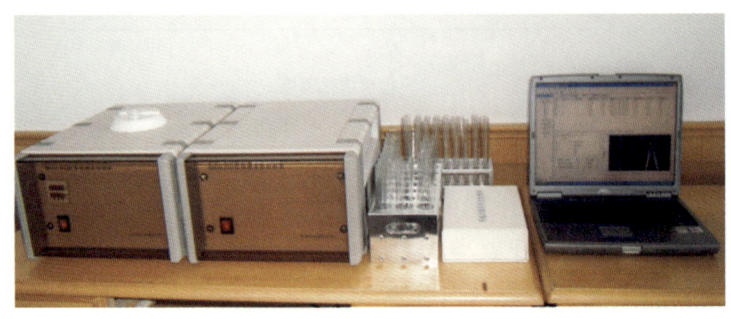

图2-14 低孔低渗储层岩石物理快速分析测量仪器

号只反映孔隙含氢流体（油、气、水）在孔隙中的含量和分布，通常可以获得岩心 T_2 谱以及孔隙度、渗透率等信息。岩心 T_2 谱能够反映孔隙结构，也可用来获取受孔隙结构影响的饱和度计算参数。该方法具有无损、快速、准确的特点。

二、基于 T_2 谱的储层品质快速评价

T_2 谱具有丰富的地质信息，基于统计学中的正态分布模型和地质混合经验分布模型，利用图解法和矩法2种数学计算方法对其进行分解，可以充分挖掘岩心 T_2 谱信息，提取出能够反映储层孔隙结构的特征参数，能更好地反映和描述储层中孔隙的分布情况，在储层微观孔隙结构及储层品质快速综合评价中具有较好的效果。

1. 储层孔隙结构参数定量表征

T_2 谱中提取的各特征参数位置如图 2-15 所示。其中，快速测量的核磁共振谱分别为岩心核磁共振的饱和谱（蓝色）、离心谱（红色）及饱和、离心谱的孔隙度累计曲线。依据谱形态定量表征研究，核磁共振参数可以分3类：（1）以弛豫时间为单位反映孔隙大小的量化参数，包括最大弛豫时间、最小弛豫时间、半弛豫时间、谱峰弛豫时间、均值、几何均值、中值；（2）表征孔喉比例及控制流体运动特征相关的参数，包括最大孔隙度分量、区间孔隙分量（S_1、S_2、S_3）、可动流体百分比（FFT）、束缚流体百分比（BVI）；（3）表征孔隙分选特征的量化参数，包括歪度、分选系数、变异系数和峰度。

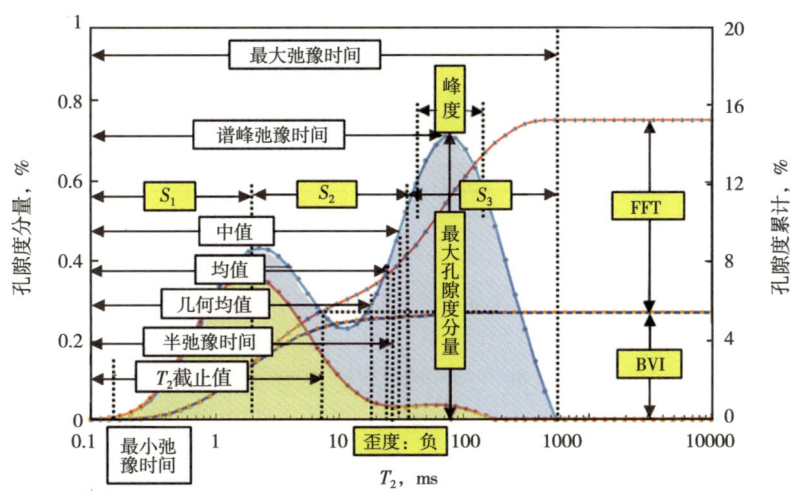

图 2-15　各类定量参数在 T_2 谱中的位置

2. 储层品质指数的构建及应用

在 T_2 谱定量特征参数提取过程中综合考虑2种数学分解方法的相似性及其各自的特性，筛选和优化形成半弛豫时间、均值、最大孔隙度分量、分选系数等16种特征参数，以此更直观和有效地评价储层的孔隙分布、渗透特性、流体赋存状态特征，从而实现储层的分类评价。

通过分析选取表征孔隙结构的参数峰值、三孔隙分量、几何平均值以及束缚水饱和度，可以构建储层品质指数来综合评价储层的孔隙结构。构建公式如下：

$$\mathrm{POPE\_STRUCTURE} = \frac{\ln(T_{2\_\mathrm{PEAK}} \times T_{2\mathrm{gm}}) \times S_3}{S_1 \times \mathrm{SBVI}} \quad (2\text{-}8)$$

式中 T_{2_PEAK}——T_2 分布谱的峰值所对应的 T_2，即孔隙分量为最大时所对应的 T_2，ms；
S_3——T_2 分布谱大孔隙所占比例；
$T_{2\mathrm{gm}}$——T_2 分布谱的几何平均值，ms；
S_1——小孔隙所占比例；
SBVI——利用薄膜水模型计算束缚水饱和度。

对一批岩样利用储层品质指数和孔隙度将其分为4类，结果如图2-16所示。

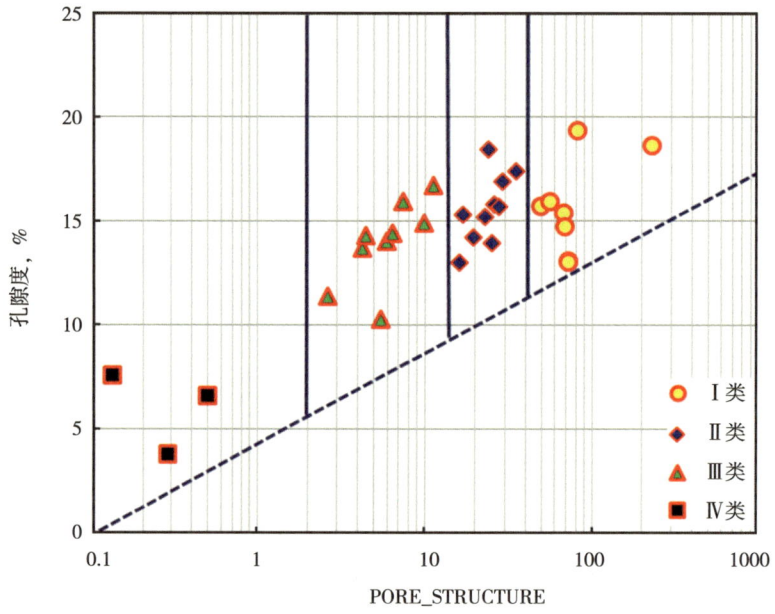

图 2-16　基于储层品质指数的储层分类效果

在此基础上，将实验分析认识推广到核磁共振测井资料的连续处理解释中。通过 T_2 谱解释评价模块对 NP 凹陷 X 井进行处理分析，结果如图 2-17 所示，第 2 道绿色二维谱为长等待时间 T_2 谱曲线以及所提取的最大弛豫时间、最小弛豫时间和谱峰弛豫时间；第 3 道为半弛豫时间、均值、几何均值弛豫时间；第 4 道为孔隙比例特征参数包括最大孔隙度分量、区间孔隙分量 S_1、S_2、S_3；第 5 道为 T_2 谱所提取的孔隙分选性参数，包括变异系数、歪度、分选系数和峰度；第 6 道为利用本书方法计算的渗透率、岩心分析气测渗透率，岩心分析渗透率和计算渗透率值吻合度较高；第 7 道为核磁共振测井计算不同区间孔隙度值；第 8 道为测井计算束缚水饱和度及岩心分析束缚水饱和度，计算结果吻合度较高；第 9 道为储层分类结果；处理结果表明该井段储层孔隙结构较好，Ⅰ类储层占绝对优势。深度 3521~3536m 有 2 个射孔层段，为多层合试，4mm 油嘴条件下日产油 14.05t，实际产出情况与储层品质评价结果较吻合，从而验证了基于 T_2 谱的储层品质快速评价的广泛适用性。

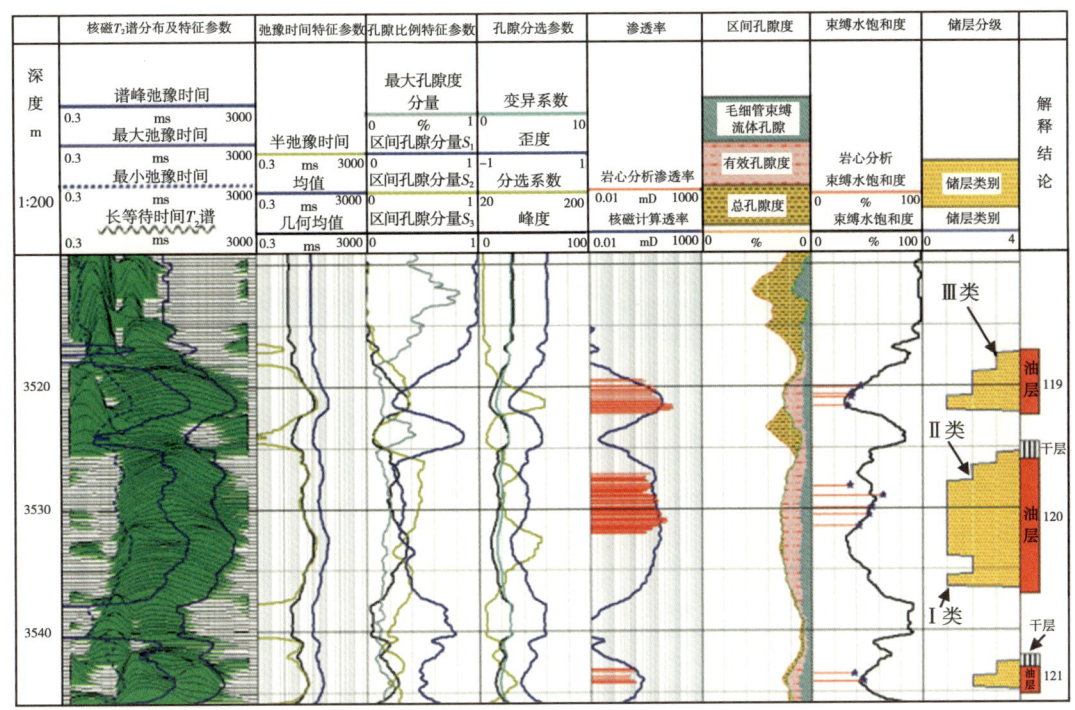

图 2-17　X 井核磁共振测井资料评价应用效果

三、基于 T_2 谱的饱和度参数快速获取与应用

岩心核磁共振响应与电性响应都是取决于岩性、孔隙结构以及孔隙流体，它们之间有着内在相关性。由于岩心核磁共振实验具有快速、无损、准确且信息丰富等特点，其装置可以小型化，适合于现场测量，而电阻率实验条件比较苛刻，其装置小型化及环境校正方面都存在着很大困难。因此，考虑通过大量实验数据分析，实现两种实验参数之间的转换。通过现场快速核磁共振实验，获取岩心核磁信息，通过参数之间的转换公式，获得岩心电性参数。所得到的核磁共振实验数据和电性参数可直接应用于测井解释评价。

1. 基于 T_2 谱的饱和度参数快速获取

基于 T_2 谱的饱和度参数快速获取技术，首先针对不同区块、不同孔隙结构和孔渗条件的储层在室内开展大量系统配套的岩石物理实验测试，构建岩心数据库；在实际现场测井解释中，利用岩心数据库技术建立的各种数据间内在联系，根据需要实现特定物理量的快速提取和预测，最终实现井场快速确定关键岩石物理参数。基本流程如图 2-18 所示。

基于 T_2 谱的饱和度参数快速获取技术的核心内容是基于岩心实验的数据库和在现场易于实现的快速测量技术，实现孔隙度、渗透率尤其是饱和度模型的井场构建，以便及时指导井场测井解释。低孔低渗储层岩石物理现场快速实验解决了关键参数的快速求取，成功实现了核磁共振等信息到孔隙度、渗透率、m、n 的定向映射，避免了电阻率测量需长时间洗油洗盐过程，使得测井采集、岩心实验、解释评价一体化作业流程的实现成为可能。快速岩电参数获取过程如图 2-19 所示。

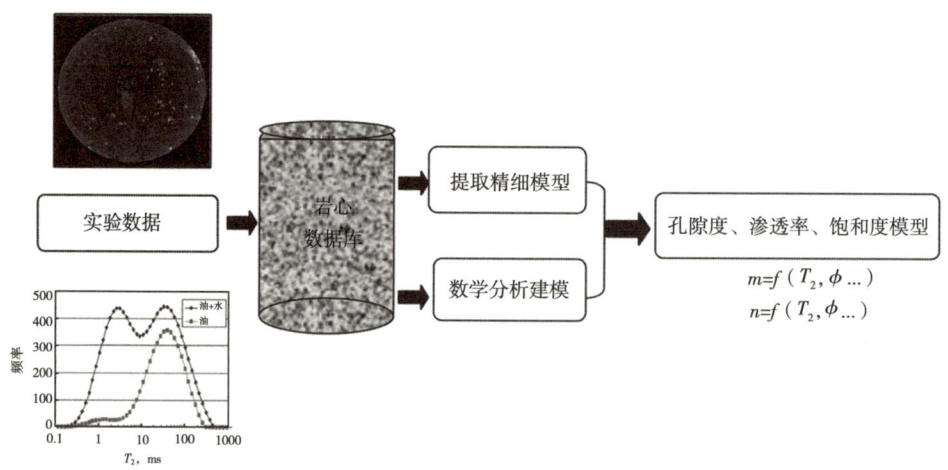

图 2-18　低孔低渗储层岩石物理快速分析应用技术基本流程

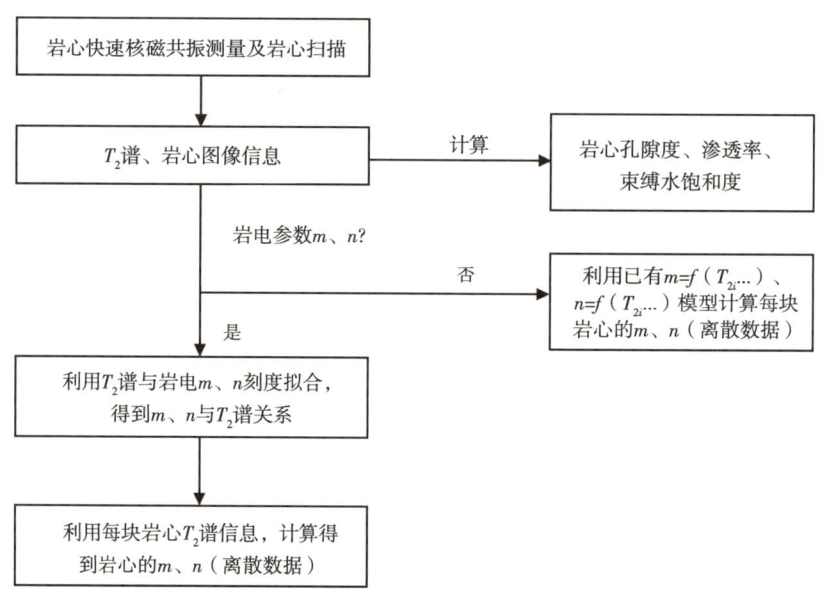

图 2-19　现场岩石物理实验快速获取岩电参数流程图

通过研究实验室岩电测试参数与测井获得的参数进行系统分析，找出相互关系和内在规律、建立岩心岩电参数的快速计算方法及模型；利用建立的岩电参数快速求取模型计算每块岩心的岩电参数 m、n，并与实验室常规测试岩电参数进行误差分析。

利用快速实验得到每块岩心的岩电参数 m、n（离散数据），建立快速求取实验岩电参数 m、n 的计算方法和流程，包括模型建立、参数调试、参数误差检验。

利用建立的静态或者动态岩电参数计算模型和核磁共振测井及其他测井信息进行数据挖掘分析，计算得到储层的连续岩电参数 m、n（连续数据）。步骤如下：

(1) 采集选取测量地区的系列岩心，进行实验及计算得到岩心的孔隙度 ϕ；

(2) 测量步骤（1）所述系列岩心的 T_2 谱幅度值及其对应的采样时间 T_{2i}；

（3）把由步骤（1）得到的岩心孔隙度和由步骤（2）得到的 T_{2i} 对应的 T_2 谱幅度值转换成 T_2 谱幅度值对应的孔隙度 ϕ_i。

（4）通过下式得到胶结指数：

$$m = a\exp(b\sum_{i=1}^{k}\phi_i \lg^c T_{2i} + d) \qquad (2-9)$$

式中　a，b，c，d——待定系数，利用最小二乘法拟合得到。

（5）求解饱和度指数：

$$n = e\sum_{i=1}^{k}\phi_i + f \qquad (2-10)$$

式中　e，f——待定系数，利用最小二乘法拟合得到。

该方法在 Z 井区进行应用，实验快速获取饱和度参数与测量参数对比如图 2-20 所示。

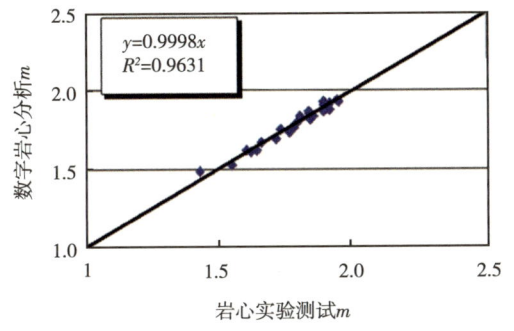
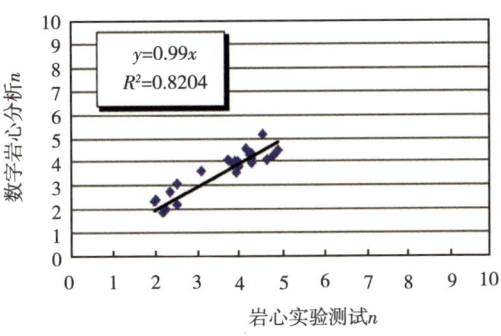

图 2-20　实验快速获取饱和度参数与测量参数对比

2. 饱和度建模及解释评价应用

在现场岩石物理获取饱和度参数的基础上，可以开展饱和度模型建立与连续处理解释，一般根据测井资料情况分为 3 种情形（图 2-21）：

（1）待解释井有核磁共振测井数据资料，利用"实验应用模块"建立的岩电参数 m、n 和 T_2 谱的关系模型，直接调用 $m=f(T_{2i}\cdots)$、$n=f(T_{2i}\cdots)$ 模型，计算得到 m、n 曲线（连续数据）。

（2）待解释井没有核磁共振测井数据资料，岩心资料较少或者岩心不能正确归位的话，就利用快速实验获取岩电参数 m、n 并与快速实验 T_2 谱建立关系模型 $m=f(\phi_{T_{2i}}\cdots)$、$n=f(\phi_{T_{2i}}\cdots)$，进而利用其他地层测井曲线信息（如孔隙度 ϕ）拟合输出连续数据储层 m、n 曲线。

（3）待解释井在没有核磁共振测井数据资料且岩心资料较多、岩心也能够正确归位的话，可以考虑建立岩电参数 m、n 与测井曲线信息，建立测井曲线与岩心快速岩电参数 m、n 的动态学习样本，通过设定学习建模，模型效果检验等步骤，在模型误差达到精度要求的情况下，通过建立的岩电参数 m、n 的动态计算模型，计算输出地层的 m、n 曲线（连续数据）。

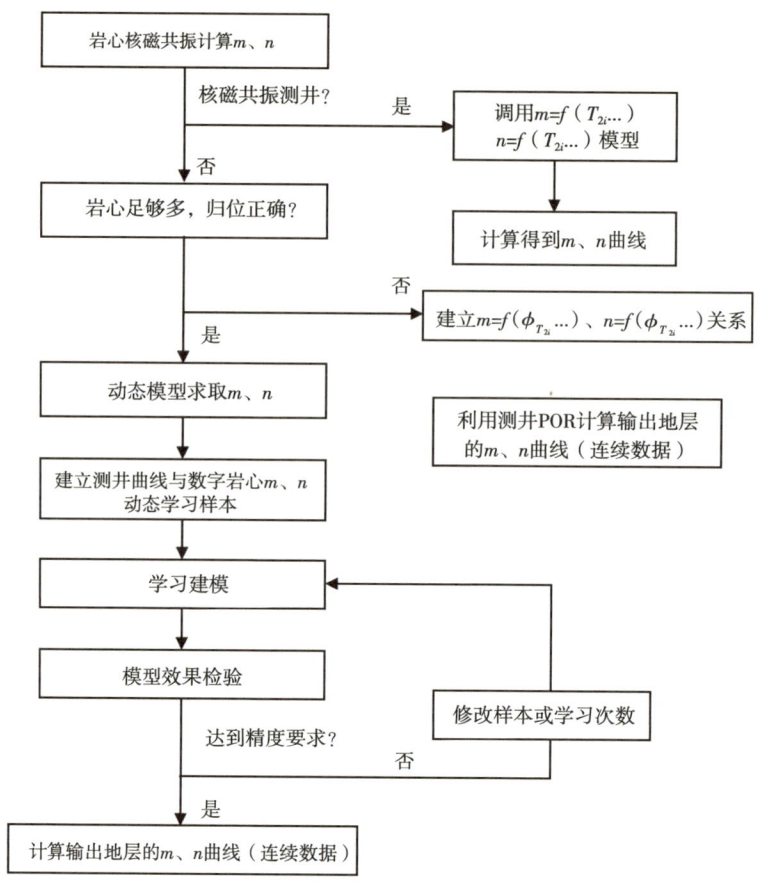

图2-21 快速岩电参数解释应用模块流程图

四、应用实例

目前,低孔低渗储层岩心岩石物理快速分析应用技术已在长庆、二连、吐哈和青海等油田应用到120余口井的测井解释评价中,取得了较好的应用效果。

为了验证低孔低渗储层岩石物理快速分析应用技术的正确性和可靠性,专门设计长庆油田C1井、C2井进行密闭取心测试及分析工作。如图2-22和图2-23所示,应用低孔低渗储层岩石物理快速分析应用技术计算的孔隙度、渗透率、含水饱和度与密闭取心测试得到的结果具有很好的一致性,计算结果误差满足储量参数计算精度要求,因此这一技术在大幅提高时效的同时,仍然保证了实验分析的精度,可推广应用于现场快速解释评价中。

目前室内岩石物理时效性差,现场岩石物理快速分析思路和目前形成的方法技术理论上也适用于低孔低渗之外的其他类型储层,这需要在现场实践中,开展高精度实验与现场快速实验的结合,以便在满足精度要求的前提下,提高测试速度,提高岩石物理的时效性,实现速度与精度的匹配和兼顾。另外,本方法还可结合快速元素分析仪、快速地层水电阻率测量仪、快速CT测量仪等,通过井场岩石物理快速分析重构,提取更多有效的岩石物理参数,建立更加实用的储层岩石物理现场快速分析应用技术,以满足日益复杂的勘探对象的信息表征需求和日益提高的勘探开发时效需求。

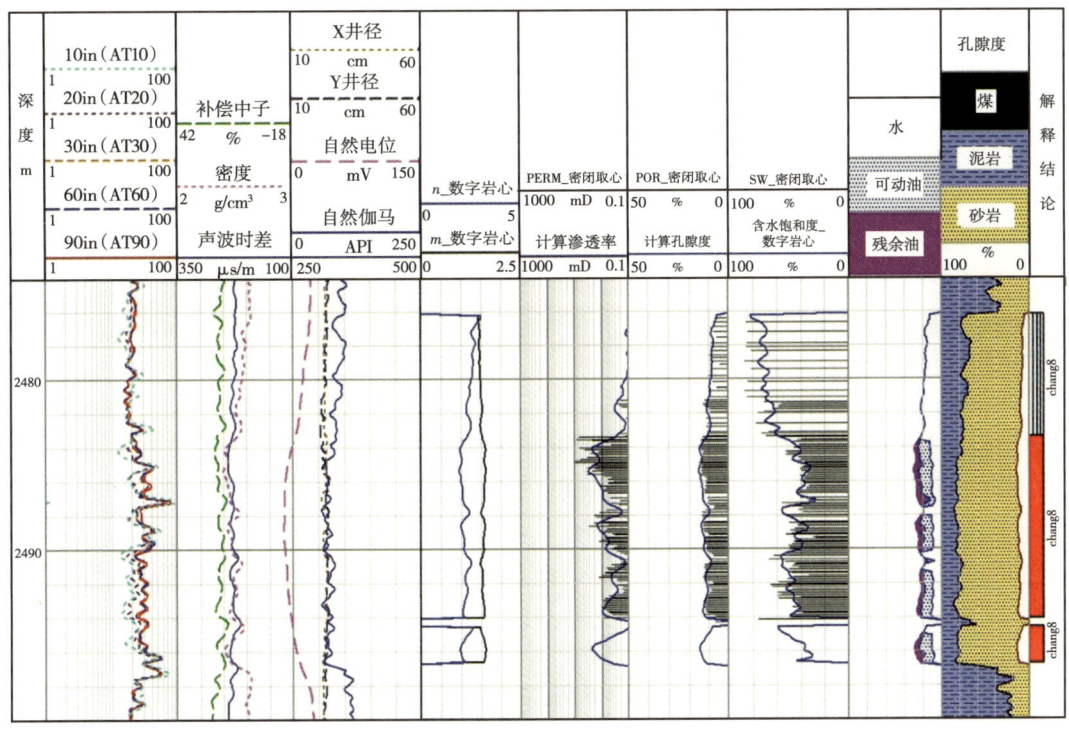

图 2-22　C1 井岩石物理快速分析处理成果与密闭取心测试结果对比

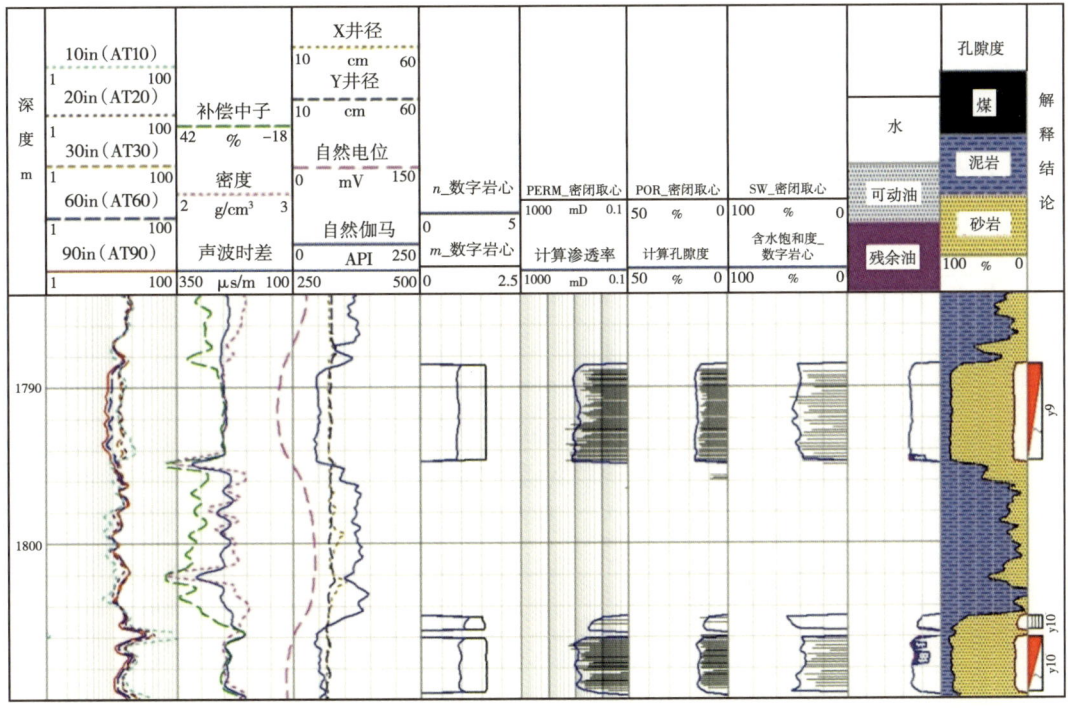

图 2-23　C2 井岩石物理快速分析处理成果与密闭取心测试结果对比

第三章 低孔低渗储层测井采集关键技术

第一章已经介绍低孔低渗储层的复杂矿物成分、复杂孔隙结构、复杂流体分布以及较强的纵向、横向非均质性等特征,导致测井响应特征极为复杂。简单的常规测井系列已经难以全面满足低孔低渗储层测井综合评价需求,需要建立一套高分辨率、高精度、适应地质目标体的测井采集技术,为低孔低渗储层参数定量评价、流体性质评价和产能评价提供基础资料保障。"十一五""十二五"期间,中国石油组织相关研发单位、测井服务公司和油田公司研究院,针对常规孔隙度测量方法的精度不足问题,完善中子、密度刻度方法,提高了低孔隙度区间的孔隙度测量精度;针对常规测井系列不能满足储层较强纵向非均质性问题,建立了高分辨率测井采集方案;针对核磁共振测井在复杂测量环境下资料品质低的问题,提出了低信噪比环境下采集、处理的新技术新方法;同时为提高测井资料解决地质问题能力,还形成了针对地质单元特点的测井采集系列优化方案。

第一节 常规测井系列采集质量控制

低孔低渗储层使用常规测井仪器的挑战,最大的是孔隙度系列的采集精度,其次是测井系列的分辨率。

一、高分辨率测井采集方案优化

为提高测井评价薄互层的能力,"十二五"期间在测井采集方面做了大量方法研究和系列、工艺优化工作。通过优化电阻率测井系列、建立新的声波到时计算方法、优选伽马、密度、中子最佳采样密度、测速等,建立了一套适用于薄互储层的测井高分辨率采集方法(图3-1),能够有效识别0.3m以上薄层。

不同测井方法、不同类型仪器的纵向分辨率不同,影响其纵向分辨率的主控因素和需要采取的方案措施也不同。对于电法测井系列,主控因素是仪器结构,改进主要手段是优选高分辨率测井系列;对于放射性测井系列,主控因素是仪器结构、测井速度、采样密度以及滤波方式,在不改变仪器结构的基础上改进的主要方法是优选最佳测速、采样密度和滤波方式;对于声波时差测井,主控因素是仪器结构和声波到时计算方式,改进主要方法是改变仪器声系结构和声波到时计算方法。

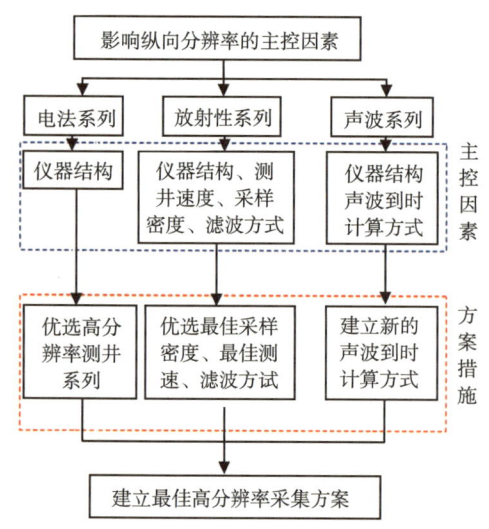

图3-1 高分辨率采集方案优化

1. 电阻率测井系列优选

电阻率测井系列种类多，不同电阻率测井方法的纵向分辨率、径向探测深度、适用地层条件和功能各不相同，目前常用的有双感应测井、双侧向测井、阵列感应测井、阵列侧向测井等。表3-1展示不同电阻率测井仪器技术指标和适用范围。在明确储层类型及测量环境情况下，可以通过表3-1来优选电阻率测井系列。双感应测井、双侧向测井主要适用于厚度大于2m的中厚均质储层，对于薄互层发育、纵向非均质性强的低孔低渗储层，阵列感应测井、阵列侧向测井是最为合适的选择。

表3-1 不同电阻率测井技术指标及适用范围

测井系列	准确测量电性范围 $\Omega \cdot m$	最高纵向分辨率 m	最深径向探测深度 m	适应井眼尺寸 in	钻井液成分	R_{mf}或R_{mf}/R_w	提供成果
双感应	$R_t \leq 50$	1.5	1.63	4.75~16	不含金属离子	$R_{mf} \geq 0.35\Omega \cdot m$ 或 $R_{mf}/R_w \geq 0.75$	深、中感应2条电阻率
双侧向	$R_t \geq 10$	0.61	1.83	4.75~22	导电钻井液	$R_{mf} \leq 0.8\Omega \cdot m$	深、浅侧向2条电阻率
阵列感应	$R_t \leq 200$	0.3	3	4.5~24	不含金属离子	$R_{mf} \geq 0.11\Omega \cdot m$ 或 $R_{mf}/R_w \geq 0.24$	3种纵向分辨率、6种径向探测深度18条电阻率曲线
阵列侧向	$R_t \geq 10$	0.3	0.63	5~16	导电钻井液	$R_{mf} \leq 0.8\Omega \cdot m$	5种径向探测深度电阻率曲线

注：R_t—地层真电阻率；R_{mf}—钻井液电阻率；R_w—地层水电阻率。

比较先进的阵列感应测井、阵列侧向测井仪器长期以来一直是以国外引进为主。随着国内测井仪器制造技术的快速进步，国内自主生产制造的阵列感应测井、阵列侧向测井仪器也已经进入到规模化实用阶段，代表性的仪器为中国石油集团测井有限公司推出的MIT阵列感应测井仪和HAL阵列侧向测井仪。

2. 最佳采集速度、密度、滤波方式优化

对于正常的10点/m采样间距而言，已经满足不了薄互层评价的需求。为此在采集上选用系统性能较好地地面系统（ECLIPS 5700测井系统）提高采集精度，通过降低测速（9m/min或以下）、加密采样、重新设定滤波系数及权重等方法可以实现高分辨率采集。通过一定程度的加密采样和优选滤波方法可以提高自然伽马测井、密度测井、微球形聚焦测井和补偿中子测井的纵向分辨率。图3-2是以每米10点、20点、40点完成的原始测井曲线对比图。通过对比可发现，采集密度的变化对自然伽马、微侧向、密度、中子等曲线有影响，对双侧向测井和声波测井曲线影响不明显。20点/m曲线纵向明显高于10点/m曲线，40点/m曲线与20点/m曲线纵向分辨率差异不明显，说明20点/m记录曲线基本能够满足高分辨率采集的需求。

对自然伽马测井、密度测井和中子测井可以从优化测井速度、采样密度和滤波方式等提高其纵向分辨率，采样密度为20点/m，原始资料滤波方式采用轻滤波方式，并根据组合方式确定最佳测井速度，优化采集方案见表3-2。

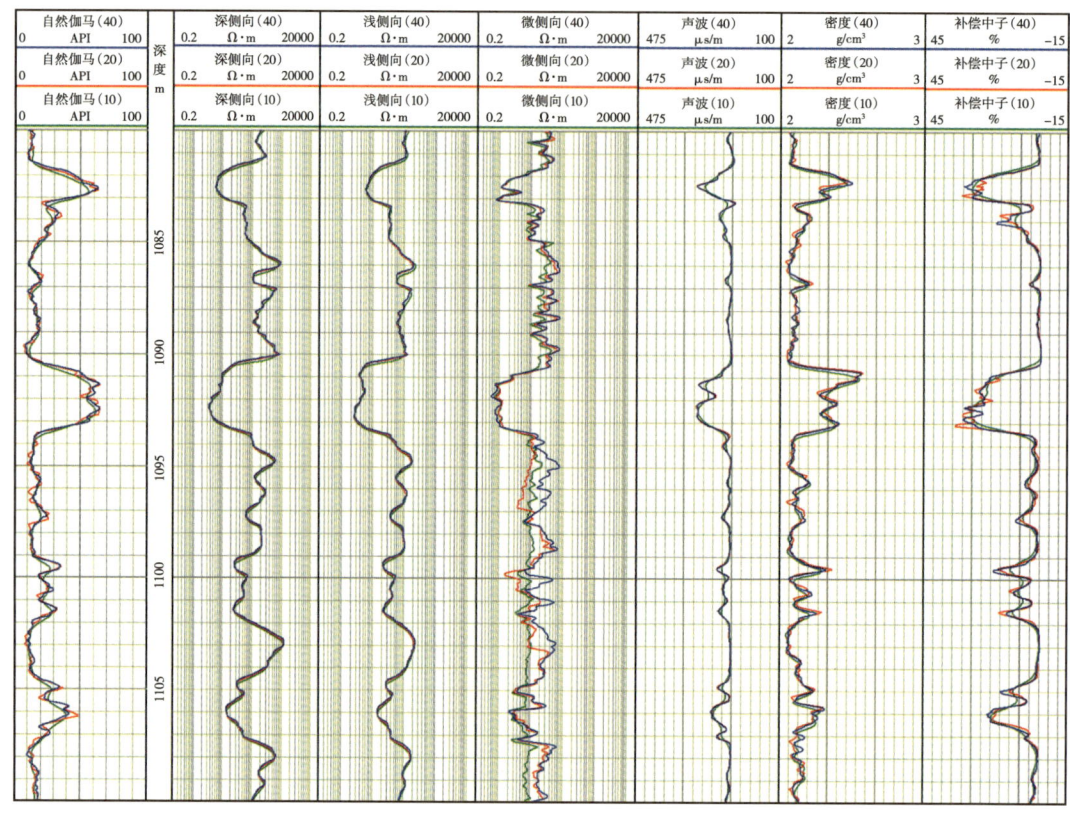

图 3-2 不同采集密度测井曲线对比图

表 3-2 高分辨率采集优化方案

序号	测井项目	解决的地质（工程）问题	测井速度 m/min	采样方式
1	高分辨率阵列感应	致密油储层电性分析、烃源岩特性及含油性评价	9	正常
2	补偿中子	致密油储层物性、烃源岩特性评价	6	高分辨率采集
3	岩性密度		6	高分辨率采集
4	数字声波		9	高分辨率采集
5	自然伽马	岩性识别、物性及泥质含量计算、地层对比	9	高分辨率采集
6	自然电位	岩性识别、物性及泥质含量分析、地层对比	无要求	正常
7	井径	测井环境分析、校正	9	正常
8	自然伽马能谱	致密油储层岩性评价、敏感性评价	6	高分辨率采集
9	核磁共振	致密油储层物性、含油性及孔隙结构分析	1.2	高精度处理
10	XMAC	提供地层纵波、横波和斯通利波，致密油储层岩石力学参数、各向异性及脆性分析	6	正常
11	电成像	裂缝、孔洞定性和定量分析，岩性及薄层识别、地层构造、沉积分析	3	正常
12	地层元素俘获	致密油储层岩性定量评价	3	正常

3. 补偿声波时差高分辨率测井优化方案

普通补偿声波测井仪器采用双发双收声系结构，两个接收器间距为2ft，满足不了高分辨率测井采集的需求。课题攻关借用ECLIPS5700测井系列XMAC阵列声波测井仪器建立高分辨率声波采集模式。该采集方法借用XMAC阵列声波测井仪器两个单极发射器中靠近接收器的那个发射器作为高分辨率声波测井的发射器。借用8个接收器中靠近发射器的4个接收器作为高分辨率声波测井的接收器，发射器到最近接收器的距离为3ft，两个接收器之间的距离为6in，其纵向分辨率最高能够达到6in，其声系结构如图3-3所示。

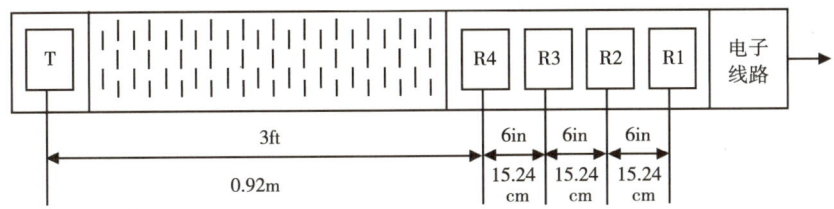

图3-3 高分辨率声波测井采集方案声系结构示意图

高分辨率声波采集方法如下。每发射一次，4个接收换能器中只有一个接收换能器的信号经过电子线路处理后传送到地面系统。每发射4次，4个接收换能器作一完整记录。为提高分辨率又不增大测量误差，采用小间距和对同一地层多次测量取平均值的方法。测井时，随着仪器的提升，接收换能器R1至R4依次通过同一测量井段 h_1（6in）可计算出3个高分辨率时差：

$$\Delta t'_1 = [(TR1)_1 - (TR2)_2]/d$$
$$\Delta t'_2 = [(TR2)_{N+2} - (TR3)_{N+3}]/d \quad (3-1)$$
$$\Delta t'_3 = [(TR3)_{2N+3} - (TR4)_{2N+4}]/d$$

取平均值，便得到该测量井段 h_1 的高分辨率时差值：

$$\Delta t' = (\Delta t'_1 + \Delta t'_2 + \Delta t'_3)/3 \quad (3-2)$$

式中 $\Delta t'$——某一测量井段的高分辨率时差值；

$\Delta t'_1$——利用接收器1与接收器2得到的某一测量井段的时差值；

$\Delta t'_2$——利用接收器2与接收器3得到的某一测量井段的时差值；

$\Delta t'_3$——利用接收器3与接收器4得到的某一测量井段的时差值；

$(TR1)_1$——发射器第1次发射到达接收器1的传输时间；

$(TR2)_2$——发射器第2次发射到达接收器2的传输时间；

$(TR2)_{N+2}$——发射器第$N+2$次发射到达接收器2的传输时间；

$(TR3)_{N+3}$——发射器第$N+3$次发射到达接收器3的传输时间；

$(TR3)_{2N+3}$——发射器第$2N+3$次发射到达接收器3的传输时间；

$(TR4)_{2N+4}$——发射器第$2N+4$次发射到达接收器4的传输时间；

N——声波探头移动距离 h_1 时所发射的次数；

d——两个接收器之间的距离。

这样，用小间距（6in）对同一地层 h_1 三次测量取平均，提高了纵向分辨率又不增大测量误差。

图 3-4 为一口井三孔隙度高分辨率采集与标准分辨率采集对比图。通过钻井取心岩性描述、微电阻率扫描成像与三孔隙度测井资料对比可见，对于标准分辨率曲线，薄互层难以识别，而高分辨率采集曲线可以有效区分薄互层。

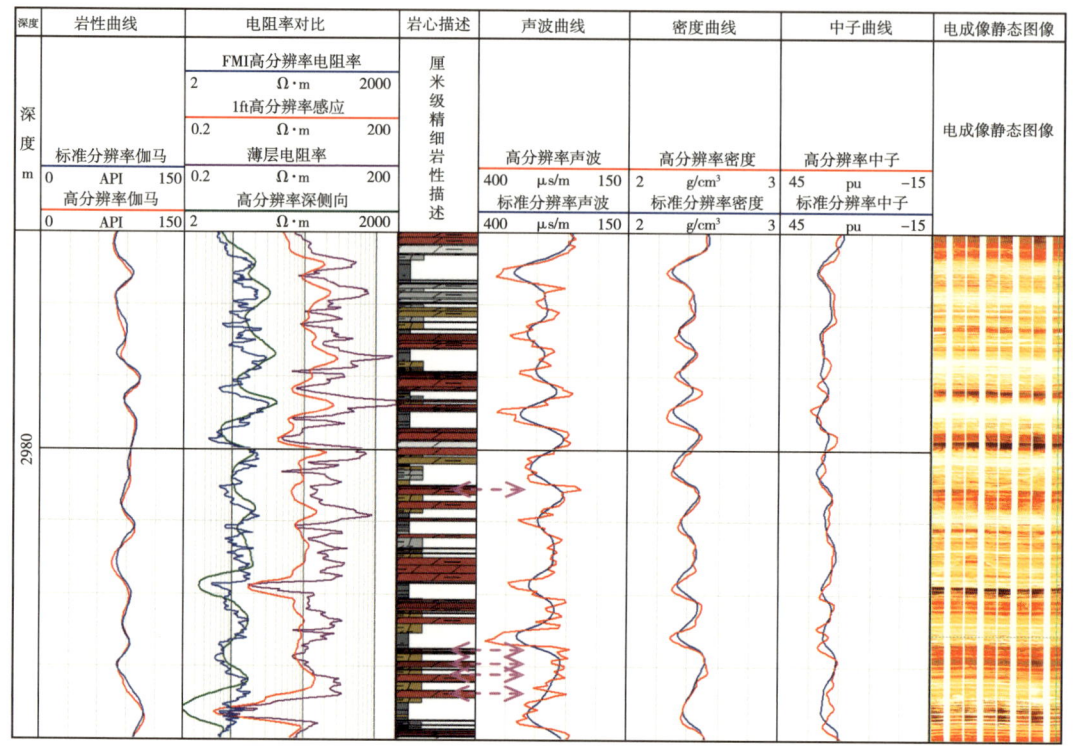

图 3-4　高分辨率采集与标准分辨率采集对比图

二、孔隙度测井高精度刻度方法完善

图 3-5 为渤海湾盆地沧东凹陷某区块 3 口相邻井的低孔低渗储层 ECLIPS 5700 测井系列的三孔隙度测井曲线与实验室岩心分析孔隙度、体积密度对比图。由 3 口井测井体积密度与岩心分析体积密度对比可见，测井体积密度与岩心分析体积密度存在一定程度差异。即使作系统误差校正，将测井体积密度曲线加上 $0.05g/cm^3$，虽然在密度高值处能够重合，但在岩心分析密度低值处二者仍存在一定差异，这说明常规密度测井在密度低值区响应低孔低渗储层时精度不够。再从这 3 口井补偿中子孔隙度与岩心分析孔隙度对比来看，即使岩心分析具有相同的孔隙度，在不同井中补偿中子孔隙度也不同，这说明低孔低渗储层现有补偿中子测井仪器测量误差较大，无法满足低孔低渗储层评价需求。最后对比 3 口井声波时差曲线与岩心分析孔隙度，可见孔隙度关系相对稳定。

密度测井与岩心分析体积密度测井、补偿中子测井与岩心分析孔隙度的不一致除了二者测量环境不一致（岩心分析在常压环境下，测井在地层条件下）引起的误差之外，更重要的原因是体积密度测井和补偿中子测井的刻度方式不能有效反映低孔低渗储层孔隙度的变化。另外，储层纵向非均质性强，测井仪器分辨率与储层纵向分辨率不匹配也是引起测井资料不

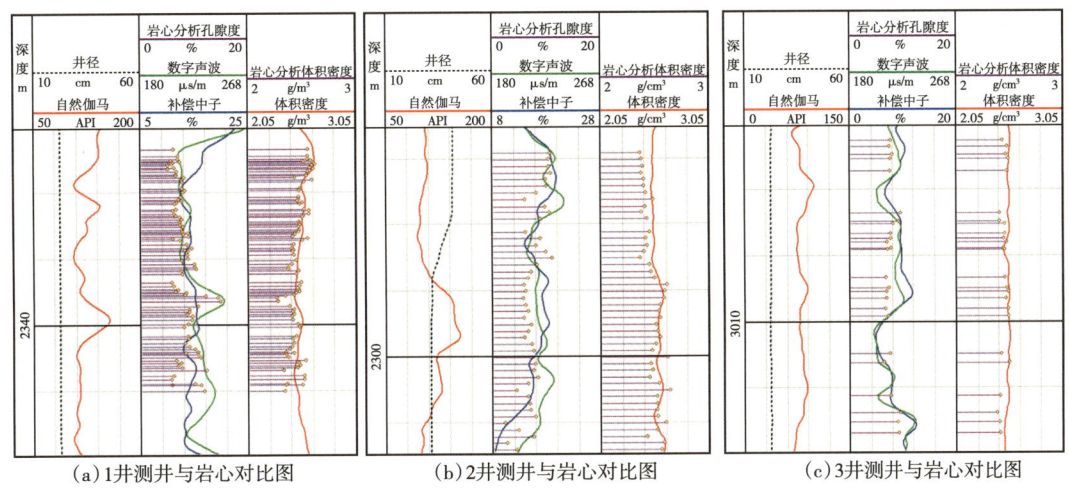

图 3-5 三孔隙度测井与岩心测量孔隙度、体积密度对比图

能有效反映储层变化的一个重要因素。为此,"十二五"期间开展了体积密度、补偿中子刻度方法攻关和测井曲线高分辨率采集技术研究,以提高密度和补偿中子的测量精度。

1. 补偿中子测井仪非线性刻度方法

补偿中子测井仪测量的中子孔隙度是其短、长源距探测器计数率比值的函数:

$$\phi = f(kR) \tag{3-3}$$

$$k = \frac{R_{\text{std}}}{R_{\text{m}}} \tag{3-4}$$

式中 ϕ——中子孔隙度;
R——短、长源距探测器计数率比值;
k——刻度系数;
R_{std}——刻度器的标准比值;
R_{m}——刻度时实测比值。

对于新出厂的仪器,k 等于 1。仪器经过长时间使用、维修或元器件更换后,仪器性能相对于出厂时会发生改变,此时刻度系数不再是 1,因此必须对仪器进行再刻度。补偿中子测井刻度的实质就是求出仪器的刻度系数。ECLIPS 5700 测井系列 2446 补偿中子刻度通常采用的方法是 1 点刻度 5 点校验的方法,具体刻度方法为:在做主刻度时,输入仪器的标准计数率比值,测量刻度时的实测计数率 R_{m},通过式(3-4)得到刻度系数;然后在孔隙度分布范围内选择 5 个不同校验点,测量其短、长源距探测器计数率比值,将测量得到的计数率比值与 k 代入式(3-3)计算孔隙度;对比计算孔隙度与标准孔隙度,如果在误差范围内,说明刻度合格,如果超出误差,说明刻度不合格,重新调整刻度系数,直到 5 个校验点均在误差容限之内。该刻度方法在实际使用时需要反复调整刻度系数,如果校验点选择不合适,即使刻度合格,也不一定能够得到准确的刻度系数。图 3-6(a)展示了一点刻度法刻度后校验点理论值与实际值的对比图,其中绿色方块为校验点的实际长短源距计数率比值和孔隙度值,黄色菱形为校验点通过刻度后理论计算得到的孔隙度。对比可见，在中孔隙度段二者基本一致，在低孔隙度端和高孔隙度端二者差异较大。说明一点刻度在刻度正确的情况下也只适合中段15%~30%的孔隙度，正因如此才出现了低孔低渗储层补偿中子测井误差较大的现象。

为提高刻度的有效性和准确性，对补偿中子测井仪器的刻度进行了如下改进，首先将刻度点由1点扩展到11点，增加刻度点数，11点刻度的标准孔隙度基本覆盖了地层孔隙度值分布范围各个范围段；然后改变刻度系数计算方式，不再根据式（3-4）得到 k，直接利用11点刻度的标准孔隙度值与测量得到的短、长源距计数率比值进行多项式拟合，确定补偿中子孔隙度计算公式［图3-6（b）］。从图3-6（b）中11点刻度拟合趋势线和一点刻度的5个校验点对应关系来看，一点刻度的5个校验点基本上落在11点刻度拟合趋势线上，说明该方法能够有效改进低孔低渗储层孔隙度测量精度。

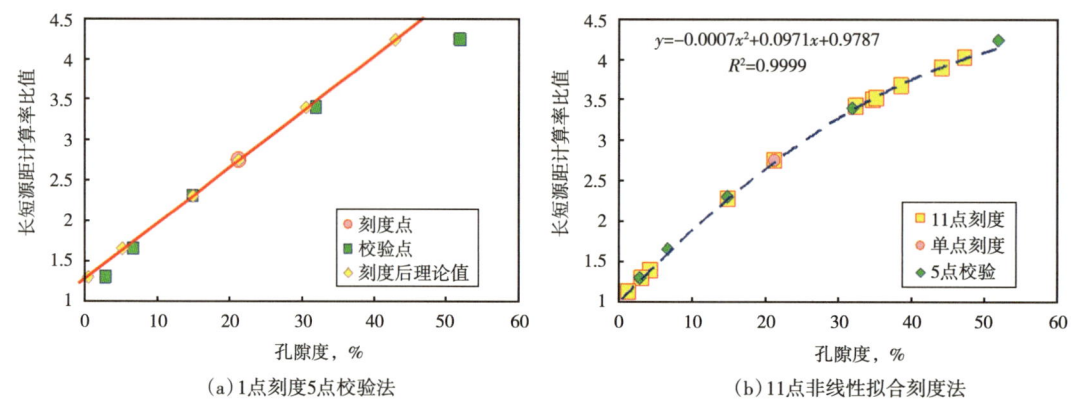

图3-6 2446补偿中子新（b）、旧（a）刻度方法对比图

2. 体积密度非线性刻度方法

1）地层体积密度测量基本原理

密度测井测得的伽马能谱计数率与视源距之间的关系为：

$$N = N_0 e^{-\sigma_m \rho_b d_a} \tag{3-5}$$

式中 d_a——视源距，等于真源距与零源距之差；

N——在视源距 d_a 时的计数率；

N_0——在零源距时的计数率；

σ_m——质量吸收系数；

ρ_b——地层体积密度。

对式（3-5）两边取自然对数，得到：

$$\ln N = \ln N_0 - \sigma_m d_a \rho_b \tag{3-6}$$

令 $B = \ln N_0$，$M = -\sigma_m d_a$（仪器对地层密度的灵敏度），则：

$$\rho_b = \frac{1}{M}(\ln N - B) \tag{3-7}$$

式中，参数 M、B 可通过刻度得到。如果没有滤饼影响，仪器又贴井壁，则应用式（3-7）就能够得到地层密度值。在实际测井中，由于井壁不规则以及推靠力度不一等因素，不可避免地在密度测量极板和地层之间夹带滤饼,这时仪器测得的密度值(视密度)ρ_a 不仅与 ρ_b 有关,还与滤饼厚度、密度以及其平均原子序数有关。为了消除滤饼的影响,使用双源距补偿的方法来求得地层密度。分别用 L 和 S 代表长源距和短源距,那么:

$$\rho_L = \frac{1}{M_L}(\ln N_L - B_L) \tag{3-8}$$

$$\rho_S = \frac{1}{M_S}(\ln N_S - B_S) \tag{3-9}$$

式中 ρ_L——长源距探测得到的体积密度;
ρ_S——短源距探测得到的体积密度;
M_L——长源距灵敏度;
M_S——短源距灵敏度;
N_L——在长源距时的计数率;
N_S——在短源距时的计数率;
B_L——长源截距;
B_S——短源截距。

合并式(3-8)、式(3-9)得到下式:

$$\ln N_L = \frac{M_L}{M_S}(\ln N_S - B_S) + B_L \tag{3-10}$$

根据式(3-10)可以看出,如果没有考虑滤饼影响,理想情况下,长源距计算率的对数与短源距计算率的对数关系为一条直线,以短源距计数率对数为 x 坐标,长源距计算率对数为 y 坐标,可以做出这条直线(图3-7),称为"脊线",该线与水平轴的夹角 $\alpha = \arctan(M_L/M_S)$ 称为脊角,脊线上每一点对应一个密度值。若有滤饼,则长、短源距计数率所对应点不再落在脊线上,而且随着滤饼厚度的增加,会向两边发散,对于一定的 ρ_b,不同厚度和密度的滤饼所对应的点构成一条曲线,称为肋线,理想情况下,肋线可近似为直线,肋线与水平轴的夹角称之为肋角 β。通过这种理想的脊肋图(图3-7),可以不考虑滤饼的密度、厚度,沿

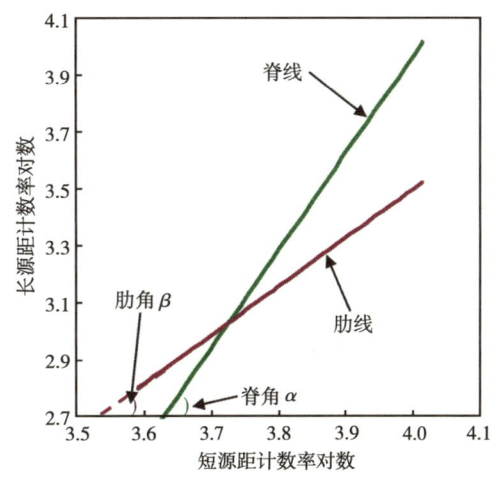

图 3-7 理想脊肋图

肋线方向向脊线回归,肋线与脊线的交点所对应的密度值,就是地层的密度值。ρ_b 与长、短源距计数率关系如下:

$$\rho_b = \frac{1}{M_L}\left[\frac{\tan\alpha}{\tan\alpha - \tan\beta}(\ln N_L - B_L) - \frac{\tan\alpha\tan\beta}{\tan\alpha - \tan\beta}(\ln N_S - B_S)\right] \tag{3-11}$$

2)体积密度刻度方式

体积密度测井的刻度主要是脊肋图的刻度,包括脊线的刻度和肋线的刻度。通用的方法是三点线性刻度(图3-8),首先根据两种密度刻度块上的长、短源计数率,线性拟合确定脊线,计算出长源灵敏度 M_L、短源灵敏度 M_S、长源截距 B_L、短源截距 B_S 以及脊角 α;然后在其中一块刻度块上模拟滤饼,得到有滤饼情况下的计数率,根据该计数率做出肋线确定 β;这些参数确定后就可以根据式(3-11)计算体积密度。

3)体积密度测井仪非线性刻度方式研究

三点线性刻度只要其中某一个的刻度稍微出现一点小误差,直接影响脊线和肋线的准确性,从而影响密度测量值的准确性。为确保脊肋图刻度准确,对三点线性刻度方法进行了改进。

在确定脊线时,首先将原来的两点刻度扩展为9点刻度[图3-9(a)],多点刻度可以有效检查刻度过程中的异常点,保证各个刻度点数据的有效性。图3-9(a)为两点线性拟合脊线与9点线性拟合脊线对比图,途中绿色断线为两点拟合脊线,红色实线为9点拟合脊线。明显可见,一方面2点线性拟合的两个刻度点仍然落在脊线上,另一方面9点线性拟合脊线比2点拟合一定程度上扩展了密度测量的动态范围。尽管如此,仍可看出在密度高值和低值段,刻度点值还是一定程度的偏离9点线性拟合脊线,说明线性拟合的密度响应动态范围只在中等密度段。为获得更大密度响应动态范围的脊线,将9点线性拟合改为9点二次多项式拟合,得到图3-9(b)所示的蓝色实线的脊线。9个点的刻度值均准确落在二次多项式拟合的脊线上,说明该非线性脊线准确可信。

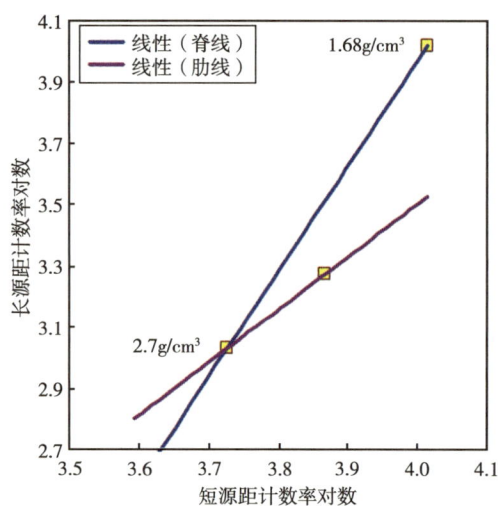

图3-8 三点线性刻度原理示意图

同样,采用多点非线性刻度方式确定肋线。在脊线刻度模块上选择3个刻度点,模拟不同滤饼厚度情况,测量长、短源计数率并确定出肋线,如图3-5(c)所示。分析该图

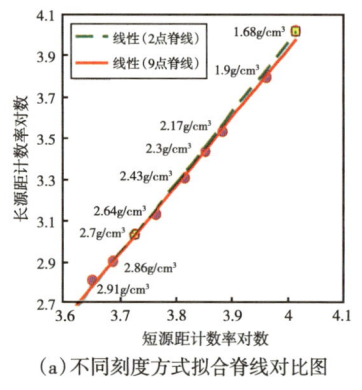
(a)不同刻度方式拟合脊线对比图

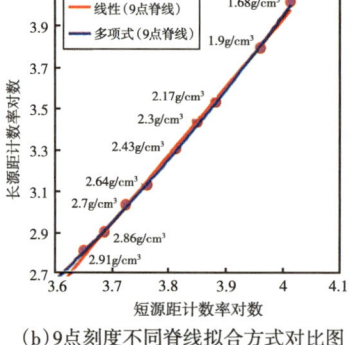
(b)9点刻度不同脊线拟合方式对比图

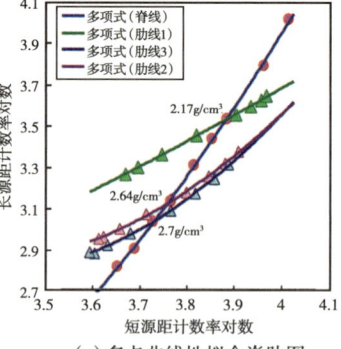
(c)多点非线性拟合脊肋图

图3-9 多点非线性密度刻度图

发现，与传统认识不同，肋线并不完全是线性的，不同密度处的肋线也不完全是平行的，且不同密度分布范围的肋角存在差异。

利用图 3-9（c）建立的多点非线性拟合脊肋图，能够确定 M_L、M_S、B_L、B_S、α、β，然后根据式（3-11）就可以计算体积密度。

图 3-10 为渤海湾盆地沧东凹陷某低孔低渗储层利用上述体积密度测井和补偿中子测井非线性刻度方法采集得到的体积密度和补偿中子孔隙度曲线，以及岩心分析体积密度与岩心分析孔隙度杆状图。可见，测井体积密度曲线系统补偿+0.05g/cm³ 以后，与岩心分析体积密度有着非常好的对应关系，密度曲线能够有效反映体积密度的变化；在纯砂岩储层段，补偿中子孔隙度也与岩心分析孔隙度有着良好的一致性。说明完善后的孔隙度测井刻度方法能够有效提高低孔低渗储层孔隙度测井资料采集精度。

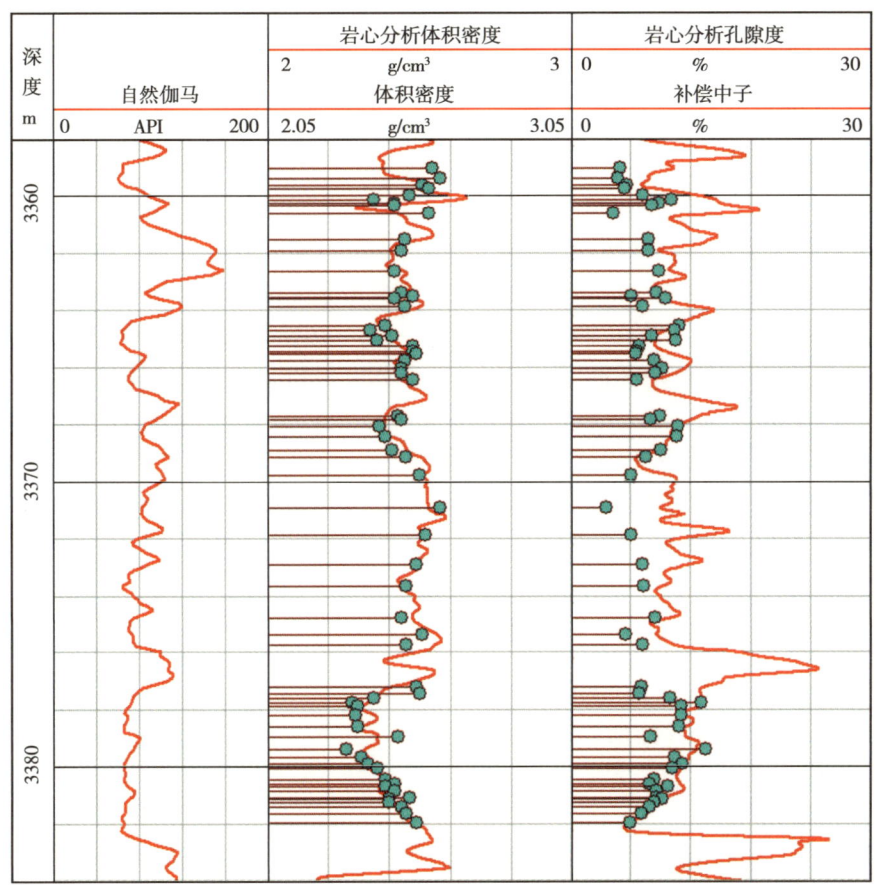

图 3-10　高精度孔隙度测井曲线与岩心分析对比图

第二节　低孔低渗储层核磁共振测井质量控制

核磁共振测井可以避开岩性影响直接探测孔隙中流体性质的特点，使其在低孔渗储层物性参数计算、储层有效性评价、流体性质评价等方面发挥重要作用。但是，如果观测模式、施工方案和谱反演方法选择不当，就会严重影响核磁共振测井资料的采集质量，进而严重影响其重要作用的发挥。因此，必须针对低孔渗储层地质目标优选最佳观测模式、选择最佳施工作业方案、研究高精度谱处理方案，才能够采集到满足低孔低渗储层环境的高质量核磁共振测井资料。

一、低孔低渗储层核磁共振测前设计

为录取到高质量、有效的核磁共振测井资料必须针对储层特征和井眼环境做好采集方案设计优化，事先预测储层孔隙流体与 NMR 仪器特性参数的匹配性，设计最佳测井采集模式和测井速度，以保证采集资料质量，提高工作效率。

测井设计主要内容包括：（1）针对储层物性、流体性质、地层温度和压力优化采集模式；（2）根据地层条件下钻井液电阻率预测测井增益；（3）根据增益、采集模式确定基准速度；（4）根据井底钻井液电阻率、井眼尺寸、钻井液排除器型号确定实际测井速度。

1. 采集模式优化

核磁共振观测模式非常多，必须针对测井目的、测量仪器、储层特点、测量环境优选合适的观测模式，通过理论计算确定最佳观测模式，并通过实验室和现场核磁共振测量来验证观测模式的有效性。

1）理论计算确定最佳观测模式

理论计算方式确定最佳观测模式主要思路为：在明确区域邻井油、地层水黏度、气的密度和目标井的钻井液性质、地温梯度及目的层深度等资料基础上，应用理论公式计算出目标井目的层段油、气、水的扩散系数 D_o、D_g、D_w 和纵向体弛豫时间、横向体弛豫时间 T_{1b}、T_{2b}；然后输入不同等待时间 T_W 和回波间隔 T_E 参数，绘制不同测量参数条件下油、气、水 T_1、T_2 谱分布特征图；最后根据记录孔隙度信号完整性和不同性质流体差异特征最大化原则确定最合适的观测模式。

对于地层中油、气、水组合系统来说，T_2 谱是三相流体各自谱的和。气总是一种非湿润流体，以单指数形式衰减，弛豫率（或衰减常数）由下式给出：

$$\frac{1}{T_{2,g}} = \frac{1}{T_{2,gb}} + \frac{D_g(\gamma G T_E)^2}{12} \tag{3-12}$$

式中　$T_{2,g}$——天然气的横向弛豫时间；

$T_{2,gb}$——天然气的横向体积弛豫时间；

D_g——天然气自扩散系数；

γ——旋磁比；

T_E——CPMG 序列使用的回波间隔；

G——测井仪器的梯度（忽略地层的内部磁场梯度）。

由于大部分储层都被认为是亲水的，因此，油、气的弛豫就是直接由油的体积弛豫和扩散效应引起的。大部分原油都是不同烷烃的混合物，每种烷烃都有其各自的特征弛豫率 $(T_{2,o})_i$，由下式给出：

$$\left(\frac{1}{T_{2,o}}\right)_i = \left(\frac{1}{T_{2,ob}}\right)_i + \frac{D_o(\gamma G T_E)^2}{12} \tag{3-13}$$

油的信号就是所有单个分布的叠加，形成一个弛豫谱。扩散对轻烷（在弛豫谱长 T_2

的尾部）比重烷（高黏度）的影响要大，这样就对短 T_2 产生一个偏移，使谱变窄。油在梯度场中的谱可以用一个以 $T_{2,o}$ 为中心的单峰分布来近似：

$$\frac{1}{T_{2,o}} = \frac{1}{T_{2,ob}} + \frac{D_o(\gamma GT_E)^2}{12} \tag{3-14}$$

式中　$T_{2,o}$——油的横向弛豫时间；
　　　$T_{2,ob}$——油的横向体积弛豫时间；
　　　D_o——油自扩散系数。

对于非润湿流体，T_1 和 T_2 在没有梯度时是相同的。

来自地层水的弛豫谱部分是由多个项目组成的，它反映了孔隙尺寸的范围，每个项目都有各自的弛豫率，由下式给出：

$$\left(\frac{1}{T_{2,w}}\right)_i = \left(\frac{1}{T_{2,wb}}\right)_i + \left(\rho_2 \frac{S}{V}\right)_i + \frac{D_w(\gamma GT_E)^2}{12} \tag{3-15}$$

$$\left(\frac{1}{T_{1,w}}\right)_i = \left(\frac{1}{T_{1,wb}}\right)_i + \left(\rho_1 \frac{S}{V}\right)_i \tag{3-16}$$

式中　$T_{1,wb}$，$T_{2,wb}$——分别为水的纵向、横向体积弛豫时间；
　　　D_w——水自扩散系数。
　　　S/V——对于给定的孔隙类型是表面积与体积之比；
　　　ρ_1，ρ_2——分别为孔隙表面纵向、横向弛豫率。

通常 ρ_1 和 ρ_2 是不同的，对 105 块岩样的 T_1 和 T_2 谱的测量结果表明 T_1/T_2 的平均值为 1.65。测量时外部场梯度为 0，$T_E = 0.16\text{ms}$。

记录的 NMR 信号是在敏感区内的流体所有含氢质子的响应，在给定极化时间 T_W 时测量的信号幅度（或视孔隙度）是水（ϕ_{wa}）、油（ϕ_{oa}）气（ϕ_{og}）的视孔隙度之和。每种流体的视孔隙度是总孔隙度 ϕ 与流体饱和度 S、含氢指数 I_H 和在 T_W 时间内流体极化因子的乘积；对于油和水，NMR 响应是多指数的。大部分原油都是不同烷烃的混合体，记录的幅度反映了含氢指数和 T_1 的差别：

$$\phi_{oa} = \phi \sum [S_{o,i} I_{Ho,i} (1 - e^{-T_W/T_{1o,i}})] \tag{3-17}$$

式中　ϕ_{oa}——油的视孔隙度；
　　　ϕ——地层总孔隙度；
　　　$S_{o,i}$——第 i 种原油组分的饱和度；
　　　$I_{Ho,i}$——第 i 种原油组分的含氢指数；
　　　T_W——极化时间；
　　　$T_{1o,i}$——第 i 种原油组分的纵向弛豫时间。

式（3-17）中，i 反映不同的原油组分的不同含氢指数和 T_1。与此相似，记录的水的幅度也反映了与不同孔隙尺寸有关的 T_1 的差别：

$$\phi_{wa} = I_{Hw} \sum [\phi_i S_{w,i} (1 - e^{-T_W/T_{1w,i}})] \tag{3-18}$$

式中　ϕ_{wa}——水的视孔隙度；
　　　ϕ_i——第 i 种孔径尺寸孔隙度；

$S_{w,i}$——第 i 中孔径尺寸的含水饱和度；

I_{Hw}——水的含氢指数；

$T_{1w,i}$——第 i 种孔径尺寸的水相纵向弛豫时间。

式（3-18）中，i 反映不同的孔径尺寸的幅度和 T_1。

图 3-11 为利用上述方法模拟孔隙度为 15%，渗透率为 1~10mD，地层温度为 90℃，原油黏度分别为 5mPa·s 和 10mPa·s 情况下，油和水在不同等待时间、不同回波间隔条件下 T_1、T_2 谱分布图。由图可见当原油黏度在 5mPa·s 时，差谱测井能够有效区分油、水信号，在不同回波间隔 T_2 谱分布图上，当回波间隔达到 2.7ms 时，油、水信号分开明显，如果要利用移谱区分油、水信号，回波间隔设置需要大于等于 2.7ms；当原油黏度达到 10mPa·s 时，差谱已经失去了区分油、水的能力，移谱上，回波间隔需要达到 3.6ms 之上才能够有效区分油、水信号。

2）实验室核磁共振测量模拟最佳采集模式有效性

由理论模拟可知，对于低孔渗轻质油气层，差谱模式可以有效区分油、水层，当原油黏度增大为中质油或稠油时，差谱模式已经不能有效区分油、水层，为验证上述理论模拟结论的准确性，选取不同物性岩样，改变等待时间测量饱和水及不同黏度原油驱替水岩样的 T_2 谱（图 3-12）。其中饱和水岩样测量回波间隔为 0.9ms，等待时间分别为 1s、2s、12s；油驱水岩样测量回波间隔为 0.9ms，等待时间分别为 1s、2s、12s，原油黏度分别为 2.7mPa·s、12.21mPa·s、22.66mPa·s，测量温度为 20℃室温。由图可知，对于饱和水低孔渗岩样，当渗透率小于 10mD 时，等待时间 1s 之内，其信号基本完全恢复，当渗透率大于 10mD 时，等待时间在 2s 之内，其信号亦可基本恢复；对于油驱水岩样，当渗透率小于 1mD 时，无论是轻质油还是中质油驱水岩样，其不同等待时间 T_2 谱之间的差异均比较微弱，反映差谱信息不明显；当渗透率大于 1mD 时，对于轻质油水驱岩样，不同等待时间 T_2 的右峰存在明显差异，随着原油黏度增大，差异变小，说明差谱可以有效区分轻质油气层和水层，但是随着原油黏度增大，差谱逐渐失效，与理论模拟结论基本一致。

理论模拟对于低孔渗中—轻质油层，3.6ms 回波间隔已经足够把油、水信号分开。但是，通过实验室饱和水及不同黏度原油驱替水岩样变回波间隔的 T_2 谱测量可发现，由于实际岩样孔隙结构的复杂性以及原油组分的复杂性，饱和水与油驱水岩样 T_2 谱的分布形态与位置要比理论模拟复杂得多。图 3-13 为不同物性饱和水及不同黏度原油驱替水岩样在回波间隔分别为 0.9ms 和 3.6ms 情况下 T_2 谱对比图。由图可见，在实际测量中，很难将油、水信号完全分开，但是饱和水岩样和油驱水岩样 T_2 谱分布位置、形态之间还是存在一定程度差异，可以根据其峰值、右边界分布位置以及 T_2 谱形态差异来区分油、水层。当渗透率小于 1mD 时，无论是 0.9ms 还是 3.6ms 回波间隔 T_2 谱，饱和水岩样 T_2 谱相对于油驱水岩样 T_2 分布位置靠左。当渗透率大于 1mD 时，对于轻质油，无论是 0.9ms 还是 3.6ms 回波间隔 T_2 谱，饱和水岩样 T_2 谱相对于油驱水岩样 T_2 分布位置靠左；对于中质油，在 0.9ms 回波间隔 T_2 谱上，饱和水岩样 T_2 谱与油驱水岩样 T_2 谱基本上重叠在一起，利用 0.9ms 回波间隔 T_2 谱很难区分油水层；当回波间隔达到 3.6ms 时，渗透率为 1~10mD 时，饱和水岩样 T_2 谱已经前移到油驱水岩样 T_2 谱左侧，能够有效区分油水层，当渗透率大于 10mD 时，3.6ms 回波间隔已经不足以使饱和水岩样 T_2 谱前移到中质油驱水岩样左侧，此时需要进一步增大回波间隔。由以上试验可知，D9TE312（T_W = 12s，短回波间隔

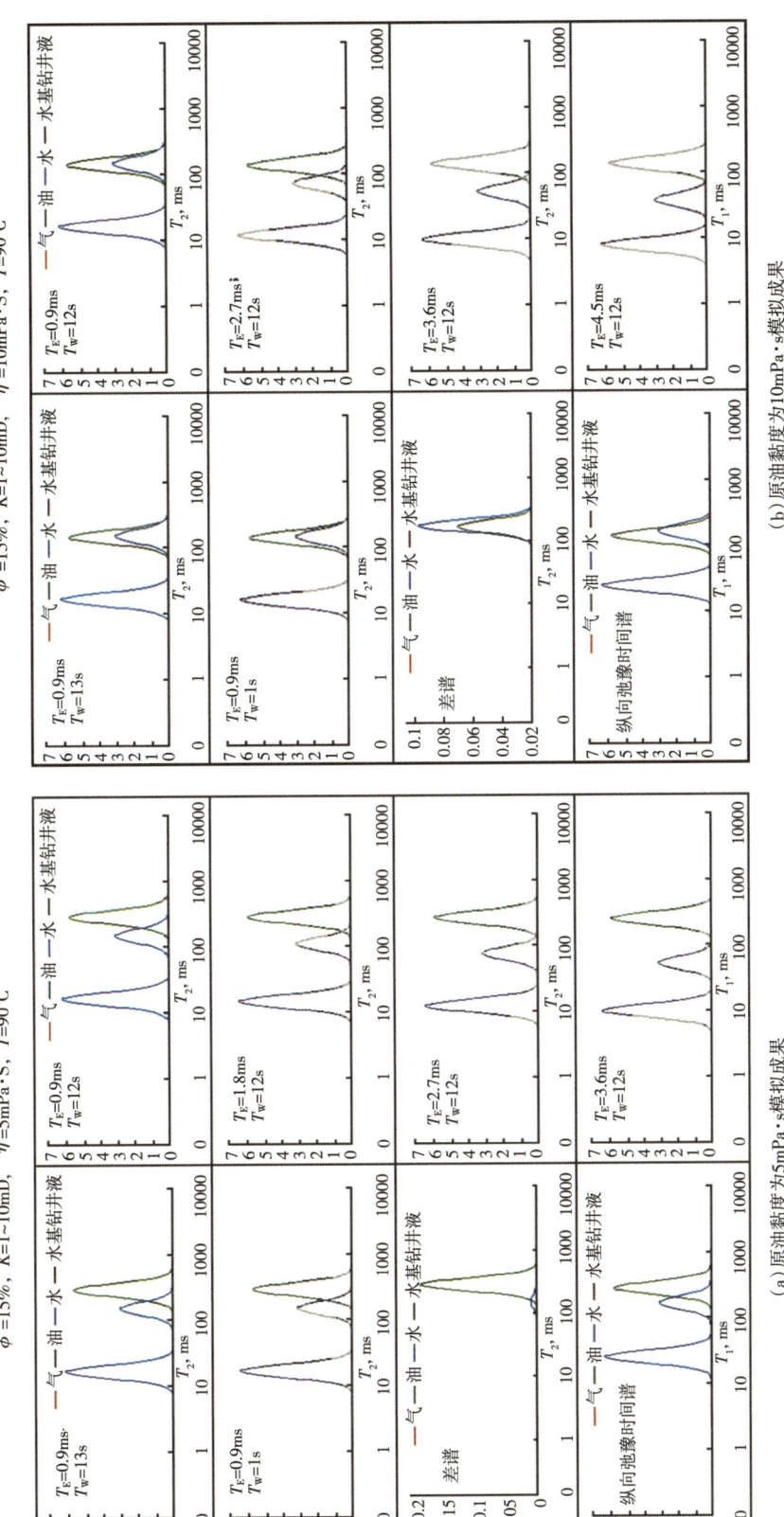

图 3-11 理论模拟低孔低渗储层不同测量参数条件下油、水 T_1、T_2 谱分布图

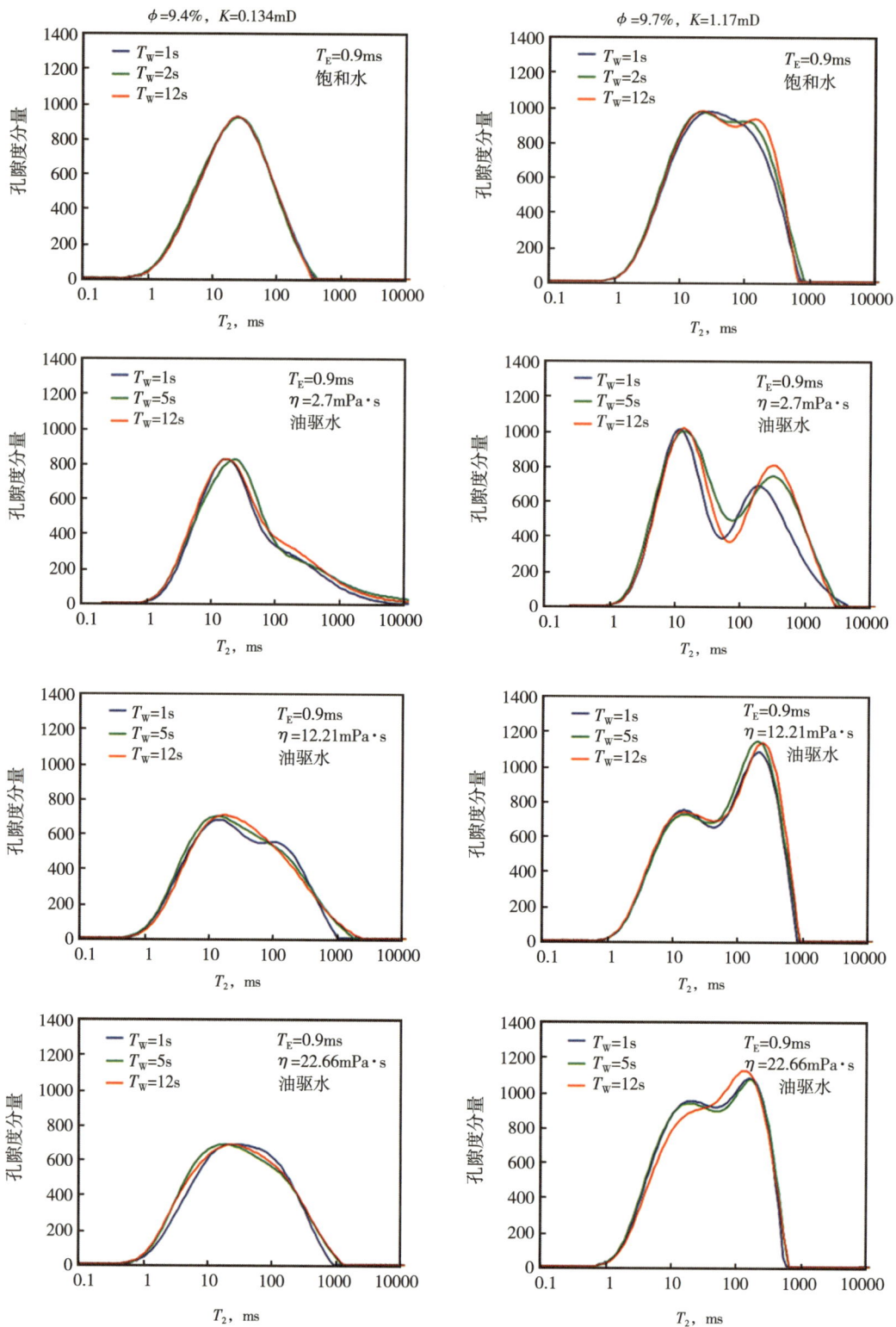

图 3-12　实验室测量不同等待时间的饱和水以及不同黏度油驱水岩样 T_2 谱

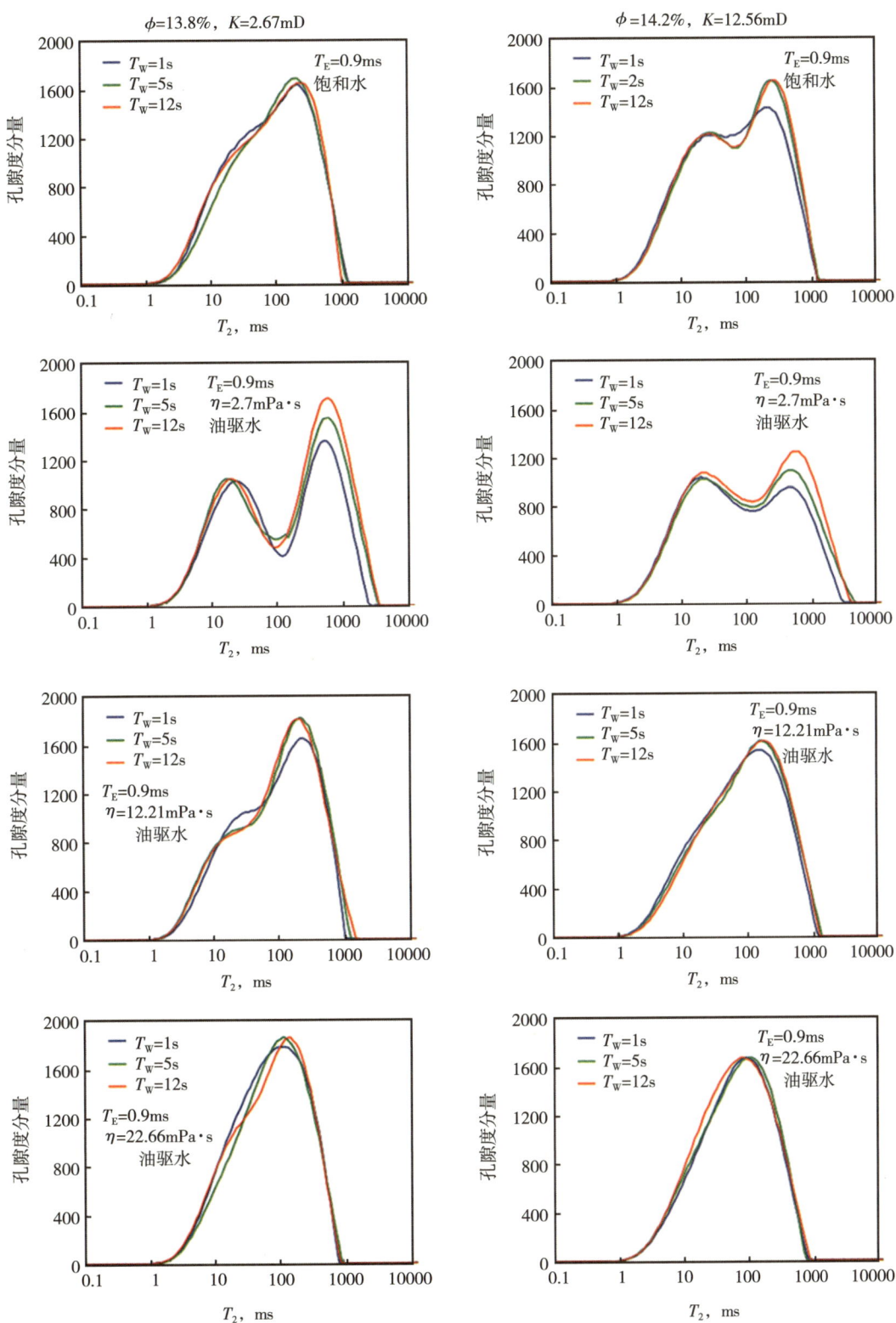

图 3-12　实验室测量不同等待时间的饱和水以及不同黏度油驱水岩样 T_2 谱（续）

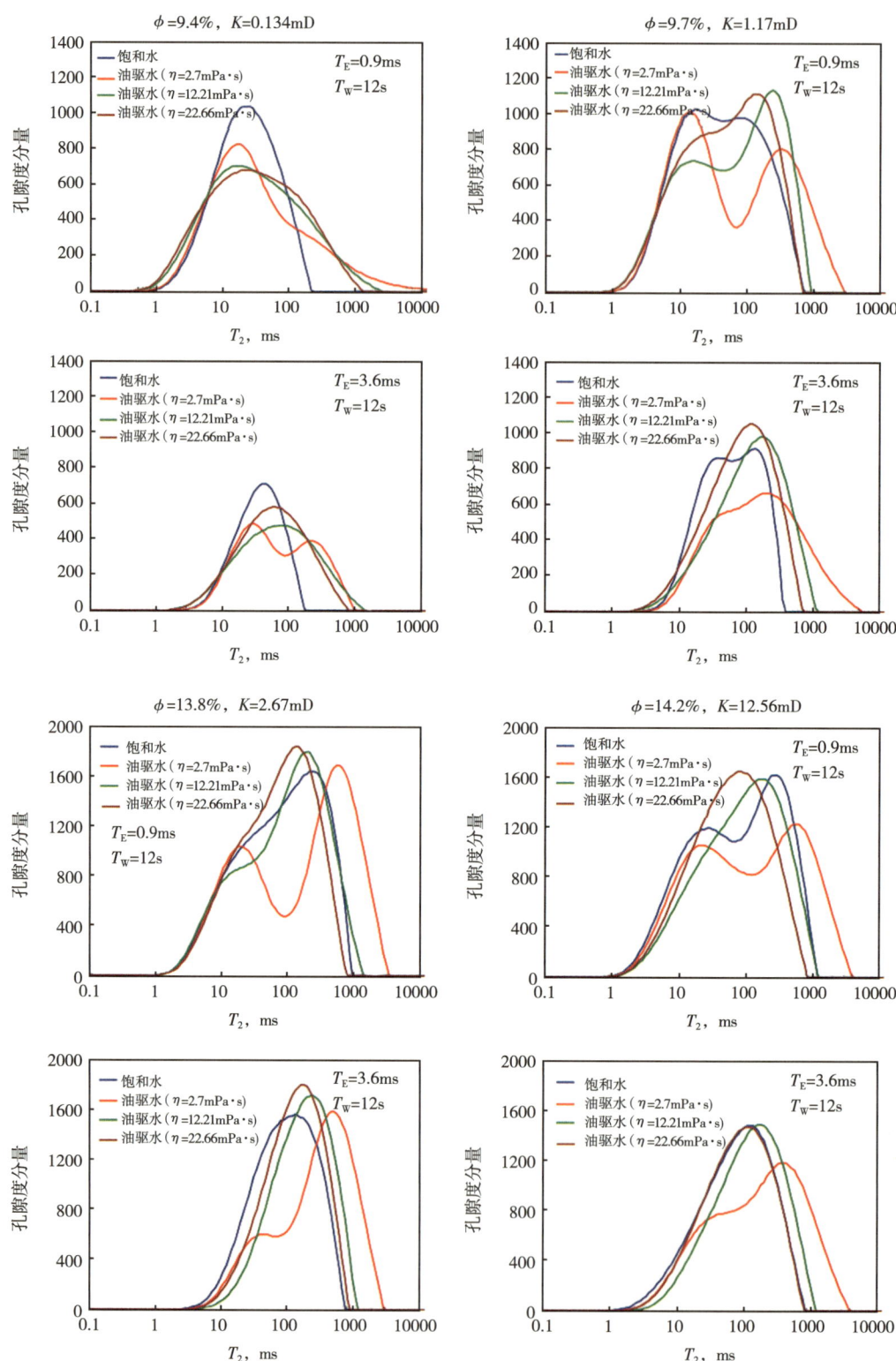

图3-13 实验室测量不同回波间隔的饱和水以及不同黏度油驱水岩样 T_2 谱

$T_{ES} = 0.9$ ms，长圆波间隔 $T_{EL} = 3.6$ ms）可以全面应用于低孔渗轻质油气层和渗透率小于 10mD 低孔渗储层中质油层识别，对于中质油层，当渗透率大于 10mD 时，长回波间隔需要进一步增大。

将理论模拟得到的观测模式与实验室核磁共振测量推荐的测量模式相结合，将推荐的最佳测量模式广泛应用于低孔渗储层有效性评价和流体性质评价，并对其应用效果进行分析，梳理了低孔渗储层最佳观测模式，见表 3-3。

表 3-3　低孔渗储层核磁共振测井最佳观测模式推荐表

储层物性 \ 含烃性质	气层（甲烷气）	轻质油气层（$\eta \leq 5$ mPa·s/地温）	中质油层（5 mPa·s$<\eta<50$ mPa·s/地温）	稠油层（$\eta \geq 50$ mPa·s/地温）
低渗储层（10~50mD）	差谱有效 $T_E = 0.9$ ms $T_{WL} = 13$ s $T_{WS} = 1$ s	均有效 $T_{ES} = 0.9$ ms $T_{EL} = 1.8 \sim 3.6$ ms $T_{WL} = 13$ s $T_{WS} = 1$ s	移谱有效 $T_{ES} = 0.9$ ms $T_{EL} = 3.6 \sim 4.5$ ms $T_W = 12$ s	标准 T_2 谱 移谱有效 $T_{ES} = 0.9$ ms $T_{EL} = 4.5$ ms $T_W = 12$ s
特低渗储层（1~10mD）	差谱有效 $T_E = 0.9$ ms $T_{WL} = 13$ s $T_{WS} = 1$ s	均有效 $T_{ES} = 0.9$ ms $T_{EL} = 1.8 \sim 3.6$ ms $T_{WL} = 13$ s $T_{WS} = 1$ s	标准 T_2 谱 移谱有效 $T_{ES} = 0.9$ ms $T_{EL} = 3.6 \sim 4.5$ ms $T_W = 12$ s	核磁共振效果不理想 $T_{ES} = 0.9$ ms $T_{EL} = 4.5$ ms $T_W = 12$ s
超低渗储层（<1mD）	核磁共振效果不理想 $T_E = 0.9$ ms $T_{WL} = 13$ s $T_{WS} = 1$ s	标准 T_2 谱 移谱有效 $T_{ES} = 0.9$ ms $T_{EL} = 1.8 \sim 2.7$ ms $T_W = 12$ s	核磁共振效果不理想 $T_{ES} = 0.9$ ms $T_{EL} = 3.6$ ms $T_W = 12$ s	失效

2. 核磁共振最佳采集速度确定

采集速度的确定分三步进行，首先根据地层条件下钻井液电阻率预测测井增益；然后根据增益、采集模式确定基准速度；最后根据井底钻井液电阻率、井眼尺寸、钻井液排除器型号确定实际测井速度（图 3-14）。统计大港油田歧北斜坡单井钻井液电阻率范围为 0.2~2.6Ω·m/18℃，根据图 3-14（c）确定适合歧北斜坡区沙河街组低孔低渗储层的核磁共振测井速度范围为 0.8~1.0m/min。

二、核磁共振测井资料采集质量控制

在油田实际生产应用过程中发现，在低孔低渗储层、盐水钻井液完钻等复杂测量环境条件下，核磁共振测井资料经常会出现一些质量问题，直接影响到核磁共振测井应用的有效性。为提高核磁共振测井反映储层的准确性，需要分析归纳核磁共振测井资料采集过程中存在的质量问题和引起这些质量问题的原因，并建立相应的质量控制措施为现场资料采集提供作业指导。

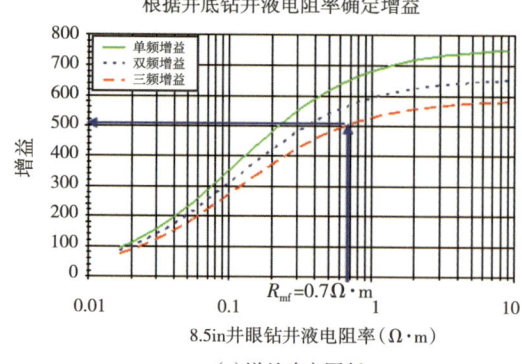

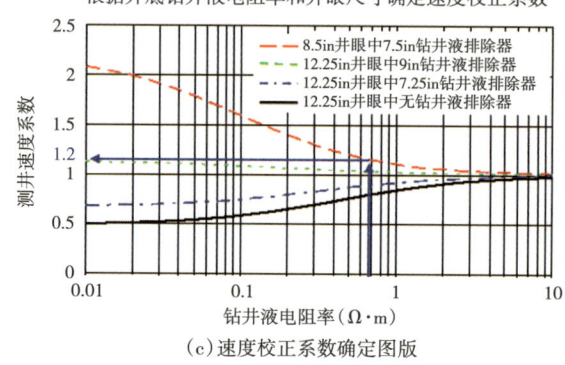

图 3-14 核磁共振测井最佳采集速度确定步骤图

1. 核磁共振测井常见资料质量问题

通过大量核磁共振测井数据与常规测井数据、岩心分析数据统计对比发现，核磁共振测井常出现以下几个方面资料质量问题。

1) 核磁共振孔隙度测量不准确的问题

理论认为，核磁共振只响应储层孔隙流体，避开了岩性影响，因此其总孔隙度则与岩性无关，是一种最佳的孔隙度测量方法。但在实际生产应用中，常常可见核磁共振孔隙度测量不准确情况。图 3-15 为渤海湾盆地南堡凹陷两口邻井同一层组核磁共振测井对比图，可见同一层组两口井核磁共振测量孔隙度差异达到 10% 以上，似乎反映两口井储层物性差别很大。而岩心分析孔隙度对比表明两口井物性基本接近，并不像核磁共振测量反映的那样，说明至少有一口井核磁共振测量必定存在问题。通过岩心分析与核磁共振测井的孔隙度对比分析，发现 N1-4 井核磁共振孔隙度与岩心分析孔隙度存在非常好的一致性，说明该井核磁共振测量没有问题。而 N1-1 井核磁共振孔隙度比岩心分析孔隙度低 10pu 以上，说明该井核磁共振测井存在明显资料质量问题，精细分析认为该问题与储层、井眼环境无关，是由采集不正确引起的。一般情况下，对于纯净砂岩，核磁共振孔隙度测量不准确问题可以通过补偿中子-密度交会孔隙度与核磁共振孔隙度的一致性对比来识别。但对于复杂岩性储层，由于复杂的骨架密度和中子，该类问题非常难以发现，是一种隐蔽性较强的资料质量问题。

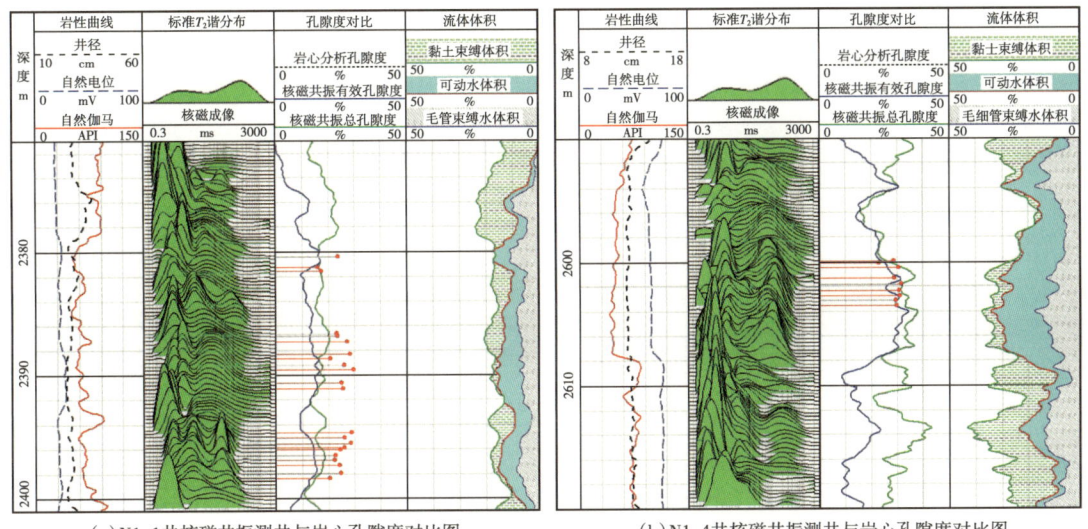

(a) N1-1井核磁共振测井与岩心孔隙度对比图　　(b) N1-4井核磁共振测井与岩心孔隙度对比图

图 3-15　N1-1 井、N1-4 井核磁共振孔隙度与岩心分析孔隙度对比图

2) 核磁共振短回波间隔 T_2 谱不完整问题

T_2 谱不完整表现为在横轴最大刻度处其纵向幅度值还没有回零,使得 T_2 谱形态看起来象被人为截断呈现出不完整的分布(图 3-16)。该种情况一般出现在大孔径水层或者轻质油气层的短回波间隔 T_2 谱中,此时差谱上有明显的差谱信息,核磁共振测量得到的孔

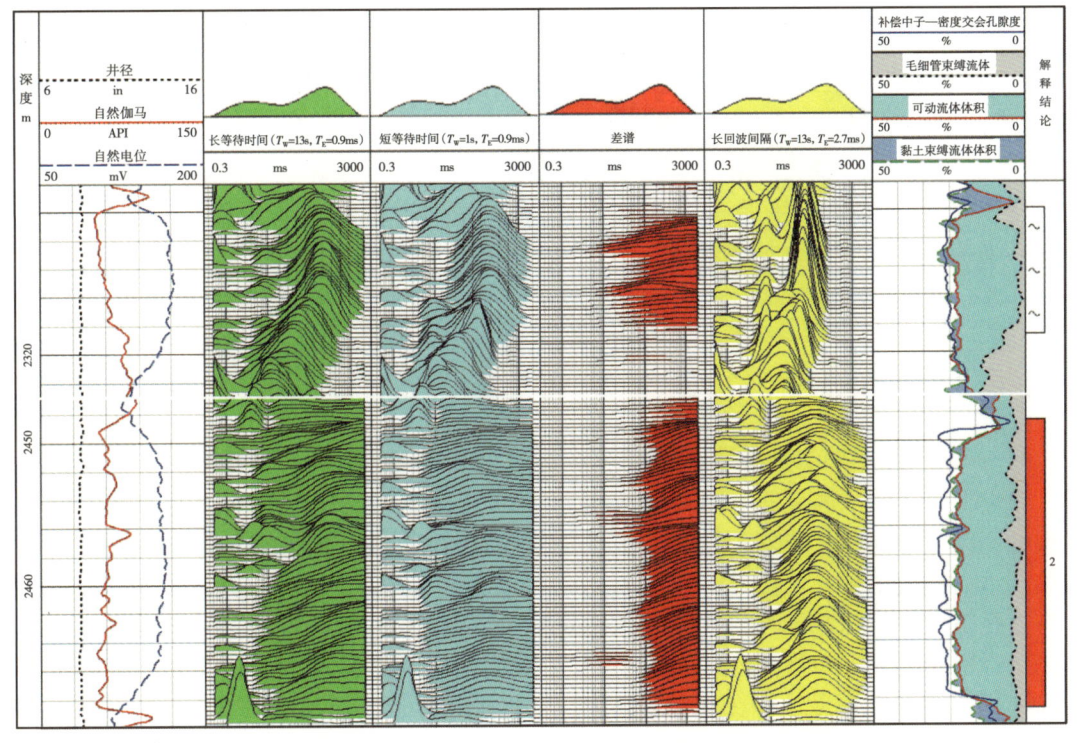

图 3-16　T_2 谱不完整核磁共振测井解释图

隙度相对常规补偿中子—密度交会孔隙度要明显偏低。

3）T_2谱异常拖曳问题

在低孔低渗、盐水钻井液等低信噪比环境下，核磁共振测井常出现T_2谱异常拖曳问题，主要表现为在一个比较连续、完整T_2谱结束之后，出现T_2谱再抬头现象，其二次抬头的T_2谱长度能够达到T_2谱最大右边界，有效孔隙度表现为异常增大，纵向上孔隙度变化呈锯齿或弹簧状变化。该种情况主要出现在回波间隔较短的T_2谱中。图3-17为一口井的实例，可见在A组、B组T_2谱中不定时呈现T_2谱异常拖曳现象。此种情况下，测量得到的总孔隙度、有效孔隙度、可动流体孔隙度均明显增高，干扰正常处理、分析。

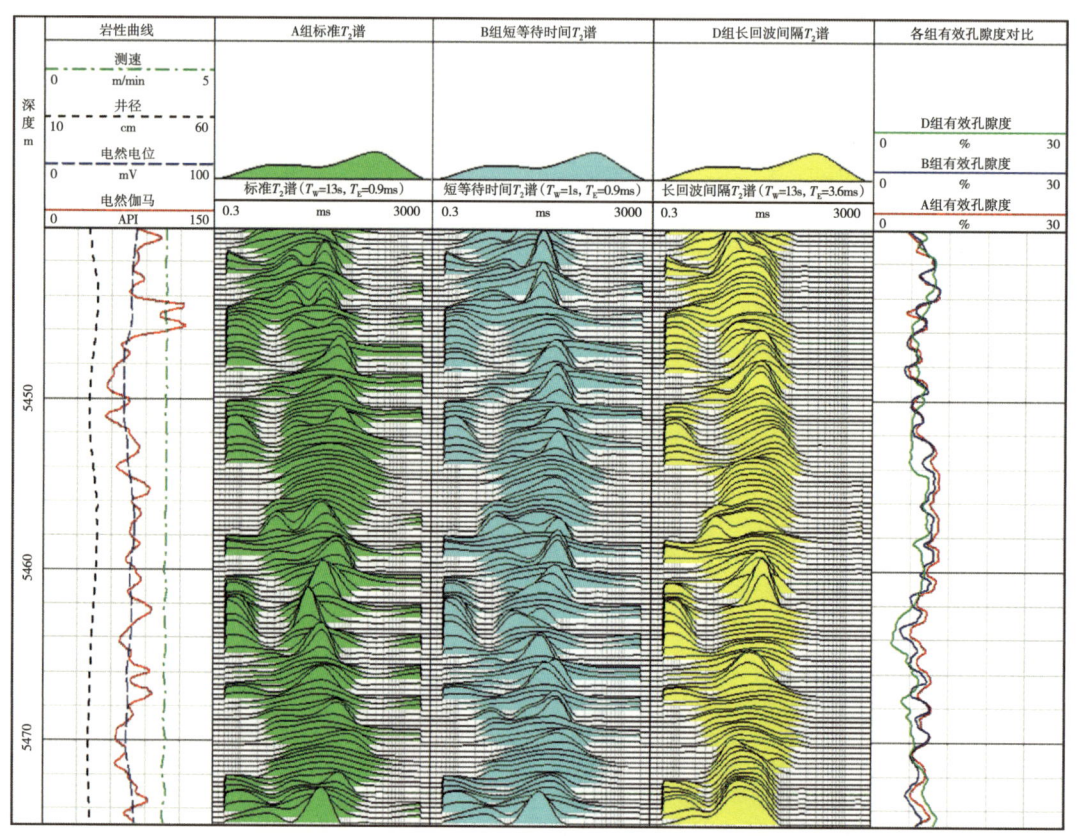

图3-17 T_2谱异常拖曳曲线图

4）同次测量不同测量参数T_2谱之间一致性问题

理论上讲，同次测量的不同测量参数T_2谱之间的谱形态特征及孔隙度信息应该存在一致性，即：相同回波间隔条件下，长等待时间T_2谱在时间轴上的位置与短待时间T_2谱应该基本一致或稍靠右，长等待时间T_2计算的有效孔隙度应不小于短等待时间T_2谱计算的有效孔隙度；相同等待时间条件下，长回波间隔T_2谱在时间轴上的位置相对于短回波间隔T_2谱表现为左移的趋势，长回波间隔T_2谱计算的有效孔隙度应该不大于短回波间隔T_2谱计算的有效孔隙度。但在实际测井中，常出现违背上述基本原则现象，不同测量参数T_2谱之间存在明显的不一致性，表现为：在T_2谱对比上，短等待时间T_2谱在时间轴上的位置相对于长等待时间T_2谱更加靠右，长回波间隔T_2谱在时间轴上的位置相对于短回波

间隔 T_2 谱更加靠右；在孔隙度对比上，短等待时间 T_2 谱有效孔隙度大于长等待时间 T_2 谱有效孔隙度，长回波间隔 T_2 谱有效孔隙度大于短回波间隔 T_2 谱有效孔隙度。图 3-18 为 BS9x1 井核磁共振测井成果，可见不同测量参数之间的 T_2 谱和有效孔隙度存在许多不一致地方，图中 4733~4741m 井段，在长等待时间 T_2 谱上表现为信号非常弱的地方，在短等待时间 T_2 谱上与长回波间隔 T_2 谱上却表现出明显的信息，明显违背一致性原则。不同测量参数 T_2 谱之间一致性问题是目前最为常见的一个问题，也是最难以进行原因分析的一个问题。

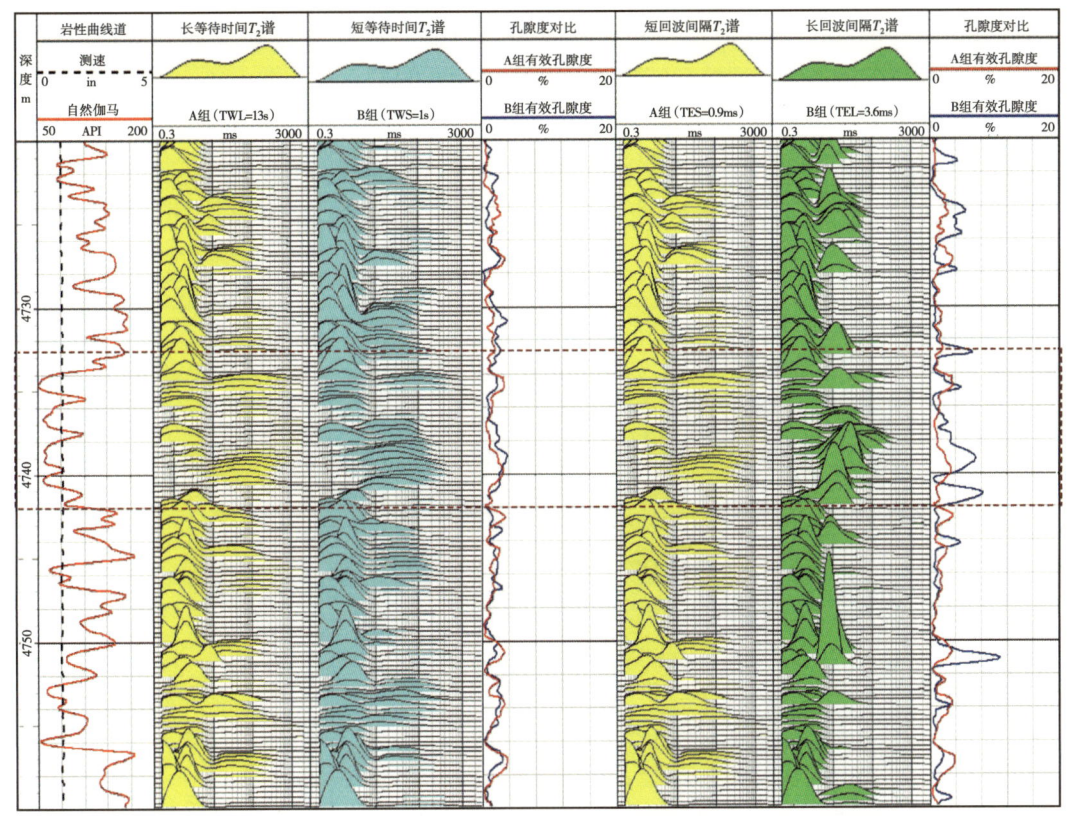

图 3-18　BS9x1 井核磁共振测井曲线图

以上核磁共振测井资料质量问题严重影响到核磁共振测井评价能力，为提高核磁共振测井资料评价地质目标的能力，急需进行核磁共振测井资料质量问题影响因素分析及质量控制措施研究。

2. 核磁共振质量问题影响因素及控制措施

核磁共振测井资料质量影响因素很多，每种资料质量问题均可能受多种因素共同制约，每种因素亦可能引起多种质量问题。研究发现资料质量影响因素主要包括储层特性、井眼环境、现场采集、后期处理等。其中储层特性和井眼环境对核磁共振测井资料的影响在许多文献上均进行过详细的分析，本书不再介绍。有关后期处理的问题本书后面章节还有详细介绍最新研究成果，此处也不再描述。此处主要介绍影响核磁共振资料采集质量的主要现场因素，包括仪器性能、采集参数、测井速度和现场实时处理参数选择等。

1）仪器工作状态不稳定引起的资料质量问题

核磁共振测井仪主要包括电容器、电子线路短接、探头和底部转换接头等几部分，任何一部分工作状态不稳定都会影响资料采集质量，甚至不能正常采集。常见的仪器不稳定工作状态包括电子元器件不在动态响应范围内、脉冲强度 B_1 不稳定、增益异常变化、天线温度未达到稳定状态等，引起的资料质量问题主要包括孔隙度测量不准确、T_2 谱异常拖曳、不同测量参数 T_2 谱之间不一致。图 3-19 为脉冲强度突变引发的资料质量问题实例。正常情况下，B_1 应当是随着地层和井眼总电导率变化的平缓曲线，当某组 B_1 信号发生突变时，其对应回波串噪声信号明显增加，T_2 谱呈现明显的异常拖曳现象，孔隙度明显增加，说明 B_1 突变对原始资料质量影响明显。有 3 个方面的因素会诱发仪器工作状态不稳定：一是仪器电子线路本身存在问题引起各种电压动态范围超出容限范围以及 B_1、增益等发生突变；二是仪器下放速度太快，天线温度未达到稳定状态；三是测井速度过快，地面功率提升系统没有足够时间进行充电，导致低压和高压达不到额定指标。

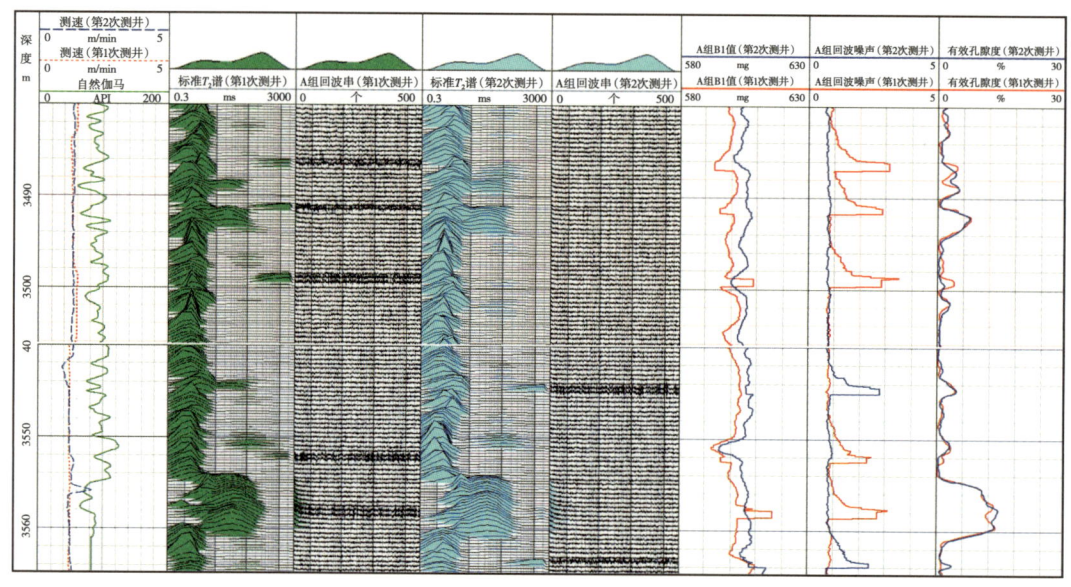

图 3-19　B_1 异常突变引发的资料质量问题实例

2）采集参数不合适引起的资料质量问题

核磁共振测井不同采集参数得到的测量结果不同，必须根据储层特征和井眼环境进行等待时间、回波间隔、回波个数等采集参数设置。否则即使测井仪器性能、操作过程完全正常，也有可能出现问题资料。图 3-20 为同一储层 3 种不同采集参数的 A 组 T_2 谱和总孔隙度对比，第 1 组观测模式为 D9TWE4，A 组回波间隔是 0.9ms，等待时间是 13s，回波个数是 500；第 2 组观测模式为 DTE312，A 组回波间隔是 1.2ms，等待时间是 12s，回波个数是 400；第 3 组观测模式为 DTW1001，A 组回波间隔是 1.2ms，等待时间是 15s，回波个数是 1000。由 3 组 T_2 谱对比可见，对于该套储层，在 D9TWE4 观测模式中，A 组 T_2 谱表现为非常明显的 T_2 谱不完整问题；在 DTE312 观测模式中，该问题得到了一定程度的改

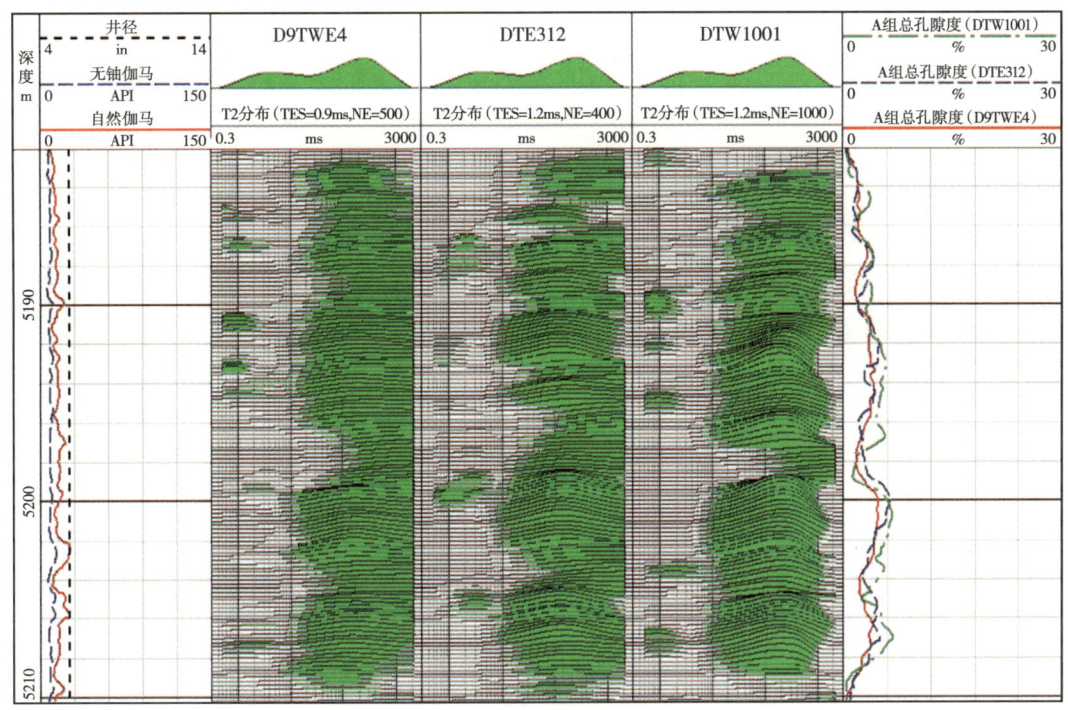

图 3-20 不同采集模式核磁共振测井资料对比图

善,但大部分还存在 T_2 谱不完整问题;在 DTW1001 观测模式中,该问题得到了明显改善,只是少量地方还存在 T_2 谱不完整问题。从 3 组观测模式的孔隙度对比资料可见,DTW1001 模式在该储层记录的孔隙度信息最为完善,明显高于 D9TWE4 模式和 DTE312 模式。说明采用采集参数的合适与否直接影响采集资料质量,通过优化采集参数,可控制资料质量。

3) 测井速度引起的资料质量问题

核磁共振测井资料采集中,测井速度是控制资料质量的一个非常关键的因素,它不仅影响资料纵向分辨率、还严重影响到电子元器件的各种电压是否能够恢复到容限动态范围,从而影响到 T_2 谱形态以及不同 T_2 谱之间的一致性。图 3-21 为一个测井速度对 T_2 谱形态以及不同 T_2 谱之间一致性影响实例,图中第 3 至第 5 道为低速情况下 T_2 谱分布,第 6 至第 8 道为高速情况下 T_2 谱分布,低速测井测井速度在 0.8m/min 左右,高速测井测井速度在 1.2m/min 左右,两次测井除速度差异以外,其他条件完全一致。如果不进行两次测井的 T_2 谱形态对比,只看单次测井成果,难以发现问题所在。但是通过两次测井结果对比就可以发现,低速测井在长等待时间 T_2 谱上许多多峰分布在高速测井成果上已经找不到,说明高速测井的分辨率明显降低。另外,高速测井的不同 T_2 谱之间不一致性比较明显,比如在 3148~3155m 井段,短等待时间 T_2 谱右边界已经长达 500ms,而在长等待时间 T_2 谱上右边界才达到 400ms,明显与一般原则不符合,存在质量问题。而低速测井成果上,该问题基本不存在。可见这种不同 T_2 谱之间的不一致性明显是由测井速度引起的。故在现场采集时,测井速度的控制非常重要。

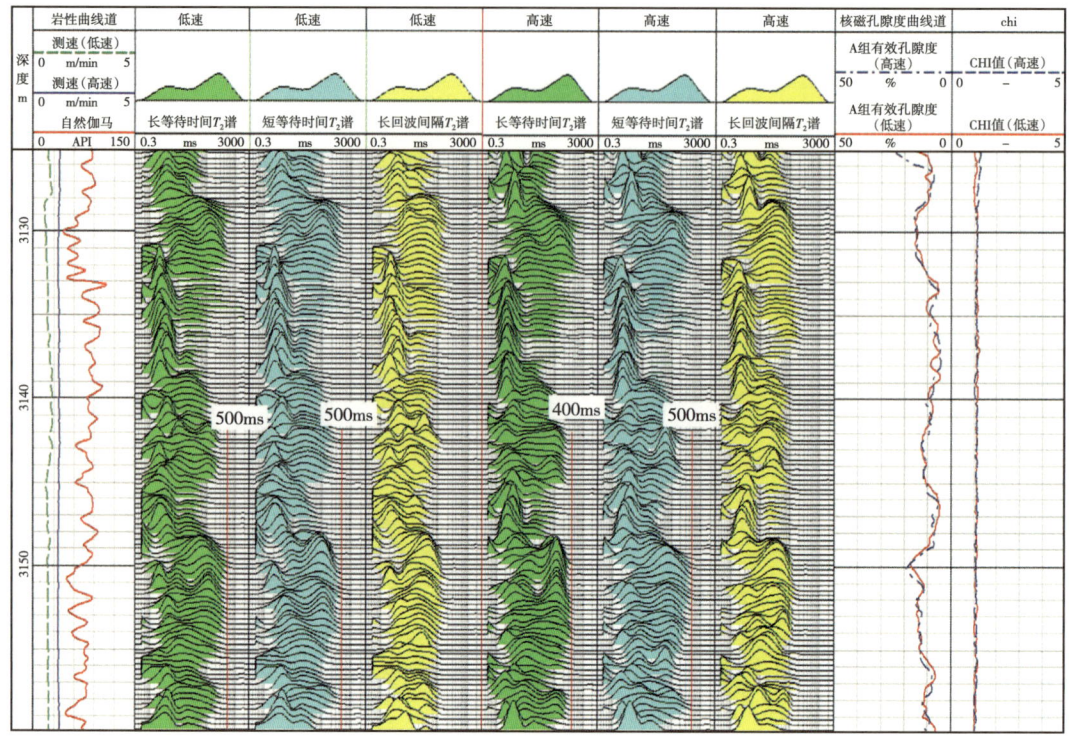

图 3-21 测井速度对资料质量影响实例

4) 实时处理参数选择引发的资料质量问题

由于资料采集完成后，解释中心都要对原始采集数据进行重新处理，故一般对现场实时简单处理的参数设置关注不多，认为其不会影响到后期处理结果的精度。但是通过大量资料对比发现，实际情况并非如此。由于现场处理软件的部分功能在后期室内精细处理中是没有的，因此现场实时处理参数选择正确与否，将会严重影响最终结果的准确性。比如，环境校正功能就是后期处理软件中缺乏的，基本都是直接应用现场环境校正结果。当现场该功能的部分参数选择不合适时，不仅会直接影响现场处理效果，也将直接影响后期其他精细处理成果的正确性。环境校正参数主要包括功率校正、矿化度校正、温度校正等，每一种校正都将对资料质量产生一定程度的影响。图 3-22 为功率校正对资料质量影响实例。一次为做过功率校正的实时处理成果，一次为未做功率校正的实时处理成果，通过两次现场处理结果的 T_2 谱、孔隙度以及质量控制参数对比可见，其各种数据差异达到 1 倍以上，可见实时处理参数选择对资料质量的重要性。

3. 核磁共振测井资料采集现场质量控制措施

核磁共振测井常见资料质量问题的类型较多，产生这些质量问题的原因也较多，且每一种质量问题产生的原因不是单一的，一般是会受多种因素的共同制约。必须找准产生问题的根本原因或主控因素，有针对性地建立相应质量保障措施。表 3-4 详细列举了各种质量问题产生的原因及应采取的质量控制措施，可见大部分原因还是由于现场采集过程中操作不当引起的资料质量问题，只要严格控制操作过程，就能有效降低质量问题出现的概率，提高采集质量。

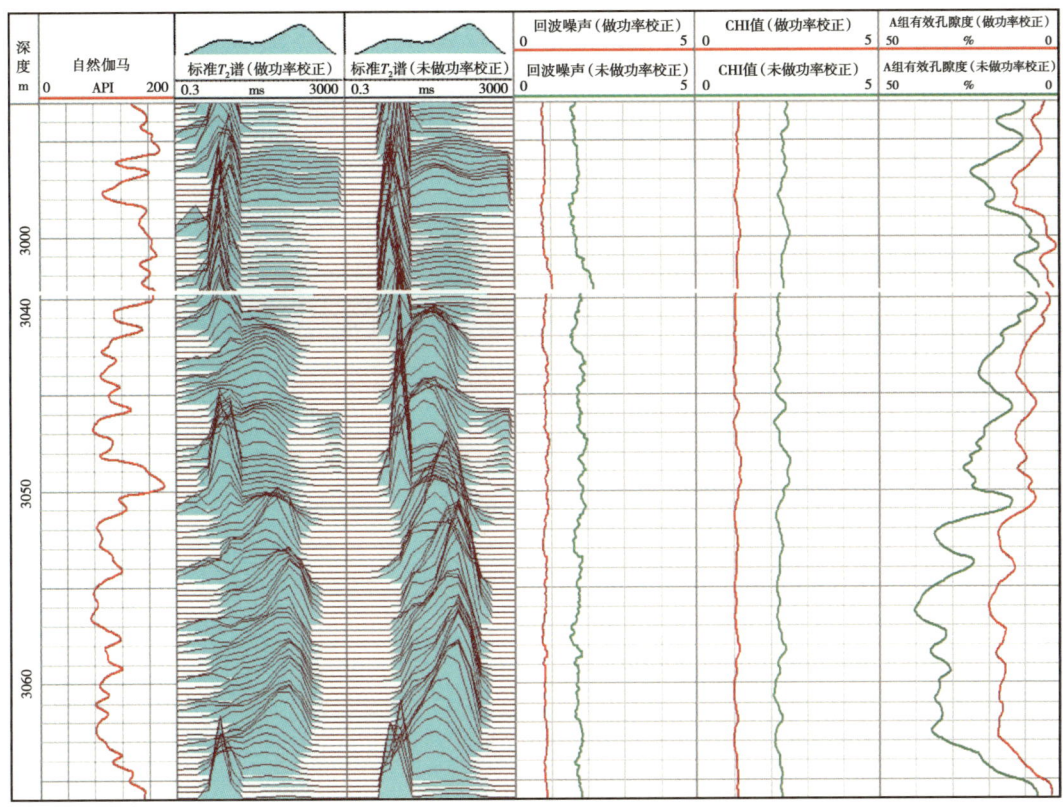

图 3-22 不同功率校正参数选择处理成果对比图

表 3-4 常见问题产生原因及质量控制措施统计表

质量问题	质量问题原因分析		控制措施
T_2 谱不完整问题	现有 T_2 反演软件时间窗设置不足	处理软件问题	完善 T_2 反演软件
	采集模式、回波个数设置不合适		做好测前设计
T_2 谱异常拖曳问题	仪器状态不稳定（B_1 突变、增益异常变化、温度不稳定、仪器内部噪声过大、电压动态范围超出误差容限等）	仪器性能问题	检查仪器，更换或维修
		测井速度太快	严格控制测井速度
		下放速度太快	降低下放速度，等待温度稳定
不同测量参数 T_2 谱之间一致性问题	仪器状态不稳定（B_1 突变、增益异常变化、温度不稳定、仪器内部噪声过大、电压动态范围超出误差容限等）	仪器性能问题	检查仪器，更换或维修
		测井速度太快	严格控制测井速度
		下放速度太快	降低下放速度，等待温度稳定
	测井速度过快		严格控制测井速度
	实时处理参数选择不合适		优化实时处理参数
孔隙度不准确	T_2 谱不完整引起孔隙度偏低		参考 T_2 谱不完整问题控制措施
	T_2 谱异常拖曳引起孔隙度问题		参考 T_2 谱异常拖曳质量控制措施
	T_2 谱不一致引起孔隙度问题		参考 T_2 谱一致性问题控制措施
	测井速度过快，磁体未完全极化		严格控制测井速度
	实时处理参数选择不合适		优化实时处理参数

要保障核磁共振测井资料采集质量，在现场施工过程中需要做到以下几点：（1）做好仪器刻度和检查，保障仪器处于完好状态；（2）根据储层特征和井眼环境做好采集方案设计优化，包括扶正器、钻井液排除器、采集模式、采集参数、测井速度、实时处理参数优化等；（3）测井前必须严格执行现场频率扫描工作，测井操作频率与现场扫描频率应保持一致；（4）测井过程中严格控制测井速度，尽量匀速测井，各种电子元器件数值变化应保持在规定误差容限之内。

三、高精度 T_2 谱反演技术

核磁共振回波串信号质量和 T_2 反演处理算法是核磁共振测井储层评价和流体识别的关键因素，特别是对于低孔渗储层上述两个因素尤为重要。

1. 回波串小波降噪处理技术

小波变换是目前常用的一种降噪处理方法，任何平方可积信号的连续小波变换可写为：

$$\text{CWTW}(s,b) = \frac{1}{\sqrt{s}} \int_{-\infty}^{+\infty} \psi_s^* \left(\frac{t-b}{s}\right) f(t) \, \mathrm{d}t = \int_{-\infty}^{+\infty} \psi_{s,b}^*(t) f(t) \, \mathrm{d}t \tag{3-19}$$

式中　ψ_s^*，$\psi_{s,b}^*$——小波基函数；
　　　$f(t)$——需要分析的连续信号；
　　　s——尺度系数；
　　　b——时移因子。

利用小波变换，采集信号可以分解成不同频率的分量，高频分量一般存储于较小分解尺度，低频分量一般存储于较大分解尺度。

将小波包变换与自适应最小均方（LMS）滤波相结合，提出基于小波包分解系数的自适应滤波算法，得到小波包域自适应滤波算法（DPWTA）。首先，将输入信号与期望输出经过小波包分解滤波器组进行小波包分解，提取小波包分解系数，然后在各节点的分解系数上进行自适应滤波，再将经过自适应滤波的分解系数通过小波包合成滤波器进行重构，从而得到最终去噪后的信号。

与传统 LMS 算法比较，小波包域自适应滤波器输入向量自相关矩阵的谱动态范围大大减少，另外小波包域自适应滤波算法中输入自相关矩阵的最大特征值也减少了，这样可以取较大的收敛因子，增大了收敛因子的动态范围，所以小波包域自适应滤波算法在收敛速度及算法的稳定性上均有所提高。图3-23是岩心样品低信噪比核磁共振资料小波降噪后的效果，降噪后的 T_2 谱与低信噪比有明显差异，其结果更接近高信噪比 T_2。可见，小波降噪能显著提高低信噪比核磁共振回波串资料的质量。

2. 异常信号检测及去噪技术

由前文核磁共振测井资料质量问题分析可知，在低孔低渗、盐水钻井液等低信噪比环境下，核磁共振测井常出现 T_2 谱异常拖曳问题。通过对采集数据进行了精细对比分析，追索到产生 T_2 谱异常拖曳的问题所在。图3-24为问题井资料经过标准处理流程得到的经各种校正的回波串数据和 T_2 谱反演结果，其中图3-24（a）为经过各种校正得到的回波串数据，图3-24（b）为图3-24（a）回波串数据反演得到的 T_2 谱数据。理论上回波串

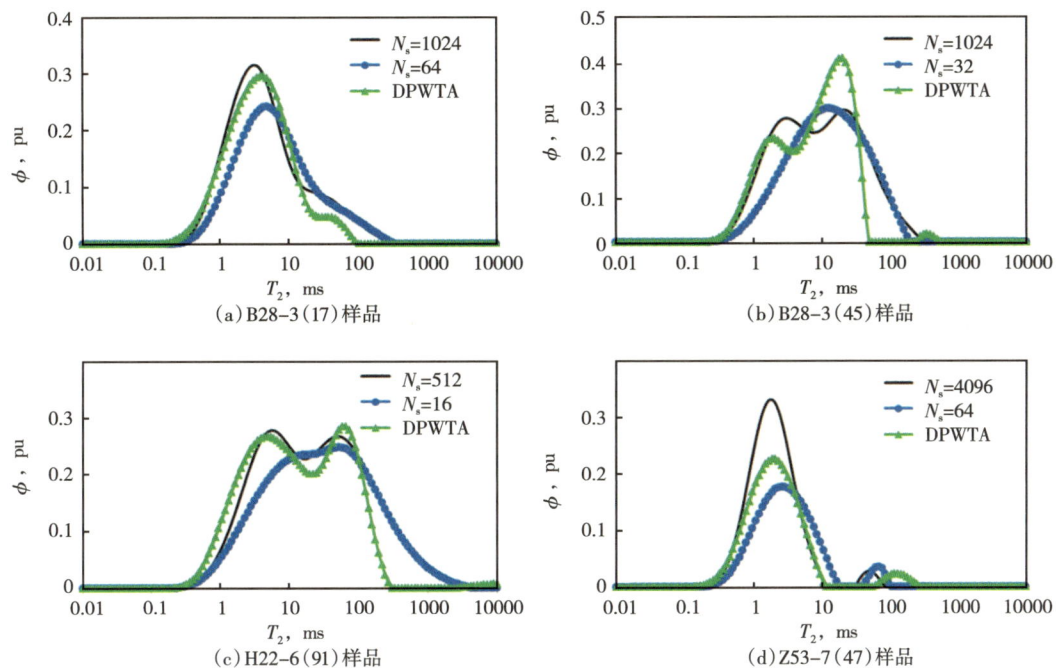

图 3-23 岩心核磁共振测量数据小波降噪前后处理结果的比较

N_s 为原始回波数据的扫描次数；DPWTA 为小波包域自适应滤波算法

数据是呈指数衰减，随着回波个数的增加，其数值应该越来越低，在没有外界噪声干扰的情况下，最终应趋于 0 附近。但是，通过对比可以发现在 T_2 谱异常拖曳的部分，对应在回波串上出现异常的突起，T_2 谱异常拖曳幅度越高，回波串上异常突起程度越明显。综合分析这些异常突起应该是与地层不相关的干扰信息被记录下来，叠加到回波串上从而引起测井资料异常，将这些异常信号剔除掉即可以消除 T_2 谱异常拖曳的现象。具体实现思路为：在将原始测量回波串通过坐标变换、相位校正、环境校正、叠加等各种处理后，应用自动检索方法对回波串单个回波幅度进行连续检测并比较，正常情况下，后面的回波幅度在数值上应该低于前面的回波，如果出现后面回波幅度异常增大，则为异常信号干扰；为

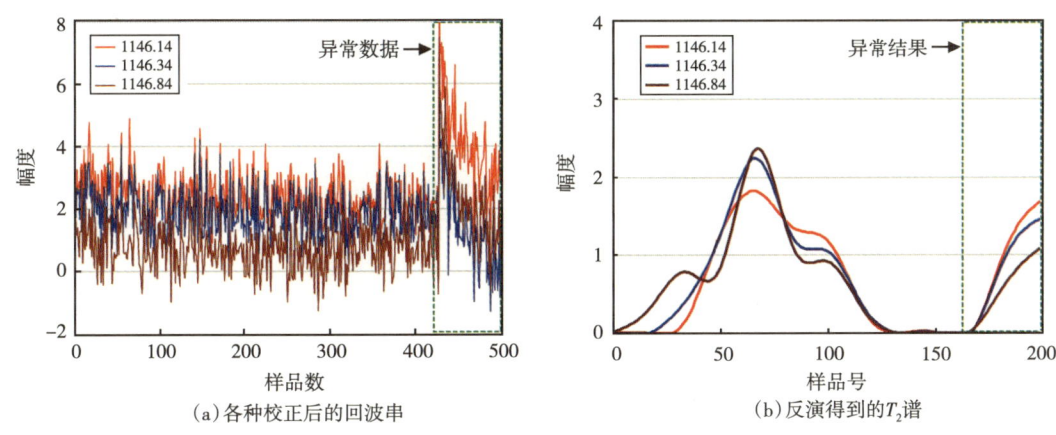

图 3-24 异常数据显示图例

防止将正常随机噪声与地层有用信号剔除了，认定在第 i 个回波后，如果连续 10 个回波的回波幅度均大于第 i 个回波，则第 $i+1$ 个回波开始，其数据为异常信号干扰数据，该数据将剔除不用；应用剔除异常信号干扰的回波串数据进行奇异值反演，得到 T_2 谱数据。

图 3-25 为一口问题井的资料处理成果图，其中第 3 道为现场测量的原始信息，第 4 道为 8 次累加的正常处理成果，第 5 道为 16 次累加的正常处理成果，第 6 道为基于回波串异常信号检测技术的高精度处理成果，第 7 道为各种方法的孔隙度对比，第 8 道为各种方法计算的衰减曲线和记录的回波幅度之间匹配质量控制曲线 CHI 值对比。由各种 T_2 谱形态对比可见，通过异常信号检测和去噪高精度处理后，基本上消除了 T_2 谱异常拖曳的问题，在原始 T_2 谱正常的井段，高精度处理结果与标准方法相同累加次数处理结果完全一样；在孔隙度对比上可见，高精度处理结果基本消除了标准处理在孔隙度上的异常抖动情况；在 CHI 值质量控制曲线上可见高精度处理 8 次累加 CHI 值与标准处理 16 次累加 CHI 值基本一致，说明高精度处理质量相对于标准处理明显得到改善，说明该方法是行之有效的。由于高精度谱处理降低了纵向累加次数，相当于提高了测井资料纵向分辨率，有效提高了孔隙度处理精度和纵向分辨率。

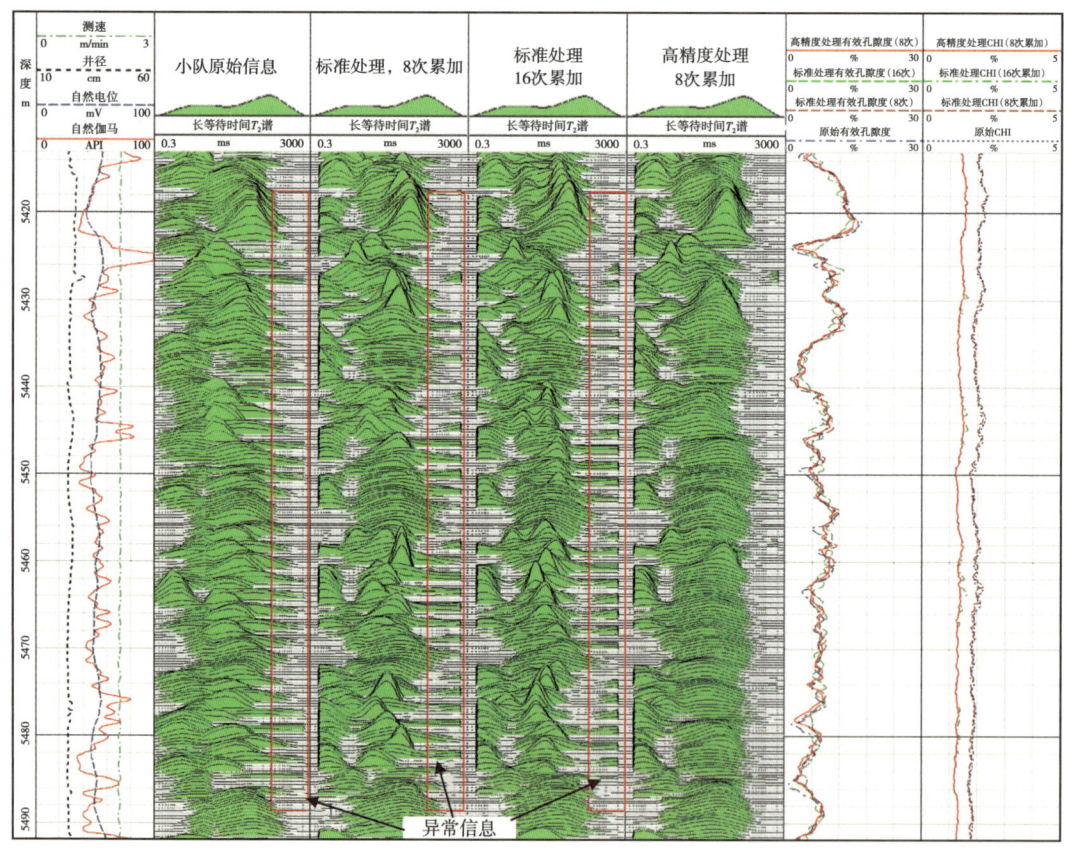

图 3-25　基于回波串异常信号检测技术的高精度处理与标准处理对比图

第四章 低孔低渗储层精细评价方法

低孔低渗储层测井精细评价主要包括储层岩性定量评价和储层参数精细建模等，是低孔低渗储层测井评价的主要内容之一。岩性、物性和孔隙结构的特点决定了低孔低渗储层测井评价难以直接借用中高孔渗储层的方法，必须在分析主控因素基础上针对性开展储层参数建模研究，尤其是孔隙结构定量评价方法，才能为储层测井精细评价和综合分类奠定基础。

第一节 岩矿组分定量评价方法

地层矿物含量计算是低孔低渗储层测井评价中一项复杂而重要的基础工作，评价结果对岩性划分、物性评价等具有重要的指导作用[1]。常用的测井矿物含量计算通常有 3 种方法，即单一矿物岩石物理建模、多矿物优化处理和岩性俘获测井法。当矿物种类较多时，单一矿物测井建模方法求解矿物含量较为困难，且累计误差过大。岩性俘获测井是一种精度较高的新方法，但多在重点探井中测量，所有井的全面普及目前还有经费和仪器数量方面的困难。三种方法比较，最优化处理的方法是一种相对较好的选择。

一、多矿物解释模型

最优化原理是用正演的方法解决参数反演的问题，即：在正确建立与目标解释井段相适应的解释模型和一组不同测井方法响应方程的基础上，选择合理的区域性矿物测井响应参数，通过优化方法不断自动统一调整响应方程中各种矿物相对体积含量，正演相应方法的测井值，当同一深度点的一组正演测井值与经过环境校正的一组实际测井值基本一致，且采用非线性加权最小二乘原理求解的多条曲线正演误差满足最小误差条件，此时的各种矿物含量就是多矿物最优化方法的矿物含量反演最优解。

一般，对于储层的特定深度点，常规资料的声波、中子、密度、伽马等测井方法有如下测井响应方程组以及目标函数：

$$\begin{cases} \rho_b = \rho_1 V_1 + \rho_2 V_2 + \cdots + \rho_i V_i + \cdots + \rho_m V_m \\ \Delta t = \Delta t_1 V_1 + \Delta t_2 V_2 + \cdots + \Delta t_i V_i + \cdots + \Delta t_m V_m \\ \phi_{CNL} = \phi_{CNL_1} V_1 + \phi_{CNL_2} V_2 + \cdots + \phi_{CNL_i} V_i + \cdots + \phi_{CNL_m} V_m \\ 1 = V_1 + V_2 + \cdots + V_i + \cdots + V_m \end{cases} \quad (4-1)$$

式中 i——所选择的各种矿物，$i=1, 2, \cdots, m$；

ρ_i，Δt_i，ϕ_{CNL_i}——分别为各种矿物的密度、声波、中子等测井响应值；

V_i——各种矿物的体积含量。

对于式（4-1），可以采用最优化的方法来计算各种矿物体积含量，并通过下式来决定最优化解：

$$\varepsilon^2 = \left(\frac{t_m - t'_m}{U_m}\right)^2 \qquad (4-2)$$

式中 ε——最小方差；

t_m——经过校正的接近实际地层的第 m 种矿物的测井测量值；

t'_m——相对应的通过测井响应方程计算的理论值；

U_m——第 m 种矿物测井响应方程的误差。

从理论上讲，求解矿物数量不能高于独立的测井物理量的数量，式（4-1）在盈余的情况下才有较高的矿物求解的精度。下面以鄂尔多斯盆地为例介绍该方法应用的基本思路。

研究区岩石矿物类型由于受物源的影响，具有高石英，低长石特征，主要类型为岩屑长石砂岩和长石岩屑砂岩。其中石英平均含量占 45.97%、长石平均含量占 33.58%，岩屑含量 20.45%。砂岩粒度比较细，一般以细砂、极细砂为主。颗粒分选较好，磨圆差，以次棱角状为主。颗粒间以点—线接触为主，胶结类型为压嵌—孔隙式、基底式胶结。填隙物含量较高，主要以杂基和胶结物形式充填孔隙，其中绿泥石含量最高。

根据储层岩石物理特征以及矿物衍射分析资料（图4-1、图4-2），为了利用常规测井资料计算矿物成分以及便于最优化方法计算，需要舍去其中含量相对较少矿物（含量小

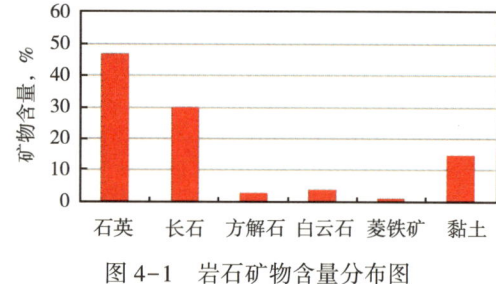

图 4-1 岩石矿物含量分布图

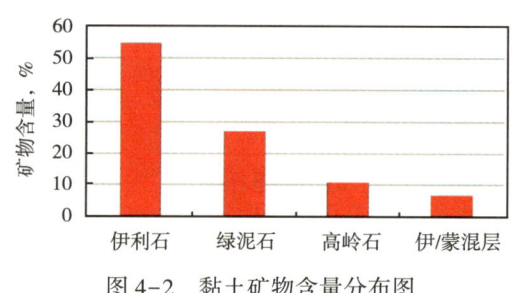

图 4-2 黏土矿物含量分布图

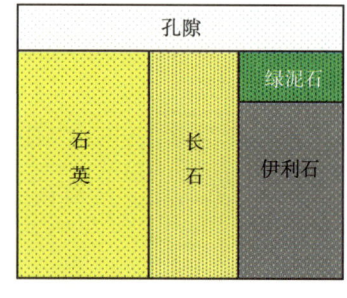

图 4-3 矿物模型示意图

于5%的），根据岩石矿物分布图和黏土矿物含量分布图，其中石英平均含量占46%、长石平均含量占30%，而黏土矿物主要为伊利石和绿泥石，其中伊利石平均含量约占10%，绿泥石平均含量约占5%，故选择含量较高的石英、长石、伊利石以及绿泥石4种矿物成分作为地层的矿物组成。由此建立鄂尔多斯盆地延长组岩石物理模型如图4-3所示。

二、最优化求解方法

最优化原理计算矿物含量的技术已经相当成熟，利用该方法能简单而快速的计算出各矿物的含量。最优化过程可以用图4-4来表示。其关键在于计算测井值与实际测井值的比较，此时需要建立一个目标函数，该目标函数的原理是非线性加权最小二乘原理，即通过最优化方法不断调整测井响应方程的矿物含量，使两者充分逼近，当目标函数达到极小值时的方程的解就是最优解。

最优解可以充分反映实际储层的测井响应。实现最优化测井解释的基础就是通过上面建立的数学模型以及目标函数，选定工区内矿物的种类以及工区内各种矿物的测井响应值

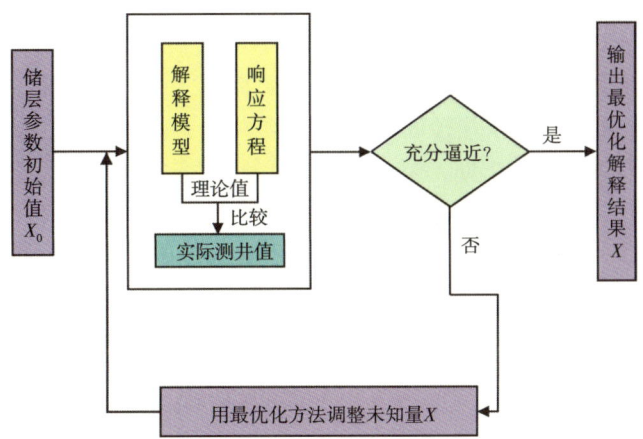

图 4-4 最优化方法流程图

代入建立的模型和相关函数进行计算。矿物中干酪根、长石以及伊利石的伽马值变化较大，其他测井响应参数相对稳定。计算时这些变化较大的参数是调整的重点，其他矿物的测井响应参数只需进行微调即可。每计算一次，将选用的测井响应参数重建测井曲线，并将重建的曲线与原始曲线做对比，如果不能很好的重合，则需要再次调整各种矿物含量重新计算直到重建的曲线和原始曲线能够很好的重合为止。这时选定的各种矿物的测井响应值才是最佳的。利用多矿物模型对鄂尔多斯盆地延长组进行了处理，并与 X 射线衍射结果（质量百分数）进行对比。

图 4-5 是反演曲线和实测曲线之间的对比关系图，将最优化处理的伽马（第 2 道）、声波（第 3 道）、密度（第 4 道）、中子（第 5 道）以及 U 曲线（第 6 道）与实际的测量曲线进行了对比（道中红色的曲线为实际测得的测井数据，黑色曲线为最优化计算曲线）。

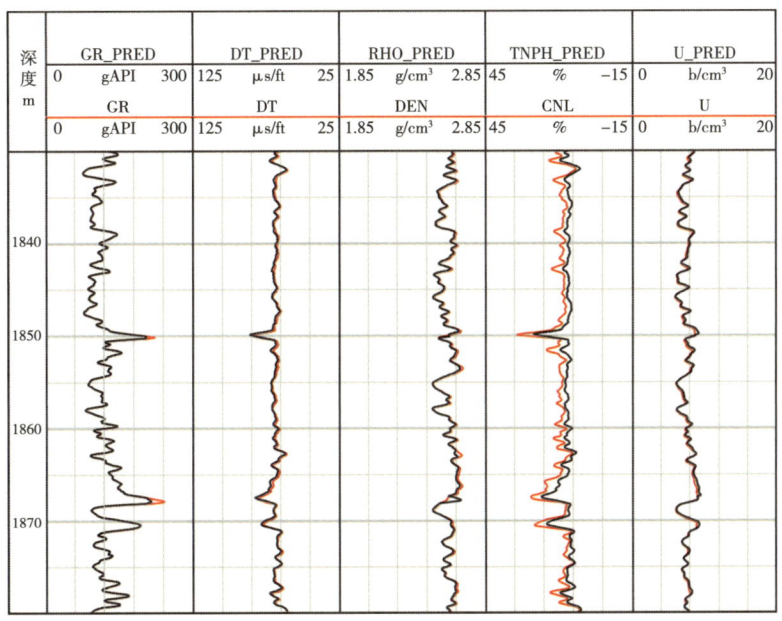

图 4-5 预测曲线与实测曲线对比图

可见5条最优化重建曲线与实测曲线重合良好，从而证明了该模型中各矿物的参数选择是合理的。

图4-6是利用所建模型以及参数处理后的多矿物测井解释成果图，其中第1道为深度道，第2道为伽马、自然电位和井径曲线，第3道为中子、密度和声波曲线，第4道为阵列感应电阻率，第5道为多矿物剖面，第6至第8道分别为黏土（VOL_CHLOR+VOL_IL）、石英（VOL_QUAR）以及长石（VOL_ORTH）的计算结果（已换算成质量百分数）和X射线衍射结果对比道。由于该井X射线衍射并没有对黏土的各部分进行细分，只是分析了黏土的总量，故在此标定时将绿泥石和黏土含量放在一道进行刻度。可以看出，黏土、石英和长石矿物含量最优解与X射线衍射实验结果基本一致，从而证明矿物计算结果是基本可靠的。

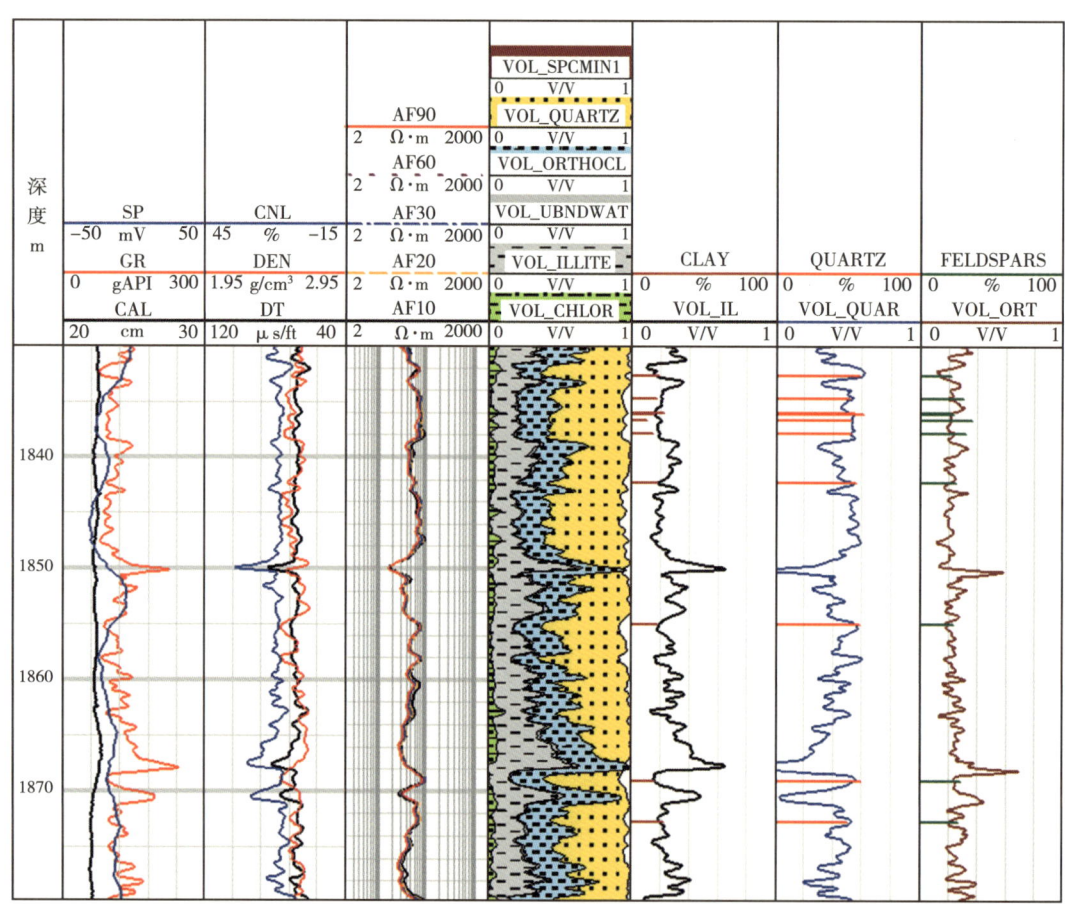

图4-6 多矿物测井解释成果图

第二节 测井成岩相识别方法

低渗透碎屑岩往往经历了复杂的成岩作用过程，一方面经历了对孔隙保存不利的压实、胶结等成岩作用过程，对原生孔隙造成破坏；另一方面，其孔渗条件相对较好的储层发育段往往又依赖于溶蚀等能够形成次生孔隙的成岩作用，当然若能有有利于原生孔隙保存的环境则储层会更好[2]。比如，烃源岩生烃过程中的酸性水若能进入岩石孔隙空间，一般会溶解岩石固相颗粒中的易溶组分，如长石、岩屑等。溶蚀产生的新的物质（各种离子和后续化学作用产生的矿物等）若能被水介质带出发生溶蚀作用的孔隙空间，则溶蚀将会形成次生孔隙，此时溶蚀作用对储层的形成就是建设性作用。可见，不同的成岩作用对低渗透碎屑岩是否能够成为储层至关重要。为了在碎屑岩剖面上区分容易发生建设性还是破坏性成岩作用的岩层段，有必要以成岩作用为标准对碎屑岩剖面进行分类，也就是成岩相的划分。

成岩相是一种沉积岩石的分类方法，是对岩石经历主要成岩作用的一种区分与定义。一种成岩相区别于其他成岩相的实质在于其岩石学、矿物学特征、胶结物、胶结类型以及颗粒接触关系、排列方式和孔隙微观几何特征等的不同。目前对于油气储层的成岩相研究还处于起步阶段，远没有沉积相成熟[3]。主要是根据（钻井）取心井段岩心样品的相关实验室分析，特别是对能够反映岩心样品微观特征的扫描电镜、铸体薄片、阴极发光资料的分析来完成。然而，由于钻井取心数量和成本经费的制约，通常实验室分析资料有限，只能确定有限个深度点的成岩相，而不能连续反映整个剖面的成岩相。因此说，对于储层特征的实验室分析，其微观、直接、离散的特点突出。

与岩心样品实验室分析不同，测井技术获取的地层信息对储层地质特征而言具有宏观、间接和连续的特点。测井响应体积远大于实验室样品，测井可以全剖面连续测量，同时测井采集的各种电学、声学、放射性和核磁共振等岩石物理性质都是储层微观地质特征的间接响应。因此，如果能够根据有限的岩心成岩相划分及成岩作用研究成果，找出对应的不同成岩相储层的测井响应特征，进而建立成岩相测井识别及评价方法和技术，无疑对低渗透砂岩储层的识别和评价，以及寻找有利的含油气富集区可以起到积极作用。

本节以姬塬地区长 8 储层为例介绍成岩相测井评价方法。

一、成岩相类型及其地质特征

1. 姬塬地区长 8 储层成岩相类型

岩石经历过沉积、多旋回构造和复杂的成岩作用，是综合地质作用的产物。就寻找适合油气赋存的储层而言，其中必有一两种因素起主要作用，控制孔隙演化，决定其最终面貌。在姬塬地区长 8 储层，主要类型的填隙物及其含量对其物性具有决定性的影响。因此成岩相的命名采用控制物性的主要胶结物类型、产状和成岩作用联合命名。出现两种以上作用时则采用复合命名法。根据这些原则结合主要成岩现象，通过对姬塬地区 53 口井长 8 储层 445 块薄片观察和 94 口井 1650 张薄片鉴定资料分析，结合岩心照片，将姬塬地区长 8 储层的成岩相划分为绿泥石衬边弱溶蚀成岩相、不稳定组分溶蚀成岩相、构造裂缝成岩相、压实致密成岩相、高岭石充填成岩相和碳酸盐胶结成岩相等 6 种主要成岩相。同时，依据各种不同成岩相对储层的改造作用及影响，将其划分为两大类，即建设性成岩相和破坏性成岩相。绿泥石衬边弱溶蚀成岩相、不稳定组分溶蚀成岩相和构造裂缝成岩相等 3 种为建设性成岩相，对优质储层的保护和改造具有建设性作用，具备该类成岩相特征的储层孔隙度较高，次生孔隙较为发育，孔隙连通性好，渗透率高，是姬塬地区主力含油储层；压实致密成岩相，高岭石充填成岩相和碳酸盐胶结成岩相等 3 种为破坏性成岩相，由于压实、高岭石充填和碳酸盐胶结等作用导致储层的孔隙度小，孔隙喉道窄，渗透率低，油气在运移过程中难以克服毛细管阻力进入孔隙空间。具备该类成岩相特征的地层一般为干层或者非储层。

2. 各种不同成岩相储层的地质特征

1）绿泥石衬边弱溶蚀成岩相

绿泥石衬边弱溶蚀成岩相地层常发育于三角洲前缘水下分流河道、河口坝微相等砂体的中间部位，主要岩性为细砂岩、粉细砂岩，砂岩分选中—好。成岩特征为石英颗粒边缘绿泥石膜发育，长石颗粒部分溶蚀或全部溶蚀。孔隙类型以原生粒间孔为主，少量溶蚀孔。长石和岩屑是主要被溶蚀的物质，形成粒内孔、铸模孔及溶蚀扩大粒间孔。自生绿泥石通过增加岩石机械强度对各种成因的孔隙起保护作用，同时抑制了石英的次生加大。物性一般较好，是研究区最有利的成岩相。典型绿泥石衬边弱溶蚀成岩相储层岩石薄片鉴定结果如图4-7（a）所示。

2）不稳定组分溶蚀成岩相

不稳定组分溶蚀成岩相地层常发育于三角洲前缘三角洲平原分流河道、水下分流河道等沉积微相环境，主要岩性为细砂岩、粉细砂岩等，砂岩分选中—好。在强压实作用下砂岩颗粒接触关系主要为线状和凹凸状，颗粒排列紧密。局部发育溶蚀孔隙，长石和岩屑发生较强的溶蚀作用，形成次生溶孔，是研究区较好的储层，不稳定组分溶蚀成岩相储层的孔隙度一般在8%～12%，物性较好，对有利储层的形成和油气的聚集具有建设性作用。典型不稳定组分溶蚀成岩相储层岩石薄片鉴定结果如图4-7（b）所示。

3）构造裂缝成岩相

构造裂缝成岩相地层在各种微相、各种岩性地层中均可发育，但砂岩更为常见。姬塬地区储层以垂直构造缝为主，裂缝密度低，常成组发育，相应的储层物性较好。典型构造裂缝成岩相储层岩心照片如图4-7（c）所示。

4）压实致密成岩相

压实致密成岩相地层常发育于三角洲前缘的分流间湾、席状砂等沉积相带。主要岩性为泥岩、粉砂质泥岩和泥质粉砂岩等。黑云母、千枚岩以及板岩等塑性岩屑含量较高，石英颗粒含量相对较低。在强压实作用下砂岩颗粒呈线状和凹凸状接触，颗粒排列紧密，塑性岩屑弯曲变形强烈，局部发育少量溶蚀孔隙。压实致密成岩相地层的物性较差，孔隙度小于10%，面孔率小于1%。典型压实致密成岩相储层岩石薄片鉴定结果如图4-7（d）所示。

5）高岭石充填成岩相

高岭石充填成岩相地层常发育于三角洲平原分流河道和水下分流河道，为长石溶蚀所造成。主要岩性为细粒长石砂岩和岩屑长石砂岩。高岭石的产生多与砂岩中不稳定组分的溶蚀密切相关。不稳定组分溶蚀后，若砂岩孔隙结构较好，孔隙水流动性强，杂基中溶出的Al^{3+}、Ca^{2+}等多被带走，还有少量的沉淀下来，形成沉淀高岭石。在姬塬地区延长组长8储层中，高岭石的沉淀作用会减少部分孔隙空间，使储层物性变差。典型高岭石充填成岩相储层岩石薄片鉴定结果如图4-7（e）所示。

6）碳酸盐胶结成岩相

碳酸盐胶结成岩相根据胶结物类型的差异又可细分为铁方解石胶结成岩相和铁白云石胶结成岩相。大量的薄片鉴定结果表明，鄂尔多斯盆地姬塬地区长8储层主要发育铁方解石成岩相，局部发育铁白云石胶结成岩相。碳酸盐胶结成岩相地层主要发育于分流河道、河口坝等较厚砂体顶部和底部，厚1～2m，与砂岩顶底接触处泥岩较发育，平面分布规律不强。主要岩性包含细砂岩、粉细砂岩等,砂岩分选中—好。碳酸盐胶结成岩相砂岩的碳酸盐胶结物含量高,可达 8%~10%,呈充填孔隙式胶结或嵌晶式胶结。胶结物主要为方解石和含铁方解石,代表早期胶结而晚期未发生明显溶蚀的储层类型。孔渗性很差,属于致密储层。典型碳酸盐胶结成岩相储层岩石薄片鉴定结果如图 4-7(f)所示。

大量岩心薄片和 FMI 成像测井资料研究分析表明,姬塬地区长 8 段储层构造裂缝的形成晚于油气成藏阶段,大多数为宽度较小的充填缝,对油藏的改造作用不明显。因现有常规测井资料对构造裂缝成岩相储层识别难以准确把握,故本地区测井实践中只考虑了绿泥石衬边弱溶蚀成岩相、不稳定组分溶蚀成岩相、压实致密成岩相、碳酸盐胶结成岩相和高岭石充填成岩相储层的识别。

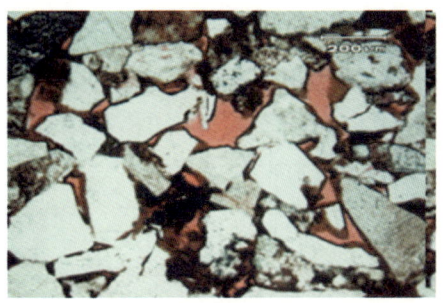

(a)典型绿泥石衬边弱溶蚀成岩相储层岩石薄片鉴定结果(L31井,2822.45m)

(b)典型不稳定组分溶蚀成岩相储层岩石薄片鉴定结果(G88井,2744.96m)

(c)典型构造裂缝成岩相储层岩石岩心照片(H51井,2028.0m)

(d)典型压实致密成岩相储层岩石薄片鉴定结果(Y189井,2220.02m)

(e)典型高岭石充填成岩相储层岩石薄片鉴定结果(H3井,2571.42m)

(f)典型碳酸盐胶结成岩相储层岩石薄片鉴定结果(L1井,2499.07m)

图 4-7 不同成岩相的典型岩石薄片

二、成岩相测井响应特征

对于不同成岩相储层，由于其发育环境的不同，不同成岩作用的影响，导致其岩性、物性、孔隙结构和分选性均存在差异。利用自然伽马和自然电位测井信息可以反映地层的岩性和沉积环境差异，密度、声波时差和中子孔隙度测井信息则是储层物性差异的最直观显示，电阻率测井信息也可以一定程度上间接反映储层的孔隙结构变化。可见，常规测井资料能够指示地层成岩相的差异，借助常规测井资料可以进行地层成岩相类型的划分。下面对各种不同成岩相储层的常规测井响应特征进行分析。

1. 绿泥石衬边弱溶蚀成岩相储层测井响应特征

图4-8为L3井长8_1段典型绿泥石衬边弱溶蚀成岩相储层测井响应特征图。图中2690.75m处的薄片鉴定结果指示该层段的成岩相类型为绿泥石胶结成岩相。2689~2715m井段的测井响应分析可知，对于绿泥石衬边弱溶蚀成岩相储层，受其岩性的影响，自然伽马为低值，一般介于60~100API。低中子孔隙度，中子测井值介于13%~20%。由于储层

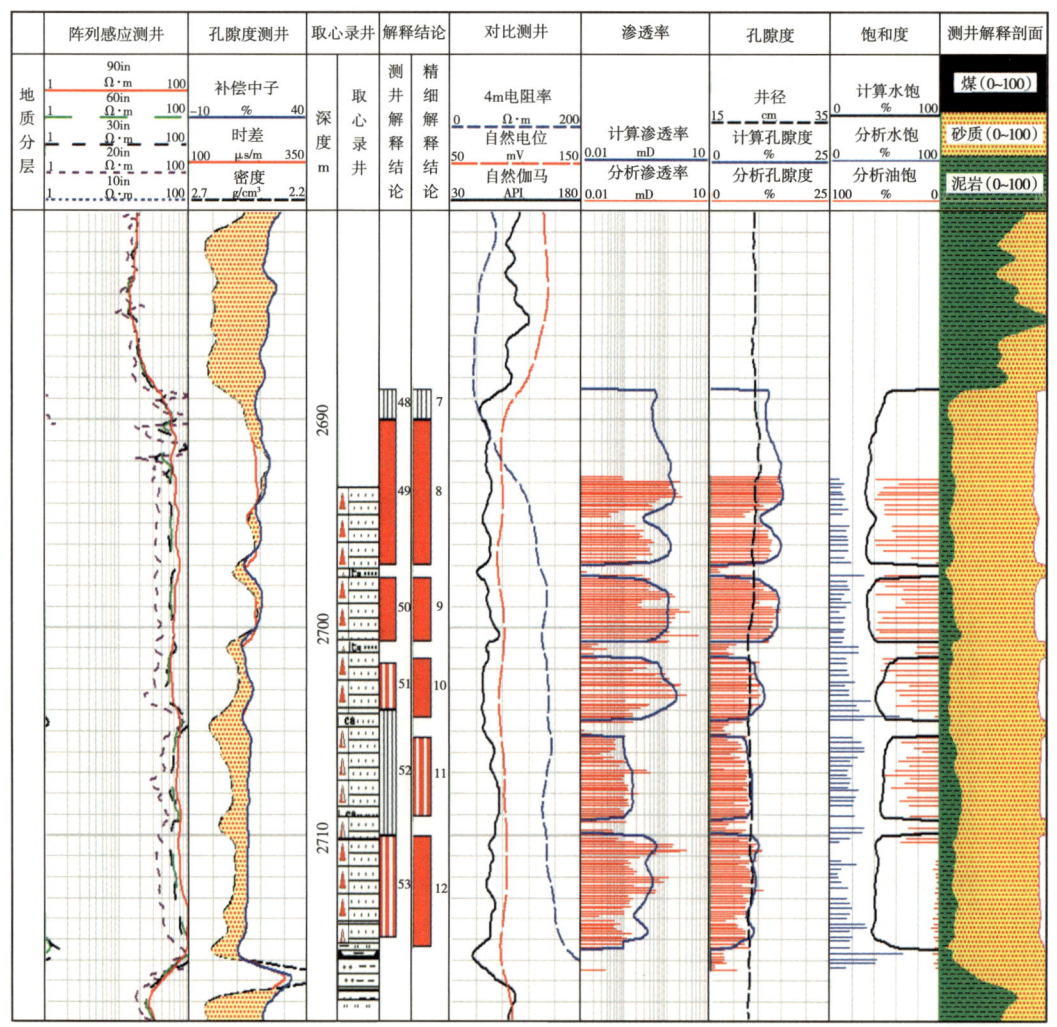

图4-8　L3井长8_1段典型绿泥石衬边弱溶蚀成岩相储层测井响应特征

的物性较好,原生孔隙度发育,储层体积密度也较低,且中子和密度孔隙度之间的差异小。典型绿泥石衬边弱溶蚀成岩相储层的常规测井响应特征可归结为"三低一小"。

2. 不稳定组分溶蚀成岩相储层测井响应特征

对于姬塬地区长8段储层而言,结合薄片鉴定结果以及相应的储层岩性和物性特征,可将典型不稳定组分溶蚀成岩相储层测井响应特征归结为"二低二中等",即低自然伽马、低密度、中等中子孔隙度、中子—密度孔隙度差异中等。一般不稳定组分溶蚀成岩相储层的自然伽马值在65~100API,密度小于2.6g/cm³,中子孔隙度在10%~22%。另外,溶蚀作用对象不同,中子测井响应也有差异。对于以长石颗粒溶蚀为主的不稳定组分溶蚀成岩相储层,中子测井值低于13.5%,中子—密度孔隙度差异小于7.5%。而以粒内溶蚀作用为主的储层,中子测井值往往高于13.5%,且中子—密度孔隙度差异大于绿泥石衬边弱溶蚀相储层,但小于压实致密成岩相储层。

3. 压实致密成岩相储层测井响应特征

图4-9为L32井长8_1段典型压实致密成岩相地层的测井响应特征图。受岩性细以及储层物性差的影响,典型压实致密成岩相地层的常规测井响应特征可归结为"三高一大",即中—高自然伽马(80~120API)、较高的中子测井值(大于18%)、高密度(大于2.6g/cm³)、中子—密度孔隙度差异大。

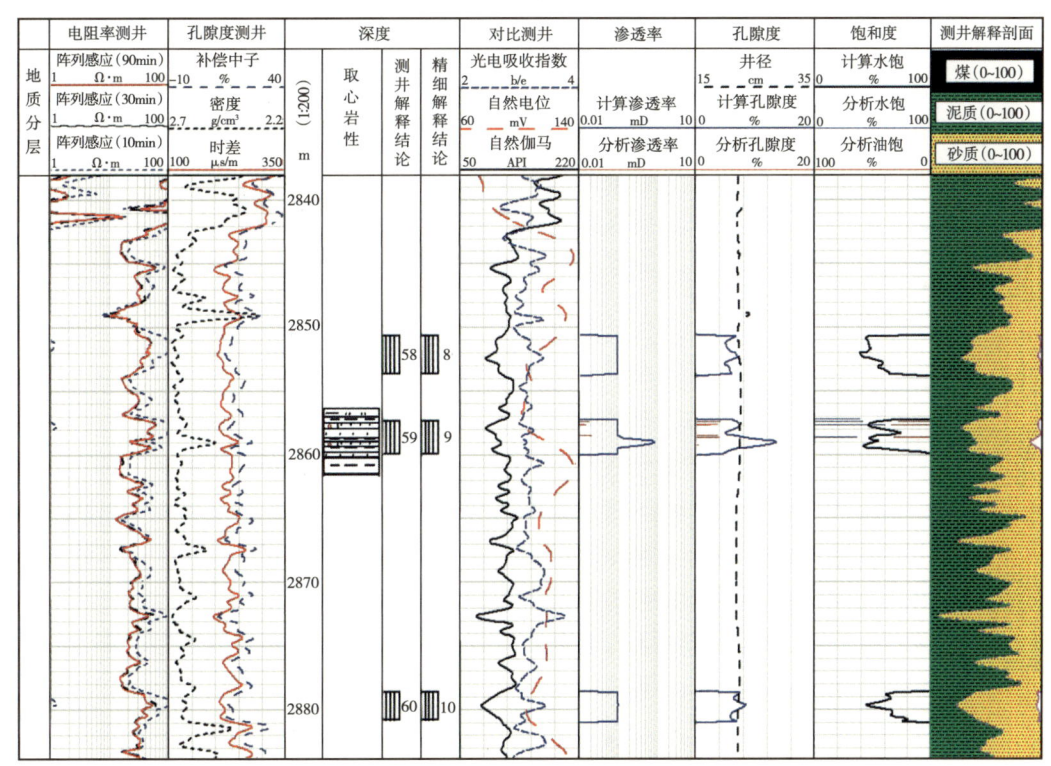

图4-9　L32井长8_1段储层典型压实致密成岩相储层测井响应特征

4. 高岭石充填成岩相地层测井响应特征

高岭石充填成岩相地层岩石颗粒较细,主要为细粒长石砂岩和岩屑长石砂岩,对应地层的自然伽马值较高（一般大于100API），中子测井孔隙度也较高，密度测井值低于压实致密成岩相储层，且中子和密度孔隙度差异大。姬塬地区长8段典型的高岭石充填成岩相地层常规测井曲线响应特征可归结为"二高一低一大"。

5. 碳酸盐胶结成岩相储层测井响应特征

图4-8中2697.00~2697.63m、2700.63~2701.50m、2704.38~2705.30m、2709.13~2710.00m四段薄层显示的是L3井长8_1段典型碳酸盐胶结成岩相夹层的测井响应特征。结合薄片鉴定结果和常规测井曲线分析结果，可以将碳酸盐胶结成岩相地层的测井响应特征归结为"三低二高一大"。在碳酸盐含量较高的层段，自然伽马值较压实致密成岩相储层低、在55~95API。由于储层的孔隙度小，钙质胶结物对测井响应的贡献大，在常规三孔隙度测井曲线上表现为低中子、低声波时差、高密度，中子—密度孔隙度差异大。另外，相应位置的电阻率较高。姬塬地区长8段典型碳酸盐胶结成岩相地层的中子孔隙度一般小于15%，声波时差小于220μs/m，密度大于2.6g/cm³，电阻率一般较高，但受孔隙流体性质的影响，当储层为油层时，碳酸盐胶结成岩相储层的高电阻率特征不明显。

在常规测井曲线上，高岭石充填成岩相地层与压实致密成岩相地层具有相似的响应特征，二者之间主要的差异在于体积密度的高低，一般高岭石充填成岩相地层的密度小于2.6g/cm³，而压实致密成岩相地层的密度高于2.6g/cm³。

三、成岩相常规测井识别方法

1. 不同成岩相储层测井敏感性参数分析

上述姬塬地区长8段不同成岩相地层测井响应特征表明，在常规测井系列中，对各种不同成岩相地层最敏感的测井方法是密度、中子及其二者之间的孔隙度差异。自然伽马可以辅助判断地层是否为建设性成岩相或破坏性成岩相，声波时差对于压实致密成岩相、高岭石充填成岩相、绿泥石衬边弱溶蚀成岩相和不稳定组分成岩相储层不灵敏，但对于判断碳酸盐胶结成岩相夹层则具有较大作用。电阻率测量结果往往受孔隙流体性质的影响较大，当储层为油层时，难以直观反映大部分成岩相地层，但对于碳酸盐胶结成岩相地层能起到很好的辅助识别作用。

2. 不同成岩相储层测井识别方法

中子和密度孔隙度差异是区分各种储层不同成岩相类型的一个重要参数。这是因为在三孔隙度测井曲线中，测井都是反映储层总孔隙度的测井方法。采用中子和密度孔隙度差异识别成岩相，能够消除采用单一测井信息识别成岩相时储层总孔隙度对于测井响应的影响。密度和中子孔隙度差异只反映储层岩石学和矿物学的特征。

为了能够定量的表征中子和密度孔隙度差异并用以识别储层成岩相类型，引入一个新的参数：中子—密度视石灰岩孔隙度差：

$$\phi_{ND} = \phi_N - \phi_D \qquad (4-3)$$

其中：

$$\phi_N = \phi_{CNL} + 1.5\% \qquad (4-4)$$

$$\phi_D = \frac{\rho_b - \rho_{ma}}{\rho_f - \rho_{ma}} \qquad (4-5)$$

式中　ϕ_{ND}——中子—密度视石灰岩孔隙度差，%；
　　　ϕ_N——石灰岩刻度的中子孔隙度，%；
　　　ϕ_D——石灰岩刻度的密度孔隙度，%；
　　　ϕ_{CNL}——中子测井值，%；
　　　ρ_b——密度测井值，g/cm³；
　　　ρ_{ma}——石灰岩骨架密度值，g/cm³，一般取值为 2.71g/cm³；
　　　ρ_f——孔隙流体密度值，g/cm³，一般取值为 1.0 g/cm³。

基于上述思想，选取姬塬地区 59 口井作为分析样本库，结合岩石薄片鉴定结果，读取各种不同成岩相储层的中子、密度测井值，计算出相应的中子—密度视石灰岩孔隙度差，并将其与常规测井资料做交会图，以建立储层成岩相识别图版。最终优选出中子—密度视石灰岩孔隙度差与中子交会图［图 4-10（a）］、密度交会图［4-10（b）］作为成岩相识别标准。

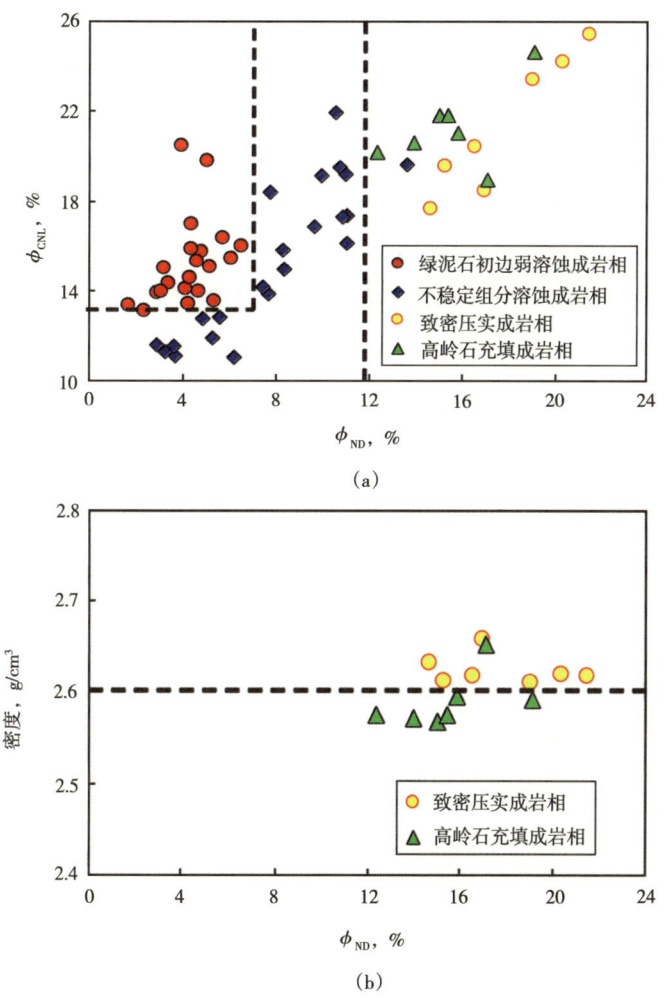

图 4-10　姬塬地区长 8 段成岩相识别图版

图4-10（a）中4种不同成岩相地层的分布区域显示，能够比较准确地识别出绿泥石衬边弱溶蚀成岩相和不稳定组分溶蚀成岩相，二者的主要差异在于中子测井值和中子—密度视石灰岩孔隙度的差异。对于绿泥石衬边弱溶蚀成岩相储层，中子—密度视石灰岩孔隙度差异小于7.5%，中子孔隙度测井值大于13.5%。而对于不稳定组分溶蚀成岩相储层，溶蚀作用不同，对应的测井曲线响应特征也不同。以粒内溶蚀作用为主的储层，中子—密度视石灰岩孔隙度差异介于7.5%~11.5%，且中子孔隙度高于绿泥石衬边弱溶蚀成岩相。以长石颗粒溶蚀作用为主的储层，由于岩石颗粒本身的骨架中子值较低，一般中子测井值低于13.5%，中子—密度视石灰岩孔隙度差异也较小，一般小于11.5%。当中子—密度视石灰岩孔隙度差异大于11.5%时，则储层为破坏性压实致密成岩相和高岭石充填成岩相。

对于压实致密成岩相和高岭石充填成岩相储层，图4-10（a）失去识别作用。考虑到二者在体积密度上的差异，图4-10（b）采用密度与中子—密度视石灰岩孔隙度差交会的图版2加以区分。对于压实致密成岩相地层，体积密度大于2.6g/cm³，而高岭石充填成岩相地层的体积密度小于2.6g/cm³。

因此，如图4-10所示，能够比较准确地识别出4种成岩相。

碳酸盐胶结成岩相储层厚度较薄，主要以夹层的形式出现，其测井值的绝对大小容易受目标储层成岩相的影响，难以给出绝对值来对其加以识别，但其在测井曲线形态上具有明显的"三低二高一大"的特点，根据此特征，能够从常规测井曲线上识别出碳酸盐胶结成岩相地层。

第三节　孔隙结构分析与定量评价技术

如前文所述，低孔低渗储层测井评价过程中孔隙结构评价是一项重要内容。实验室评价孔隙结构的方法有很多，其中最常用的是压汞实验法。而直接提供孔隙结构信息的测井方法中，核磁共振测井是唯一的一种测井方法。

一、孔隙结构实验表征方法

压汞法是目前实验室用来测定孔隙结构的最实用的方法，其原理是根据汞对岩石孔隙表面呈非润湿性的特点，对其施加压力后能克服孔隙喉道的毛细管阻力进入孔隙并流出，通过记录压力变化及其相应的进汞（退汞）量，来表征测量样品的孔喉分布。图4-11为碎屑岩储层孔隙—喉道示意图。

目前实验室根据压汞实验能够提供的描述孔喉大小分布的物理参数，包括以下几组。

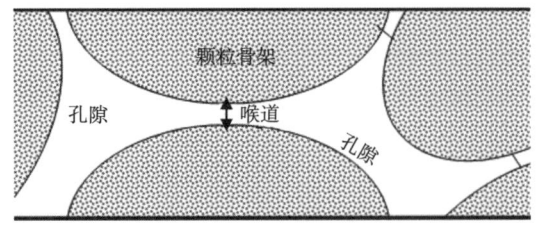

图4-11　碎屑岩储层的孔隙—喉道示意图

（1）排驱压力p_d与最大连通孔喉半径R_{max}。

储层排驱压力指孔隙系统中连通孔隙的最大毛细管压力，即沿毛细管压力曲线的平坦部分做切线与纵轴相交就是p_d，与p_d相对应的就是R_{max}。排驱压力是划分岩石储集性能好坏的主要标志之一。

实际应用中通常把进汞曲线的初始拐点对应的压力作为排驱压力，如图 4-12 中 A 点对应的进汞压力就是排驱压力。另外，进汞曲线平直段对应的饱和度分量即 S_{AB} 大小、倾斜角 α 反映了最大连通的孔隙喉道集中程度。

显然，当孔隙系统中很多喉道尺寸都接近于最大连通喉道时，一旦出现汞开始进入的现象，则在不大的压力下很多喉道都会被突破，相当于图 4-12 中平直段 AB 水平方向延伸大，S_{AB} 大，α 小，表明最大连通的孔隙喉道集中程度高，也就是说岩石的孔隙结构均匀。

反之，如果岩石中仅发育个别的最大连通喉道，喉道半径数值整体分布不均匀时，只有不断增大压力才能保证进汞依次突破越来越小的喉道，相当于图 4-12 中平直段 AB 水平方向延伸小，S_{AB} 小，α 大，最大连通的孔隙喉道集中程度越低，岩石的孔隙结构越分散。

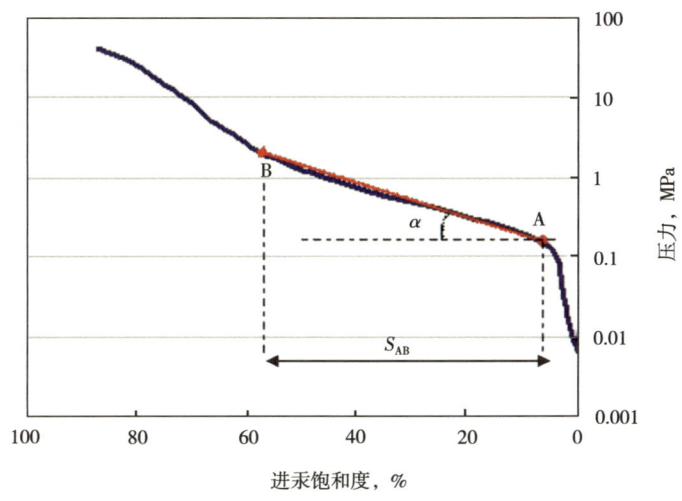

图 4-12 压汞曲线定量分析示意图

（2）饱和度中值压力 p_{50}。

p_{50} 指在进汞饱和度为 50% 时对应的毛细管压力。p_{50} 是反映当孔隙中存在油、水两相时，用以衡量油的产能大小。一般说来，p_d 越小，p_{50} 也越低。p_{50} 越大，表明岩石致密程度越高（偏向于细歪度），虽然仍能出油，但生产能力很小；p_{50} 越小，表明岩石（对油的）渗滤性能越好，具有高的生产能力。

（3）分选系数（或称标准偏差）S_p。

S_p 用于衡量样品中孔隙喉道大小标准偏差，直接反映了孔隙喉道分布的集中程度。在总孔隙中，具有某一等级的孔隙喉道占绝对优势时，表明其孔隙分选程度好。$S_p \geq 0$，值越小，反映孔隙分布越均匀：

$$S_p = \frac{\psi_{84} - \psi_{16}}{4} + \frac{\psi_{95} - \psi_5}{6.6} \tag{4-6}$$

式中 ψ_i——在正态概率曲线上累计水银饱和度为 i% 时所对应的 ψ 值。

（4）相对分选系数 D。

用来表征孔隙大小分布的均匀程度，定义为 S_p 与孔喉半径均值 d_{av} 的比值，其物理意义相当于数理统计中的变异系数：

$$D = S_p / d_{av} \tag{4-7}$$

(5) 平均孔喉半径 $\overline{R}$。

$$\overline{R} = \sqrt{\frac{\sum_{i=1}^{n} R_i^2 S_i}{S_i}} \quad (4-8)$$

式中 R_i——第 i 个压力对应的孔径；

S_i——第 i 个压力区间的进汞饱和度。

(6) J 函数。

由于柱塞岩心实验所反映的毛细管压力仅仅是储层中的一点，要得到代表某一类地层的毛细管压力，必须将所有从个别岩心所得到的资料加以平均和综合。Leverett 提出了 J 函数模型：

$$J_i = 2\frac{\sqrt{\dfrac{K}{\phi}}}{R_i} \quad (4-9)$$

式中 J_i——第 i 点的 J 函数值，无量纲；

R_i——第 i 点的孔隙喉道半径，μm；

K——渗透率，mD；

ϕ——孔隙度。

以上 6 个参数、模型是目前最常用的孔隙结构压汞实验表征方法，它们能够从孔喉的连通程度与半径、孔喉大小分选程度等角度对储层孔隙结构进行定量表征，但也有几点明显的不足：

(1) 不能反映地层条件下的储层性质。

压汞实验都是在常温、常压的实验室条件下完成的，没有考虑温度、覆压对样品渗流特性的影响，特别是温度条件。在地层中高温条件下，岩石孔隙表面的润湿性、流体分子的扩散能力等都会与实验室条件下有所区别，因此实验结果只能在一定程度上代表储层孔隙结构特性。

(2) 不能反映储层连续的孔隙结构变化。

显然，柱塞样品的性质仅仅代表地层的某一点的属性。在低孔低渗储层中，纵向上一套砂体内部由于沉积过程中物源、水动力环境等因素的变化，都会造成储层物性和孔隙结构的改变，因此单点样品不可能表征储层的宏观物理性质，也不可能对储层进行连续取样分析。因此实验手段无法提供储层内部、层间的物性变化等信息。

(3) 难以与常规测井信息建立定量关系。

除孔、渗数据以外，目前的文献报告中很少见到利用常规测井资料定量表征孔隙结构的模型，其主要原因在于压汞实验提供的孔隙结构参数在物理意义上与地层常规测井参数之间联系不紧密，很难据此提出常规测井刻画储层孔隙结构的方法。

二、孔隙结构测井表征方法

假设储层的横向弛豫以表面弛豫为主，则 T_2 分布反映了储层中不同尺寸孔隙的相对比例变化。目前，核磁共振测井是唯一能够反映孔隙结构变化的测井方法。在低孔低渗储层评价中，传统反映谱几何形态的参数，如几何均值 T_{2gm}、截止值 $T_{2cutoff}$ 等，对于刻画储层品质、求取渗透率等关键参数具有重要意义。此外，"十二五"期间还研究提出了多种刻画孔隙结构的方法和参数模型，其中最常用的是转换伪毛细管曲线方法[4-7]。

Yakov V 等早在 2001 年就提出了将横向弛豫时间转换为毛细管压力的想法。根据核磁共振测井响应机理及毛细管压力理论，T_2 谱与毛细管压力曲线之间存在一定的内在关系，当明确了它们的转换关系后，可直接将 T_2 数据转为毛细管压力数据，进而提取一系列孔隙结构参数，达到连续深度定量表征储层孔隙结构的目的。为此，国内外很多学者开展了一系列理论及实验研究，建立了针对目标区的转换系数确定方法，并进行了规模应用，取得了较好效果。

1. 线性转换方法

该方法假设表面弛豫机制起主导作用，并且孔隙半径与喉道半径呈线性比例关系，将 T_2 数据利用线性模型直接转换计算得到毛细管压力 p_c 数据：

$$p_c = C \frac{1}{T_2} \tag{4-10}$$

式中 C——转换系数。

通过实验刻度求取 C，就可以将 T_2 数据转换为压汞毛细管压力数据。

2. 幂函数转换方法

该方法利用幂函数关系将 T_2 谱累计曲线转换为伪毛细管压力曲线。当储层物性较差时，转换关系具有连续非线性特点，采用单一幂函数来构造伪毛细管压力曲线；储层物性较好时，转换关系具有分段非线性特点，大孔和小孔处采用不同幂函数来分段构造伪毛细管压力曲线：

小孔或短弛豫分量： $$p_c = m_1 (1/T_2)^{n_1} \tag{4-11}$$

大孔或长弛豫分量： $$p_c = m_2 (1/T_2)^{n_2} \tag{4-12}$$

式中 m_1，m_2，n_1，n_2——转化系数。

相对于线性转换方法，幂函数转换方法可以在更大的弛豫时间范围内确保 T_2 谱与压汞曲线更好地吻合，这对于具有双重孔隙组分的储层而言转换精度更高。

3. 二维等面积刻度转换方法

以上两种转换方法存在一个共同问题，就是没有考虑最大进汞饱和度。岩心实验的 T_2 谱是 100%饱含水的，而压汞实验只能驱替一部分润湿相流体。转换的伪毛细管压力曲线都是假设 100%进汞的情况。针对这一问题，提出了二维等面积刻度转换方法，原理如图 4-13 所示。该方法具体步骤为：第一步，利用自动搜索技术分别确定 T_2 谱经横向刻度转换后得到的伪毛细管压力曲线与实测毛细管压力微分曲线的拐点；第二步，以拐点为界限，将伪毛细管压力曲线与实测毛细管压力曲线分段为小孔径部分和大孔径部分；第三步，分别计算拐点两侧不同孔径下实测压汞曲线和伪毛细管压力曲线包络面积比值，该比值分别为大、小孔径部分的纵向刻度转换系数：

$$D_1 = \sum_{j=M_1}^{N_1} S_{\mathrm{Hg},j} \Big/ \sum_{i=1}^{M} A_{\mathrm{m},i} \tag{4-13}$$

$$D_2 = \sum_{j=1}^{M_1} S_{\text{Hg},j} / \sum_{i=M}^{N} A_{\text{m},i} \qquad (4-14)$$

式中 D_1——纵向小孔径部分转换系数；

D_2——纵向大孔径部分转换系数；

$S_{\text{Hg},j}$——压汞曲线第 j 个分量的进汞饱和度增量；

N_1——压汞曲线总分量个数；

N——T_2 谱经横向刻度转换后的伪毛细管压力曲线总分量个数；

$A_{\text{m},i}$——T_2 谱经横向刻度转换后的伪毛细管压力曲线第 i 个分量幅度；

M_1——孔径尺寸分界拐点处对应的压汞分量数；

M——孔径尺寸分界拐点处对应的 T_2 谱经横向刻度转换后的伪毛细管压力曲线分量数。

利用这种转换方法，尽管 T_2 谱测量的小孔径认为 100% 饱含水，但经过系数刻度之后，对应的伪毛细管曲线是和实际压汞曲线进汞量接近的，从而避免了上述问题。

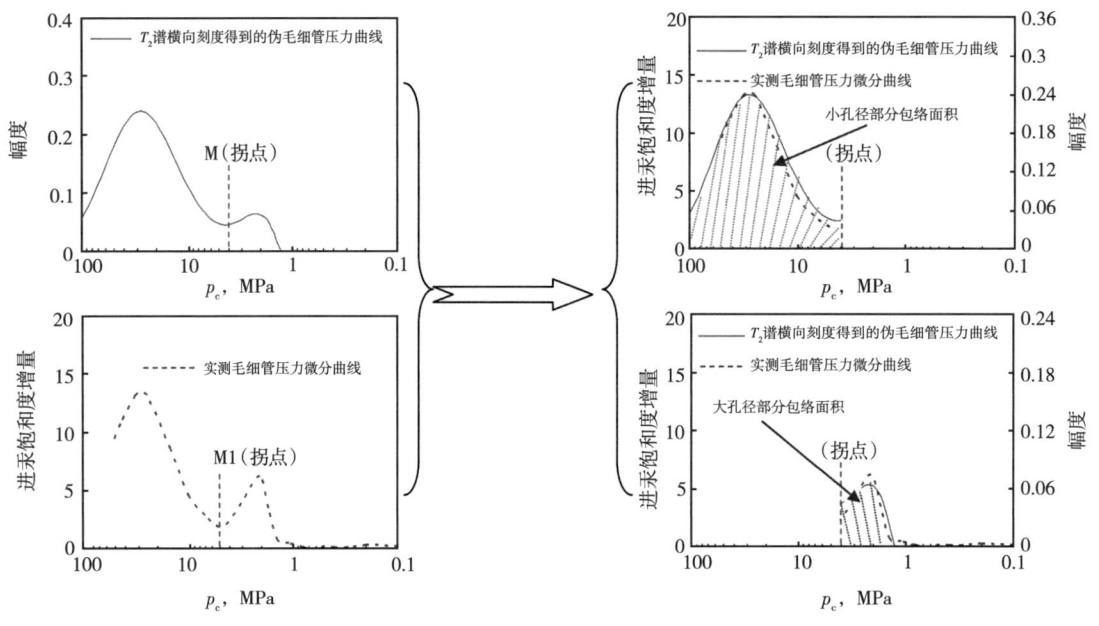

图 4-13 分段等面积刻度转换原理示意图

根据上述方法可以很好地将核磁共振测井信息转化为毛细管压力曲线信息，进而可以通过测井方法连续定量地评价孔隙机构，并可以有效地应用于储层产液能力预测。图 4-14 为 N 井 2670~2700m 井段核磁共振测井储层分类成果图。图中第 4 道为计算的伪毛细管压力曲线，第 5 至第 7 道为计算得到的部分孔隙结构特征参数，第 8 道为储层分类综合评价成果。从毛细管压力曲线形态、排驱压力、孔隙喉道均值和储层分类综合评价指数综合分析，24 号层储集性能最好，整体上解释为 II 类油层。结合产能与储层类别的关系，产液能力预计在 10~50t/d。对 24 号层试油日产油 22.5t、气 10744m³，与解释结果一致。

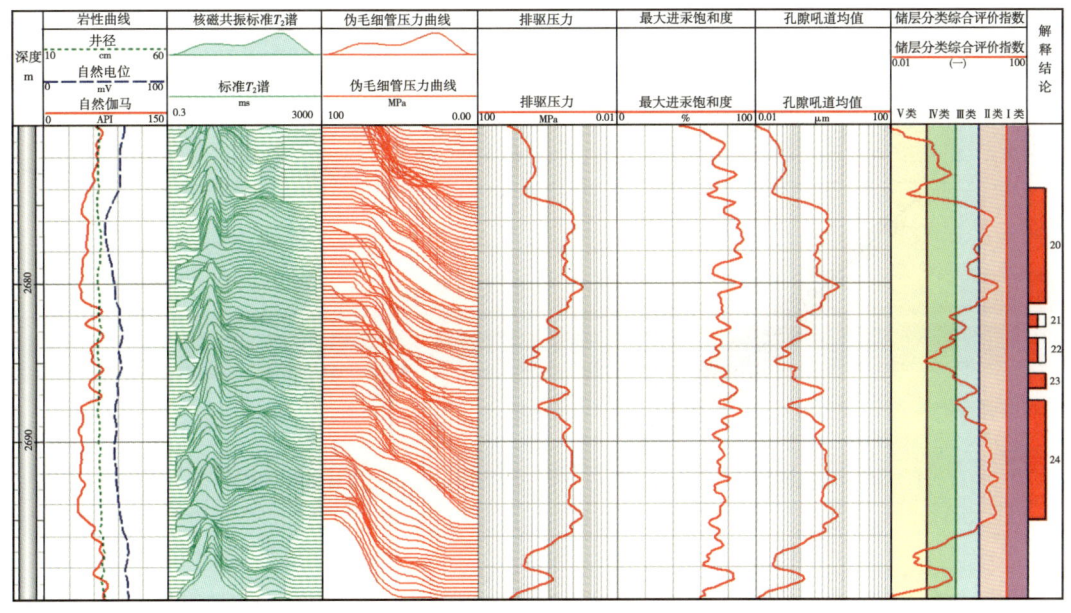

图 4-14　N 井核磁共振测井储层分类成果图

第四节　储层参数精细建模方法

低孔低渗储层岩石矿物组分复杂，骨架参数变化大，储层孔隙类型多样，对不同测井方法影响差异大，导致测井参数的计算误差增大。因此，需要针对不同地区开展精细建模方法研究，以提高储层参数计算精度。

一、基于岩心标定的孔隙度、渗透率建模

一般来说，油田多采用岩心分析资料刻度测井资料的思路来建立解释模型，即岩心刻度测井方法。这类方法的精度依赖于岩心分析资料的数量和质量，岩心资料越丰富，分析化验项目越齐全越具有代表性，这类方法越可靠。

本部分研究以鄂尔多斯盆地延长组长 8 段为例介绍孔隙度和渗透率建模结果。

1. 孔隙度模型

在鄂尔多斯盆地石油勘探中，大量取心资料保障了孔隙度模型的可靠性。其中，密度曲线和岩心孔隙度相关性较好，最能反映孔隙孔隙度变化趋势。因此选用标准化处理后的密度曲线进行孔隙度建模，可获得满足储量要求的孔隙度计算精度。

选取资料齐全、取心段长的耿 245 等 11 口井作为关键井开展研究，建立孔隙度测井解释模型。首先采用分小层的方法获取每个小层深度段内岩心孔隙度平均值和测井密度平均值，降低了由于岩心资料分辨率和测井分辨率差异带来的系统误差，提高了模型精度。图 4-15 为长 8_1 密度孔隙度计算模型：

$$\phi = 153.57 - 57.275\rho \quad (R^2 = 0.92, N = 346) \quad (4-15)$$

式中　ϕ——岩心分析孔隙度，%；

ρ——密度，g/cm^3。

采用同样研究方法，应用声波测井建立长 8_2 段孔隙度模型（图 4-16）：

$$\phi = 0.2176AC - 38.277 \quad (R^2 = 0.82,\ N = 32) \quad (4-16)$$

式中 AC——声波测井值，$\mu s/m$。

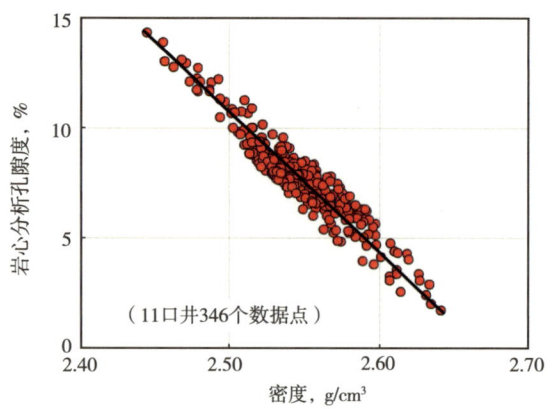

图 4-15 长 8_1 段密度测井孔隙度计算模型

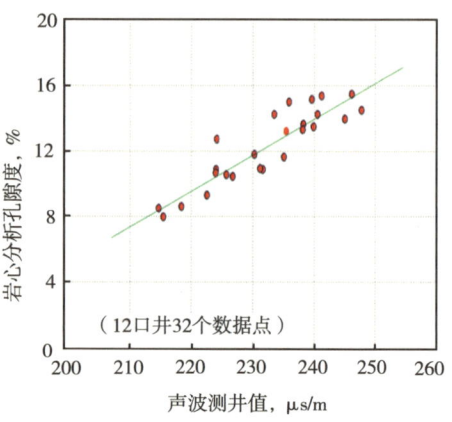

图 4-16 长 8_2 段声波测井孔隙度模型

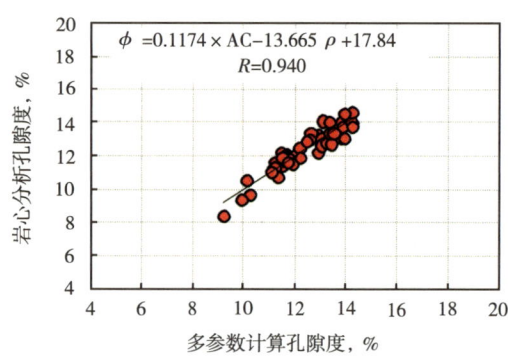

图 4-17 长 3 储层多参数计算孔隙度模型

为进一步提高储层参数计算精度，采用多种孔隙度测井方法进行多参数岩心刻度测井建模，效果更好。鄂尔多斯盆地岩心分析孔隙度与声波时差和测井密度的相关性较好，通过多元回归建立了长 3 储层声波时差、密度多参数孔隙度测井解释模型（图 4-17），其模型表达式为：

$$\phi = 0.1174AC - 13.665\rho + 17.84$$
$$(R = 0.94) \quad (4-17)$$

2. 渗透率计算模型

储层渗透率与储层孔隙结构关系密切，由于低孔低渗储层孔隙结构的复杂性，导致低孔低渗储层渗透率测井计算难度很大，需要在岩石物理研究基础上，充分考虑孔隙结构的差异性，建立基于孔隙结构的渗透率计算模型（详见本节第六部分）。也可以通过分析渗透率与常规测井曲线的相关性，应用岩心刻度测井方法建立渗透率计算模型。以鄂尔多斯盆地长 8_1 段和长 8_2 段为例，经岩心分析渗透率与测井曲线单相关分析，选取声波和密度测井曲线建立渗透率计算模型。

长 8_1 段渗透率计算模型：

$$\lg K = 0.02\Delta t - 6.12\rho_b + 10.33 \quad (R^2 = 0.86) \quad (4-18)$$

长 8_2 段渗透率计算模型：

$$\lg K = 0.004\Delta t - 10.877\rho_b + 26.094 \quad (R^2 = 0.88) \quad (4-19)$$

二、基于沉积微相分类的孔隙度、渗透率建模

不同沉积微相储层的骨架成分、颗粒粗细、胶结物含量等有明显差别，分沉积微相建立储层参数模型可以提高储层参数计算精度[8-10]。比如吉林油田大情字井地区引起低孔低渗的主要地质原因是颗粒细、泥质成分多、岩石孔隙结构复杂等因素，因此可以通过对储层岩样的分析化验及岩石物理实验测试（孔隙度、渗透率、高温高压岩电、毛细管压力、黏土附加导电性、阳离子交换、核磁共振等），建立不同沉积微相的储层参数测井解释模型及解释方法。

本部分以松辽盆地南部大情字井地区为例介绍成果。

1. 孔隙度计算模型

不同沉积微相的骨架成分、颗粒粗细及胶结物含量等方面都有明显的差别（表4-1、表4-2），从青一段的薄片统计结果看，位于河口坝微相的井，石英、长石、岩屑含量基本各占1/3，但一般石英含量稍高，方解石胶结物含量较低；位于水下分支河流微相的井，长石的含量相对高一些，有的可能是石英含量的2倍，方解石胶结物的含量较高；位于水下分支间湾微相的井，方解石胶结物的含量最高，有些接近50%。这些因素决定了不同的沉积微相存在不同的物性分布规律。同时，同一沉积微相因孔隙结构的差异也可能存在不同的物性分布规律。因此，为了提高孔隙度解释模型精度，在不同沉积微相的基础上，又分孔隙结构类别建立孔隙度解释模型（图4-18、图4-19）。

表4-1 不同沉积微相低孔低渗储层岩矿特征数据表

井号	样号	层位	沉积微相	陆源碎屑，%			胶结物，%		
				石英	长石	岩屑	方解石	自生石英	长石加大
HE76	s1	K_1qn_1	河口坝	38	36	26	4	2	1
HE76	s2	K_1qn_1	河口坝	38	36	26	5	2	1
HE75	12	K_1qn_1	河口坝	34	31	35	5	3	2
HE57	s5	K_1qn_1	河口坝	36	30	34	4	3	1
HE101	s2	K_1qn_1	河口坝	33	37	32	6	3	2
HE88	7	K_1qn_1	分支河流	23	46	31	8	3	2
HE88	10	K_1qn_1	分支河流	21	40	40	17	2	2
HE88	1	K_1qn_1	分支河流	23	45	32	5	3	2
HE68	s1	K_1qn_1	分支河流	20	50	30	3	1	1
HE68	s2	K_1qn_1	分支河流	22	48	30	7	1	1
HE68	s4	K_1qn_1	分支河流	20	47	33	11	2	1
HE68	s6	K_1qn_1	分支河流	20	45	35	6	1	
HE62	50	K_1qn_1	分支河流	20	50	30	38		1
HE65	18	K_1qn_1	分支河流	22	53	25			1
HE89	s3	K_1qn_1	水下分支间湾	30	42	28	25	3	2
HE89	8	K_1qn_1	水下分支间湾	32	50	28	26	3	2
HE89	s4	K_1qn_1	水下分支间湾				30	2	1
HE77	3	K_1qn_1	水下分支间湾				42		
HE77	s1	K_1qn_1	水下分支间湾				35	1	
HE77	6	K_1qn_1	水下分支间湾				31	2	1

表 4-2 沉积微相岩性特征综合表

相	亚相	微相	岩性	内含物	沉积旋回
三角洲	三角洲前缘	水下分支河道	中细砂岩、粉砂岩、少量泥质粉砂岩	介形虫、砂团、碳屑	正旋回
		河口坝	细砂岩和粉砂岩	介形虫	反旋回
		远沙坝	泥质粉砂岩		反旋回
		席状砂	粉砂岩		反旋回（建设性三角洲）
		水下分支间湾	泥岩，含少量粉砂岩	碳屑、黄铁矿、砂团	

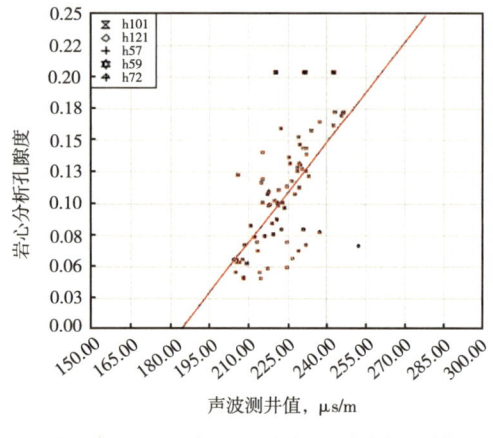

图 4-18　河口坝沉积微相孔隙度解释模型　　图 4-19　分支河流沉积微相孔隙度解释模型

河口坝沉积微相孔隙度解释模型：

Ⅰ类孔隙结构

$$\phi = -0.3803 + 0.0023\Delta t \quad (R=0.92, n=102) \quad (4-20)$$

Ⅱ类孔隙结构

$$\phi = -0.7739 + 0.0041\Delta t \quad (R=0.97, n=190) \quad (4-21)$$

分支河流沉积微相孔隙度解释模型：

Ⅰ类孔隙结构

$$\phi = -0.3638 + 0.0022\Delta t \quad (R=0.91, n=92) \quad (4-22)$$

Ⅱ类孔隙结构

$$\phi = -0.5815 + 0.0031\Delta t \quad (R=0.93, n=102) \quad (4-23)$$

2. 渗透率计算模型

河口坝沉积微相渗透率解释模型（图 4-20）：

$$K = \text{pow}(10, -3.2712 + 24.8859\phi) \quad (R=0.85, n=177) \quad (4-24)$$

水下分支河道沉积微相渗透率解释模型（图 4-20）：

$$K = \text{pow}(10, -3.0664 + 22.0363\phi) \quad (R=0.82, n=110) \quad (4-25)$$

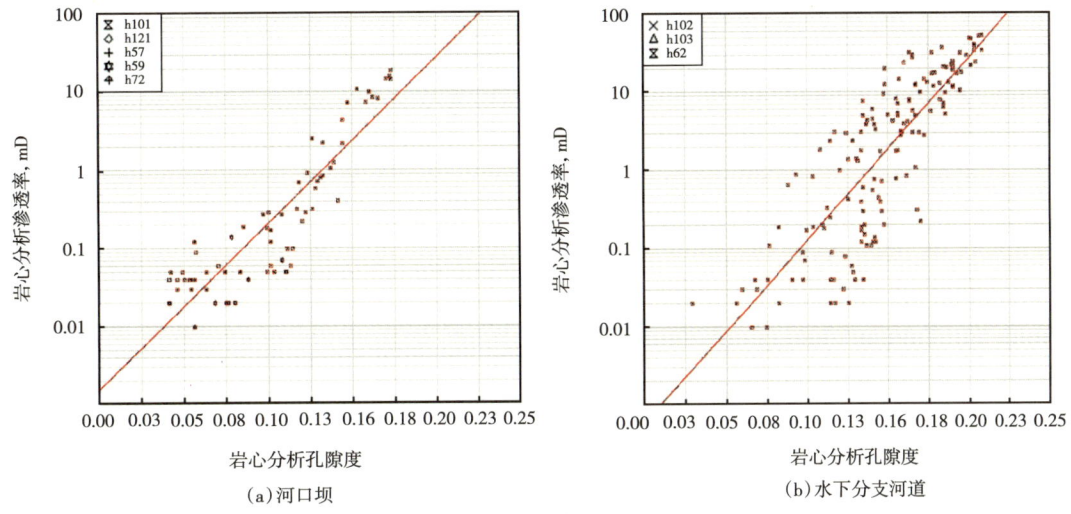

图 4-20 分沉积微相渗透率解释模型

3. 孔隙度、渗透率模型精度评价

对 9 口取心井的 40 个层进行孔隙度计算，8 口取心井 42 个层进行渗透率计算，对比分沉积微相及孔隙结构建立的孔隙度及渗透率模型和不分沉积微相建立的解释模型的精度。结果是分沉积微相及孔隙结构建立的模型计算的孔隙度、渗透率精度更高（表 4-3、表 4-4、图 4-21 至图 4-24）。特别是渗透率，相控后计算精度提高程度非常明显。

表 4-3 岩心孔隙度与计算孔隙度误差统计表

微相	井号	层位	深度 m	孔隙度，%			误差分析	
				岩心	分	不分	分	不分
河口坝	HE101	q_4	2460	12.5	12.5	12	0	−0.5
	HE101	q_4	2460.8	12.5	12.5	13	0	0.5
	HE101	q_4	2462	11	10	10	−1	−1
	HE101	q_4	2466	11	11.5	12	0.5	1
	HE101	q_4	2475	12	12	13	0	1
	HE101	q_4	2475.4	12	12.5	11	0.5	−1
	HE101	q_4	2479	13.5	14	14	0.5	0.5
	情 3-3	qn_{14}	2413	6	6	6.5	0	0.5
	情 3-3	qn_{14}	2417	5	5.5	5.5	0.5	0.5
	情 3-3	q_4	2436	18	18	17	0	−1
	情 3-3	q_4	2446	9	8.5	10	−0.5	1
	情 3-3	q_4	2483	5	5	6	0	1
	HE60	qn_{11}	2360	14.5	14	15	−0.5	0.5
	HE60	qn_{11}	2361.4	12	12	11	0	−1
	HE60	qn_{11}	2364	9	9	8	0	−1
	HE60	qn_{13}	2413.4	11.5	11.5	11.5	0	0
	HE71	qn_{12}	2297	11	11.5	11.5	0.5	0.5
	HE71	qn_{12}	2303	7	7.5	7.5	0.5	0.5

续表

微相	井号	层位	深度 m	孔隙度，%			误差分析	
				岩心	分	不分	分	不分
水下分支河道	HE102	qn_{11}	2370	9.5	9.5	10	0	0.5
	HE102	qn_{12}	2407	14.5	15	14	0.5	−0.5
	HE102	qn_{12}	2410	17.5	16.5	17.5	−1	0
	HE102	qn_{12}	2416	13.5	12.5	13.5	−1	0
	HE102	qn_{13}	2422	12.5	12.5	13	0	0.5
	HE102	qn_{13}	2425	20.5	19.5	20.5	−1	0
	HE102	qn_{13}	2427	9.5	9.5	10	0	0.5
	HE102	qn_{13}	2436	12	11.5	12	−0.5	0
	HE84	qn_{13}	2465	11	10.5	11	−0.5	0
	HE84	qn_{13}	2469	15	15	16	0	1
	HE84	qn_{13}	2470	16	16	15	0	−1
	HE84	qn_{13}	2472	17	17	16	0	−1
	HE52	qn_{12}	2334	10	10	10	0	0
	HE52	qn_{11}	2339	7	7	7	0	0
	HE52	qn_{11}	2350	14	13.5	14.5	−0.5	0.5
	HE52	qn_{11}	2354	11.5	12	11	0.5	−0.5
	HE50	qn_{13}	2392	11	12	12	1	1
	HE50	qn_{13}	2395	5	5	5	0	0
	HE50	qn_{13}	2396.5	10.5	10.5	11	0	0.5
	HE50	qn_{13}	2401	10	10	9	0	−1
	HE68	qn_{13}	2438.5	10	10	10	0	0
	HE68	qn_{13}	2441.5	11	12	12	1	1
合计							−0.5	3.5

表4-4 岩心渗透率与计算渗透率误差统计表

微相	井号	层位	深度 m	渗透率，mD			误差分析	
				岩心	分	不分	分	不分
分支河道	HE101	qn_{13}	2410	10	8	4	−2	−6
	HE101	q_4	2462	0.4	0.42	0.1	0.02	−0.3
	HE101	q_4	2475	2	2	0.7	0	−1.3
	HE101	q_4	2477	1.5	1.5	0.5	0	−1
	HE101	q_4	2478	2	2	0.9	0	−1.1
	HE101	q_4	2479	4	3	1	−1	−3
	情3-3	qn_{13}	2376	10	7	1.4	−3	−8.6
	情3-3	qn_{13}	2383	10	3	0.5	−7	−9.5

续表

微相	井号	层位	深度 m	渗透率, mD			误差分析	
				岩心	分	不分	分	不分
分支河道	情3-3	qn_{13}	2392	0.2	0.2	0.07	0	-0.13
	情3-3	qn_{14}	2414	0.025	0.03	0.003	0.005	-0.022
	情3-3	qn_{14}	2416	0.025	0.02	0.003	-0.005	-0.022
	情3-3	qn_{14}	2422	0.03	0.03	0.005	0	-0.025
	情3-3	qn_{14}	2424	0.02	0.018	0.0025	-0.002	-0.0175
	情3-3	q_4	2436	10	15	5	5	-5
	情3-3	q_4	2448	0.1	0.1	0.02	0	-0.08
	情3-3	q_4	2450	0.05	0.04	0.008	-0.01	-0.042
	情3-3	q_4	2454	0.7	0.7	0.1	0	-0.6
	情3-3	q_4	2460	0.02	0.02	0.005	0	-0.015
	情3-3	q_4	2484	0.03	0.01	0.002	-0.02	-0.028
	情3-3	q_4	2488	0.1	0.12	0.02	0.02	-0.08
	情3-3	q_4	2490	0.15	0.12	0.02	-0.03	-0.13
	HE60	qn_{11}	2362	0.1	0.07	0.02	-0.03	-0.08
	HE60	qn_{11}	2364	0.3	0.3	0.3	0	0
	HE71	qn_{13}	2328	3	3	4	0	1
河口坝	HE102	qn_{11}	2370	0.09	0.1	0.1	0.01	0.01
	HE102	qn_{11}	2372	0.02	0.02	0.025	0	0.005
	HE102	qn_{12}	2410	13	11	4	-2	-9
	HE102	qn_{12}	2422	0.15	0.2	0.2	0.05	0.05
	HE102	qn_{12}	2425	35	31	14	-4	-21
	HE102	qn_{12}	2427	0.2	0.19	0.15	-0.01	-0.05
	HE102	qn_{12}	2435	4	0.6	0.3	-3.4	-3.7
	HE102	qn_{12}	2440	5	3	1.5	-2	-3.5
	HE84	qn_{13}	2460	0.3	0.1	0.15	-0.2	-0.15
	HE84	qn_{13}	2464	0.3	0.2	0.3	-0.1	0
	HE84	qn_{13}	2468	1	1.5	3.5	0.5	2.5
	HE84	qn_{13}	2472	4	4	10	0	6
	HE52	qn_{11}	2314	0.3	0.5	0.3	0.2	0
	HE52	qn_{12}	2350	2	1.5	0.8	-0.5	-1.2
	HE52	qn_{12}	2354	0.35	0.5	0.33	0.15	-0.02
	HE50	qn_{13}	2396	0.05	0.06	0.07	0.01	0.02
	HE50	qn_{13}	2397	0.2	0.19	0.25	-0.01	0.05
	HE50	qn_{13}	2401	0.07	0.14	0.2	0.07	0.13
	合计						-19.282	-65.9265

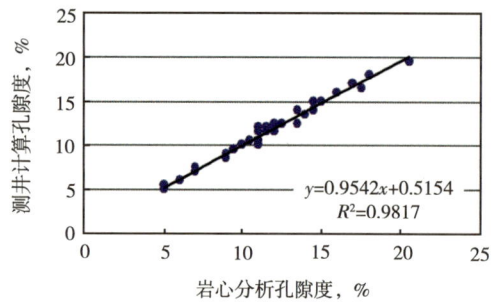

图 4-21 岩心孔隙度与计算孔隙度相关图
（分沉积微相及孔隙结构）

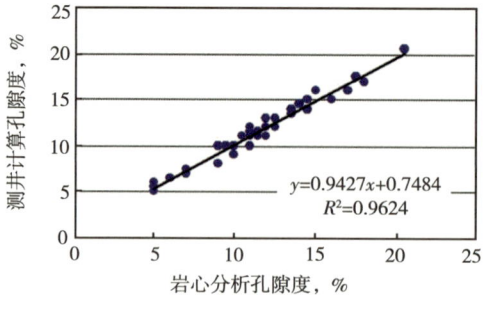

图 4-22 岩心孔隙度与计算孔隙度相关图
（不分沉积微相及孔隙结构）

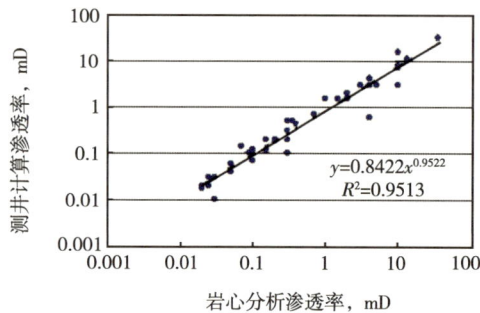

图 4-23 岩心渗透率与计算渗透率相关图
（分沉积微相）

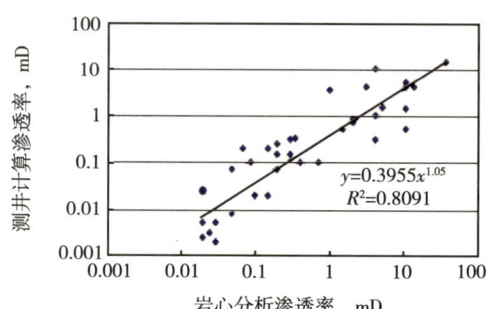

图 4-24 岩心渗透率与计算渗透率相关图
（不分沉积微相）

三、基于泥质分布形式的孔隙度建模

储层岩性细、泥质成分多是低孔低渗的主要地质成因之一，对储层矿物组成和骨架值有直接影响。因此，考虑储层泥质分布形式及成分的差异建立储层参数模型可提高储层参数计算精度。

本部分以渤海湾盆地黄骅坳陷为例介绍成果。

在黄骅坳陷低渗透储层物性参数评价中，岩心分析资料与测井资料对比分析发现，核磁共振测井孔隙度、中子—密度交会孔隙度与岩心分析孔隙度均存在良好的相关性，但核磁共振测井孔隙度计算精度要高于中子—密度交会孔隙度，尤其是核磁共振总孔隙度与岩心分析孔隙度数值一致性最好（图 4-25）。为获得准确的储层孔隙度计算方法，需要开展测井孔隙度与岩心孔隙度一致性分析，寻找测井孔隙度与岩心分析孔隙度不一致原因，并对存在问题进行改进，提高储层孔隙度计算准确性。

1. 常规测井有效孔隙度计算误差偏大原因分析

采用理论公式而非统计规律计算储层有效孔隙度涉及复杂矿物模型，该岩石体积模型包括矿物 1 骨架、矿物 2 骨架、泥质相对体积和孔隙度（图 4-26）。利用补偿密度与补偿中子交会计算地层孔隙度 ϕ 和矿物含量 V_1、V_2，并进行泥质含量 V_{sh} 校正，具体公式如下：

$$V_1 + V_2 + \phi = 1 \tag{4-26}$$

$$V_1 \cdot \mathrm{NEU}_{V_1} + V_2 \cdot \mathrm{NEU}_{V_2} + \phi = \mathrm{CNL} \tag{4-27}$$

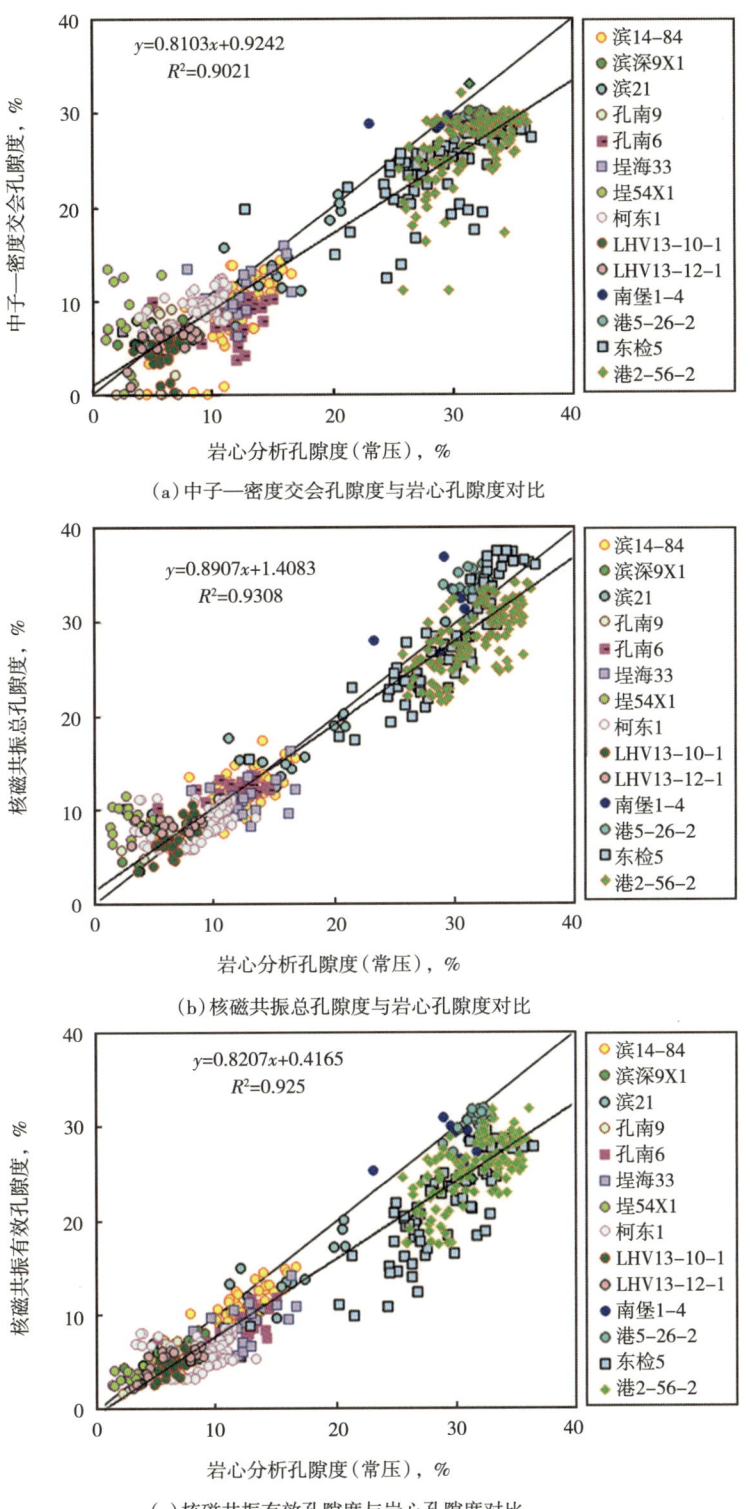

(a)中子—密度交会孔隙度与岩心孔隙度对比

(b)核磁共振总孔隙度与岩心孔隙度对比

(c)核磁共振有效孔隙度与岩心孔隙度对比

图4-25 测井计算孔隙度与岩心分析孔隙度对比

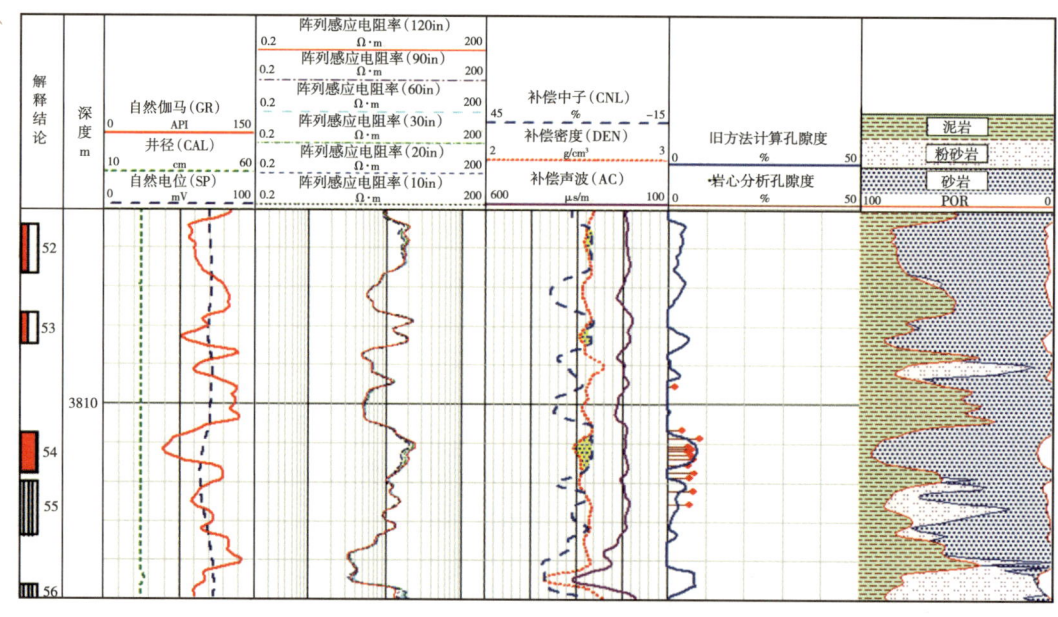

图 4-26 复杂矿物模型

$$V_1 \cdot DEN_{V1} + V_2 \cdot DEN_{V2} + \phi = DEN \quad (4-28)$$
$$\phi = \phi(1 - V_{sh}) \quad (4-29)$$
$$V_{C1} = V_1(1 - V_{sh}) \quad (4-30)$$
$$V_{C2} = V_2(1 - V_{sh}) \quad (4-31)$$

式中　DEN_{V1}，DEN_{V2}——分别为矿物 1、矿物 2 骨架密度值；

NEU_{V1}，NEU_{V2}——分别为矿物 1、矿物 2 骨架中子值，%；

CNL——中子测井值；

DEN——密度测井值，g/cm³；

ϕ——地层孔隙度；

V_{C1}，V_{C2}——分别为矿物 1、矿物 2 泥质校正后的相对体积。

图 4-27 为 KN9 井利用该方法计算的孔隙度与岩心分析孔隙度对比图，对于岩性较纯的储层，该方法计算的孔隙度与岩心分析孔隙度相关性较好，但是对于储层岩性相对较细、泥质含量较重的低孔低渗储层，计算孔隙度明显小于岩心分析孔隙度。说明该方法适合于纯岩性地层，对于泥质含量较重的储层，该方法计算孔隙度误差较大。

图 4-27　KN9 井测井计算孔隙度与岩心分析孔隙度对比

通常理论公式计算孔隙度都必须进行如式（4-29）的泥质含量校正。这是因为泥质的存在一定程度上会影响孔隙度的大小。孔隙度计算过程中的泥质含量校正会不同程度地存在两方面问题，都与泥质含量计算的准确性有关。一方面，低孔低渗储层较重的泥质或填隙物含量不仅影响孔隙度测井曲线的响应，而且泥质含量的计算误差会直接传递到孔隙度计算中，影响孔隙度的计算精度。在测量值和骨架值相同情况下，若泥质含量计算误差为 5%，则其对低孔低渗储层孔隙度计算精度影响超过 9%，误差被放大了近一倍，也比对中高孔隙度储层的影响大一倍。因此，低孔低渗储层必须提高泥质含量的计算精度，以减少泥质含量计算误差造成的对孔隙度计算的误差传递与误差放大。另一方面，复杂矿物孔隙度解释模型在泥质较重的储层计算孔隙度，容易出现校正过度问题，这也是在泥质含量较重的低孔低渗层段经常计算孔隙度小于岩心分析孔隙度主要原因，说明所用的孔隙度解释模型不适合，需要建立新的孔隙度解释模型满足生产需求。

2. 基于黏土分布形式差异的孔隙度计算体积解释模型

大量岩心分析发现，黏土在储层中存在多种分布形式，一般分为3种：层状黏土、结构黏土和分散黏土。黏土矿物的类型和分布决定泥质砂岩储层的特性，不同分布形式的黏土对孔隙度的影响程度不一样。因此，提出基于黏土分布形式差异的有效孔隙度计算体积模型，如图4-28所示。

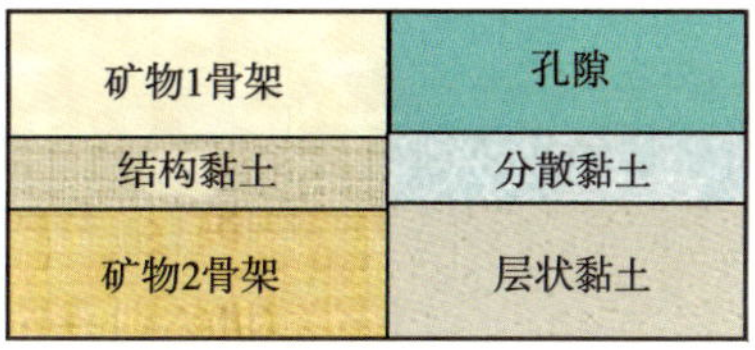

图4-28 基于黏土分布形式差异的解释模型

层状泥质中，黏土以薄层状的形式与砂岩交互出现，形成这种情况的沉积环境是低能稳定的环境，易受压实作用影响。层状泥质代替了孔隙空间，并作为骨架来处理，那么岩石的有效孔隙度为：

$$\phi_e = \phi_t(1 - V_{sh}) \tag{4-32}$$

式中 ϕ_e——有效孔隙度；

ϕ_t——纯砂岩骨架孔隙度；

V_{sh}——泥质的百分体积。

分散黏土以薄膜、填充、搭桥等形式分散的充填或粘结在岩石的孔隙空间，使岩石的孔隙明显减小，渗透率降低。对孔隙度影响为：

$$\phi_e = \phi_t - V_{sh} \tag{4-33}$$

结构黏土以颗粒或结核的形式存在于岩石中，它仅取代了砂岩骨架的一部分，不影响岩石的孔隙度。因此：

$$\phi_e = \phi_t \tag{4-34}$$

在这3种黏土分布类型中，分散黏土是无法用单独的计算方法得到的；层状黏土和结构黏土在测井响应上是非常相似的，它们在中子—密度交会图上混合在一起。

根据以上不同分布形式黏土对孔隙度影响的认识，提出可以将有效孔隙度看作是与中子—密度交会孔隙度以及层状黏土、分散黏土含量大小有关的函数，即：

$$\phi_e = f(\phi_{中子—密度}, V_{层状}, V_{分散}) \tag{4-35}$$

式中 $\phi_{中子—密度}$——中子测井值、密度测井值交会计算得到的孔隙度；

$V_{层状}$——层状黏土体积；

$V_{分散}$——分散黏土体积。

结合复杂矿物程序计算原理，可以将层状黏土和结构黏土视为一个整体在新解释模型中作为泥质含量，给出有效孔隙度计算公式为：

$$\phi_e = \phi_t(1 - 2V_{sh}^2 + V_{sh}^3) \tag{4-36}$$

为确定该方法的适用性,选择了不同地区、不同层位、不同孔隙度范围的井进行有效孔隙度计算,并与岩心分析孔隙度进行对比,如图4-29所示。可见利用该方法计算的有效孔隙度与岩心分析有效孔隙度具有非常好的相关性,且均匀分布在45°对角线两侧,孔隙度计算相对误差由原方法的23.94%降低到7.59%,大大提高了孔隙度计算精度。

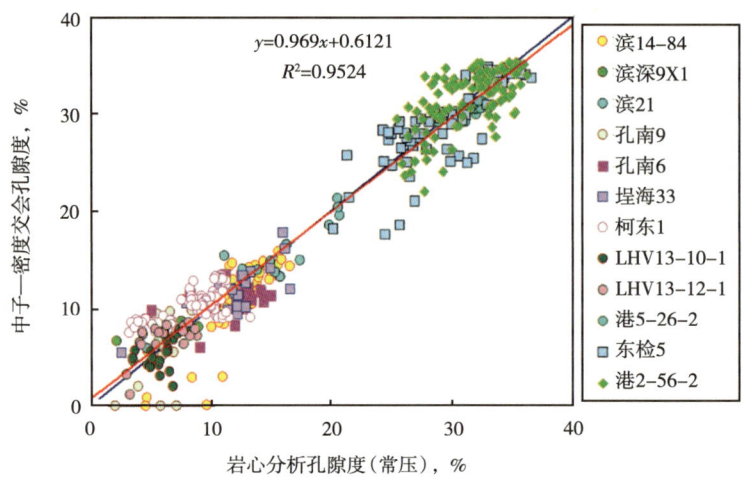

图4-29 岩心分析孔隙度与新模型计算孔隙度对比图

3. 基于黏土矿物类型的核磁共振测井有效孔隙度计算方法

核磁共振测井计算有效孔隙度方法如图4-30所示,其总孔隙度为整个T_2谱的包络面积,有效孔隙度为黏土T_2截止值之右的T_2谱的包络面积,具体计算公式如下:

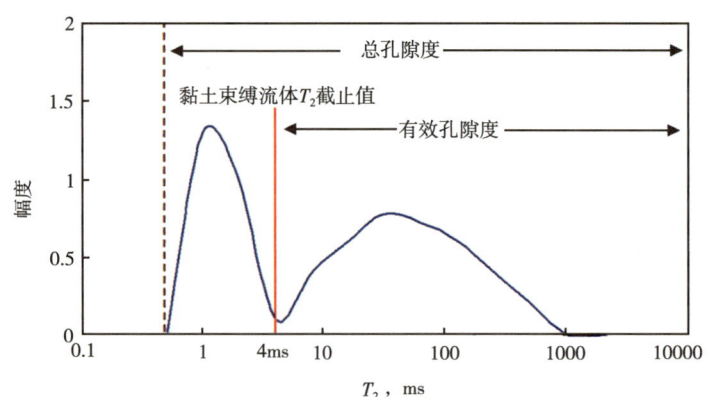

图4-30 核磁共振获取孔隙度示意图

$$\phi_t = \int_{T_{2\min}}^{T_{2\max}} f(t) \mathrm{d}t \tag{4-37}$$

$$\phi_e = \int_{T_{2\mathrm{cut}}}^{T_{2\max}} f(t) \mathrm{d}t \tag{4-38}$$

式中 $T_{2\max}$——T_2最大值;

$T_{2\min}$——T_2 最小值；

$T_{2\mathrm{cut}}$——黏土束缚流体 T_2 截止值，一般为 4ms。

由岩心实验数据分析可知，沧东凹陷孔二段黏土类型复杂，图 4-31 为 KN9 井与 KN6 井黏土矿物类型统计图，可见两口井黏土矿物类型存在很大差异，其中 KN6 井以伊/蒙混层为主，KN9 井以绿泥石为主。图 4-32 为 KN9 井与 KN6 井 T_2 谱与粒度分布曲线重叠图，核磁共振实验分析及粒度分析资料表明，不同黏土类型在核磁共振测井资料上的响应特征存在差异。黏土矿物类型不同，纯泥岩在 T_2 谱上的位置会不同，则黏土束缚流体 T_2 截止值就会不同。KN9 井黏土束缚流体 T_2 截止值在 4ms 左右，KN6 井黏土束缚流体 T_2 截止值在 1.5~2ms。很明显，黏土类型不同，黏土束缚流体 T_2 截止值也明显不同。图 4-33 为利用 4ms 截止值得到的 KN6 井、KN9 井核磁共振测井孔隙度，可见 KN9 井核磁共振计算的有效孔隙度与岩心分析孔隙度一致性较好，而 KN6 井核磁共振计算的有效孔隙度明显低于岩心分析孔隙度，说明在复杂黏土类型储层中用固定 4ms 截止值计算有效孔隙度是明显不适应的。

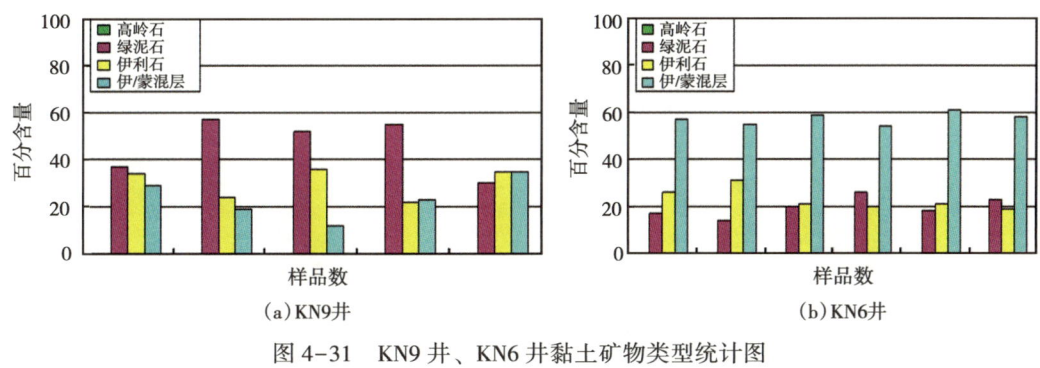

图 4-31　KN9 井、KN6 井黏土矿物类型统计图

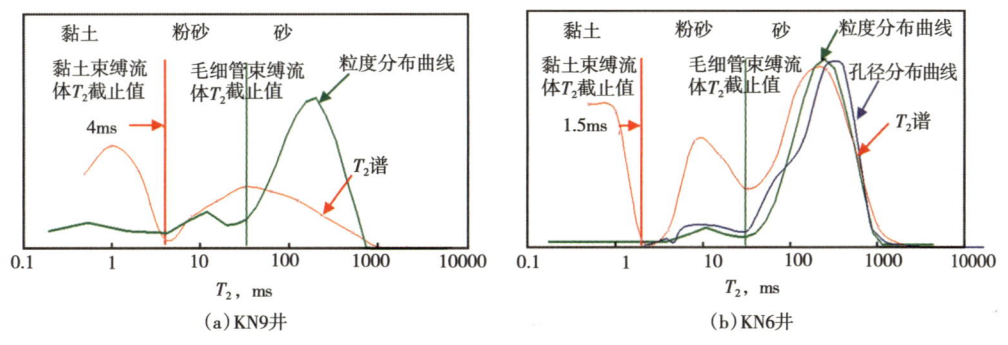

图 4-32　KN9 井、KN6 井 T_2 谱与粒度分布重叠图

黏土矿物类型不同则黏土束缚流体 T_2 截止值不同，据此提出利用纯泥岩段 T_2 谱位置确定黏土束缚流体 T_2 截止值，再利用该黏土束缚流体 T_2 截止值计算有效孔隙度的变黏土束缚流体 T_2 截止值有效孔隙度计算方法。图 4-34 为利用固定黏土束缚流体 T_2 截止值和利用变 T_2 截止值计算得到的有效孔隙度与岩心分析孔隙度对比图。通过纯泥岩 T_2 谱位置确定黏土束缚 T_2 截至值计算得到的核磁共振有效孔隙度精度明显优于固定 4ms 截至值方法，基于黏土矿物类型变 T_2 截止值的核磁共振测井有效孔隙度与岩心分析孔隙度之间的关系一致性更好。

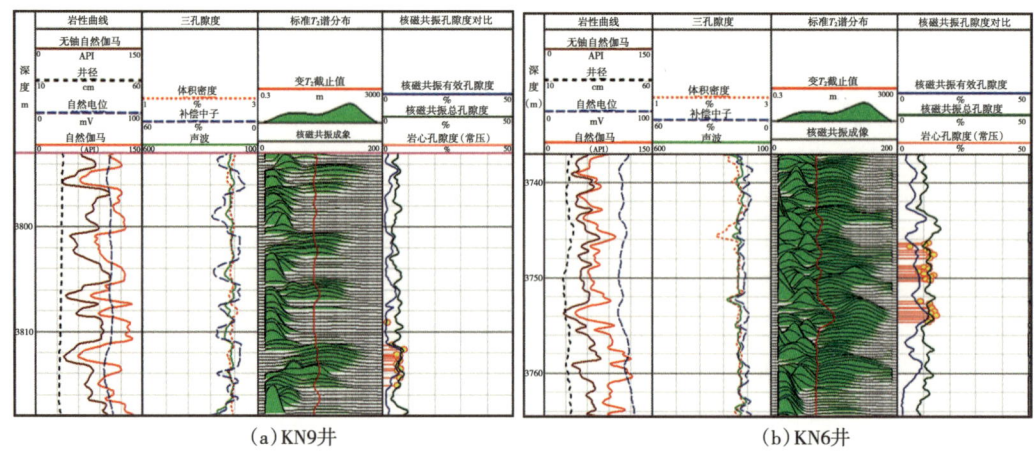

(a) KN9井　　　　　　　　　　　　(b) KN6井

图 4-33　KN9 井、KN6 井核磁共振测井曲线图

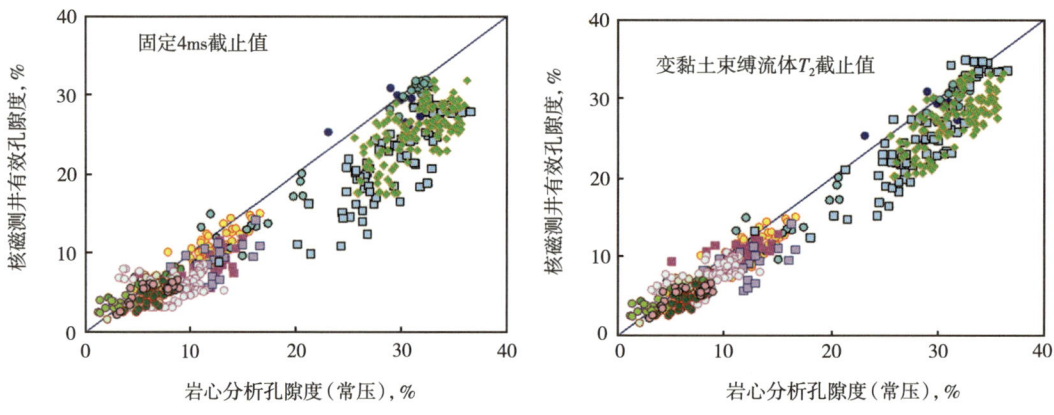

图 4-34　固定 4ms 截止值与变黏土束缚流体 T_2 截止值计算结果对比图

由图 4-34 还可发现，虽然两种孔隙度相关性整体较好，但核磁共振测井有效孔隙度比岩心分析孔隙度稍偏低，物性越好偏低越明显。实验室不同压力状态下岩样孔隙度测量证明，岩样孔隙体积随着压力的增加而降低（图 4-35），覆压状态下岩样孔隙体积与常压

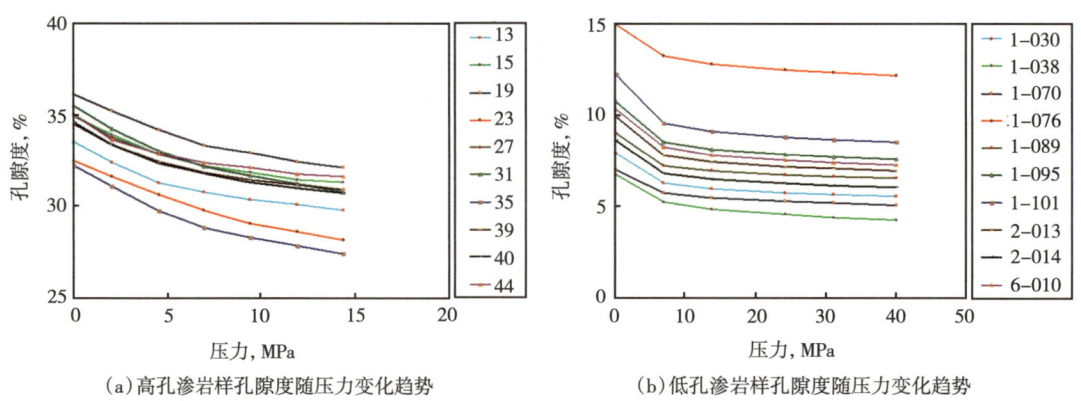

(a) 高孔渗岩样孔隙度随压力变化趋势　　　　　(b) 低孔渗岩样孔隙度随压力变化趋势

图 4-35　孔隙度随压力变化关系图

状态下岩样孔隙体积存在明显差异［图 4-36（a）］。分析认为，用于对比的岩心分析孔隙度测量环境为常温、常压测量环境，核磁共振测井是高温、高压测量环境，二者测量环境不同，故核磁共振测井有效孔隙度会稍低于常压岩心分析孔隙度，而应与覆压孔隙度一致。为验证该结论，将核磁共振测井计算有效孔隙度与覆压孔隙度对比，发现二者一致性非常好［图 4-36（b）］，均匀分布在 45°对角线两侧，说明核磁共振测井获得的有效孔隙度代表覆压状态下的有效孔隙度。需要利用核磁共振测井孔隙度计算常压孔隙度时，应使用［图 4-36（c）］的统计关系。

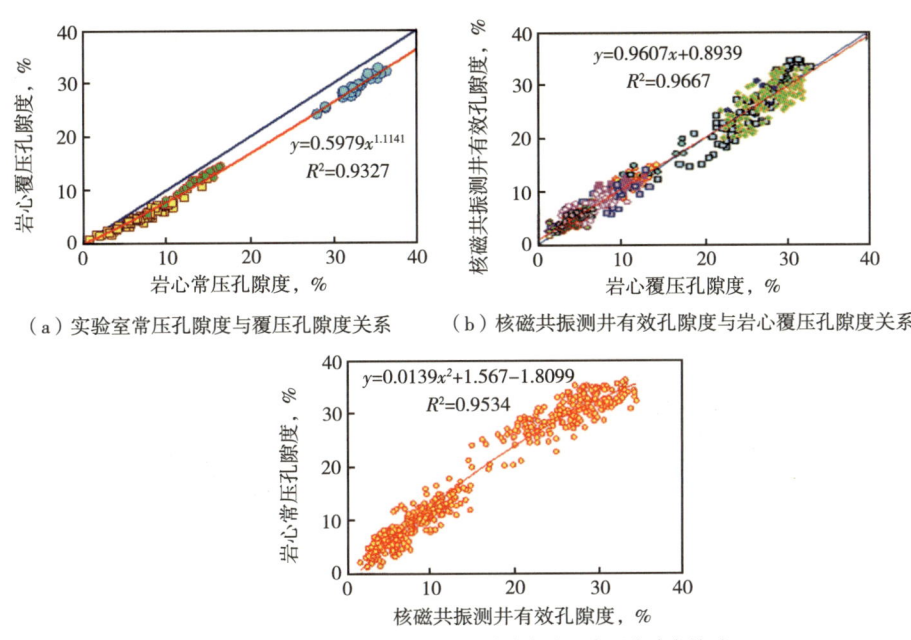

（a）实验室常压孔隙度与覆压孔隙度关系　　（b）核磁共振测井有效孔隙度与岩心覆压孔隙度关系

（c）核磁共振测井有效孔隙度与岩心常压孔隙度关系

图 4-36　核磁共振测井孔隙度与常压、覆压孔隙度关系图

四、基于成岩相分类的孔隙度、渗透率建模

为了提高低孔低渗储层孔隙度、渗透率计算的精度，也可以结合测井成岩相的分类评价成果，分成岩相对储层参数模型进行优化。

本部分内容以鄂尔多斯盆地陇东地区长 8 段为例介绍建模结果。

1. 孔隙度计算模型

建立基于成岩相分类的孔隙度模型，首先需要利用成岩相判别图版，完成对储层成岩相带的连续划分。针对不同类型的成岩相，分别建立岩心分析孔隙度与孔隙度测井值的回归关系，从而得到不同成岩相储层的孔隙度测井计算模型。

根据成岩相的研究成果，陇东地区长 8_1 段储层的成岩相类型为绿泥石衬边弱溶蚀成岩相、不稳定组分溶蚀成岩相、斑状方解石充填—绿泥石膜成岩相以及碳酸岩胶结成岩相，故以此为基础分别建立 4 种成岩相类型下的孔隙度模型，见图 4-37、表 4-5。从表 4-5 中可以看出，分类孔隙度计算模型的相关性较好，能满足储层参数计算需求。

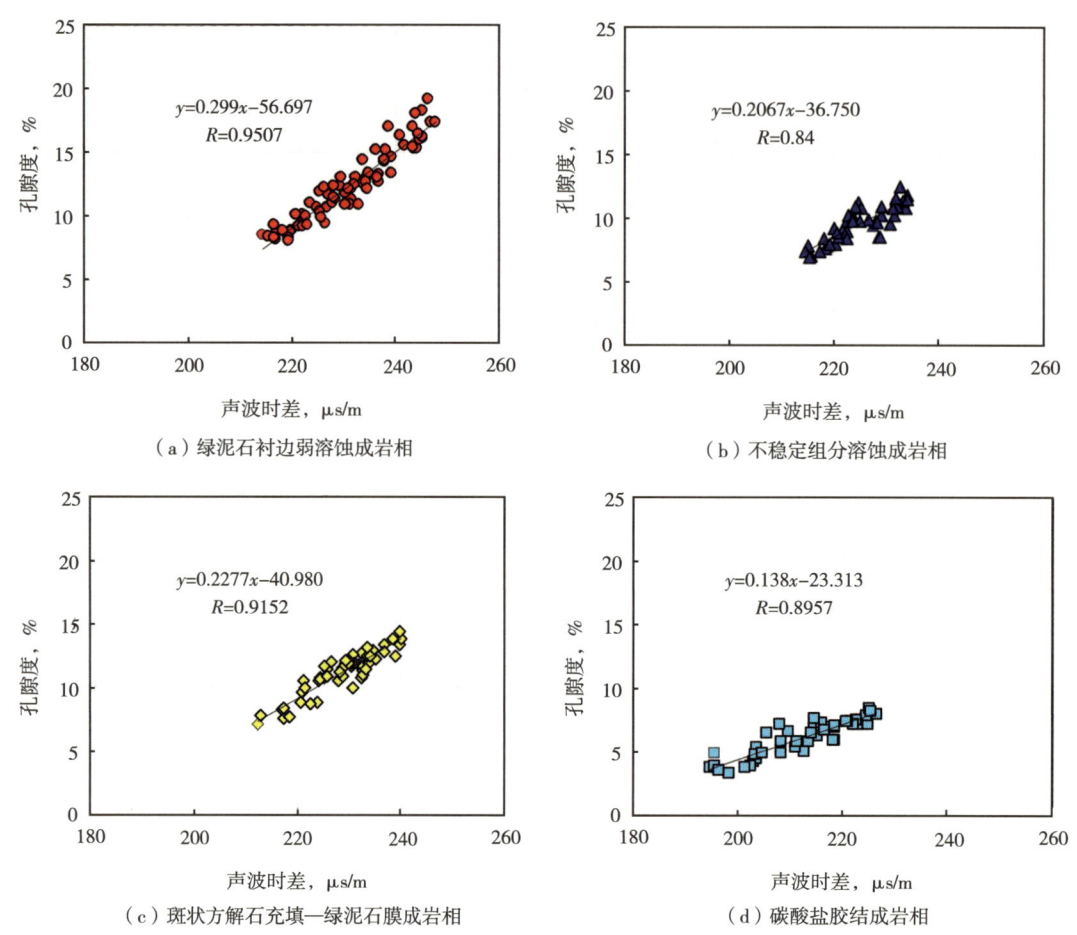

图 4-37 不同成岩相储层孔隙度模型

表 4-5 陇东地区长 8_1 储层基于成岩相分类的孔隙度、渗透率计算模型

成岩相类型	孔隙度		渗透率		样品数
	计算模型	相关系数	计算模型	相关系数	
绿泥石衬边弱溶蚀成岩相	$\phi=0.299AC-56.697$	0.9507	$\lg K=3.50\lg\phi-3.46\Delta GR-3.16$	0.89	13 口井 74 块
不稳定组分溶蚀成岩相	$\phi=0.2067AC-36.750$	0.84	$\lg K=2.47\lg\phi-2.12\Delta GR-2.62$	0.89	9 口井 45 块
斑状方解石充填绿泥石膜成岩相	$\phi=0.2277AC-40.980$	0.9152	$\lg K=1.85\lg\phi-1.45\Delta GR-2.35$	0.88	5 口井 55 块
碳酸盐胶结成岩相	$\phi=0.138AC-23.313$	0.8957	$\lg K=1.78\lg\phi-2.11\Delta GR-2.45$	0.86	12 口井 46 块

2. 渗透率评价模型

不同成岩相类型储层的孔隙连通性和渗流能力存在差异，孔隙度—渗透率关系也不尽

相同，分成岩相建立渗透率评价模型可以提供参数计算精度。经分析，认为研究区随孔隙度增大，渗透率会随之增加；而随自然伽马相对值的增大，渗透率有减小的趋势。因此，根据本区成岩相的分类结果，用自然伽马相对值、岩心分析孔隙度通过二元回归统计建立 4 种成岩相下的渗透率模型。不同成岩相储层渗透率计算模型见表 4-5。可以看出，成岩相分类基础上的渗透率与孔隙度、自然伽马相对值相关性较好，相关系数均大于 0.85，分类建模确实能提高储层渗透率的计算精度。

五、模糊聚类法孔隙度、渗透率建模

低孔低渗储层非均质性强，物性参数级差较大，在勘探开发实践中也有部分油田采用模糊聚类方法建立孔隙度、渗透率计算模型，提高了计算精度。

模糊综合评价法采用模糊数学对受到多种因素制约的对象做出一个总体的评价，是一种能够对复杂问题进行定量评价的方法。它具有结果清晰，系统性强的特点，能较好地解决模糊的、难以量化的问题。利用模糊综合评价技术预测储层物性参数的计算机流程如图 4-38 所示。

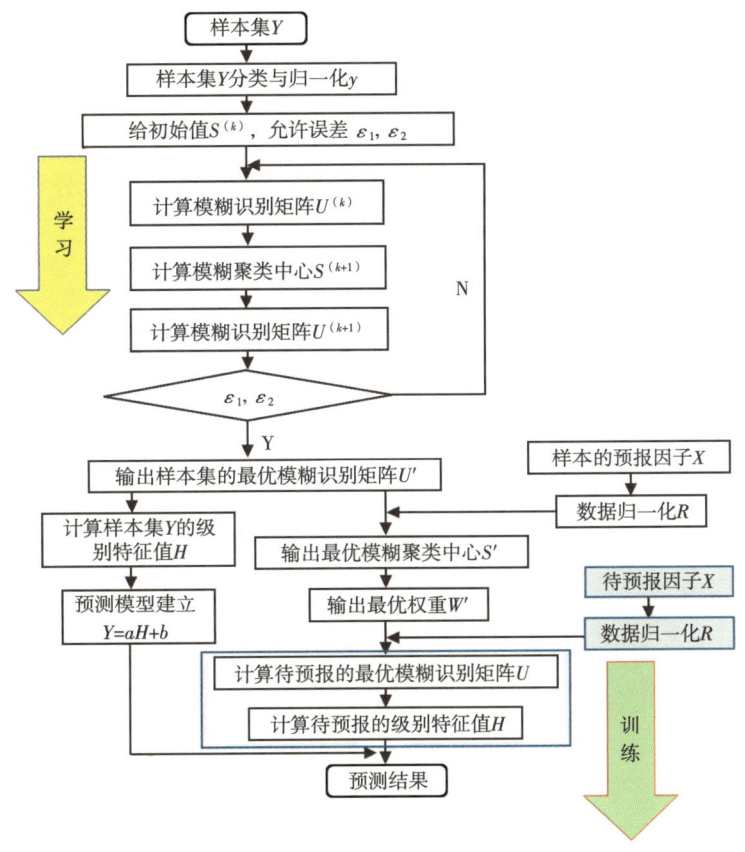

图 4-38　模糊聚类流程图

（1）原始数据的预处理。首先进行岩心归位，消除岩心分析数据与测井相之间的深度误差。在此基础上，对学习样本进行选取。如有 n 个样本点，则组成样本集为：

$$Y = (Y_1 \quad Y_2 \quad Y_3 \quad \cdots \quad Y_n) \tag{4-39}$$

设每个样本有 m 个变量，则 n 个样本的变量用变量特征值矩阵表示为：

$$X = \begin{bmatrix} x_{11} & x_{12} & \cdots & x_{1n} \\ x_{21} & x_{22} & \cdots & x_{2n} \\ \cdots & \cdots & \cdots & \cdots \\ x_{m1} & x_{m2} & \cdots & x_{mn} \end{bmatrix} = (x_{ij})_{m \times n} \tag{4-40}$$

（2）数据归一化。测井资料由于受环境、仪器刻度及不正常操作等因素影响常存在一定的系统误差，且各变量存在物理量纲级别上的差异。为消除这些影响，需要对数据进行归一化，使各变量数据分布在 [0，1] 之间。将式（4-40）归一化后转化为相对优属度矩阵：

$$R = \begin{bmatrix} r_{11} & r_{12} & \cdots & r_{1n} \\ r_{21} & r_{22} & \cdots & r_{2n} \\ \cdots & \cdots & \cdots & \cdots \\ r_{m1} & r_{m2} & \cdots & r_{mn} \end{bmatrix} = (r_{ij})_{m \times n} \tag{4-41}$$

将式（4-39）归一化后：

$$y = (y_1 \quad y_2 \quad y_3 \quad \cdots \quad y_n) \tag{4-42}$$

（3）模型的建立。设将 n 个样本依据 m 个变量，按 c 个类别进行分类，设样本的模糊识别矩阵为：

$$U = \begin{bmatrix} u_{11} & u_{12} & \cdots & u_{1n} \\ u_{21} & u_{22} & \cdots & u_{2n} \\ \cdots & \cdots & \cdots & \cdots \\ u_{c1} & u_{c2} & \cdots & u_{cn} \end{bmatrix} = (u_{hj})_{c \times n} \tag{4-43}$$

式（4-43）应满足：$0 \leq u_{hj} \leq 1$，$\sum_{h=1}^{c} u_{hj} = 1$，$\sum_{j=1}^{n} u_{hj} > 1$。

设 c 个类别的特征值为模糊聚类中心指标，则 c 个类别的中心指标向量表示为：

$$S = (s_1 \quad s_2 \quad \cdots \quad s_h \quad \cdots \quad s_c)^T \tag{4-44}$$

式中 s_h——第 h 类别的中心指标，$0 \leq s_h \leq 1$。

为了求解样本的最优模糊识别矩阵 U 和最优模糊聚类中心矩阵 S，建立模糊环境下的目标函数：

$$\min \left[F = \sum_{j=1}^{n} \sum_{h=1}^{c} (u_{hj} |y_j - s_h|)^2 \right] \tag{4-45}$$

在式（4-45）下，计算 u_{hj} 和 s_h 可用下式：

$$U = u_{hj} = \frac{1}{\sum_{k=1}^{c} \frac{(y_j - s_h)^2}{(y_j - s_k)^2}} \tag{4-46}$$

$$S = s_h = \frac{\sum_{j=1}^{n} u_{hj}^2 y_j}{\sum_{j=1}^{n} u_{hj}^2} \tag{4-47}$$

若未知模糊识别矩阵 U 和模糊聚类中心矩阵 S，则由式（4-46）、式（4-47）通过循环迭代求解最优模糊识别矩阵 U^* 和最优模糊聚类中心指标 S^*，迭代后其样本的最优模糊识别矩阵为：

$$U^* = (u_{hj}^*)_{c \times n} \tag{4-48}$$

根据矩阵 U^* 可确定 n 个样本归属的类别特征值向量 H：

$$H = (1 \quad 2 \quad \cdots \quad c)(u_{hj}^*) = (H_1 \quad H_2 \quad \cdots \quad H_n) \tag{4-49}$$

由式（4-48）、式（4-49），建立 Y 与 H 之间的回归方程：

$$Y = aH + b \tag{4-50}$$

其中：

$$a = \frac{\sum_{j=1}^{n}(H_j - \overline{H})(Y_j - \overline{Y})}{\sum_{j=1}^{n}(H_j - \overline{H})^2}$$

$$b = \overline{Y} - a\overline{H}$$

$$\overline{H} = \frac{1}{n}\sum_{j=1}^{n} H_j$$

$$\overline{Y} = \frac{1}{n}\sum_{j=1}^{n} Y_j \tag{4-51}$$

利用下式计算方程的相关系数：

$$\rho = \frac{\sum_{j=1}^{n}(H_j - \overline{H})(Y_j - \overline{Y})}{\sqrt{\sum_{j=1}^{n}(Y_j - \overline{Y})^2 \sum_{j=1}^{n}(H_j - \overline{H})^2}} \tag{4-52}$$

（4）计算最优的变量参数。样本 Y 与变量参数 X 之间存在着一定的内在联系即相关性。虽然影响样本的参数很多，但一旦选定 m 个变量参数之后，样本可以认为是由选定的 m 个参数近似综合作用的。因此，给定样本的 U^*，就存在着对应的 S^* 和 W^*，即：

$$S^* = \begin{bmatrix} s_{11} & s_{12} & \cdots & s_{1c} \\ s_{21} & s_{22} & \cdots & s_{2c} \\ \cdots & \cdots & \cdots & \cdots \\ s_{m1} & s_{m2} & \cdots & s_{mc} \end{bmatrix} = (s_{ij})_{m \times c} \tag{4-53}$$

式中 s_{ih}——第 h 类别变量 i 的特征值，$0 \leqslant s_{ih} \leqslant 1$。

设变量参数的权重向量为 W^* 为：

$$W^* = (w_1 \quad w_2 \quad \cdots \quad w_m) \sum_{i=1}^{m} w_i = 1 \tag{4-54}$$

为了求解最优模糊聚类中心矩阵 S^* 和最优变量权重 W^*，建立模糊环境下的目标函数：

$$\min\left(F = \sum_{j=1}^{n} \sum_{h=1}^{c} \left\{u_{hj}^2 \sum_{i=1}^{m} [w_i(r_{ij} - s_{ih})]^2\right\}\right) \tag{4-55}$$

在已知 U^* 和 W^* 的情况下，式（4-55）可表示为：

$$\min[F(s_{ih})] = \sum_{h=1}^{c} \min\left(\sum_{j=1}^{n} \left\{u_{hj}^2 \sum_{i=1}^{m} [w_i(r_{ij} - s_{ih})]^2\right\}\right) \tag{4-56}$$

由式（4-56）可计算出 s_{ih}：

$$S^* = s_{ih} = \sum_{j=1}^{n} u_{hj}^2 r_{ij} \Big/ \sum_{j=1}^{n} u_{hj}^2 \tag{4-57}$$

从式（4-57）可以看出，只要给定样本的 U^*，就一定存在一个 S^*，而与变量参数的权重无关。

在已知 U^* 和 S^* 的情况下，式（4-55）可表示为：

$$\min[F(w_i)] = \min \sum_{j=1}^{n} \sum_{j=1}^{c} \left\{u_{hj}^2 \sum_{i=1}^{m} [w_i(r_{ij} - s_{ih})]^2\right\} \tag{4-58}$$

由式（4-58）可计算出 W^*：

$$w_i = \cfrac{1}{\sum_{k=1}^{m} \cfrac{\sum_{j=1}^{n} \sum_{h=1}^{c} [u_{hj}(r_{ij} - s_{ih})]^2}{\sum_{j=1}^{n} \sum_{h=1}^{c} [u_{hj}(r_{kj} - s_{kh})]^2}} \tag{4-59}$$

（5）模型的训练。在已知 S^* 和 W^* 的情况下，式（4-55）变为：

$$\min[F(u_{hj})] = \sum_{j=1}^{n} \min\left(\sum_{h=1}^{c} \left\{u_{hj}^2 \sum_{i=1}^{m} [w_i(r_{ij} - s_{ih})]^2\right\}\right) \tag{4-60}$$

从而计算出训练样本的最优模糊划分：

$$u_{hj} = \cfrac{1}{\sum_{k=1}^{c} \cfrac{\sum_{i=1}^{m} [w_i(r_{ij} - s_{ih})]^2}{\sum_{i=1}^{m} [w_i(r_{ij} - s_{ik})]^2}} \tag{4-61}$$

根据样本资料学习得到 S^* 和 W^* 代入式（4-61）可计算训练对象 g 对各类的相对隶属度向量 u_g：

$$u_g = \begin{pmatrix} u_{1g} & u_{2g} & \cdots & u_{cg} \end{pmatrix}^T \tag{4-62}$$

再按式（4-49）计算 g 的类别特征值 H_g：

$$H_g = \begin{pmatrix} 1 & 2 & \cdots & c \end{pmatrix} \begin{pmatrix} u_{1g} & u_{2g} & \cdots & u_{cg} \end{pmatrix}^T \tag{4-63}$$

将式（4-63）代入式（4-50）求解 g 的预测值。

通过岩心分析孔隙度与测井数据之间的交汇，研究区储层孔隙度与声波、密度测井信息关系较为密切；同时，泥质含量的高低也影响后期成岩作用的强度，泥质含量高，则后期压实作用强，造成孔隙度偏小，因此自然伽马测井数据可作为校正项。再结合地区"四性"关系研究，选取声波、密度、自然伽马和电阻率测井曲线对孔隙度进行预测，以实验分析孔隙度为建模样本集，将样本集分为 5 类，经计算其回归公式为：

$$Y = 1.5951H + 2.0891R = 0.9665 \tag{4-64}$$

$$S^* = \begin{bmatrix} 0.1249 & 0.1906 & 0.2224 & 0.2645 & 0.4813 \\ 0.2677 & 0.3312 & 0.3436 & 0.4341 & 0.4342 \\ 0.0883 & 0.1058 & 0.1389 & 0.1460 & 0.3591 \\ 0.4368 & 0.4265 & 0.4526 & 0.4978 & 0.5865 \end{bmatrix} \tag{4-65}$$

$$W^* = \begin{pmatrix} 0.4288 & 0.2103 & 0.2628 & 0.0981 \end{pmatrix} \tag{4-66}$$

基于上述方法进行实际资料的处理，图 4-39 为模糊聚类计算孔隙度与岩心分析孔隙度对比图，平均相对误差为 7.96%。

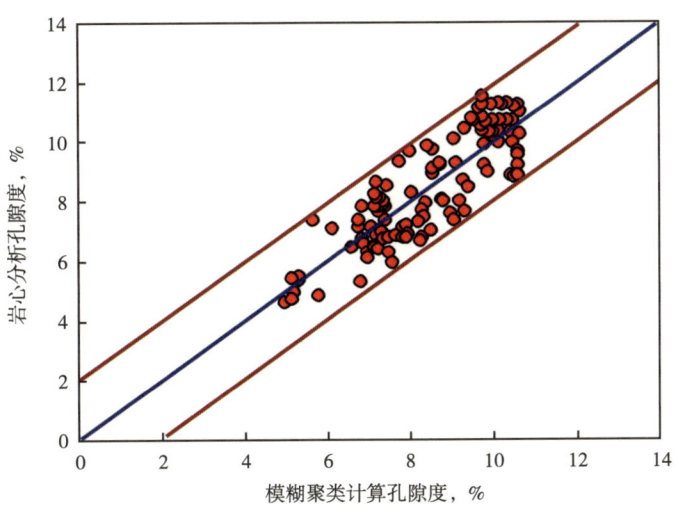

图 4-39 模糊聚类计算孔隙度与岩心分析孔隙度对比图

与模糊聚类孔隙度建模方法一样，将实验分析渗透率与测井曲线做单一相关性分析，发现渗透率与孔隙度、声波、密度、自然伽马和电阻率也有较好的相关性。为避免孔隙度计算的误差引入到渗透率，选取声波、密度、自然伽马和电阻率测井曲线直接对渗透率进行预测，以实验分析渗透率为建模样本集，将样本集分为5类，经计算其回归公式为：

$$Y = 0.0333H - 0.0285 \quad (R = 0.9189) \quad (4\text{-}67)$$

基于上述方法进行实际资料的处理，如图4-40所示，绝对误差控制在一个数量级，能满足储量计算要求。

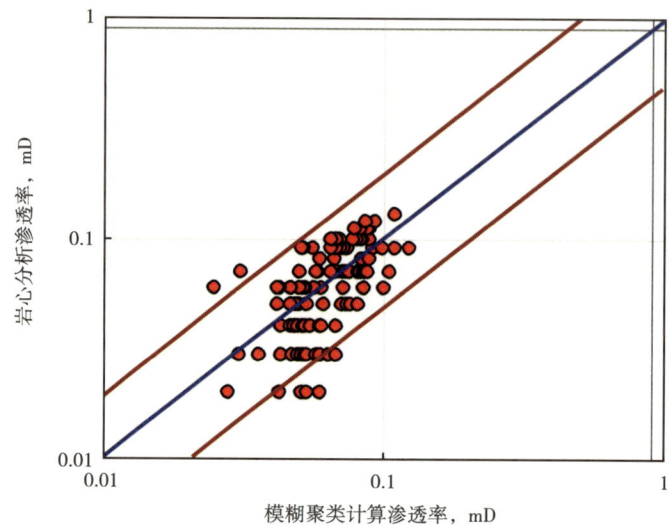

图4-40 模糊聚类计算渗透率与岩心分析对比图

六、T_2多分量渗透率建模

影响碎屑岩储层渗透率的因素主要是孔隙度及孔道弯曲度等，因此有如下关系：

$$K \propto \frac{\phi}{2Y} \frac{1}{S_{por}^2} \quad (4\text{-}68)$$

式中　S_{por}——孔隙比表面；
　　　Y——孔道弯曲度。

在电法测井中有：

$$F = \frac{X}{\phi} \quad (4\text{-}69)$$

式中　F——地层因素；
　　　X——电法测井中孔道弯曲度。

借鉴该思路，孔道的弯曲度不仅会影响岩石的导电路径和电性，而且还会影响岩石中流体的渗流能力，对岩石的渗透率产生影响。

核磁共振孔隙度是由T_2分布通过刻度直接得到，此外由T_2分布还可以把孔隙度分解成不同弛豫时间区间的孔隙度分量，即P_1，P_2，$\cdots$，P_n，是与$T_{2i}(i=1,\cdots,n)$对应的各孔隙系统在观测到的总孔隙系统中所占的比重。根据 $\dfrac{1}{T_2}=\rho\dfrac{S}{V}$，可以得到每一个 T_{2i} 与比表面的关系，从而可以把 T_2 分布转化为孔隙半径分布。因此，在充分考虑 T_2 谱分量能够准确反映影响渗透率因素的基础上，提出了核磁共振多组分表征方法（图4-41）。

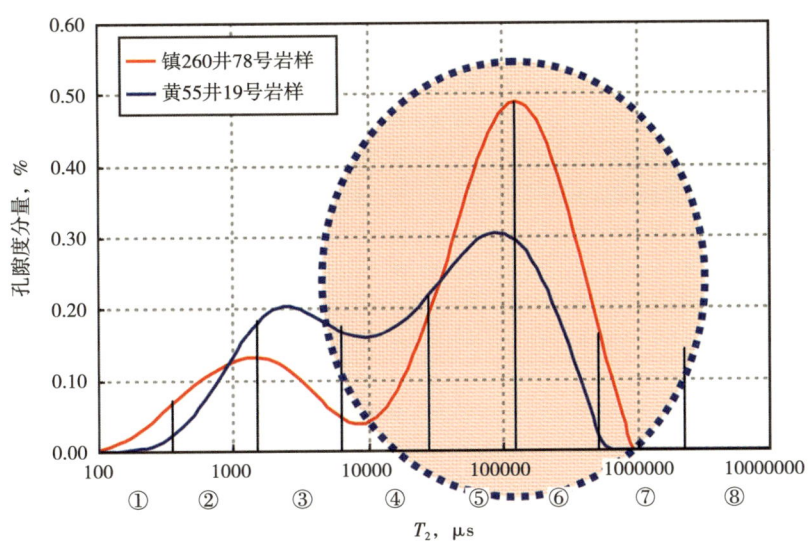

图 4-41　核磁共振多分量求取渗透率示意图

核磁共振多分量谱系数计算渗透率的方法首先是要把整个 T_2 谱变为 8 个 bin。渗透率与每个 bin 的关系如图 4-42 所示，大孔隙部分与渗透率的相关性好，对整体的渗透率贡献大；而小孔隙部分与渗透率的相关性变差，束缚流体越多相关性就越差。这 8 个 bin 能够合理地反映出不同孔隙度区间对渗透率的贡献，从而可以按照贡献的大小对不同孔隙区间有区别的进行研究。通过一系列的分析研究，提出了核磁共振多分量谱系数计算渗透率的模型：

$$K=\dfrac{f(G)\phi^{\frac{3}{4}}\sum\limits_{i=1}^{n}(2i-1)\phi_i R_i^2}{8n^2} \tag{4-70}$$

式中　$f(G)$——权系数函数；

　　　R_i——第 i 个分量的孔喉半径；

　　　n——bin 的个数。

利用式（4-70）计算渗透率，必须有配套的岩石物理实验确定相关参数。选择毛细管压力实验作为配套实验进行刻度，确定 T_2 谱与孔喉半径转化关系：

$$R_i=\dfrac{0.735}{55.8\left(\dfrac{1000}{T_{2i}}\right)^{0.86}} \tag{4-71}$$

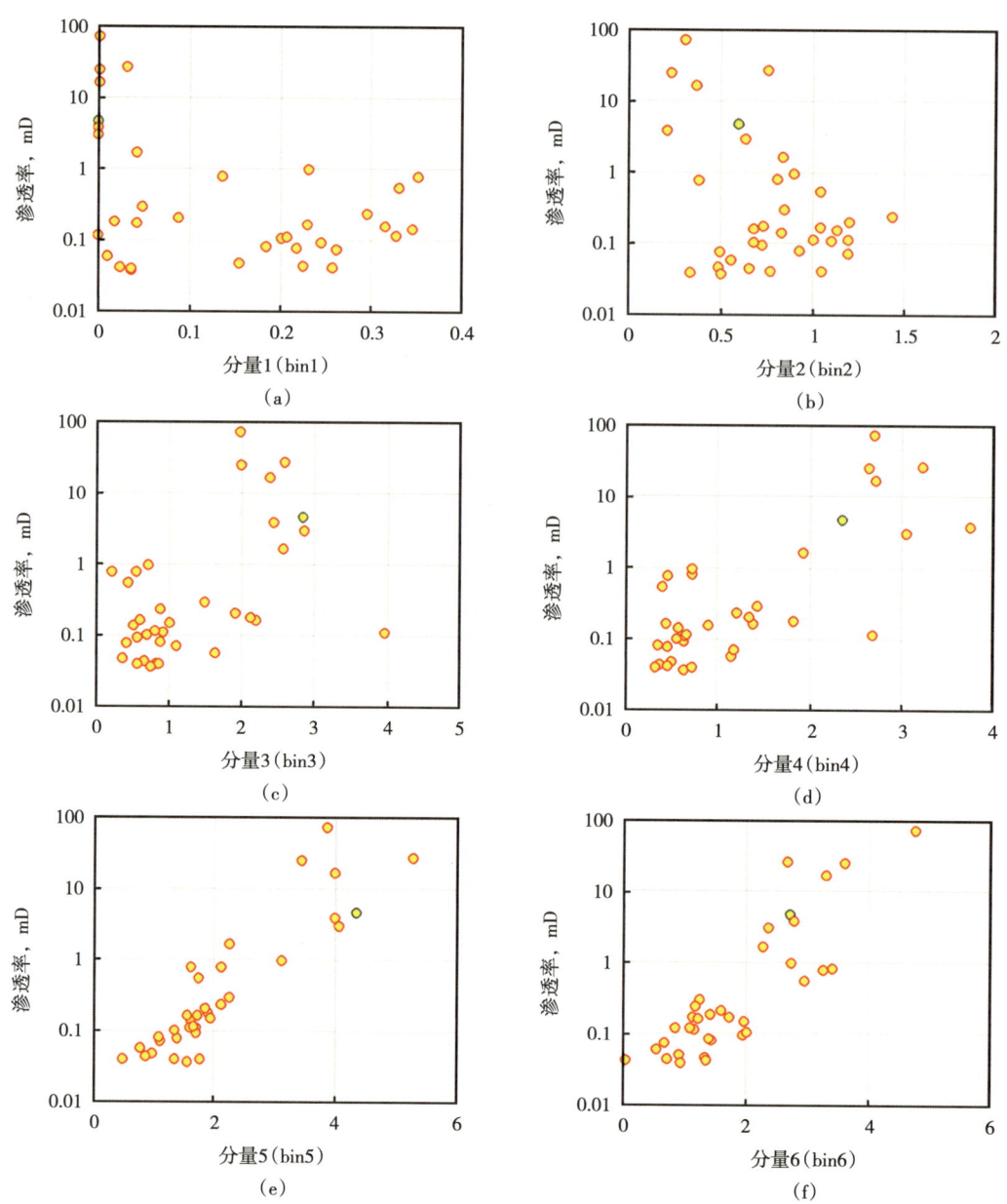

图4-42 核磁共振不同分量与渗透率关系法分析

通过该转化关系，就可以把T_2谱分布转化为孔喉半径分布（图4-43、图4-44）。

核磁共振多分量谱系数计算渗透率与实验室内气测渗透率的对比如图4-45所示，在低孔低渗储层段计算的渗透率与实验室气测渗透率的相关系数为0.95，比常规SDR模型和Coates模型有较大的提高，绝对误差小于半个数量级。图4-46是大港油田K井核磁共振测井图，对该井利用多分量谱系数法对核磁共振测井资料处理得到的渗透率，与岩心分析渗透率具有较好的相关性，计算精度明显提高。

第四章 低孔低渗储层精细评价方法

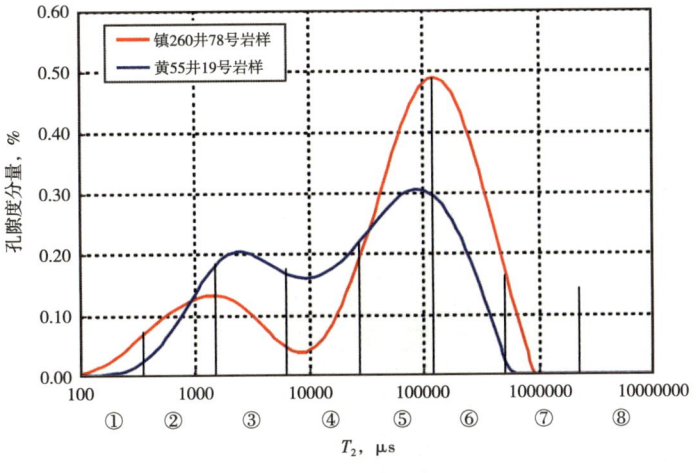

图 4-43 T_2 谱分布图

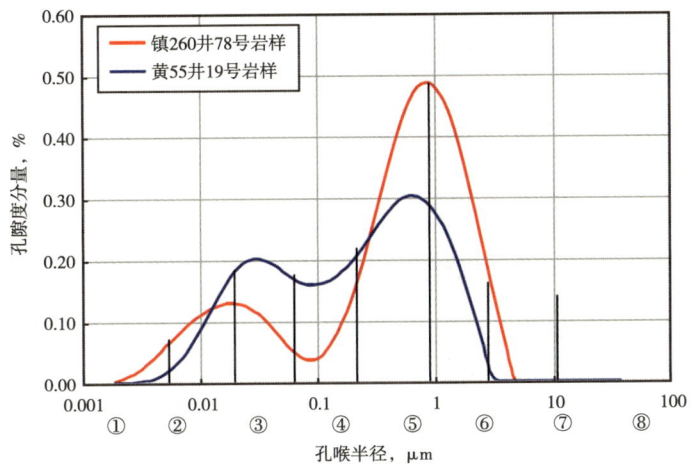

图 4-44 应用核磁共振转换孔喉半径分布图

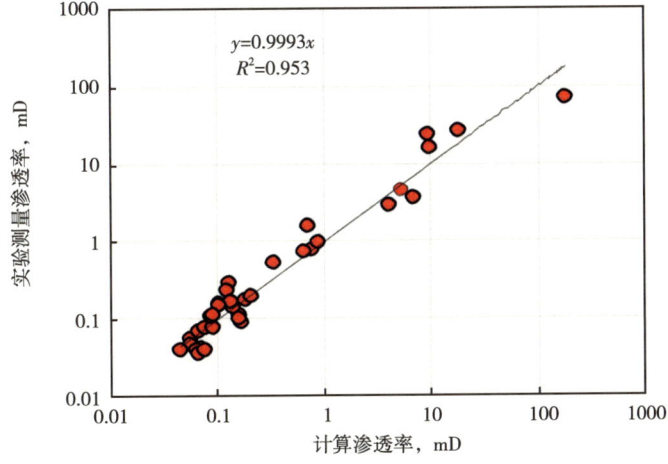

图 4-45 核磁共振多分量谱系数方法求取渗透率与实验分析结果对比

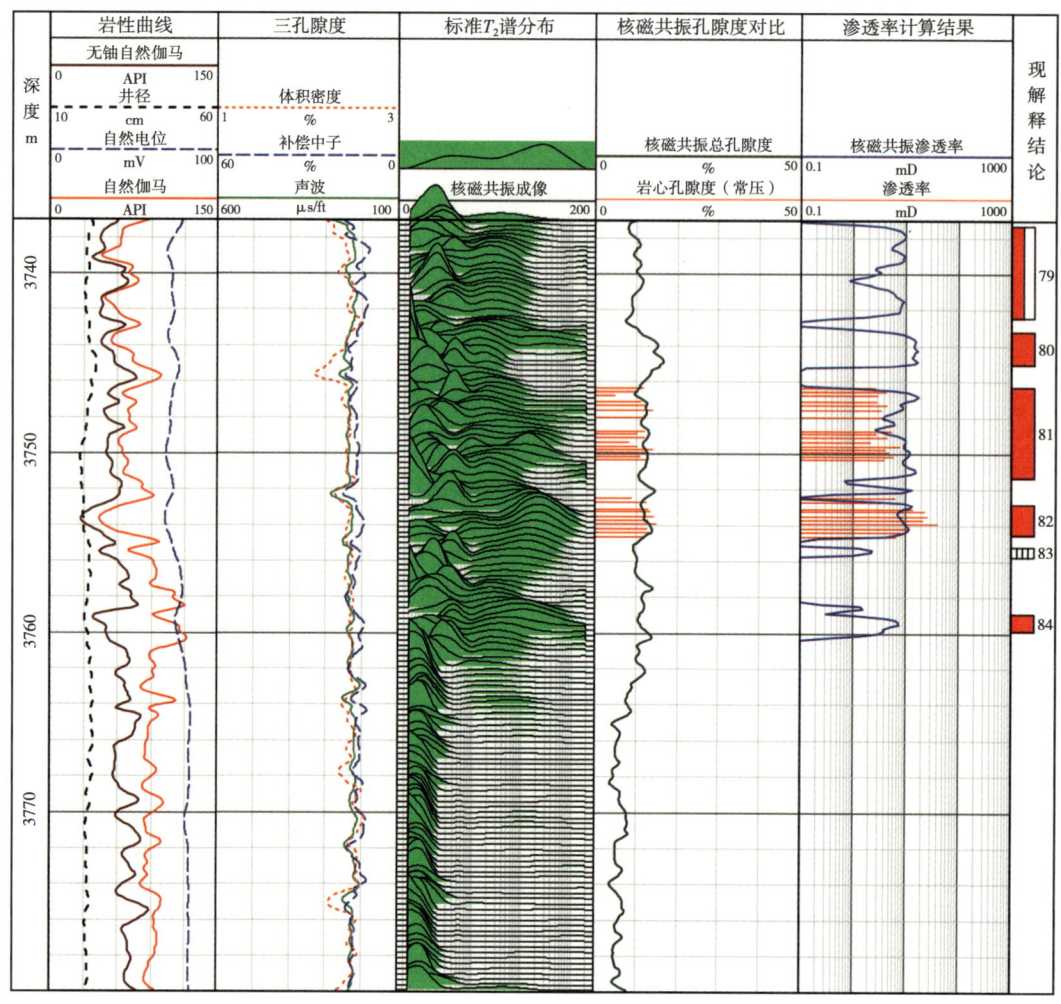

图 4-46 大港油田 K 井核磁共振多分量谱系数计算渗透率实例

参 考 文 献

[1] 雍世和，张超谟．测井数据处理与综合解释 [M]．东营：石油大学出版社，1996．

[2] 石玉江，肖亮，毛志强，等．低渗透砂岩储层成岩相测井识别方法及其地质意义 [J]．石油学报，2011，32（5）：820-828．

[3] 赖锦，王贵文，王书南，等．碎屑岩储层成岩相研究现状及进展 [J]．地球科学进展，2013，28（1）：39-50．

[4] 邵维志，丁娱娇，刘亚，等．核磁共振测井在储层孔隙结构评价中的应用 [J]．测井技术，2009，33（1）：52-56．

[5] 王学武，杨正明，李海波，等．核磁共振研究低渗透储层孔隙结构方法 [J]．西南石油大学学报，2010，32（2）：69-72．

[6] 刘卫，肖忠祥，杨思玉，等．利用核磁共振（NMR）测井资料评价储层孔隙结构方法的对比研究 [J]．石油地球物理勘探，2009，44（6）：773-778．

[7] 高敏，安秀荣，祗淑华，等．用核磁共振测井资料评价储层的孔隙结构 [J]．测井技术，2000，24

（3）：188-193.
[8] 肖杭州，郭康良，周萍，等．相控建模技术在红岗油田油藏描述中的应用［J］．油气田开发，2009（1）：83-85.
[9] 景成杰，胡望水，程超，等．相控建模技术在高台子油藏精细描述中的应用［J］．石油天然气学报，2009，31（1）：39-42.
[10] 王晓畅，范宜仁，邓少贵，等．复杂砂岩储层基于相控建模的渗透率计算方法［J］．物探化探计算技术，2008，30（6）：487-489.

第五章 低孔低渗储层饱和度评价方法

低孔低渗储层测井评价一直是国内各油田面临的难题。沉积环境、沉积相带和成岩作用的差异导致低孔低渗储层孔隙类型多样、结构复杂、储层非均质性强。复杂的孔隙结构控制了低孔低渗储层的渗流与导电能力，直接影响了储层的物性参数和油气水层的电性响应特征。对该类储层的实验研究发现其岩电关系存在大量"非阿尔奇"现象，即在双对数坐标下地层因素与孔隙度、电阻率增大率与含水饱和度之间的关系呈现出非线性特征[1-5]。以往适用于中高孔渗储层的固定岩电参数的阿尔奇（Archie）模型在低孔低渗储层含油气性定量评价时存在一定的不适用性。油田生产中为了快速高效的评价饱和度通常沿用经典的阿尔奇模型，本章介绍了阿尔奇模型参数 m、n 的影响因素及变化规律，并给出了 m、n 确定方法，变 m、n 的阿尔奇模型在现场生产解释中仍然是一种行之有效的方法。但是，由于变 m、n 方法是建立在研究区目的层位大量岩心分析实验基础上，通常具有地区局限性，因此，有必要发展考虑孔隙结构的饱和度新模型，以提高此类储层含油气定量评价精度。本章在低孔低渗油藏含油特征与电性规律认识的基础上，结合不同类型低孔低渗储层孔隙结构的特点，介绍了基于孔隙结构的双孔隙组分饱和度新模型和考虑孔隙连通性的饱和度新模型，并给出了模型中各参数的确定方法及其应用效果。

第一节 低孔低渗油藏含油特征与电性规律

众所周知，对于骨架不导电的碎屑岩储层，储层电阻率的大小主要取决于储层的孔隙结构和含油饱和度，而含油饱和度受控于孔隙结构、油水密度差和含油高度。因此，为系统研究储层电性响应规律，在毛细管压力曲线图上（既包括孔隙结构信息，又包括含油饱和度信息）应用实验确定的阿尔奇公式参数计算等电阻率线（图 5-1），分析储层的孔隙结构和含油饱和度对储层电阻率的影响规律。

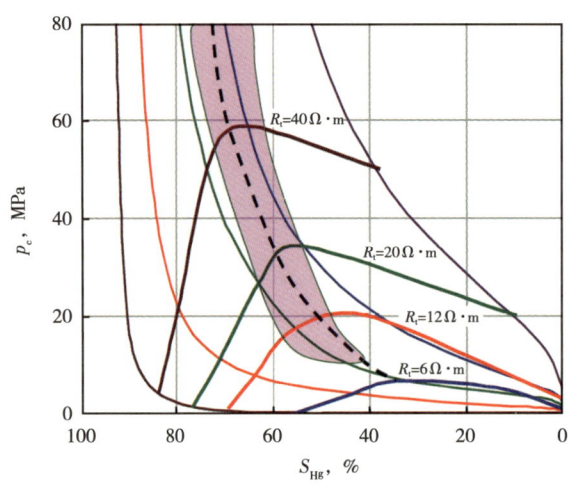

图 5-1 毛细管压力—饱和度—电阻率分布规律图

如图 5-1 所示，（1）储层电阻率受孔隙结构与含油饱和度双重影响；（2）在相同毛细管压力条件下，较好储层（图中黑色虚线左侧储层）含油饱和度对电阻率的影响超过孔隙结构对电阻率的影响；（3）在同一毛细管压力条件下，较差储层（图中黑色虚线右侧储层）孔隙结构的影响超过含油饱和度的影响，电学性质复杂化，容易形成低对比度低孔低渗油层，测井评价难度大。即在某一孔隙度值较小的区域（较小孔隙度较差孔隙结构部分）随孔隙度增大电阻率降低，在孔隙度值较大的区域（较大孔隙度较好孔隙结构部分）随孔隙度增大电阻率升高，在该孔隙度附近的储层测井电阻率低，识别难度大，如图5-1中阴影区域。在相近驱替力条件下，这几类储层的油层、低产层与水层测井对比度很低，电阻增大率小，孔隙度测井和电测井对其区分能力变差，测井定性识别与定量评价难度增大。考虑不同孔隙结构储层电学性质的差别，则其测井解释难度更大。

对于相近孔隙结构的储层，储层含油饱和度主要受含油高度控制，如图5-1所示，同一类孔隙结构储层随驱替力增大（含油高度增大），含油饱和度增加，储层电阻率增加，储层流体性质表现为从水层到油水过渡带到油层的变化特征。不同孔隙结构储层的油水过渡带长度与储层孔隙结构密切相关，孔隙结构越差，过渡带越长。

宏观上来看，低孔低渗油藏的充注程度与距烃源岩距离关系密切，距烃源岩越近，充注程度越高，油层含油饱和度越高，反之，距烃源岩越远，油层含油饱和度越低。

以下以鄂尔多斯盆地低孔低渗油藏为例，分析低孔低渗油藏的含油特征和电性规律。

鄂尔多斯盆地纵向、横向上根据储层与主力烃源岩配置关系，划分为5种源储配置关系，纵向上盆地长7段属自身自储源内配置、长3段—侏罗系油藏为远源次生配置、长4+5—长6段和长8_2油藏为近源配置、长8_1段油藏为源储接触配置，长7段生烃层为50多米厚的泥岩层。盆地中西部的西峰、姬塬、华庆等油田的上部长1—长3段、延安组河流相砂体靠断层、裂缝系统沟通下部长7段油源成藏，由于距离油源较远，且物性较好，因此多为岩性—构造油藏，油藏构造上倾方向依赖砂体尖灭、侧变作为对油气的遮挡圈闭条件，而于构造下倾方向见到大面积的边水或底水，其储层电阻率和含油饱和度相对较低，如姬塬油田侏罗系油藏源储距离一般为600~700m，油层电阻率为5~20Ω·m，油层对比度主要分布在1.5~2.2，主要发育低阻油层，含油饱和度为45%~55%，电阻率和含油饱和度都相对较低。而延长组中、下部组合长4+5—长8段岩性油藏不受构造控制，具有大面积满盆含油趋势，储层含油饱和度与电阻率一般都高于次生源储配置油藏。延长组中下组合主要有近源配置、次生远源配置、源储接触配置和源内配置，油气从生油岩以断层、微裂隙等优势通道为运移通道，以幕式或间歇式方式往下或往上运移到以岩性圈闭为主的低孔、低渗或特低渗储层中聚集而形成岩性油藏，异常高压力大小和孔隙结构控制油层含油饱和度。由于长7的地层压力高于之下的长8_1段和之上的长6_3段，且离生烃中心较近，具有优先捕获油源的优势，在生烃中心附近，油气以垂向向下运移为主至西峰油田长8段、姬塬油田长8_1段，一般距生油层距离小于50m，感应电阻率分布在为30~100Ω·m，油层的测井对比度主要分布在4~8.2，一般发育高阻油层；以垂向向上运移为主至华庆长6_3段，一般距生油层距离小于50m，感应电阻率分布在20~50Ω·m，油层的测井对比度主要分布在3.8~5，一般发育高阻油层；以垂向向上运移为主至姬塬油田长4+5段，一般距生油层距离80~120m，感应电阻率分布范围为17~40Ω·m，油层的测井对比度主要分布在1.8~3.4，一般发育中高阻油层，部分存在低阻油层；姬塬油田长7段属源内自身自储配置模式，油气在异常高压的驱替下直接进入长7段的致密砂岩中，储层电阻率为20~200Ω·m，油层的测井对比度主要分布在3~5，一般发育中高阻油层。陕北的安塞、靖安等油田则是油气从生油岩中心以不整合面或连续分布的砂岩远距离侧向运移并聚集到长6段油组，形成岩性油藏或构造—岩性油藏，源储距离相对较远，电阻率分布在 15~35Ω·m，油层测井对比度主要为 1.8~2.9，一般发育中低阻油层，以低阻油层为主。

如图 5-2 所示，鄂尔多斯盆地长 6—8 段源内、源储接触油藏测井对比度主要分布在 4~16，测井对比度较高；姬塬油田长 8_2 段、长 4+5 段、长 6 段近源油藏测井对比度主要分布在 4~8，测井对比度中等；长 9—长 10 段、长 1—长 3 段、延安组远源次生油藏测井对比度主要分布在 2~6，测井对比度主峰位置主要在 2~4，发育低对比度油层。如图 5-3 所示，源储接触油藏和源内油藏距离油源的垂直距离主要为 15~100m，油层视电阻增大率为 3~9，随源储垂向距离的增加源储接触油藏和源内油藏的测井对比度有降低的趋势；近源油藏的源储垂直距离主要为 100~250m，测井对比度主要分布在 1.5~3，属中等测井对比度油层组；远源次生成藏油藏源储垂直距离为 300~750m，低阻油层部分视电阻增大率主要分布在 1.5~2，延安组受构造高度控制的油层组测井对比度相对较低阻油层部分高，分布在 2~4。总体上看，随源储垂向距离的增加，测井对比度有逐步降低的趋势，远源次生油藏测井对比度最低，近源油藏测井对比度中等，源内、源储接触油藏测井对比度最高。

表 5-1 鄂尔多斯盆地中生界不同源储配置关系的油层类型及电阻率特征

油田	姬塬	西峰	华庆	姬塬	姬塬	志靖—安塞	姬塬	陇东
油层组	长 8_1	长 8_1、长 8_2	长 6_3	长 $4+5_2$	长 2	长 6	侏罗系	长 7
含油饱和度，%	52~81	65~73	60~70	55~60	45~55	50~56	45~55	50~70
电阻率，Ω·m	20~200	30~100	20~50	17~40	2.7~20	15~35	5~20	20~200
油层测井对比度	4~8.2	3.8~5	1.8~3.4	1.4~2.1	1.8~2.9	1.5~2.2	2.0~5.0	
运移模式	向下	向下	向上	向上	向上	侧向	向上	自生自储
距离烃源岩距离，m	<50	<50	50~90	80~120	350~500	较远	600~750	0~50
源储配置关系	源储接触	源储接触	源储接触	近源	远源	侧向远源	远源	源内
油层类型（高阻或低对比度油层）	高阻油层为主	高阻油层为主	高阻油层为主	中高阻为主，部分低对比度油层	低对比度油层，多油水同层	中低阻油层，较多低对比度油层	低阻油层为主	中高电阻油层为主

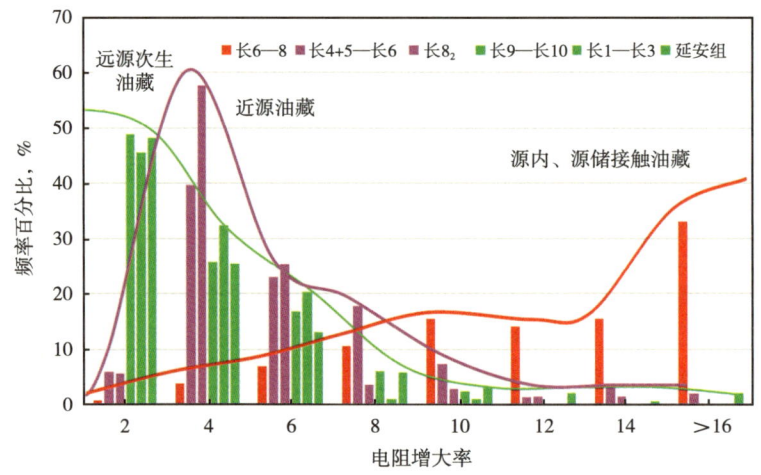

图 5-2 中生界油藏计算电阻增大率平均值分布图

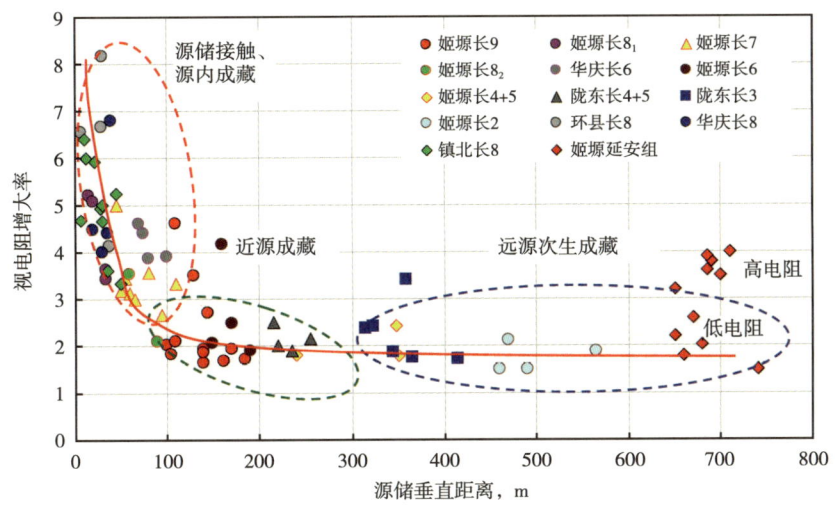

图 5-3　油层视电阻增大率与源储垂直距离关系图

第二节　阿尔奇变参数含油饱和度模型

随着低孔低渗油气藏勘探开发的深入，测井技术人员越来越认识到了利用测井技术定量评价储层含油饱和度的难度之大。为了满足勘探需求，在经典阿尔奇公式基础上，前人在实践中针对不同的储层条件，研究和发展了一系列的变形公式，以解决油田生产存在的难题[6-13]。渐渐发现低孔低渗储层中孔隙结构评价的重要性，Givens、Crane、曾文冲等都给出了考虑微孔隙水导电的解释模型，李宁模型不仅考虑了储层复杂孔隙结构对饱和度模型的影响，而且考虑了油层与气层的差异，这些模型在解决实际问题方法各有其独到之处。但是，模型中都存在很难确定的参数，应用推广比较困难，所以在现场生产解释中使用最多的还是阿尔奇公式。

因此，研究饱和度模型参数 m、n 的影响因素及其变化规律并建立相应的确定方法仍是行之有效的方法。

一、阿尔奇模型参数 m、n 主控因素分析

经典饱和度模型阿尔奇公式描述如下：

$$S_w = \sqrt[n]{\frac{R_w}{R_t}\frac{ab}{\phi^m}} \tag{5-1}$$

式中　S_w——含水饱和度；

R_t——岩石电阻率，$\Omega \cdot m$；

ϕ——孔隙度；

R_w——地层水电阻率，$\Omega \cdot m$；

n——饱和度指数，无量纲；

m——胶结指数或孔隙度指数，无量纲；

a，b——与岩性有关的系数，无量纲。

前人在 m、n 物理意义和制约因素方面做了大量工作。贾自力等从沉积和成岩作用过程分析了 m、n 的影响因素，认为不同成岩阶段，m、n 不同；李梅等认为 m 主要受储集空间类型和泥质分布形式影响；毛志强等认为水膜厚度、孔隙联通性、喉道大小、孔隙半径均值等均影响 n 的变化；张明禄等认为储集空间类型是影响 m、n 的主要因素；李秋实等认为 n 主要受储层孔喉比的影响。总的说来，m、n 与岩性、物性、孔隙结构及成岩作用等有关，是地下地质体的一种综合响应。综合前人研究成果，本节以渤海湾盆地歧口凹陷中低孔渗岩心为例，通过综合分析 300 余块次岩样的岩电参数发现，岩样 m、n 受孔隙度、地层水电阻率、孔隙结构特征形态等因素共同制约。

1. 地层水电阻率对 m、n 的影响

为认识地层水电阻率是否影响 m、n，选取不同孔隙度岩样，开展变地层水电阻率环境下 m、n 测量。饱和溶液矿化度分别为 8000mg/L、12000mg/L、16000mg/L、20000mg/L、30000mg/L，室温（20°）条件下的溶液电阻率（模拟地层水电阻率）为 $0.68\Omega \cdot m$、$0.47\Omega \cdot m$、$0.38\Omega \cdot m$、$0.29\Omega \cdot m$、$0.2\Omega \cdot m$，在这 5 种环境下测量岩石样品地层因素—孔隙度，电阻增大率—饱和度，得到每块岩样不同地层电阻率下 m、n（图 5-4）。图 5-4（a）为不同孔隙度岩样 m 随地层水电阻率变化关系，图 5-4（b）为不同孔隙度岩样 n 随地层水电阻率变化关系图，图例中为每块岩样孔隙度。由图可见，地层水电阻率对 m、n 有明显影响，随着地层水电阻率增加，m、n 呈降低的趋势。但并不是简单的线性增加，地层水电阻率大于 $0.29\Omega \cdot m$ 时，对 m、n 影响明显，而小于 $0.29\Omega \cdot m$ 时，地层水电阻率对 m、n 影响变缓。不同孔隙度条件下，地层水电阻率对 m、n 影响程度不同，地层水电阻率对 m 的影响随着物性变好而增大，对 n 的影响随着物性变好而降低。由以上分析可知，建立 m、n 计算模型必须考虑地层水电阻率的影响。

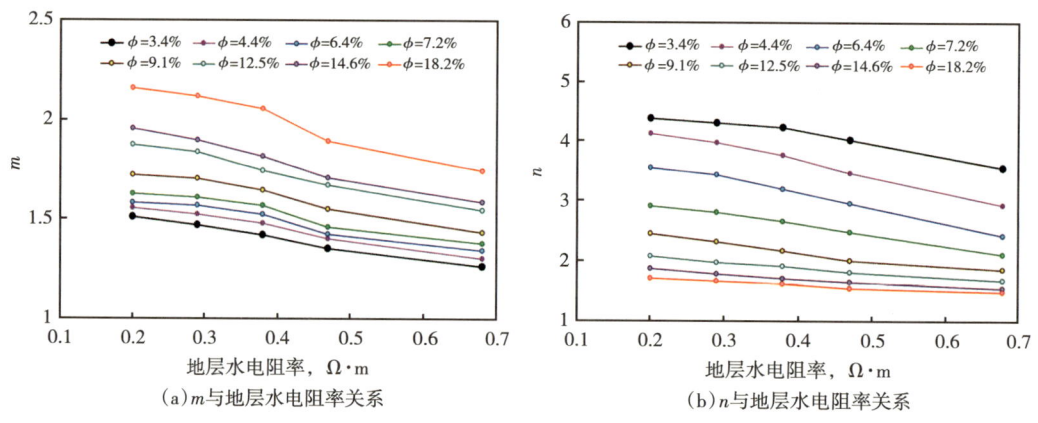

图 5-4 不同孔隙度岩样 m、n 随地层水电阻率变化关系图

2. 物性对 m、n 的影响

物性对 m、n 的影响主要从储层孔隙度和微观孔隙结构特征两个方面来考虑。

目前描述储层微观孔隙结构特征的方法有两种，分别为毛细管压力测量法和核磁共振测量法，其中毛细管压力测量只能在室内实验室对单块岩样进行测量，核磁共振测量既可以在室内实验室对单块岩样进行测量，还可以在井筒以测井方式连续测量。考虑到后续方法建立的实用性，本节选择核磁共振标准 T_2 谱作为微观孔隙结构表征方法。图 5-5 展示

了 6 块粉砂质细砂岩岩样的核磁共振标准 T_2 谱分布，这 6 块岩样在进行饱和水核磁共振测量和 m、n 测量时饱和的地层水电阻率均为 $0.38\Omega \cdot m$。图 5-5（a）中 3 块岩样 T_2 谱位置和形态基本一致，代表 3 块岩样微观孔隙结构很相似，但 3 块岩样 T_2 谱孔隙度分量幅度和包络面积不同，说明 3 块岩样孔隙度不同。在岩性、地层水电阻率、微观孔隙结构均基本一致的情况下，由于孔隙度的差异，使得 3 块岩样的 m、n 存在明显差异，说明孔隙度的变化影响 m、n 的变化。图 5-5（b）中 3 块岩样 T_2 谱位置和形态存在差异，但是包络面积相同，说明 3 块岩样孔隙度相同，但微观孔隙结构存在差异。在岩性、地层水电阻率、孔隙度均基本一致的情况下，由于微观孔隙结构的差异，使得 3 块岩样的 m、n 也存在明显差异，说明微观孔隙结构的变化同样影响 m、n 的变化。

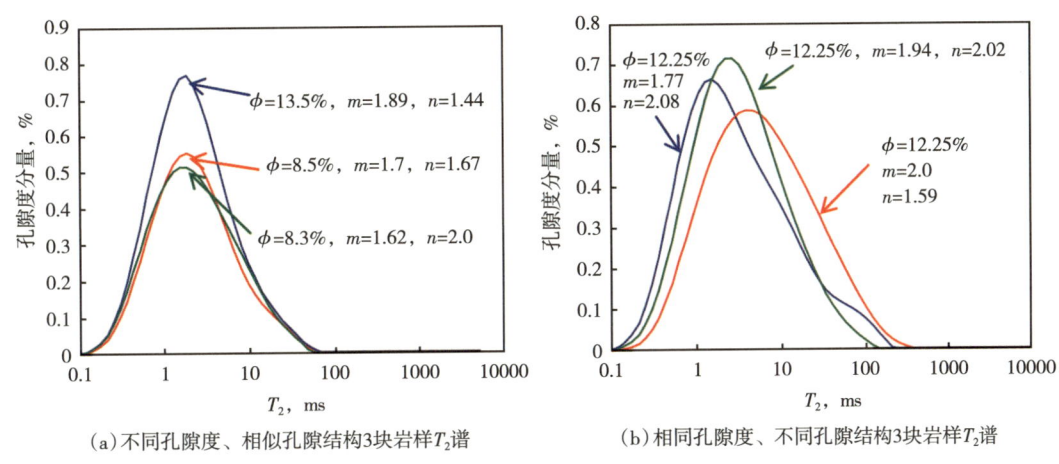

(a) 不同孔隙度、相似孔隙结构3块岩样T_2谱　　(b) 相同孔隙度、不同孔隙结构3块岩样T_2谱

图 5-5　不同岩样标准 T_2 谱分布

业界通常应用 T_2 谱的几何平均值来描述储层微观孔隙结构的变化，T_2 几何平均值越大说明储层以大孔径为主，T_2 几何平均越小说明储层以小孔径为主。图 5-6 中展示了孔隙度、T_2 几何平均值与 m、n 的关系，m 随着孔隙度、T_2 几何平均值增加而增加，n 随着孔隙度、T_2 几何平均值增加而降低，说明物性越差 m 越小，n 越大。

3. 岩性对 m、n 的影响

歧口凹陷低孔渗储层岩性主要为砂泥岩储层，分析岩性对 m、n 的影响，主要是分析骨架颗粒大小对 m、n 的影响。从图 5-7（a）可见，骨架颗粒的大小在一定程度上影响 m 的变化，相同孔隙度条件下，含砾不等粒砂岩的 m 要大于细砂岩和粉砂岩。图 5-7（b）可见 n 与骨架颗粒变化规律不是很明显，难以明确描述骨架颗粒对 n 的影响。图 5-7（c）展示了不同骨架颗粒岩样的核磁共振标准 T_2 谱分布，可见不同骨架颗粒岩样，核磁共振标准 T_2 谱分布位置明显不同，骨架颗粒越细，T_2 谱分布越靠左，骨架颗粒越粗，T_2 谱分布越靠右，而且骨架颗粒粒径越复杂，T_2 谱展布位置越宽。说明骨架颗粒不同，微观孔隙结构不同。故岩性对 m、n 的影响，可以归结到微观孔隙结构对 m、n 的影响。

4. 阳离子交换容量 Q_v 对 m、n 的影响

通过实验室阳离子交换量测试发现，歧口凹陷中深层低孔渗储层阳离子交换容量 Q_v 均在 2meq/mL 之内，绝大部分小于 0.8meq/mL。图 5-8（a）展示了 Q_v 与 m 之间的关系，

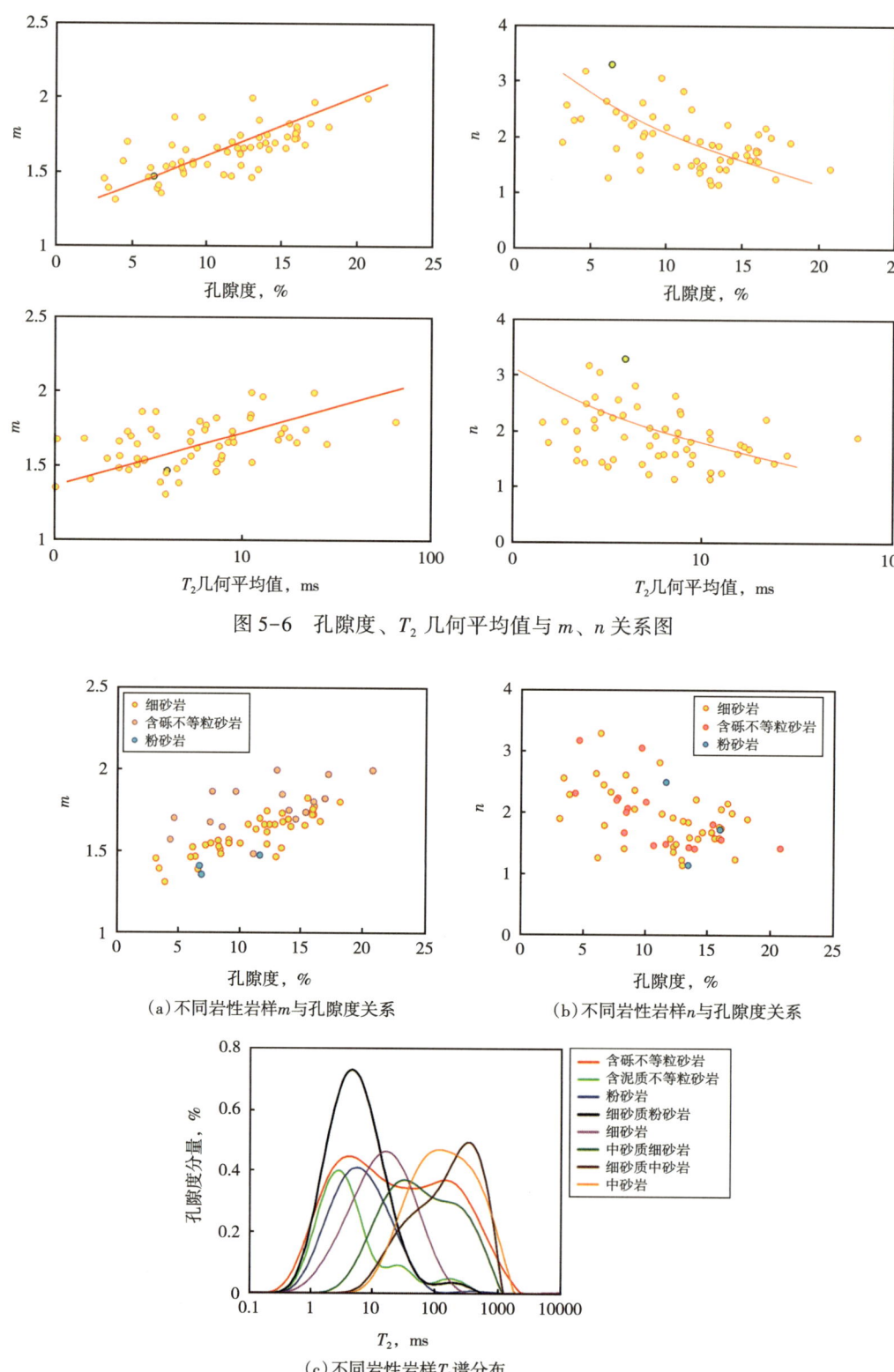

图 5-6 孔隙度、T_2 几何平均值与 m、n 关系图

（a）不同岩性岩样 m 与孔隙度关系 （b）不同岩性岩样 n 与孔隙度关系

（c）不同岩性岩样 T_2 谱分布

图 5-7 不同骨架颗粒岩样 m、n 以及核磁共振标准 T_2 谱

当 Q_v 小于 0.8meq/mL 时，Q_v 的变化对 m 影响不明显，当 Q_v 大于 0.8meq/mL 时，随着 Q_v 的增加，m 降低。图 5-8（b）展示了 Q_v 与 n 的关系，Q_v 对 n 影响明显，随着 Q_v 增加 n 降低。图 5-8（c）展示了 Q_v 与泥质含量的关系，可见随着泥质含量增加 Q_v 增加，可以用泥质含量来表征储层 Q_v。在测井计算中，除了利用常规岩性测井曲线来描述储层泥质含量以外，T_2 谱位置是一种非常有效的泥质含量指示方法，黏土束缚流体部分 T_2 谱幅度越高代表泥质含量越高，黏土束缚流体部分 T_2 谱幅度越低代表泥质含量越低。黏土束缚流体部分 T_2 谱分布形态不同代表储层微观孔隙结构存在差异，故 Q_v 对 m、n 的影响，同样可以归结到微观孔隙结构对 m、n 的影响。

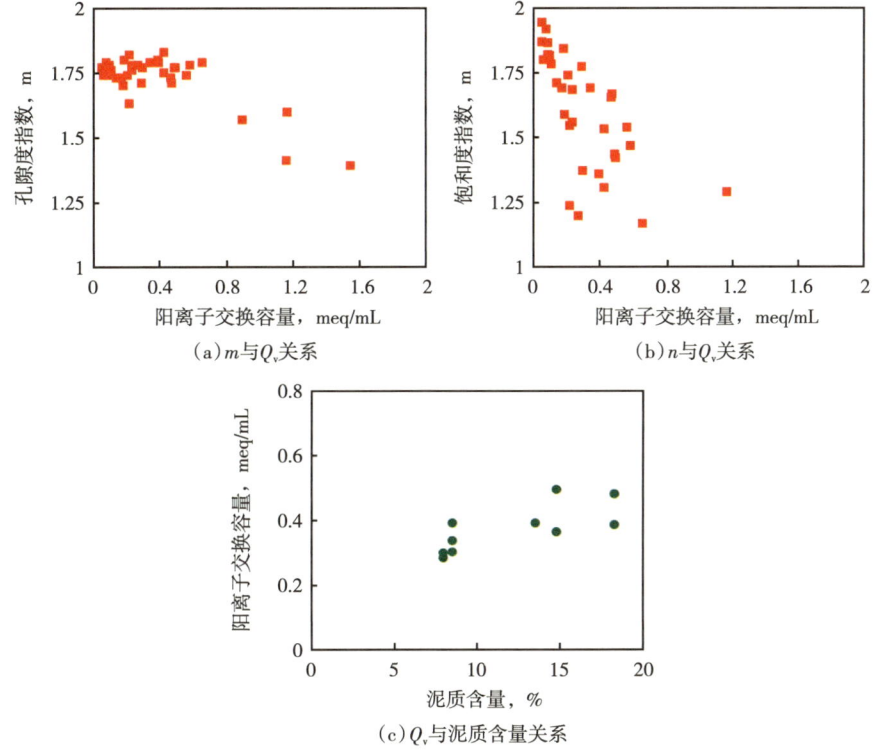

图 5-8 Q_v 与 m、n、泥质含量关系图

通过岩石润湿性实验测量分析可知，歧口凹陷储层岩石润湿性整体表现为亲水性，故可以不考虑润湿性变化对 m、n 的影响。

综上所述，歧口凹陷中深层低孔渗储层，影响 m、n 的主要因素有地层水电阻率、孔隙度和微观孔隙结构。

二、阿尔奇模型变岩电参数确定方法及应用实例

在主控因素分析基础上，针对歧口凹陷低孔低渗储层提出了基于 T_2 谱集中度来反映微观孔隙结构分布形态，进而分不同地层水电阻率范围，建立利用 T_2 谱集中度计算饱和度关键参数 m、n 的解释模型，获得连续的、反映储层物性变化的 m、n。针对鄂尔多斯盆地中生界低渗透砂岩储层，建立了 m 与孔隙度、n 与孔隙结构参数 T_2 几何平均值之间的

定量关系，有效提高了 m、n 计算准确性。

1. 基于 T_2 谱集中度的饱和度关键参数计算方法

1) T_2 谱集中度概念

利用核磁共振测井描述储层孔隙结构最常用的方法是 T_2 几何平均值，但是研究发现，歧口凹陷中深层低孔低渗储层基于 T_2 几何平均值表征孔隙结构的方法无法适应 m、n 的变化。图 5-9（a）展示了 2 块岩样的 T_2 谱分布，这 2 块岩样孔隙度、T_2 几何平均值均一致，但是其测量得到的 m、n 差别却很大，特别是 n，从 1.14 变化到 1.87。说明简单的 T_2 几何平均值满足不了 m、n 评价的需求，急需一个能够充分考虑孔径分布形态和不同孔径尺寸匹配关系的孔隙结构表征参数来描述微观孔隙结构的变化。

为此引入集中程度函数，它可以用来定量指示物理场或函数在空间分布的集中程度，称为分布模型，其数学表达式为：

$$\psi = 1 - \frac{1}{N}\sum_{i=1}^{N}\frac{(T_{2g}\phi_{2g})^2}{(T_{2g}\phi_{2g})^2 + (T_{2i}\phi_{2i} - T_{2g}\phi_{2g})^2} \tag{5-2}$$

式中　ψ——T_2 谱集中度，无量纲，数值范围在 0~1。

　　　N——T_2 谱时间刻度区间的个数；

　　　i——第 i 个区间；

　　　T_{2g}——T_2 谱的几何平均值，ms；

　　　ϕ_{2g}——T_2 几何平均值分布区间相对应的孔隙度分量；

　　　T_{2i}——第 i 个区间的 T_2 谱对应时间刻度，ms；

　　　ϕ_{2i}——T_{2i} 区间相对应的孔隙度分量。

ψ 的大小反应 T_2 谱分布形态，ψ 越小，反映 T_2 谱的集中程度越小，T_2 谱分布越发散，代表各种尺寸孔径均有，孔隙结构越复杂，ψ 越大，说明 T_2 越集中，T_2 谱形态越规则以单一的孔径尺寸为主，储层孔隙结构越规则。

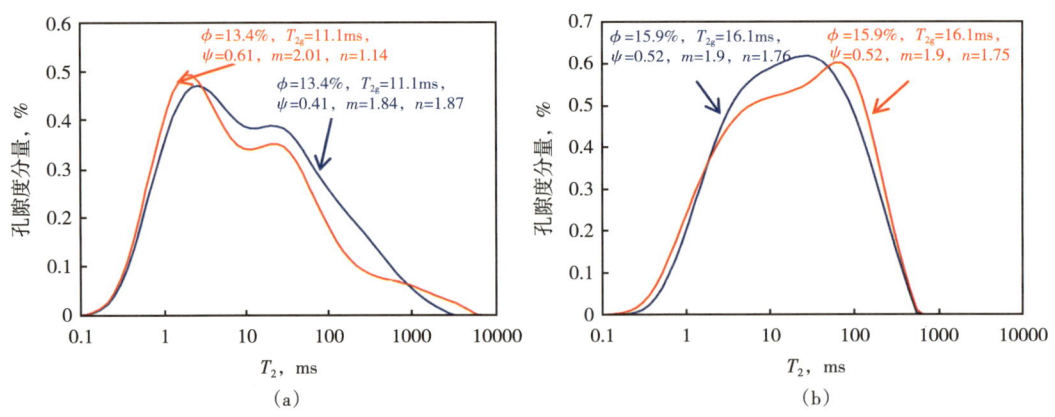

图 5-9　不同 T_2 谱集中度岩样核磁共振标准 T_2 谱

T_2 谱集中度参数可以很好地回答图 5-9（a）中 2 块岩样 m、n 为什么会出现这么大差异的原因，虽然 2 块岩样的孔隙度、T_2 几何平均值均一样，但是 2 块岩样的 ψ 却存在明显差异，说明微观孔尺寸分布特征存在一定程度差异，随着 ψ 降低，m 降低，n 增大。图

5-9（b）展示了 2 块孔隙度、孔隙结构基本一致岩样 T_2 谱分布，可见两块岩样的微观孔隙结构特征非常接近，其孔隙度、T_2 几何平均值、T_2 谱集中度基本一致，最终测量得到的 m、n 也基本一致，说明将 T_2 谱分布集中度与 T_2 几何平均值相结合可以更好地描述微观孔隙结构分布特征对 m、n 的影响。

2）饱和度关键参数计算模型的建立

由前文分析可知，歧口凹陷中深层低孔渗储层饱和度关键参数 m、n 受地层水电阻率、孔隙度、微观孔隙结构特征共同制约，储层微观孔隙结构特征可以由 T_2 几何平均值和 T_2 谱集中度共同来描述，其中 T_2 几何平均值表征孔径尺寸大小，T_2 谱集中度表征孔径尺寸分布形态；故可以建立地层水电阻率、孔隙度、T_2 几何平均值、T_2 谱集中度加权组合的 m、n 计算模型。

具体实现方法如下：

首先对孔隙度、T_2 几何平均值、T_2 谱集中度加权组合，定义为储层微尺度特征参数 MPC，具体计算公式如下：

$$\mathrm{MPC} = \lg(\sqrt{\phi \psi T_{2g}}) \tag{5-3}$$

微尺度特征参数主要用于来描述储层微观孔隙结构特征，微尺度特征参数越大，说明储层物性越好，微观孔隙结构分布越均匀；微尺度特征参数越小，说明储层物性越差，微观孔隙结构分布非均质性越强。在获得储层微尺度特征参数基础上，分地层水电阻率建立不同地层水电阻率范围的 m、n 与微尺度特征参数之间关系（图 5-10），得到 m、n 计算公式如下：

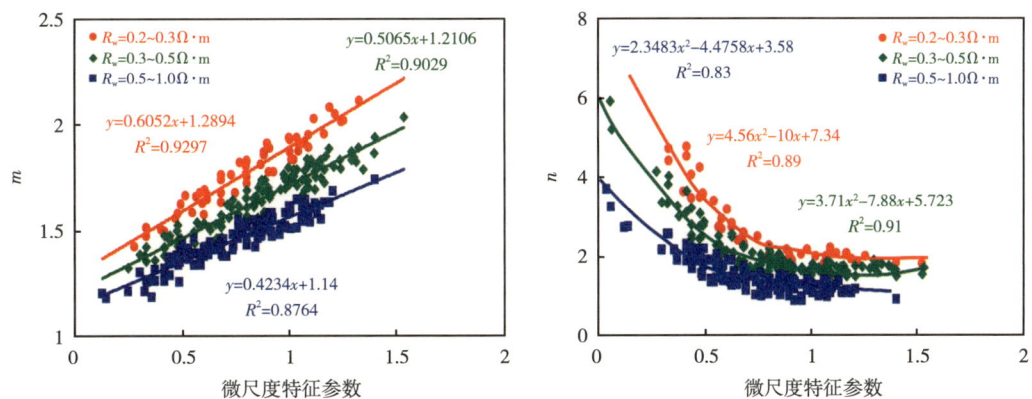

图 5-10　不同地层水电阻率下微尺度特征参数与 m、n 关系图

当 $R_w \leqslant 0.3\Omega \cdot m$ 时

$$m = 0.6052\mathrm{MPC} + 1.2894 \qquad (R^2 = 0.93) \tag{5-4}$$

$$n = 4.56\mathrm{MPC}^2 - 10\mathrm{MPC} + 7.34 \qquad (R^2 = 0.89) \tag{5-5}$$

当 $0.3\Omega \cdot m < R_w < 0.5\Omega \cdot m$ 时

$$m = 0.5065\mathrm{MPC} + 1.2106 \qquad (R^2 = 0.90) \tag{5-6}$$

$$n = 3.71\mathrm{MPC}^2 - 7.88\mathrm{MPC} + 5.723 \qquad (R^2 = 0.91) \tag{5-7}$$

当 $R_w \geqslant 0.5\Omega \cdot m$ 时

$$m = 0.4234 \text{MPC} + 1.14 \quad (R^2 = 0.88) \quad (5-8)$$

$$n = 2.3483 \text{MPC}^2 - 4.4758 \text{MPC} + 3.58 \quad (R^2 = 0.83) \quad (5-9)$$

图 5-11 为不同方法计算 m、n 与岩心分析 m、n 的对比图,图中蓝色圆点为综合考虑地层水矿度、孔隙度、T_2 几何平均值建立的计算模型得到的 m、n 与岩心分析对比,图中黄色菱形点子为本文提出的微尺度特征参数计算得到的 m、n 与岩心分析对比。由图可见,在增加考虑 T_2 谱集中度因素之后的 m、n 计算结果与岩心分析结果的一致性要远好于未考虑 T_2 谱集中度因素的计算模型。其中 m 平均相对误差降低到 2.1%,n 平均相对误差降低到 7.23%。有效提高 m、n 参数计算精度。

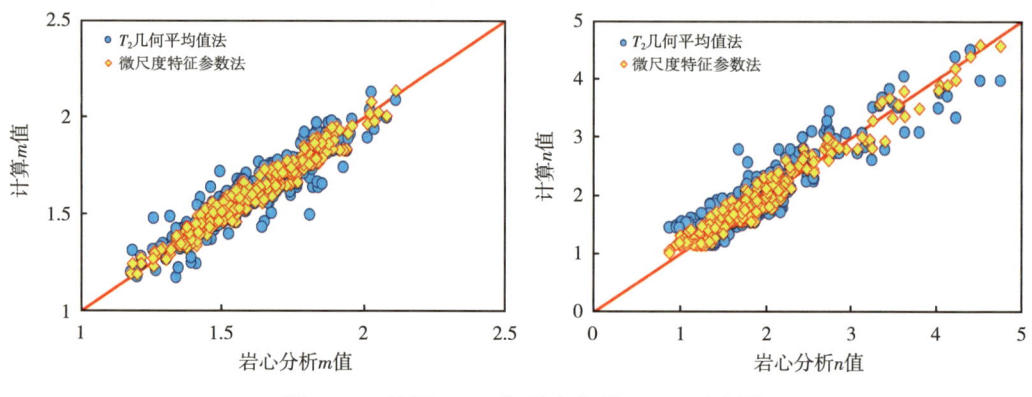

图 5-11 计算 m、n 与岩心分析 m、n 对比图

3) 应用实例

将本书提出的方法在歧口中深层低孔渗储层中应用,取得了很好的应用效果。图 5-12 为歧北斜坡区某井主力油层滨Ⅳ油组应用实例,图中第 5 道为核磁共振测井标准 T_2 谱和 T_2 几何平均值道,第 6 道为 T_2 谱集中度道,第 7 道为基于储层微尺度特征参数计算得到的 m 与岩心分析的 m 对比道,第 8 道为计算 n 与岩心分析 n 对比道,第 9 道为总含水饱和度与束缚水饱和度道。由图可见,本书所述方法计算得到的 m、n 与岩心分析 m、n 的一致性非常好,说明该方法应用效果很好。由该方法计算得到的总含水饱和度与核磁共振测井提供的束缚水饱和度在有些井段差异较大,说明该段储层含油不饱满,物性相对较好的层段含油丰度高,物性较差的层段含油丰度低,存在可动水,有产水的可能。对图中井段试油,压后,日产油 $15m^3$、水 $11m^3$,试油结论为油水同层,验证解释结论的正确性。

将本书提出的方法推广应用到歧口凹陷邻近的沧东凹陷,也取得了很好的应用效果。图 5-13 为沧东凹陷某井主力油层 Ek_2^1 油组应用实例。该井 3752m 井段以浅与以深储层电性、孔隙结构存在明显差异,常规方法计算得到的 3752m 井段以浅的总含水饱和度与束缚水饱和度之间存在较大差异(第 9 道),反映储层可能含可动水;本书提出方法计算得到总含水饱和度与束缚饱和度之间差异较小,反映储层基本不含可动水。依据常规方法,79—81 号层应解释为油水同层,82—84 号层解释为油层;依据本文方法,79—84 号层均可解释为油层。对 79—84 号层试油,压后,日产油 $15.4m^3$,试油结论为油层,验证了本书方法解释的正确性。

第五章 低孔低渗储层饱和度评价方法

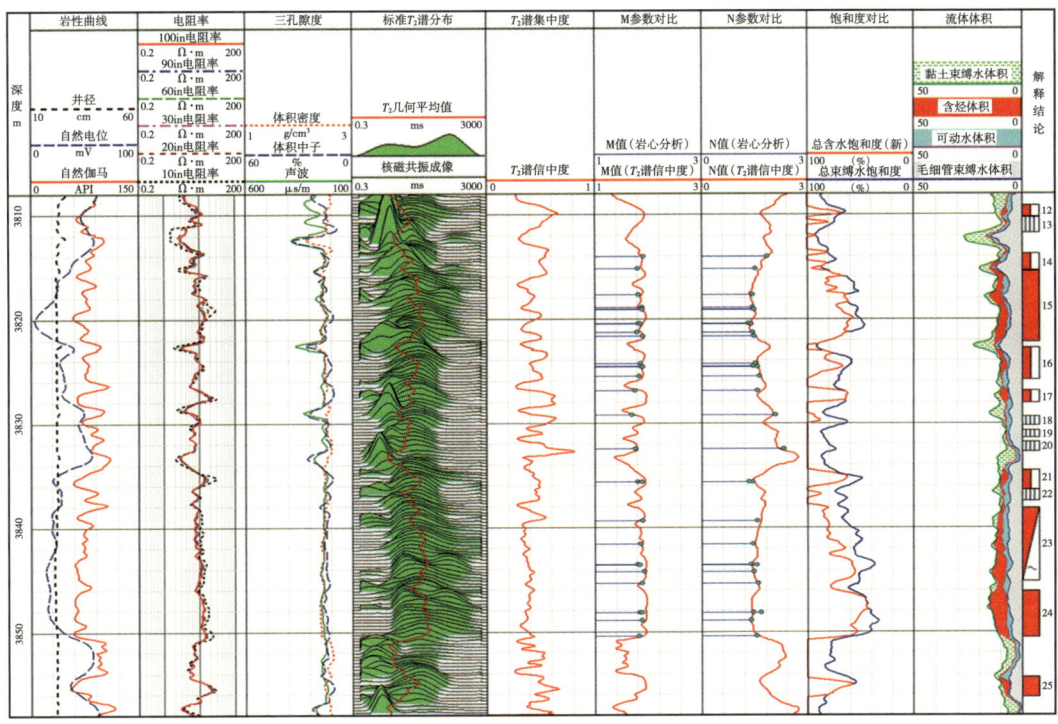

图 5-12 歧口凹陷某低孔渗储层饱和度计算应用实例

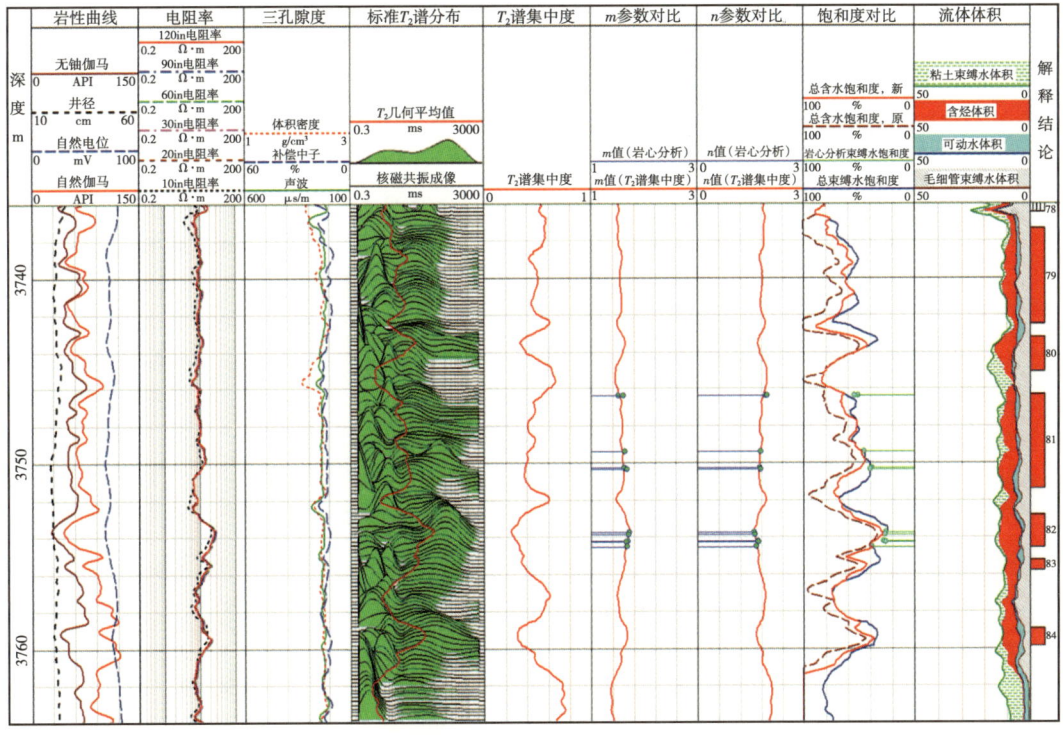

图 5-13 沧东凹陷某低孔渗储层饱和度计算应用实例

2. 基于孔隙结构的变岩电参数饱和度模型

鄂尔多斯盆地中生界低渗透砂岩储层孔隙度 ϕ 与地层因素 F 在双对数坐标系下表现为非线性关系，m 与孔隙度具有一定的正相关性，n 与其孔隙结构具有一定的关系。图 5-14 为华庆地区长 4+5、长 6 和陕北地区长 8 储层 F—ϕ 关系图，可以看出低孔低渗储层 F—ϕ 在双对数坐标系下 $\phi \geqslant 10\%$ 为线性关系，与阿尔奇线接近；$\phi<10\%$ 为非线性关系，即非阿尔奇现象。图 5-15（a）可以看出 T_2 几何平均值（T_{2gm}）的对数值与饱和度指数 n 呈指数关系，图 5-15（b）表明可动孔隙（ϕ_m）、微孔隙（ϕ_b）的比值与饱和度指数 n 呈对数关系。说明孔隙结构对岩石的胶结指数、饱和度指数有一定的影响。因此，在计算此类储层的含油饱和度时，采用变岩电参数阿尔奇饱和度计算模型：

$$m = 0.5678 \lg\phi + 2.3664 \qquad (R = 0.9882) \qquad (5\text{-}10)$$

$$n = 2.18 + 0.06\phi - 1.02 \lg T_{2gm} + 0.39 \phi_b/\phi_m \qquad (R = 0.925) \qquad (5\text{-}11)$$

式中　T_{2gm}——T_2 几何平均值，ms；
　　　ϕ_b——微孔隙所占孔隙度，%；
　　　ϕ_m——可动流体孔隙度，%。

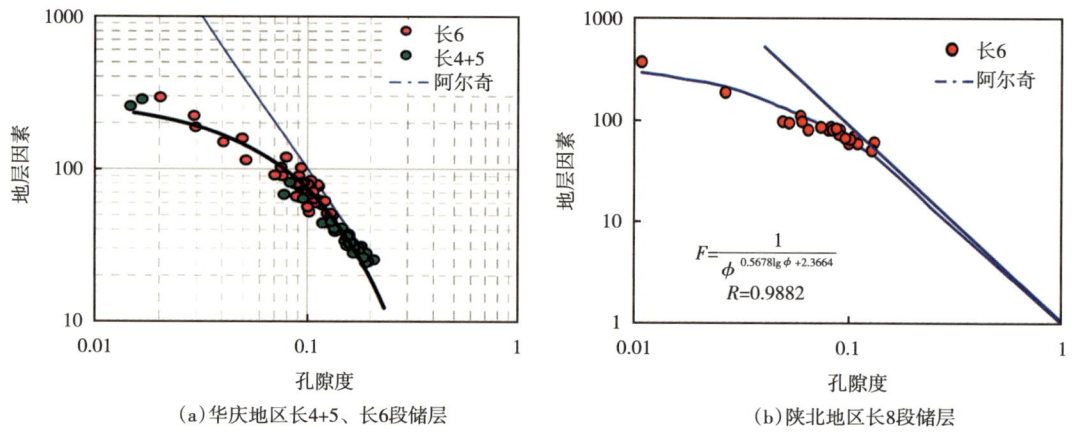

图 5-14　鄂尔多斯盆地低渗透砂岩储层 F—ϕ 关系

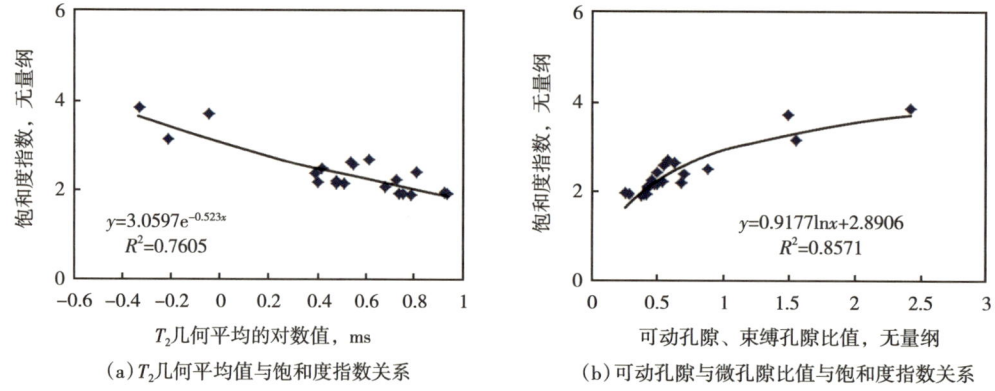

图 5-15　陕北长 8 储层不同孔隙结构参数与饱和度指数关系图

将式（5-10）、式（5-11）代入阿尔奇公式建立变岩电参数饱和度计算模型，能提高阿尔奇公式在低渗透砂岩储层中含油性的评价精度。

利用上述变岩电参数饱和度计算模型，对该区 B204-30 密闭取心井进行储层含油饱和度的计算，变饱和度平均为 65.26%，分析油饱平均为 62.10%，绝对误差平均为 4.16%。比较两种饱和度模型的计算结果（图 5-16），变岩电参数饱和度模型克服了储层孔隙结构变化对电阻率造成的影响，提高了饱和度计算精度，与密闭取心分析吻合较好。

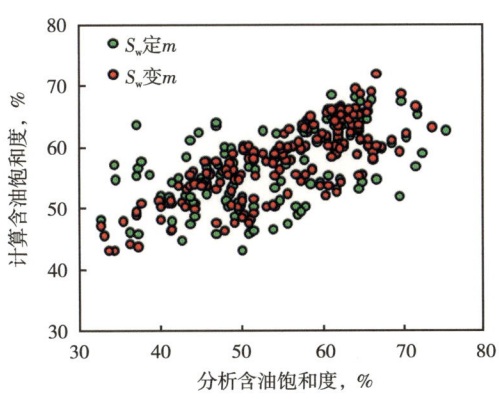

图 5-16 密闭取心井长 6 段定 m、n 与变 m、n 计算含油饱和度对比

将建立的变 m、n 方法推广应用到长 6 低孔低渗储层的含油饱和度定量评价中，取得了很好的应用效果。图 5-17 为某密闭取心井长 6 段储层利用本文建立的变 m、n 阿尔奇模

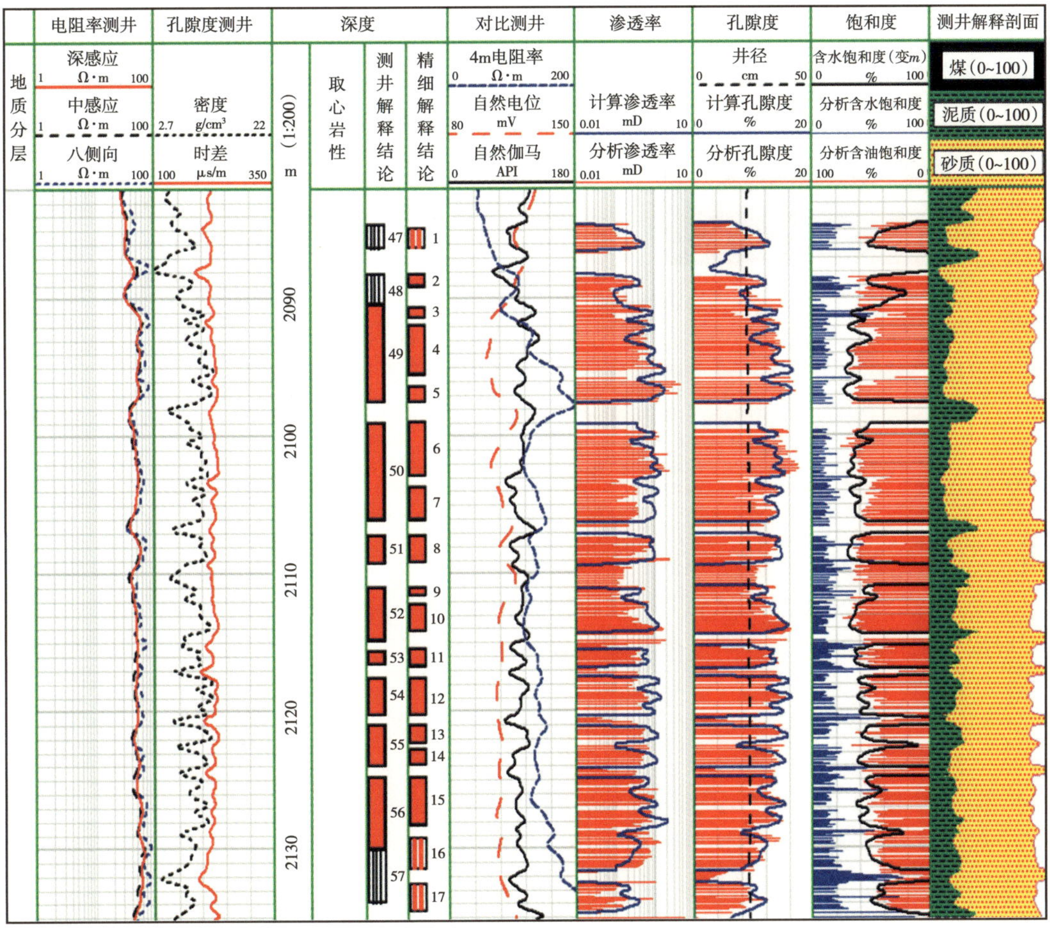

图 5-17 密闭取心井长 6 段变 m、n 计算含油饱和度与岩心分析结果对比

型计算的含油饱和度,与密闭取心井岩心分析的油饱具有很好的一致性,进一步说明阿尔奇模型变岩电参数方法在生产应用中有较好的效果。

第三节 低孔低渗储层含油饱和度新模型

本节主要介绍针对不同类型低孔低渗储层研发的基于孔隙结构的双孔隙组分饱和度模型与基于孔隙连通性的饱和度模型,并详细介绍两种饱和度模型中各参数的确定方法及其在不同地区低孔低渗储层中的应用效果。

一、双孔隙组分饱和度模型

1. 饱和度模型基本原理

将具有不同导电能力的孔隙分布作为研究新模型的出发点,基于此提出一种新的饱和度模型—双孔隙组分饱和度模型,简称"双孔模型"(或 DPM 模型)。该模型的基本假设是岩石孔隙网络包括微孔隙网络和较大尺寸孔隙两部分,微孔隙充满束缚水,大孔隙中含油气和水,这些水是可流动的自由水。微孔隙网络和大孔隙网络并联导电,如图 5-18 所示。在渗流特性上,微孔隙水不同于自由流体水,在正常的地层压力下无法产出,而在导电特性上,自由水与微孔隙水是一致的(不考虑泥质的附加导电)。之所以把微孔隙水单独考虑,是因为众多的研究表明,它在导电路径中更趋向于单独起作用。

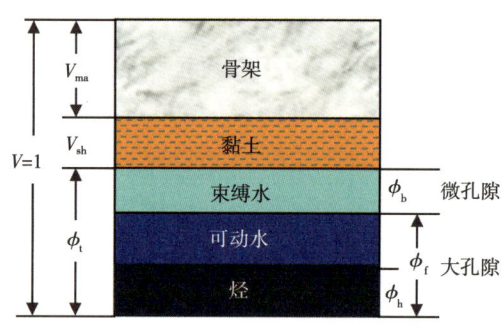

图 5-18 低孔低渗储层双孔隙导电体积模型

如图 5-18 所示的双孔隙导电体积模型,将岩石总的电阻视为可动水和束缚水两部分电阻的并联,其中束缚水包括黏土水和微毛细管孔隙水两部分。则饱含水岩石的电阻可以视为两种孔隙形成的电阻并联而成,完全含水时有:

$$\frac{1}{r_0} = \frac{1}{r_{f0}} + \frac{1}{r_{b0}} \tag{5-12}$$

式中 r_0——饱含水岩石电阻,Ω;

r_{f0},r_{b0}——分别为饱含水岩石自由流体孔隙电阻和微孔隙电阻,Ω。

根据欧姆定律,对于自由流体孔隙网络有:

$$r_{f0} = R_{f0}\frac{L}{A_f} = R_{wf}\frac{L_{wf}}{A_{wf}} \tag{5-13}$$

式中 R_{f0}——饱含水岩石自由流体孔隙电阻率,$\Omega \cdot m$;

R_{wf}——自由流体孔隙部分地层水的电阻率,$\Omega \cdot m$;

L——饱含水岩石的长度,m;

L_{wf}——自由流体孔隙部分地层水的等效体积的长度,m;

A_f——自由流体孔隙的等效体积的横截面积,m^2;

A_{wf}——自由流体孔隙部分地层水的等效体积的横截面积，m^2。

对于微孔隙网络有：

$$r_{b0} = R_{b0}\frac{L}{A_b} = R_{wb}\frac{L_{wb}}{A_{wb}} \tag{5-14}$$

式中　R_{b0}——饱含水岩石微孔隙电阻率，$\Omega \cdot m$；
　　　R_{wb}——束缚流体孔隙部分地层水的电阻率，$\Omega \cdot m$；
　　　L_{wb}——束缚流体孔隙部分地层水的等效体积的长度，m；
　　　A_b——微孔隙的等效体积的横截面积，m^2；
　　　A_{wb}——束缚流体孔隙部分地层水的等效体积的横截面积，m^2。

对整个饱和水岩石有：

$$r_0 = R_0\frac{L}{A_0} \tag{5-15}$$

式中　R_0——饱含水岩石的电阻率，$\Omega \cdot m$；
　　　A_0——饱含水岩石的等效体积的横截面积，m^2。

将式（5-13）至式（5-15）代入式（5-12）有：

$$\frac{A_0}{R_0 L} = \frac{A_{wf}}{R_{wf}L_{wf}} + \frac{A_{wb}}{R_{wb}L_{wb}} \tag{5-16}$$

$$\frac{1}{R_0} = \frac{A_{wf}}{R_{wf}L_{wf}}\frac{L}{A_0} + \frac{A_{wb}}{R_{wb}L_{wb}}\frac{L}{A_0} \tag{5-17}$$

假设大孔隙与微孔隙部分的地层水电阻率相等，只是两部分地层水的导电路径不同，即令 $R_{wf}=R_{wb}=R_w$，则式（5-17）可进一步写为：

$$\frac{1}{R_0} = \frac{1}{R_w}\frac{V_f}{V}\left(\frac{L}{L_{wf}}\right)^2 + \frac{1}{R_w}\frac{V_b}{V}\left(\frac{L}{L_{wb}}\right)^2 = \frac{1}{R_w}\phi_f\left(\frac{L}{L_{wf}}\right)^2 + \frac{1}{R_w}\phi_b\left(\frac{L}{L_{wb}}\right)^2 \tag{5-18}$$

其中：$\qquad\qquad\qquad \phi_f = V_f/V \qquad V_b = V_b/V$

式中　ϕ_f，ϕ_b——分别为自由流体孔隙度和束缚流体孔隙度，%；
　　　V——岩石总体积，无量纲；
　　　V_f，V_b——分别为大孔隙和微孔隙部分的体积，无量纲。

由阿尔奇公式可知，地层因素 F 可表示为：

$$F = \frac{R_0}{R_w} = \frac{1}{\phi}\left(\frac{L_w}{L}\right)^2 \tag{5-19}$$

假设自由流体孔隙空间和微孔隙空间均遵循阿尔奇定律，则有：

$$\begin{cases} F_f = \dfrac{1}{\phi_f}\left(\dfrac{L_{wf}}{L}\right)^2 \\ F_b = \dfrac{1}{\phi_b}\left(\dfrac{L_{wb}}{L}\right)^2 \end{cases} \tag{5-20}$$

式中 F_f，F_b——分别为大孔隙和微孔隙部分岩石的地层因素，无量纲。

将式（5-20）代入式（5-19）有：

$$\frac{1}{R_0} = \frac{1}{F_f R_w} + \frac{1}{F_b R_{wb}} \tag{5-21}$$

假设大孔隙、微孔隙组分的胶结指数分别为 m_f 和 m_b，则式（5-21）可以写为：

$$\frac{1}{R_0} = \frac{\phi_f^{m_f}}{R_w} + \frac{\phi_b^{m_b}}{R_w} \tag{5-22}$$

当岩石含烃时，由于微孔隙水不能流动，所以烃取代的是自由流体孔隙空间，设自由流体孔隙空间的水占该部分孔隙的比例为 S_{wf}（即可动水饱和度），假设束缚流体孔隙空间完全含水，油气不能进入，即束缚流体孔隙空间的水占该部分孔隙的比例为1，则式（5-22）可写为：

$$\frac{1}{R_t} = \frac{\phi_f^{m_f} S_{wf}^n}{R_w} + \frac{\phi_b^{m_b}}{R_w} \tag{5-23}$$

式中 R_t——含烃岩石的电阻率，$\Omega \cdot m$；

S_{wf}——可动水饱和度，%。

式（5-23）即为含烃地层的双孔隙导电模型公式。测井解释时总含水饱和度 S_{wt} 与 S_{wf} 之间有以下换算关系：

$$S_w = \frac{\phi_f S_{wf} + \phi_b}{\phi_t} \tag{5-24}$$

式中 ϕ_t——岩石总孔隙度，%；

S_w——总含水饱和度，%。

由式（5-22）经推导可以得到地层因素的表达式如下：

$$F = \frac{R_0}{R_w} = \frac{1}{\phi_f^{m_f} + \phi_b^{m_b}} \tag{5-25}$$

由式（5-23）经推导可以得到电阻增大率为：

$$I = \frac{R_t}{R_0} = \frac{\phi_f^{m_f} + \phi_b^{m_b}}{S_{wf}^n \phi_f^{m_f} + \phi_b^{m_b}} = \frac{1}{AS_{wf}^n + B} \tag{5-26}$$

其中： $A = \dfrac{\phi_f^{m_f}}{\phi_f^{m_f} + \phi_b^{m_b}}$ $B = \dfrac{\phi_b^{m_b}}{\phi_f^{m_f} + \phi_b^{m_b}}$

2. 双孔隙组分饱和度模型的验证

利用双孔模型对中国东部某油田沙河街组低孔低渗岩心进行模型验证分析，并与阿尔奇模型进行了对比。如图5-19所示，岩心分析孔隙度为14%，渗透率为0.111mD，离心束缚水饱和度为50.55%。岩心铸体薄片[图5-19（a）]显示其孔隙空间以粒间溶孔为主，少量剩余粒间孔，其压汞实验孔喉半径分布[图5-19（b）]及 T_2 谱[图5-19（c）]均印证了该岩心孔隙空间以小孔隙分量（微孔隙）为主。

第五章 低孔低渗储层饱和度评价方法

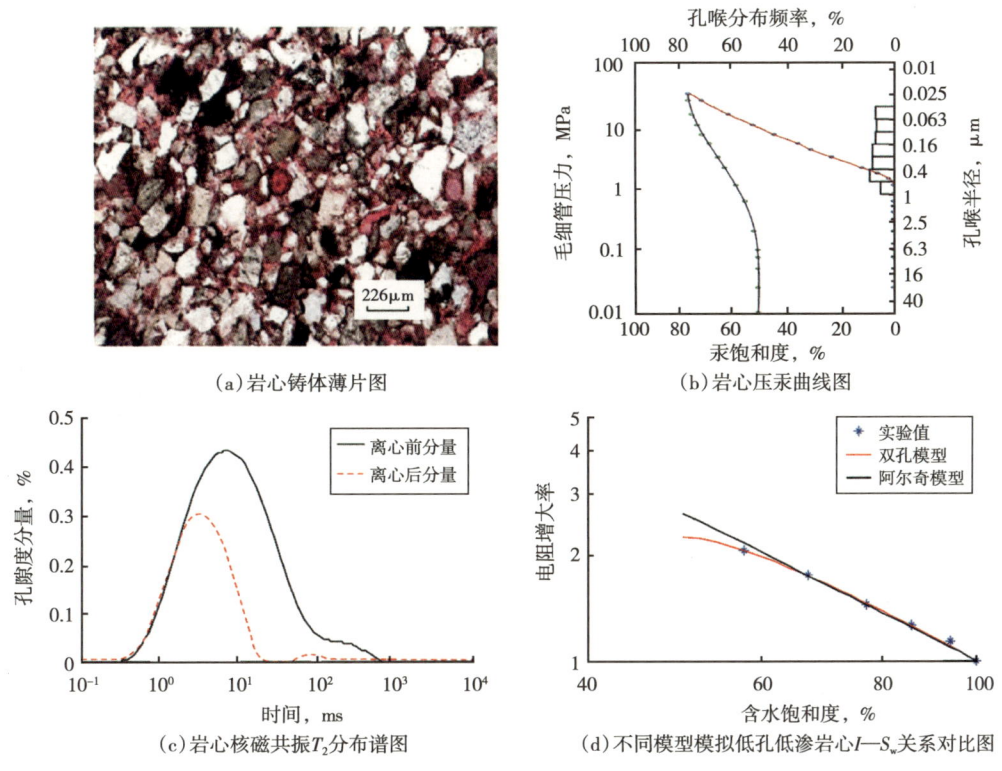

(a) 岩心铸体薄片图　　(b) 岩心压汞曲线图

(c) 岩心核磁共振T_2分布谱图　　(d) 不同模型模拟低孔低渗岩心I—S_w关系对比图

图 5-19　某井沙三段岩心不同种类实验分析图

利用双孔模型对该岩心 I—S_w 岩电实验数据进行非线性拟合得到：$m_f = 2$，$m_b = 2.1$，$n = 1.33$，拟合结果如图 5-19（d）所示；图中阿尔奇模型参数采用岩心分析回归值，$b = 1.03$，$n = 1.72$。如图 5-19（a）所示，对于小孔隙发育的岩心，当 S_w 较低时，在双对数坐标系下岩心实验数据电阻增大率 I 出现向下弯曲现象，双孔模型可以很好地表征这种变化趋势，而阿尔奇模型在低含水饱和度区域计算的 I 偏大。因此，对于以小孔隙（微孔隙）为主的储层，阿尔奇模型计算的 S_w 往往偏高，造成漏失油层或将储层的含油级别定低。

此外，对孔隙结构相对较好、以大孔隙为主的粒间孔隙砂岩岩心，利用双孔模型进行模拟的结果表明，双孔模型和阿尔奇模型都能较准确地拟合实验数据，两个模型与实验值都基本重合。可见，双孔模型既适用于物性较好的中高孔渗储层、也适用于物性较差的低孔低渗储层饱和度评价。

3. 双孔隙组分饱和度模型参数确定方法及应用

1）饱含水岩心地层因素与孔隙度的关系

选取歧口凹陷沙河街组 16 块低孔低渗岩心进行气驱岩电实验和配套的岩心核磁共振、压汞实验。由岩心核磁共振实验结果可以得到每块岩心的大孔隙和微孔隙含量。利用双孔模型对全部岩心地层因素和孔隙度实验数据进行非线性最优化求解，求得这组岩心的大孔隙胶结指数为 1.8，小孔隙胶结指数的平均值为 1.36，拟合结果如图 5-20（a）所示，具有相同孔隙度的岩心由于孔隙结构不同，饱含水电阻率有差别，即地层因素有较大差别。

经典的阿尔奇模型已不能准确表征低孔低渗储层岩石的这种电性变化规律,而双孔模型通过大孔隙、微孔隙含量和大、小孔隙胶结指数(可看作孔隙结构指数)这4个参数的控制可以实现对地层因素的准确计算。由 $F—\phi$ 关系,分别对双孔模型和阿尔奇模型进行误差分析,结果表明,阿尔奇模型的计算误差(平均绝对误差)是双孔模型的2~3倍。

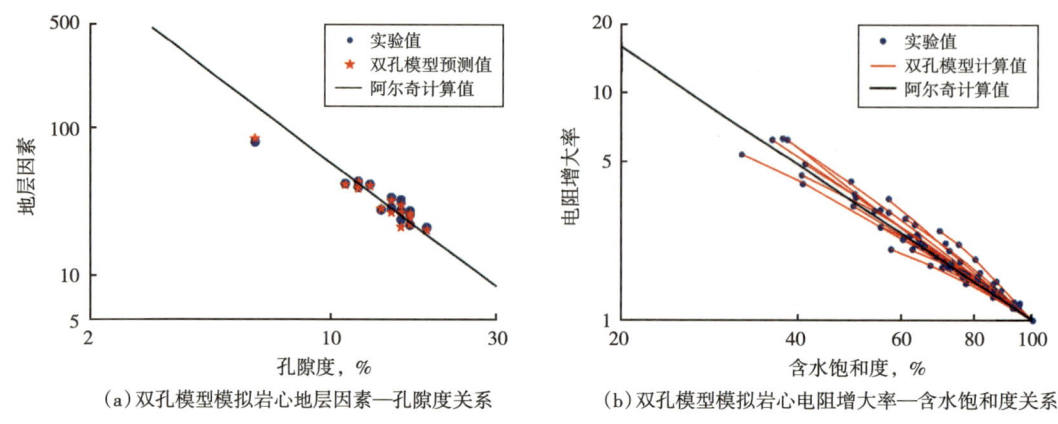

(a)双孔模型模拟岩心地层因素—孔隙度关系　　(b)双孔模型模拟岩心电阻增大率—含水饱和度关系

图 5-20　双孔模型模拟岩心岩电实验关系

2)含油气岩石电阻增大率与饱和度的关系

不同岩心孔隙结构不同,因此不同岩心应该具有不同的 m_f 和 m_b。利用双孔模型分析不同孔隙结构岩心的岩电实验数据,结果表明,不同岩心的 m_f 变化不大,而 m_b 变化较大。因此,在实际岩心分析时,由 $F—\phi$ 关系得到大孔隙胶结指数和小孔隙胶结指数的平均值,由 $I—S_w$ 关系可以得到每块岩心的 m_b 和 n。

利用上述16块岩心 $F—\phi$ 关系,求得大孔隙胶结指数 $m_f=1.8$,应用双孔模型关系式(5-23),采用非线性最小二乘法拟合得到每块岩心的 m_b 和 n,拟合结果如 5-20(b)所示,双孔模型几乎可以实现对所有岩心实验数据的完全拟合,显示了双孔隙饱和度模型的优越性。

在实际应用中,由于取心资料有限,很难准确得到每个深度处储层的饱和度模型参数,所以必须充分利用已知岩心的岩电实验饱和度模型参数,建立其与岩心其他特性参数之间的关系。对于具有不同类型孔隙结构的岩心,利用双孔模型求取饱和度时 m_b 和 n 的确定尤为关键。研究发现,由 $I—S_w$ 关系拟合得到的每块岩心的 m_b 与岩心离心束缚水饱和度 S_{wi} 有较好的相关性[图 5-21(a)],并且相同类型孔隙结构的岩心具有近似相等的饱和度指数。通过对研究区岩心的岩电、核磁共振实验和压汞分析资料的综合分析,发现离心束缚水饱和度和 T_2 几何平均值(T_{2gm})可以作为划分不同孔隙结构类型岩心的敏感参数[图 5-21(b)(c)],并且据此划分的岩心孔隙结构类型与压汞资料分析的平均孔喉半径 $\bar{r}$ 也具有较好的一致性[图 5-21(d)]。

综上所述,对沙二段、沙三段储层分类标准如下:

(1)大孔隙为主类: $T_{2gm} \geq 33\text{ms}$ 或 $S_{wi} \leq 20\%$,$\bar{r} > 1\mu\text{m}$;

(2)过渡类(介于大孔类和小孔类之间):$10\text{ms} < T_{2gm} < 33\text{ms}$ 或 $20\% < S_{wi} \leq 50\%$,$0.2\mu\text{m} < \bar{r} < 1\mu\text{m}$;

(3)小孔隙为主类,$T_{2gm} < 10\text{ms}$ 或 $S_{wi} > 50\%$,$\bar{r} < 0.2\mu\text{m}$。

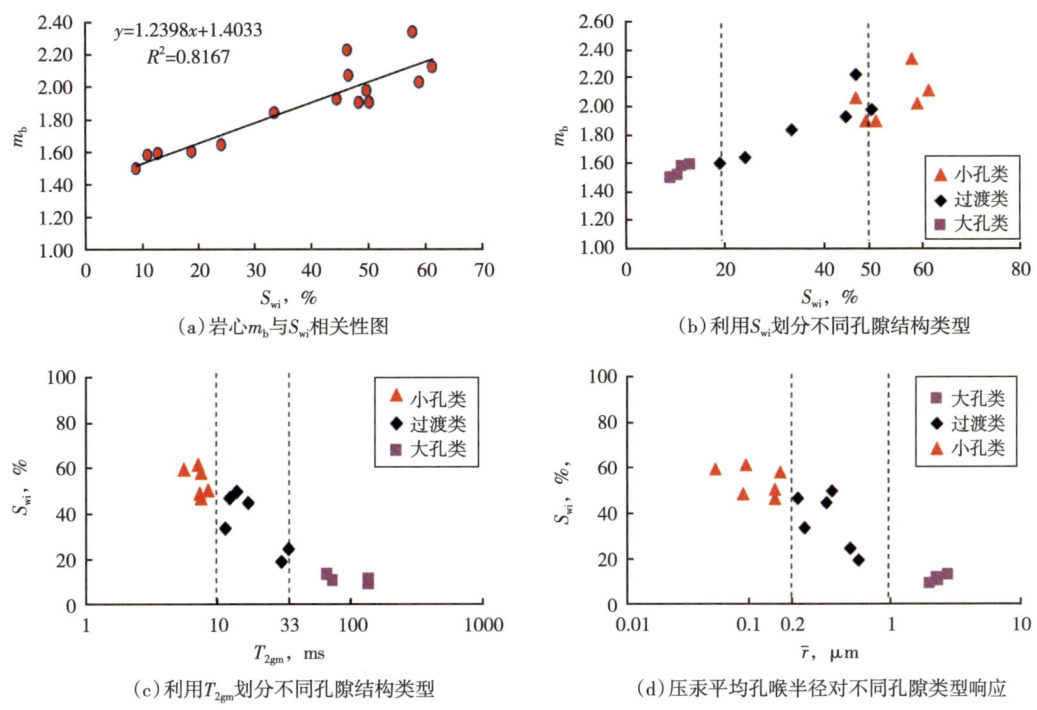

图 5-21 孔隙结构参数对不同类型岩心的响应特征

对3种不同类型的储层分别进行双孔模型饱和度参数建模如下：

（1）大孔隙为主类，$m_f=1.8$，$m_b=1.48$，$n=1.9$；

（2）过渡类，$m_f=1.8$，$m_b=1.2398+1.4033S_{wi}$，$n=1.59$；

（3）小孔隙为主类，$m_f=1.8$，$m_b=1.2398+1.4033S_{wi}$，$n=1.64$。

3）双孔隙饱和度模型的应用

利用双孔模型及建立的饱和度模型参数对歧口凹陷沙河街组多口井资料进行了处理，该区低孔低渗储层的主要成因是以压实为主的成岩作用，储层孔隙空间以溶蚀粒间孔为主，少量为压实作用下残余的原生粒间孔。以 X 井为例，储层为沙河街组沙二段，主要发育水下扇及前缘指状沙坝相，89—93 号层旋转式井壁取心资料表明其储层平均孔隙度为 13%，渗透率为 0.29mD，为典型的低孔超低渗储层（图 5-22），这 5 段储层的电阻率值比较低，为 6~10Ω·m，利用阿尔奇模型计算的含油饱和度（S_{oA}）平均为 45% 左右，而利用双孔模型处理计算的含油饱和度（S_{oDPM}）平均在 60% 左右。分析这 5 个层的储层特征，综合解释为油层，经试油验证，5 个层合试，日产油 40.8t，日产气 12692 m³，双孔模型计算结果与试油结果吻合更好。同时，该层段 3570m 岩心铸体薄片实验表明储层为灰褐色油斑中—细砂岩，孔隙类型有次生粒间孔，颗粒内溶蚀孔，微孔隙较为发育，束缚水含量较高，为典型的低电阻率油层，储层的电性不仅受到含油性的影响同时还受到孔隙结构的影响。因此，对于低孔低渗储层中由于微孔隙发育导致束缚水含量较高而形成的低电阻率油层，常规的利用孔隙度和电阻率交会的图版识别方法已经失效，适用于中高孔渗储层的阿尔奇模型也不能反映储层微孔隙发育对电性的影响而导致计算的含油饱和度偏低，而双孔模型由于引入了大、小不同孔隙组分，利用其计算的含油饱和度比阿尔奇模型更接近于地层的真实含油状况。

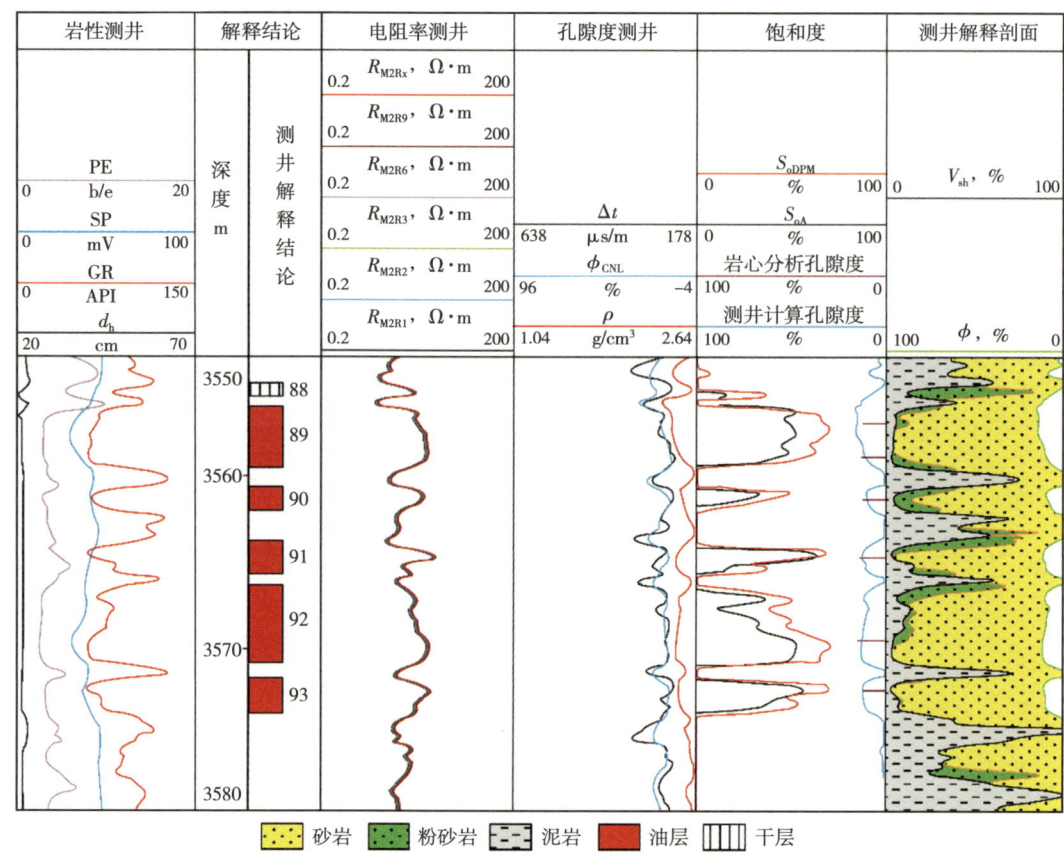

图 5-22 X 井沙二段储层综合成果图

将双孔模型应用于鄂尔多斯盆地低孔低渗储层中，以 Y 井为例，目的层为延长组长 6 段，主要发育三角洲前缘水下分流河道微相，孔隙类型以粒间溶蚀孔为主，铁方解石和黏土充填孔隙易形成大量微孔。图 5-23 所示为利用双孔模型计算的含油饱和度与阿尔奇模型计算结果对比图，其中双孔模型饱和度计算中用到的束缚水含量是由核磁共振测井资料利用频谱系数法计算得到的。由图 5-23 可看出，与阿尔奇模型相比，双孔模型计算得到的含油饱和度在 76 号层高出 10% 左右，在 77 号和 78 号层两者计算的结果相差不大，并且双孔模型计算得到的含水饱和度与岩心分析含水饱和度的变化趋势吻合很好。根据测井曲线的电性、物性等综合响应特征，并结合双孔模型计算得到的饱和度剖面，综合解释 76 号层为油层，77 号层为油水同层，78 号层为水层。对 76 号层试油，日产油 13.35t，不产水，试油结果进一步说明了双孔模型计算的含油饱和度的合理性；若根据阿尔奇模型的计算结果，很容易将 76 号层误解释成油水同层，这主要是由于孔隙结构的影响，该井 1851m 处岩心分析资料表明，储层岩性主要为含泥极细—细粒岩屑长石砂岩，分选好，铸体薄片实验表明储层孔隙类型主要为粒间孔—微孔，绿泥石膜厚 5~8μm，铁方解石和大量黏土充填孔隙并交代长石形成大量微孔隙，岩心核磁共振实验可看出，储层表现为明显的双峰结构，进一步说明储层中大孔隙和微孔隙均发育。针对这类储层，阿尔奇模型由于未考虑孔隙结构变化对电性的影响，计算的含油饱和度结果往往偏低。

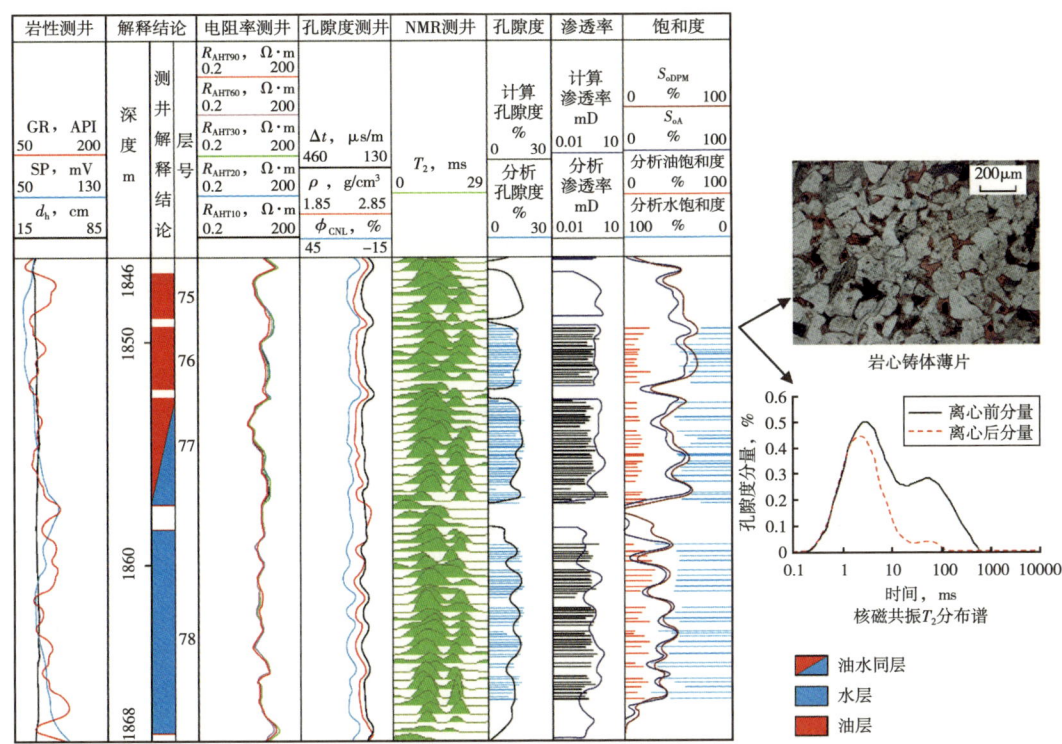

图 5-23　Y 井长 6 段储层测井解释综合成果图及岩心分析实验图

4）双孔隙饱和度模型应用效果分析

通过对理论模型的研究以及对实验结果和研究区大量井资料的处理，认为双孔模型计算的含水饱和度主要受岩电实验分析的模型参数、储层孔隙度、电阻率、束缚水饱和度和地层水电阻率的影响。在准确获得上述计算参数的情况下，与阿尔奇模型相比，双孔模型具有以下特点：

（1）对物性相对较好的低孔低渗（包括低孔特低渗）储层，若储层微孔隙较为发育，则双孔模型计算的含油饱和度通常高于阿尔奇模型，更接近地层真实含油情况；而对于低孔低渗储层中物性相对较好、以大孔隙组分为主的储层，两者计算的结果较接近。

（2）对物性较差的低孔超低渗储层，由于储层物性变差导致孔隙结构复杂化，使得孔隙结构对储层电性的影响更为显著，而阿尔奇模型未考虑孔隙结构变差导致储层电阻率升高这一重要因素，因而利用其计算的含油饱和度往往偏高；而双孔模型由于同时考虑了孔隙结构和含油饱满程度对电性的双重影响，因而利用其计算的含油饱和度更接近地层的真实含油情况。

（3）在同一储层中，若由于岩性的变化使得储层物性上存在差异，此时若储层电性变化不大，则对岩性变细物性变差的层段，储层束缚水含量往往较高，则用双孔模型计算的含油饱和度比阿尔奇模型计算结果要低一些，因为双孔模型考虑了岩性变细引起微孔隙含量的增加对岩石整体导电性产生的影响，因而利用其计算的含油饱和度更符合实际地层情况。

（4）在同一储层内部，若储层物性和电性总体上变化不大，则利用阿尔奇模型计算的含油饱和度剖面通常比较均一，纵向上变化不大，而双孔模型由于综合考虑了岩性、物性和孔隙结构变化对电性的综合影响，利用其计算的含油饱和度剖面更为精细，纵向分辨率更高，其计算结果与岩心分析含油饱和度的变化趋势具有很好的一致性。

综上可知，双孔模型考虑了岩石孔隙结构的影响，引入束缚水饱和度和大、小孔隙胶结指数这3个参数表征不同孔隙结构类型的储层，因此，它不仅适用于孔隙结构相对简单的高孔渗储层（与阿尔奇模型处理效果相同），而且还适用于孔隙结构相对复杂的低孔低渗储层。与阿尔奇模型相比，双孔模型同时考虑了岩性、物性、孔隙结构和油气充满度对电性的多重影响，而阿尔奇模型仅考虑了物性和含油性对电性的影响，因此，双孔模型计算的含油饱和度更符合油藏的实际规律和岩石物理特征，更接近地层的真实情况，其在低孔低渗储层含油气性的定量评价中具有更高的精度和更广泛的适用性。该模型在具体应用时，应当注意利用配套的岩电和岩心核磁共振实验建立准确的双孔模型岩电参数，在处理实际测井资料时束缚水饱和度的准确求取也是关键因素。

二、基于孔隙连通性的饱和度模型

1. 饱和度模型基本原理

对实验数据深入分析可以发现，复杂碎屑岩储层的地层因素不但与孔隙度有关，而且与其渗透率也具有较好的相关性。图5-24分别为长庆油田和吉林油田61块岩心及塔里木油田志留系储层98块岩心地层因素与渗透率关系图。可以发现，岩石地层因素与孔隙度、渗透率均有较好的相关关系，随渗透率增大，地层因素降低。这种规律与孔喉比对储层电性质的影响规律相一致，因此，在复杂孔隙结构碎屑岩储层中，应综合考虑孔隙度、渗透率两种因素分析饱含水岩石的电学性质，据此提出了基于孔隙连通性的饱和度模型。

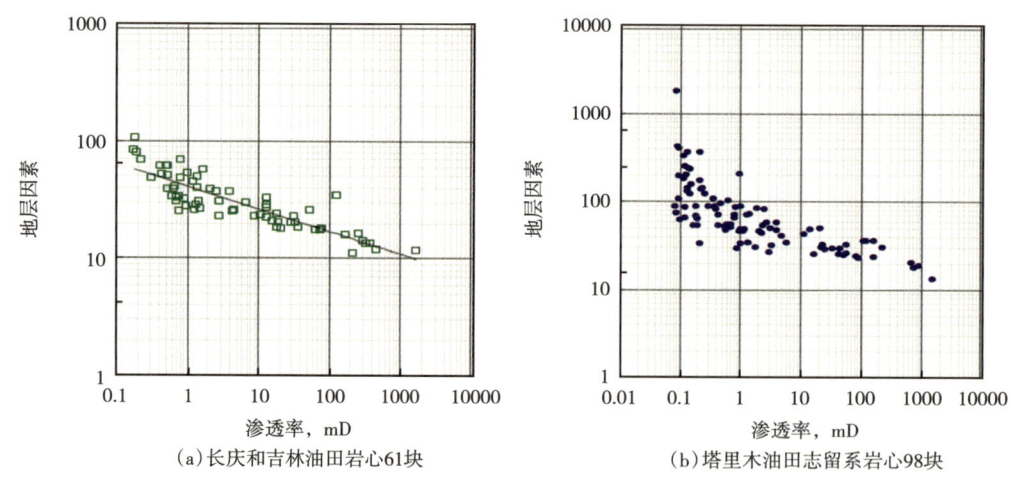

(a) 长庆和吉林油田岩心61块　　(b) 塔里木油田志留系岩心98块

图5-24　复杂碎屑岩岩电实验 F—K 关系分析

由前述研究可知，对于饱含水岩石，其电学性质主要由岩石中的导电流体体积（孔隙度）和导电路径复杂程度（主要受孔喉比、孔隙半径等影响）两种因素决定，地层因素模型可表示为：

$$F = \frac{c}{\phi^a \Gamma^b} \tag{5-27}$$

式中 $\varGamma$——孔隙结构综合参数,反映导电路径的复杂程度,无量纲,主要由孔喉比等参数决定;

a,b,c——待定系数,无量纲,根据岩石物理实验利用最小二乘法拟合得到。

式(5-27)中 ϕ 可由声波或密度测井等孔隙度测井系列确定,而导电路径复杂程度参数难以定量表征,为此,需建立导电路径复杂程度的岩石物理参数简化表征方法。以孔喉模型为基础,可得地层因素和地层渗透率模型为:

$$F = \frac{(L_{pt} + R_{pt}^2)(R_{pt}^2 L_{pt} + 1)}{\phi(L_{pt} + 1)(R_{pt}^2 L_{pt} + R_{pt}^2)\tau} \tag{5-28}$$

$$K = \frac{\phi R_{pt}^2 r_p^2}{2(1 + R_{pt}^4)(1 + R_{pt}^2)\tau^2} \tag{5-29}$$

式中 τ——迂曲度,无量纲;

r_p——孔隙半径,m;

R_{pt}——孔隙与吼道的半径之比,无量纲;

L_{pt}——孔隙与吼道的长度之比,无量纲。

ϕ——孔隙度。

当 R_{pt} 较大时,类比式(5-28)、式(5-29)可得:

$$F \propto \frac{r_p^2}{K} \propto R_{pt}^2 \tag{5-30}$$

因此,可应用 $\frac{r_p^2}{K}$ 近似表征岩石导电路径的复杂程度。以平均孔喉半径替换孔喉模型的孔隙半径,地层因素模型可表示为:

$$F = \frac{c}{\phi^a \left(\frac{K}{\bar{r}^2}\right)^b} \tag{5-31}$$

式(5-31)表示的模型考虑了复杂碎屑岩孔喉连通程度对导电性的影响,简称为 MPM 模型,它可用来描述次生孔隙发育的砂岩储层饱含水岩石电学性质。通过岩石物理配套实验数据,利用最小二乘法拟合得到模型待定系数 a、b、c。

2. 基于孔隙连通性的饱和度模型参数确定方法及应用

以鄂尔多斯盆地姬塬地区三叠系长 8 段储层为例,选取次生孔隙发育低渗透油层代表性系列岩心(孔隙度在 7.2%~14.4%,渗透率在 0.1~26.0mD)开展实验,测量及计算得到 ϕ、K、毛细管压力 p_c、平均孔喉半径 $\bar{r}$ 和 F,地层因素与孔隙度关系如图 5-25 所示。根据 MPM 模型,应用最小二乘法拟合得到模型参数值:$a=0.68$,$b=0.22$,$c=25.7$。地层因素可用下式表示:

$$F = \frac{R_0}{R_w} = \frac{25.7}{\phi^{0.68}\left(\frac{K}{\bar{r}^2}\right)^{0.22}} \tag{5-32}$$

该模型计算地层因素与实验测量地层因素相关系数 $R^2 = 0.984$,具有很高的相关性,计算结果可靠,精度较高(图 5-26),表明次生孔隙发育低渗透岩石地层因素受导电流体体积和导电路径复杂程度双重因素影响，考虑二者的影响，可提高地层因素计算精度。

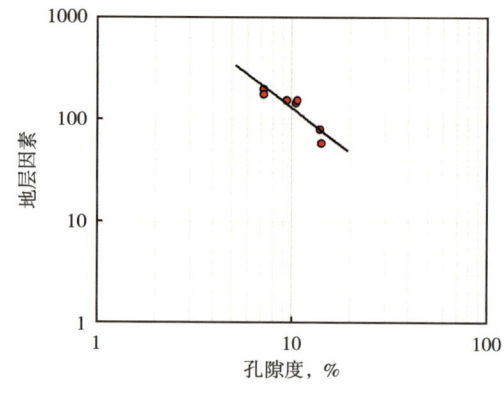

图 5-25　地层因素与孔隙度关系

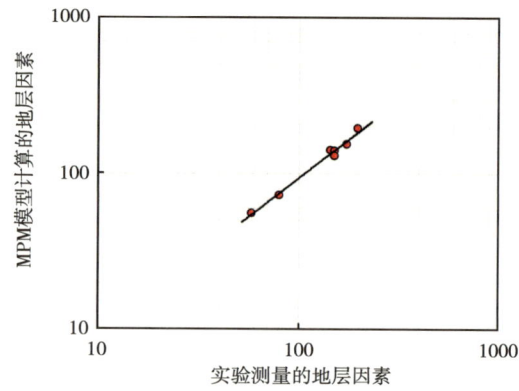

图 5-26　实验测量的地层因素与 MPM 模型计算结果

平均孔喉半径与渗透率具有很好的相关性，当岩电实验样品没有毛细管压力资料确定平均孔喉半径时，可应用岩石物理性质相近样品（如平行样）毛细管压力资料建立平均孔喉半径和渗透率的函数关系计算地层因素，从而对导电路径的表征进行优化：

$$F = \frac{c}{\phi^a \left(\frac{K}{\bar{r}(K)}\right)^b} \tag{5-33}$$

以上述样品为例，根据实验资料建立平均孔喉半径和渗透率的关系（图 5-27），将式（5-33）代入式（5-25），计算的地层因素与实验地层因素仍具有很好的相关性（图 5-28），说明该方法改进后模型计算精度可靠。

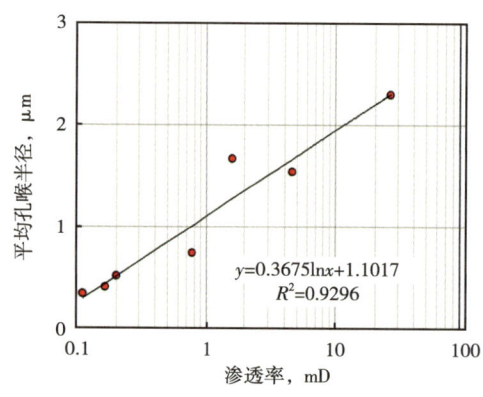

图 5-27　渗透率与平均孔喉半径关系

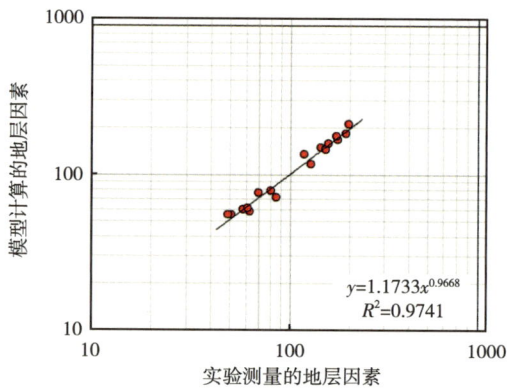

图 5-28　改进模型计算地层因素与实验测量的地层因素关系

图 5-29（a）为应用孔隙度和渗透率计算塔里木盆地志留系储层地层因素与岩电实验分析地层因素关系，二者相关系数 $R^2 = 0.92$，计算结果可靠，精度较高。图 5-29（b）为鄂尔多斯盆地三叠系储层应用孔隙度和渗透率计算的地层因素与实验测量的地层因素关系，二者相关系数 $R^2 = 0.9$，计算结果可靠，精度较高。

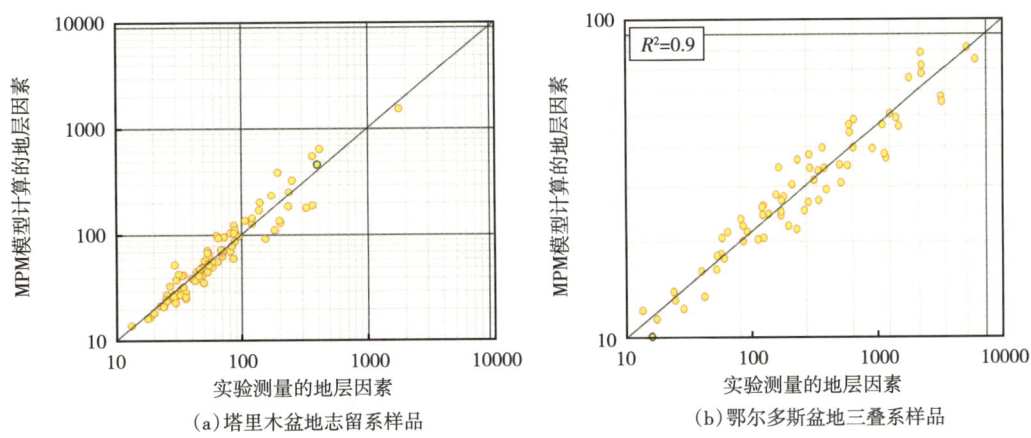

(a) 塔里木盆地志留系样品　　　　(b) 鄂尔多斯盆地三叠系样品

图 5-29　实验测量地层因素与改进后 MPM 模型计算地层因素结果

根据岩电实验确定饱含水岩石电学性质 MPM 模型待定系数 a、b、c，应用 MPM 模型对典型低渗透油田密闭取心井资料进行处理，测井计算含油饱和度与密闭取心分析结果一致性好。如图 5-30 所示，测井计算含水饱和度与密闭取心分析结果相近，变化规律一致。

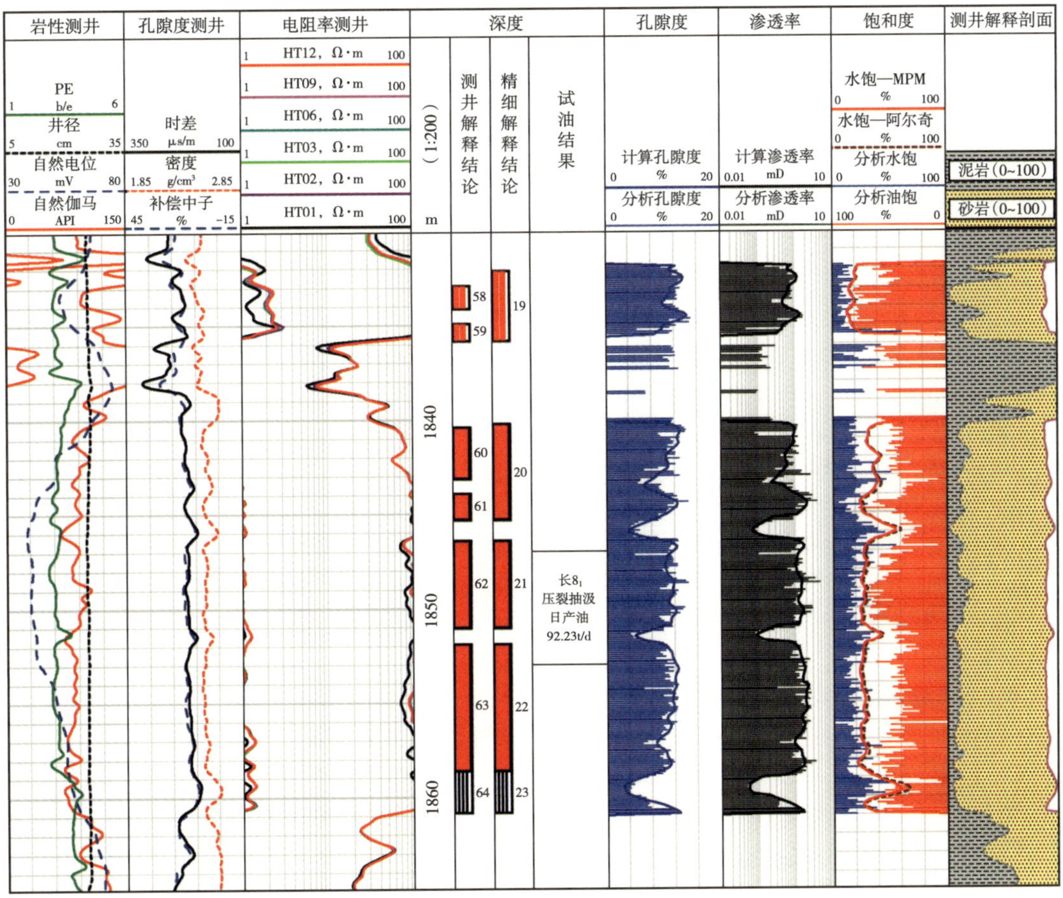

图 5-30　Z1 井长 8_1 段 MPM 模型处理结果

应用MPM模型对鄂尔多斯盆地白豹油田四口密闭取心井进行处理计算，结果表明密闭取心井测井计算与岩心分析含油饱和度一致性好（图5-31），MPM模型具有较高计算精度，含油饱和度计算平均误差为1.5%，适用于次生孔隙发育、孔隙结构复杂的低孔渗储层。

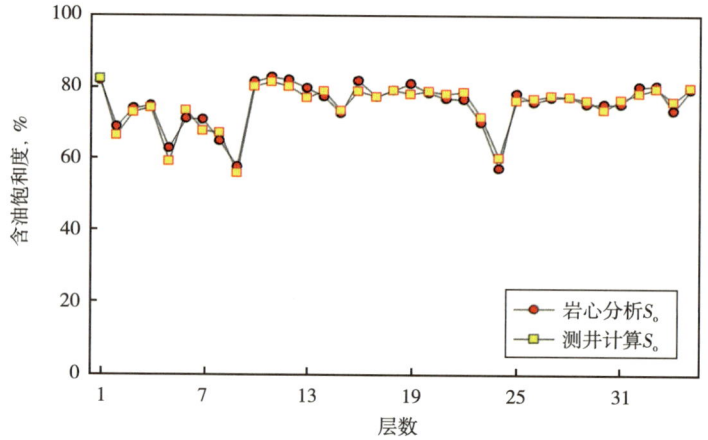

图5-31 密闭取心井测井计算与岩心分析含油饱和度对比

参 考 文 献

[1] 岳文正，陶果，朱克勤. 二维格子气自动机模拟孔隙介质的电传输特性[J]. 地球物理学报，2005，48（1）：189-195.

[2] 毛志强，高楚桥. 孔隙结构与含油岩石电阻率性质理论模拟研究[J]. 石油勘探与开发，2000，27（2）：87-90.

[3] 周荣安. 阿尔奇公式在碎屑岩储集层中的应用[J]. 石油勘探与开发，1998，25（5）：80-82.

[4] 张明禄，石玉江. 复杂孔隙结构砂岩储层岩电参数研究[J]. 测井技术，2005，29（5）：446-448.

[5] 欧阳健，毛志强，修立军，等. 测井低对比度油层成因机理与评价方法[M]. 北京：石油工业出版社，2009.

[6] 王勇，章成广，李进福，等. 岩电参数影响因素研究[J]. 石油天然气学报，2006，28（4）：75-77.

[7] 原海涵. 阿尔奇公式中 a、m 与渗透率的关系——毛管理论在岩石电阻率研究中的应用[J]. 地球物理测井，1990（5）：347-357.

[8] 毛志强，章成广. 油藏条件下孔隙岩样毛管和电学性质研究[J]. 地球物理学进展，1995，10（1）：76-89.

[9] 孙建孟，吴金龙，于代国，等. 阿尔奇参数实验影响因素分析[J]. 大庆石油地质与开发，2006，25（2）：39-41.

[10] 李剑浩. 混合物电导率公式及其在测井解释中的应用[J]. 地球物理学报，1993，36（5）：674-681.

[11] 关继腾，房文静，王玉斗. 油藏储渗特性对阿尔奇饱和度指数的影响[J]. 测井技术，1999，23（6）：419-423.

[12] 孙小平，石玉江，姜英昆. 复杂孔隙结构储层含气饱和度评价方法[J]. 天然气工业，2000，20（3）：41-44.

[13] 王黎，孙宝佃，沈爱新，等. 某油田低孔隙度低渗透率泥质砂岩储层岩电实验及应用[J]. 测井技术，2005，29（2）：91-94.

第六章 低孔低渗油气层测井识别方法

低孔低渗储层储集空间小，钻井液的侵入影响、复杂润湿性、复杂孔隙结构、地层水矿化度变化较大，导致储层的矿物和流体测井响应更加复杂化，进而使电阻率测井评价含油性具有一定的不确定性；另外，储层复杂孔隙结构引起的较差孔隙连通性，导致部分低孔低渗油藏的原生水驱替不彻底，油水分布规律性减弱，经常表现为油层与正常水层电阻率接近的低对比度。应该注意，虽然这些复杂因素都能大大降低测井对流体性质的敏感性，但是对于一个具体的低孔低渗油藏这些复杂因素往往只会出现一部分或者只有几种在起主要作用。因此，针对具体油藏，分析影响测井响应的主控因素，基于重点测井曲线构建含油性敏感参数以消除或降低影响，形成针对性的单项测井识别技术，是低孔低渗油气层识别技术研发的重要思路[1-5]。"十二五"期间，大量测井科技人员一方面充分利用电阻率测井，挖掘其油气层识别和饱和度计算的优势，另一方面也利用核磁共振测井、声学测井技术的流体判别潜力，发展非电法测井流体识别技术，同时综合应用取心、试油及测井资料，细分解释单元，制定低孔低渗油气层识别标准，形成了很多低孔低渗储层流体综合识别方法，有效提高了低孔低渗储层流体性质的测井识别能力。

第一节 基于电阻率测井识别方法

低孔低渗储层复杂孔隙结构复杂以及部分地区地层水性质变化较大等因素对储层电性具有很大影响，直接应用电阻率和孔隙度测井信息难以准确判识流体性质。因此，在低孔低渗储层继续使用基于电阻率测井的流体性质判识方法必须减少或消除孔隙结构、地层水性质变化等因素对电性的影响。

一、电阻增大率—孔隙度测井交会法

某些地区地层水性质变化大，部分高阻层与地层水矿化度低有关，电阻率高低对含油性的反映具有不确定性，依靠传统的地层深电阻率曲线与声波时差或密度交会，难以有效判识储层流体性质，需要消除地层水矿化度的变化对电阻率的影响，才能准确识别流体性质。为了消除地层水矿化度对电阻率的影响，引入电阻增大率识别该类储层流体性质。电阻增大率是岩石孔隙中含有油气时的电阻率比岩石孔隙中全部含水时的电阻率的增大倍数，电阻增大率与岩石含油或含水饱和度有关，基于阿尔奇公式可写成如下表达式：

$$I = \frac{R_t \phi^m}{a R_w} \tag{6-1}$$

式中 I——电阻增大率，无量纲；
a——岩性系数，无量纲；
m——胶结指数，无量纲；

ϕ——孔隙度；
R_w——地层水电阻率，$\Omega \cdot m$；
R_t——测量深电阻率，$\Omega \cdot m$。

式（6-1）中，R_t可以通过常规测井曲线得到，ϕ可以通过声波时差计算得到；岩电参数a、m可以通过岩电实验得到或用变岩电参数参与计算；R_w可以通过地层水分析资料或测井资料计算得到。利用电阻增大率法识别储层流体，除了能够消除地层水性质变化对深电阻率的影响，还能消除岩性、物性对深电阻率的影响，突出了含油性，电阻增大率值越大，含油性越好。

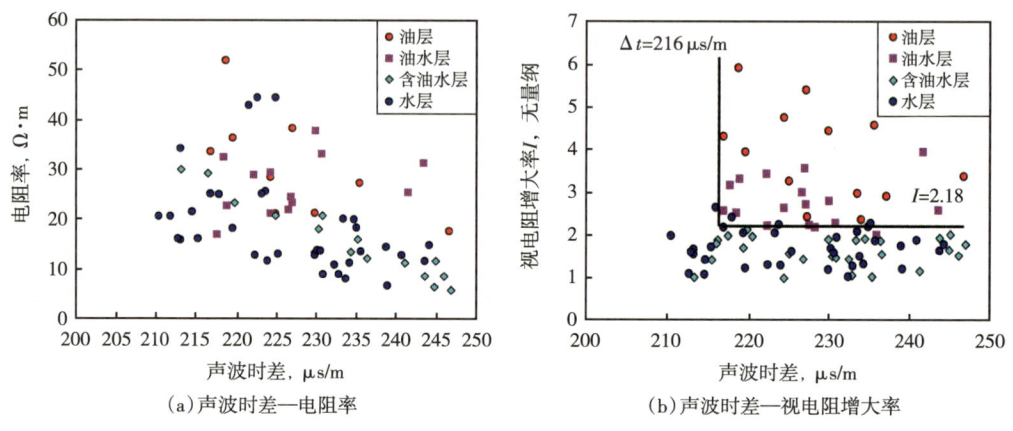

图6-1 鄂尔多斯某区块长9段储层流体性质判识交会图

图6-1（b）共选用鄂尔多斯盆地谋区块长9段55口井有试油层段的共103个数据点，建立的基于矿化度差异的声波时差—电阻增大率流体性质识别图版，图版符合率高达96.1%，而相应的同区块声波时差与电阻率交会图[图6-1（a）]却无法将油层、油水层与水层、含油水层有效区分开，充分说明了电阻增大率在地层水矿化度变化较大地区的有效性。

二、侵入因子法

鄂尔多斯盆地西北部延长组上部为低幅度构造—岩性油藏，含油饱和度低，电阻率对比度低，油层识别难度大。低阻成因机理研究认为，淡水钻井液侵入是造成油层低阻的主要影响因素。虽然油层和相邻水层的电阻率对比度较小，对正确识别流体性质影响较大，但研究发现储层发生侵入后，由于油气水物理性质的差异，油层、油水同层、水层的电阻率侵入剖面特征有明显差异。在滤饼形成前后，油气水在纵向、横向上的饱和度会发生变化，形成高阻、低阻环带、锥形高含水等区域（图6-2）。据此可以发展电阻率侵入因子法帮助流体性质判断。

描述钻井液滤液径向侵入的电阻率剖面，阵列感应是最佳测井方法。这是因为阵列感应测井探测深度范围大，探测深度不同的5条电阻率（AT10、AT20、AT30、AT60、AT90）可有效地描述地层冲洗带、过渡带和原状地层的电阻率特性。当钻井液为淡水（$R_{mf} > R_w$）时，受钻井液滤液侵入的影响，在水层5条曲线通常显示为"增阻"侵入，即AT10>AT20>AT30>AT60>AT90。在油层中由于钻井液滤液驱替了部分油气，造成冲洗带电阻率下降，普通的中、高阻油层显示为"减阻"侵入，即 AT10＜AT20＜AT30＜AT60＜AT90，而且各径向分辨率曲线不存在乱序。在上下围岩处各曲线都很好的重合。

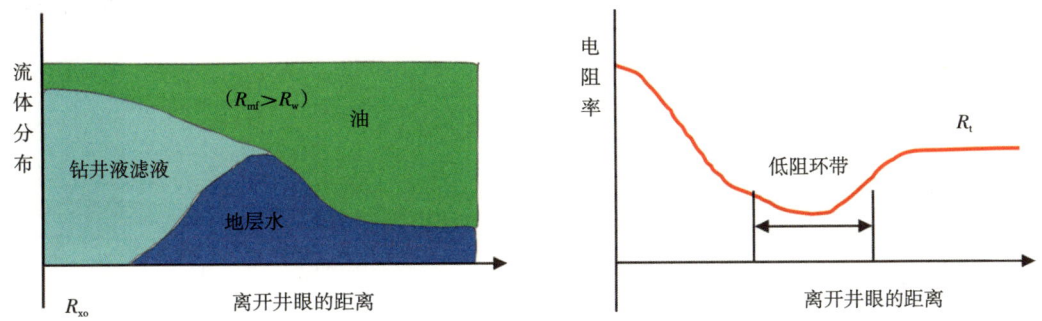

图 6-2 淡水钻井液侵入油层剖面示意图

根据电阻率在钻井液侵入油水层时的不同响应规律，对于一个指定的深度段，依次利用相邻两条曲线相减，可以得到 4 组差值（AT20－AT10、AT30－AT20、AT60－AT30 和 AT90－AT60），每组差值可以计算得到 1 个侵入因子（该组值的平均值），因此可以得到 4 个侵入因子。

针对指定的层段，求取各个层段的这四个侵入因子并绘制交会图，如图 6-3 所示。

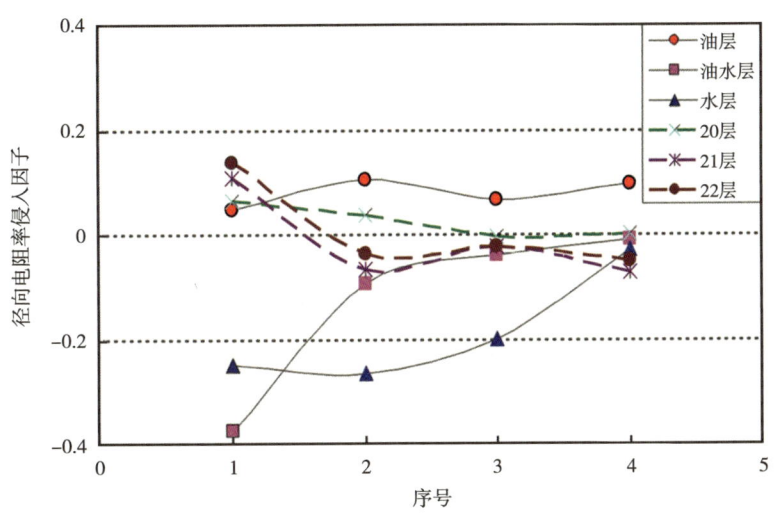

图 6-3 不同流体储层阵列感应径向电阻率侵入因子变化特征

根据如下规则判断各个层段的含油气情况。
油层：侵入因子有正有负，主要为正值；
油水同层：侵入因子主要为负值，绝对值小，形态上凸形；
水层：侵入因子为负值，绝对值大，形态上凹形。

利用阵列感应径向电阻率侵入因子可以很好地识别低阻油层，图 6-4 为 X206-2 井长 3 测井综合解释成果图，所有的电阻率侵入因子均为正值（图 6-5），因此解释为油层，试油获得 21.90t/d 的工业油流，解释结论与试油结论吻合。

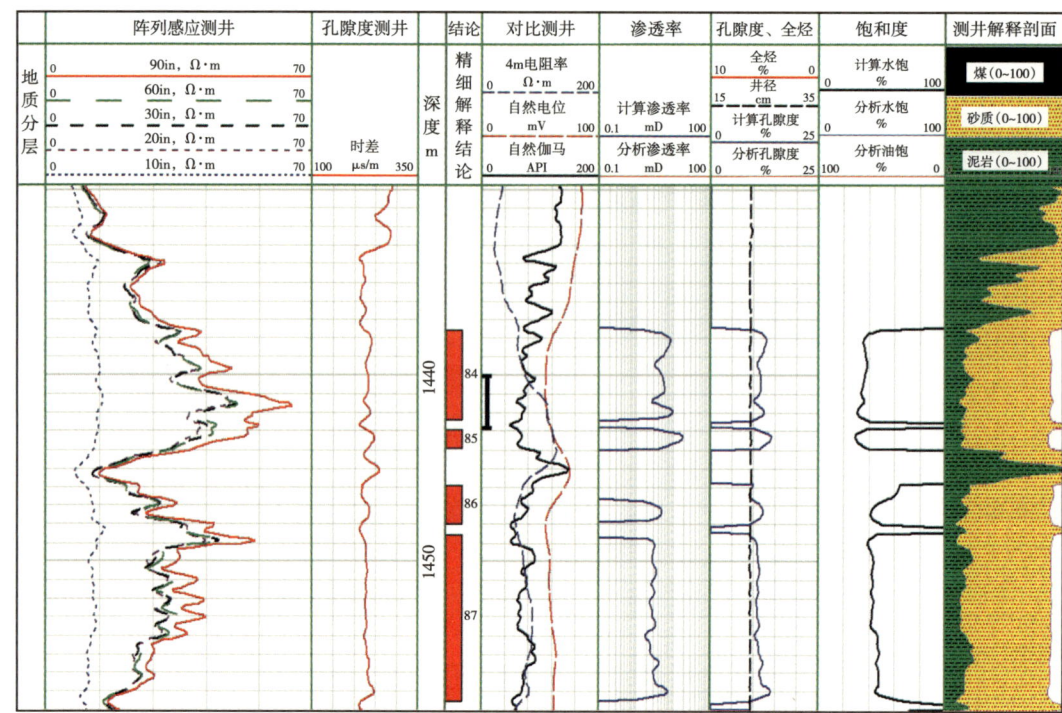

图 6-4　X260-2 井长 3 段油层井测井解释成果图

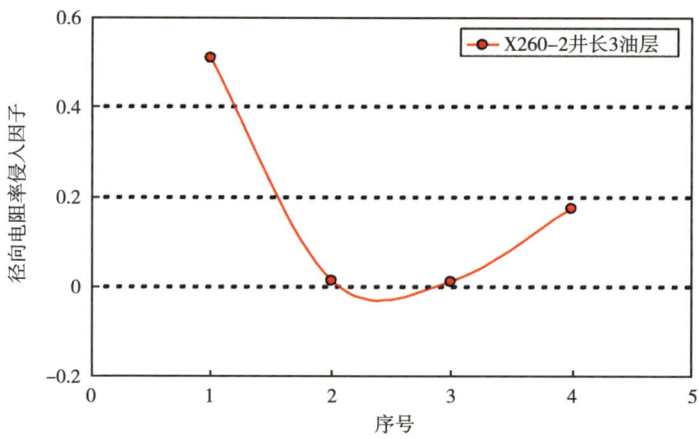

图 6-5　X206-6 井长 3 段阵列感应径向电阻率侵入因子变化特征

三、电性综合指数—孔隙度交会法

渤海湾盆地部分低孔渗储层使用高矿化度钻井液钻井，加剧了低孔渗储层流体性质评价难度。图 6-6 为大港油田埕北地区低断阶 Es_2 下段流体性质评价图版，其中横坐标为孔隙度，纵坐标为储层电阻率与邻近纯泥岩电阻率比值，用于消除高阻围岩对储层电性的影响。从图可见，即使考虑了岩性的影响，很多油层与油水同层数据点仍然重叠在一起，难以有效评价流体性质。

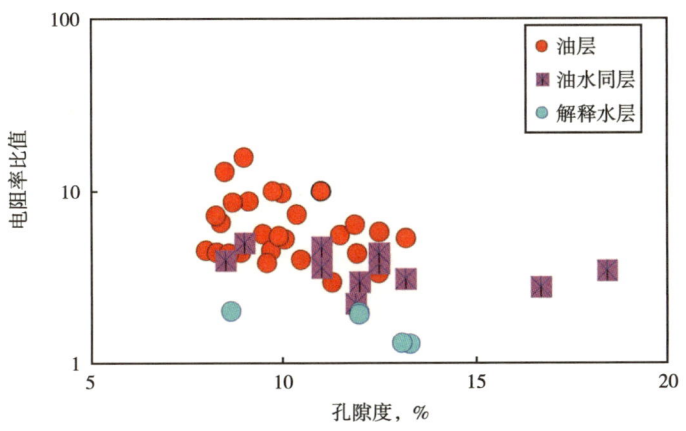

图 6-6 电阻率比值—孔隙度交会流体识别图

埕北地区低断阶影响储层流体性质评价的关键因素主要有两个方面，一是压实作用对储层电性的影响，该地区储层埋深比较深，普遍大于 3500m，且存在异常高压。由于异常高压和强压实作用的存在，不同井的泥岩电阻率基值存在明显差异，且同一井随着埋深增加，泥岩电阻率数值有增大趋势。另一方面就是高矿化度钻井液侵入对储层电性的影响。

1. 基于几何因子理论的电阻率侵入校正

为有效识别高矿化度钻井液侵入低孔渗储层的流体性质，首先必须对电阻率进行钻井液侵入影响校正。

针对 HDIL 阵列感应测井反演，建立了 5 参数台阶式侵入剖面（图 6-7），5 参数分别是冲洗带电阻率 R_{xo}、侵入带电阻率 R_i、原状地层电阻率 R_t、冲洗带半径 D_{xo}、侵入带半径 D_i。

根据 5 参数阶跃解释模型建立相应的测井响应方程，设地层冲洗带的几何因子是 G_{xo}，地层侵入带的几何因子是 $G_i - G_{xo}$，则原状地层的几何因子为 $1 - G_i$，因此地层电阻率响应为：

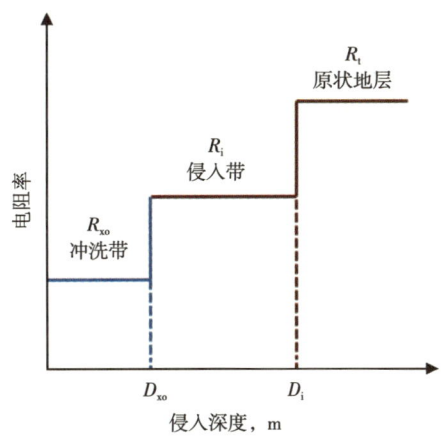

图 6-7 5 参数阶跃侵入剖面示意图

$$R_a = G_{xo}R_{xo} + (G_i - G_{xo})R_i + (1 - G_i)R_t \tag{6-2}$$

式中　R_a——地层电阻率响应值；
　　　G_{xo}，G_i——阵列感应测井不同探测深度电阻率曲线的几何因子；
　　　R_{xo}——冲洗带电阻率；
　　　R_i——侵入带电阻率；
　　　R_t——原状地层电阻率。

将式（6-2）变形得到原状地层电阻率表达式为：

$$R_t = \frac{R_a - G_{xo}R_{xo} - (G_i - G_{xo})R_i}{1 - G_i} \tag{6-3}$$

由式（6-3）可见，在 HDIL 阵列感应测井处理技术中，不同探测深度电阻率曲线的径向几何因子只与侵入深度有关，是 D_{xo}、D_i 的函数，与电阻率关系不明显。

根据实际井钻井液侵入数值模拟结果，对比分析认为钻井液侵入深度 D_i 与储层物性条件和6条阵列感应测井曲线的分离程度相关，不同探测深度阵列感应曲线分离较明显，D_i 值较大；当深探测深度的曲线（90in 和 120in）重合时，D_i 减小；当六条曲线几乎重合时，D_i 很小或接近于0。根据 D_i 与阵列感应测井曲线特征关系，采用差比法构建 D_i 与（M2Ri-M2R1）/（M2RX-M2R1）的关系式，计算出钻井液侵入层段的半径 D_i。

阵列感应曲线分离，即侵入较深时：

$$D_i = -0.1\ln\frac{\phi}{K} + \alpha_i \frac{M2R3 - M2Ri}{M2RX - M2R1} \quad (i = 2, 3, 6, 9) \qquad (6-4)$$

$$D_{xo} = 0.47 D_i - 0.21 \qquad (6-5)$$

式中　M2Ri——分别为 20in，30in，60in，90in 阵列感应电阻率。

阵列感应测井曲线接近重合，即侵入浅时：

$$D_i = -0.44\ln\frac{\phi}{K} + \alpha_i \frac{M2R3 - M2Ri}{M2RX - M2R1} \quad (i = 2, 3, 6, 9) \qquad (6-6)$$

$$D_{xo} = 0 \qquad (6-7)$$

2. 电性综合指数（ECI）

研究区的油水性质识别主要依据电阻率的大小和储层的物性好坏，储层电阻率受盐水钻井液侵入影响，需要进行电阻率的校正。另外，不同井的泥岩电阻率基值变化大，在一定程度上影响了储层电阻率的绝对值的大小。为了综合这些因素，提出了电性综合指数的概念：

$$\text{ECI} = f(R_{t校正}, R_{sh}, D_R) = \frac{R_{t校正}}{R_{sh}} D_R \qquad (6-8)$$

式中　$R_{t校正}$——侵入校正后电阻率，$\Omega \cdot m$；

R_{sh}——临近泥岩处电阻率，$\Omega \cdot m$；

D_R——阵列感应差异因子，无量纲，$D_R = \frac{M2RX}{M2R1}\frac{M2RX}{M2R2}\frac{M2RX}{M2R3}\frac{M2RX}{M2R6}\frac{M2RX}{M2R9}$。

3. 流体性质识别图版

在电阻率校正基础上，建立了考虑岩性、侵入影响的电性综合指数—孔隙度交会图版，该图版扩大了油水层特征差异，从而能够有效进行的流体性质评价（图6-8）。

如图6-8所示，油层、油水同层及水层界限相对清晰，能够比较好地区分油层，油水同层和水层。

在实际应用中，首先利用电阻率校正方法求得地层电阻率，然后利用电性综合指数与孔隙度交会图版进行流体性质的识别，能够有效判识储层储层流体性质。在埕北地区断坡区应用50余口井，油气层解释符合率达到86.3%。

图6-9为埕海 M 井的综合解释成果图，处理井段为 3790~3815m 和 3840~3870m 两段。该井处理前两段的电阻率差异不大，校正后电阻率与校正前电阻率比较，出现了差

第六章 低孔低渗油气层测井识别方法

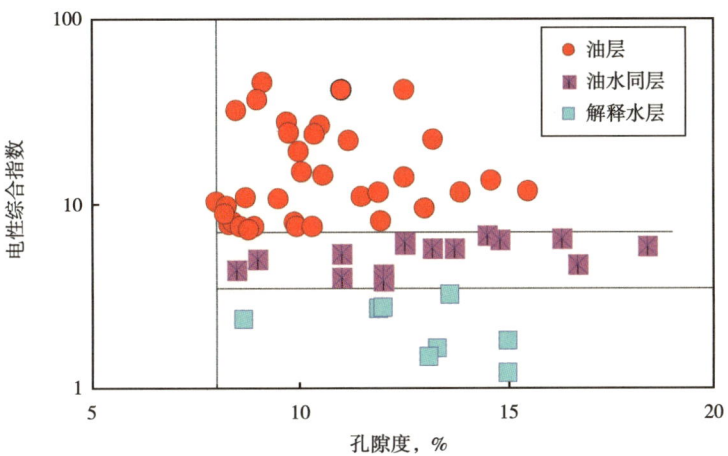

图 6-8 孔隙度与电性综合指数交会图

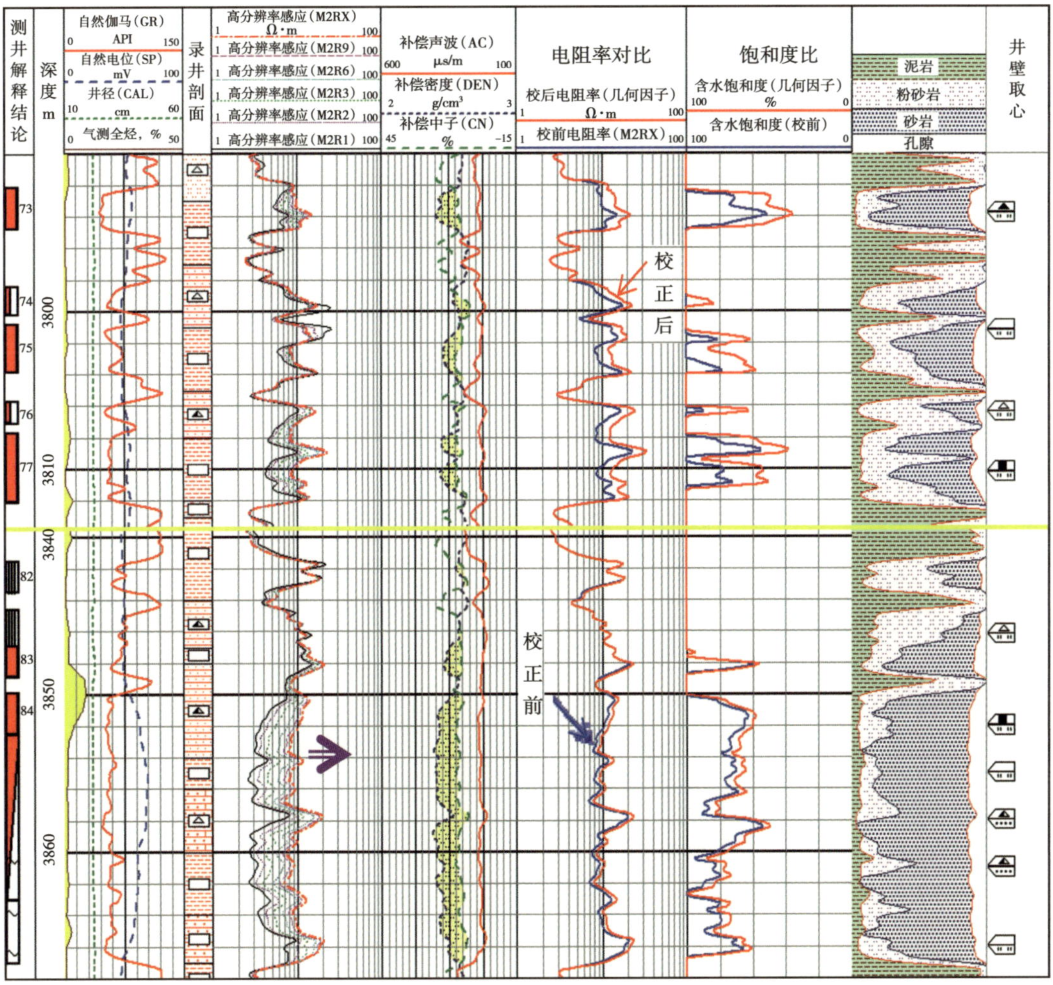

图 6-9 埕海 M 井综合解释成果图

异，73号到77号测井解释层校正量较大，而82号到84号层校正量较小。如图6-10所示各层所在图版中的位置来看，73号到77层号位于油层区，而84号层从上至下依次位于油层区、油水同层区和水层区，且差异较为明显，综合解释顶部为油层，中部为油水同层，下部水层。从生产试油数据的验证来看，73号到77号层（3792.1~3812.1m）压后，油管8mm油嘴放喷，日产油53.12t，日产气6467m³；3854m处，MDT测试以水为主。生产数据及MDT测试数据均证明了该方法进行流体性质识别的有效性。

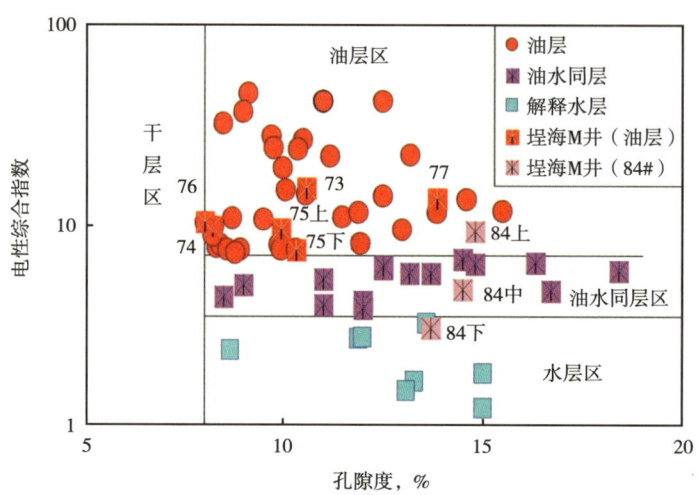

图6-10 埕海M井解释各层在图版位置示意图

四、双 R_w 对比法

测井识别复杂油水层中的低阻油层存在较大难度，对此许多测井专家进行了大量深入的研究，利用阿尔奇公式求取的视地层水电阻率 R_{wa} 对于识别低对比度油层效果比较好。但是油层和水层的 R_{wa} 界限如何划分？不同的区块，不同的层位，甚至相邻两井同一层位的 R_{wa} 下限值都可能不一样。从统计规律来看，低对比度油层的 R_{wa} 和水层的 R_{wa} 在界限附近难以区分开，制约着 R_{wa} 识别流体性质的应用。因此研究中提出了双 R_w 对比法识别低对比度油层，所谓双 R_w 对比法，即是在 R_{wa} 的基础上引入了自然电位计算的地层水电阻率 R_{w_sp}，将 R_{w_sp} 作为基值与 R_{wa} 对比，可快速识别低对比度油层。

1. 视地层水电阻率 R_{wa} 的确定

按照阿尔奇公式，在纯水层中利用100%饱和地层水的岩石电阻率、岩石有效孔隙度 ϕ、a、m 即可求取 R_w。若在含油储层仍用阿尔奇公式计算地层水电阻率，将 R_0 替换为含油层真电阻率 R_t 即可得到 R_{wa}，它包含了储层孔隙中油和水的共同信息。表达式为：

纯水层 $$F = \frac{R_0}{R_w} = \frac{a}{\phi^m} \Rightarrow R_w = \frac{R_0 \phi^m}{a} \tag{6-9}$$

含油层 $$F = \frac{R_t}{R_{wa}} = \frac{a}{\phi^m} \Rightarrow R_{wa} = \frac{R_t \phi^m}{a} \tag{6-10}$$

2. 基于自然电位的地层水电阻率确定

在利用自然电位测井确定地层水电阻率时，通常采用砂岩自然电位幅度与相邻泥岩基线的幅度差（SSP），经过适当的校正获得地层水电阻率，计算公式：

$$\text{SSP} = -K\lg\frac{R_{\text{mfe}}}{R_{\text{we}}} \Rightarrow R_{\text{we}} = R_{\text{mfe}} 10^{\text{SSP}/K} \xleftrightarrow{\text{SP-2图版}} R_{\text{w\_sp}} \quad (6-11)$$

式中　SSP——静自然电位，mV；

K——自然电位系数，无量纲；

R_{we}——地层水电阻率，$\Omega \cdot m$；

R_{mfe}——钻井液滤液电阻率，$\Omega \cdot m$；

$R_{\text{w\_sp}}$——基于 SP 确定的地层水电阻率，$\Omega \cdot m$。

式（6-11）适用于任何矿化度的地层水，但求出的结果是地层水等效电阻率，斯伦贝谢公司制作了 SP-2 图版将其转换为地层条件下的地层水电阻率，并将计算方法编写成软件，实现了利用自然电位准确计算 $R_{\text{w\_sp}}$。

3. 关于自然电位计算地层水电阻率的讨论

一直以来，用自然电位计算地层水电阻率的目的是用到阿尔奇公式［式（6-9）］中，代替进行含油饱和度评价。通常认为只有在纯水层，才能获得比较准确的地层水电阻率，而在油层段是不准确的。因为，含泥质砂岩地层中采用淡水钻井液钻井时，含油层自然电位曲线幅度的变化除了受地层水的影响，还受油气影响，导致其比 100% 含水时小。然而，本书认为即使在纯油层中 $R_{\text{w\_sp}}$ 仍然能够表征储层地层水电阻率，只不过此时的电阻率是束缚水（或不可动水）的电阻率。在油水同层中，自然电位则是束缚水与可动水共同作用下产生的。所以 $R_{\text{w\_sp}}$，应该代表了二者共同的电阻率。在纯水中，认为 $R_{\text{w\_sp}}$ 反映的是可动水电阻率。

从自然电位曲线的产生机理来看，自然电位幅度取决于地层水电化学活度（C_{w}）与钻井液电化学活度（C_{mf}）的差异。自然电位主要由扩散电动势（E_{d}）、扩散吸附电动势（E_{da}）和过滤电动势（E_{f}）共同作用产生，并在井内形成自然电位。实际应用中通常只考虑前两种电动势（图 6-11），且有 $\text{SSP} = E_{\text{d}} - E_{\text{da}} = -K\lg\frac{R_{\text{mfe}}}{R_{\text{we}}}$，在自然电位形成的整个过程中，地层水和钻井液滤液中导电离子的扩散、吸附作用起了主导作用，同时还受到地层阳离子交换能力的影响。

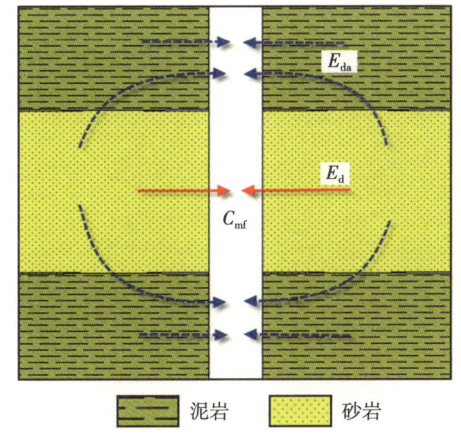

图 6-11　自然电动势示意图

由自然电位曲线的电化学性质可知，其异常幅度的大小仅与可交换离子的数量有关。导致自然电位负异常幅度减小的根本原因可以归结为储层中导电离子数量的减少。而导电离子主要存在于束缚水、可动水和钻井液滤液中，因此 $R_{\text{w\_sp}}$ 反映的是不同性质地层水的矿化度。在纯水层，自然电位幅度变化主要是自由水的离子交换作用引起的，此时 $R_{w\_sp} \approx R_w$ 应该是自由水电阻率。在纯油层，自然电位幅度变化则主要依靠束缚水的离子交换完成，此时 R_{w_sp} 应该是束缚水电阻率 R_{wi}，既 $R_{w\_sp} \approx R_{wi}$。孔渗条件较好时，即使储层含油，R_{w_sp} 仍然与实际地层水电阻率保持一致，油气的影响很小，几乎可以忽略不计。因此，利用 R_{w_sp} 与 R_w 对比的方法识别油、水层是比较可靠的。

4. 双 R_w 对比法的应用

陆相沉积的低对比度油藏很多与地层水矿化度有关。在鄂尔多斯盆地的岩性油藏中，由于不同地区不同地层甚至是不同储层段地层水矿化度变化很大，在叠加上成藏时油气充注不饱满等原因，导致低对比度油层极为常见。在识别这类油层时，充分考虑变化的地层水信息非常必要。

如前文所述，在复杂地层水矿化度条件下，自然电位曲线是反映地层水矿化度变化的最直观的曲线。将 R_{w_sp} 其作为背景值与油层 R_{wa} 信息对比，可以消除不同储层间地层水矿化度变化的影响，最大限度地保留了油的信息，特别有利于低对比度油层的识别。当 $R_{wa} > R_{w\_sp}$ 时，储层含油可能性比较大；当 $R_{wa} < R_{w\_sp}$ 时，储层含水可能性比较大；当 $R_{wa} \approx R_{w\_sp}$ 时，储层基本确定为水层，而且当地层较纯时有 $R_{wa} \approx R_{w\_sp} \approx R_w$。

图 6-12 所示的 H353 井 2 号储层是鄂尔多斯盆地侏罗系典型低对比度油层使用双 R_w 对比法的实例。图中最后一道为 R_{wa} 与 R_{w_sp} 交互包络充填，用于指示油层。可以看出，1 号、2 号、3 号储层岩性、物性以及电阻率均差别不大，如果按照常规"四性"关系评价方法解释，很容易将 2 号储层误判为水层。使用双 R_w 对比法评价，1 号层 $R_{wa} \approx R_{w\_sp}$，解释为水层；2 号层 $R_{wa} > R_{w\_sp}$，且二者包络面积比较饱满，解释为油层；3 号层 $R_{wa} < R_{w\_sp}$，

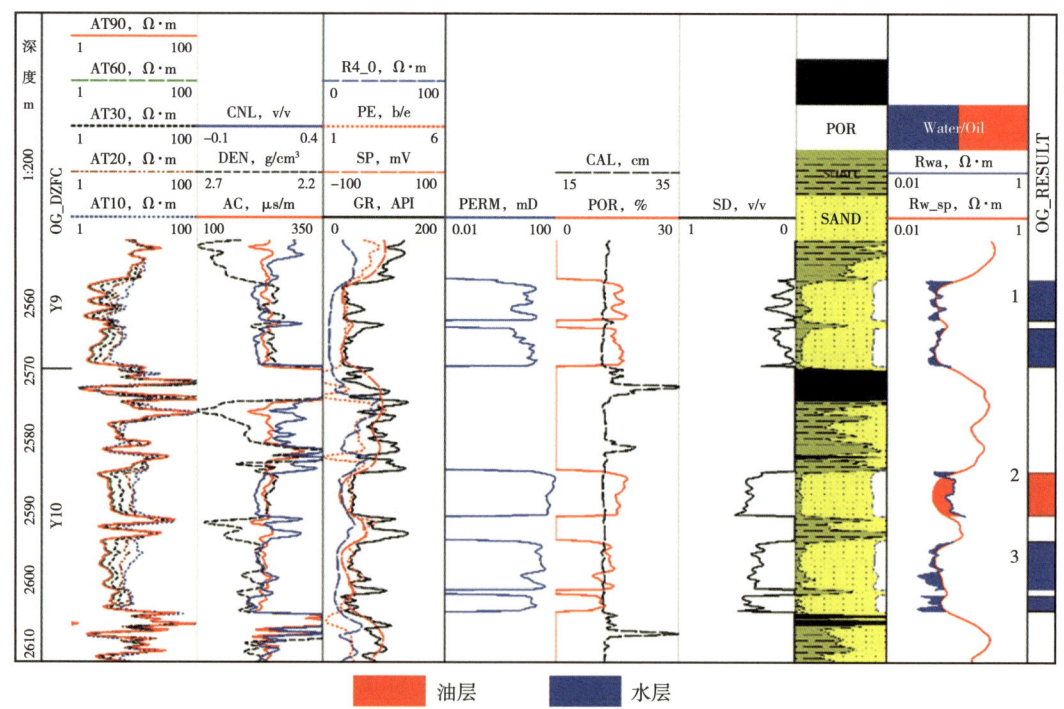

图 6-12　H353 井 Y9—Y10 段双 R_w 对比法测井解释实例

解释为水层。根据地层水分析资料得到该区 Y9 层 $R_w=0.050\Omega\cdot m$。油层和水层的 R_{w_sp} 均与 R_w 非常接近，而 R_{wa} 在水层中与 R_w 比较接近，在油层中 R_{wa} 与 R_w 相差较大。所以，2 号储层虽然夹在上下水层之间，仍然有信心解释为油层。试油在 2 号层顶部射孔 1m，求初产获日产纯油 21.93t，证实了双 R_w 对比法识别低对比度油层的有效性。

双 R_w 对比法可用于低幅度构造—岩性油藏，在地层水矿化度变化大的低孔低渗岩性油藏中也有较好的效果。鄂尔多斯盆地北部长 4+5—长 6 段储层，孔隙结构复杂，地层水矿化度变化很大，平面分布不均匀，加之岩性较细，油层与水层对比度小，测井常规"四性"分析法区分油水层非常困难，而双 R_w 对比法的使用却展现了比较明显的优势。图 6-13、图 6-14 分别为长 4+5 和长 6 储层段的典型低对比度油层，在常规"四性"分析较难得出结论时，采用双 R_w 对比法进行评价则更容易。R_w 与 R_{w_sp} 包络相对饱满的解释为油层，较差的解释为油水同层，评价结果与试油结果对应得非常好。

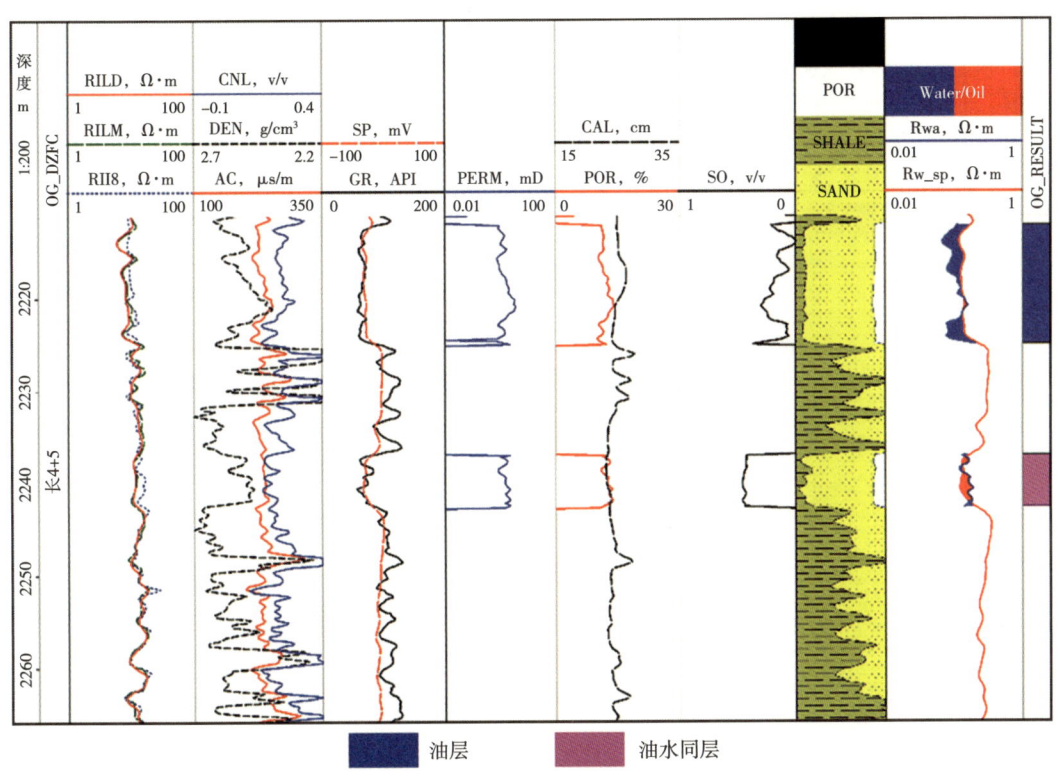

图 6-13　G178 井长 4+5 测井解释成果图

统计鄂尔多斯盆地低对比度油层、水层，可得到 R_{wa} 与 R_{w_sp} 交会图（图 6-15）。可以看出水层主要集中在 R_w（$R_{wa}=R_{w\_sp}$）这条纯水线以下，水线之上为油层或油水同层，油水界限非常清晰，与理论分析吻合。在相同地区，同一层位储层特征值在油层区（$R_{wa}>R_{w\_sp}$）距离水线越远，越有可能是纯油层，符合 $R_{wa}>3R_{w\_sp}$ 的一般规律。在单井解释中，R_{wa}、R_{w_sp} 随深度变化动态表征了油层、水层的界限值，而不是同一地区不同井均采用固定的某值作为标准判识油层。因此，基于测井曲线计算获得的 R_{wa}、R_{w_sp} 建立双 R_w 流体性质识别图版，能提高测井对低对比度油层的判识能力。

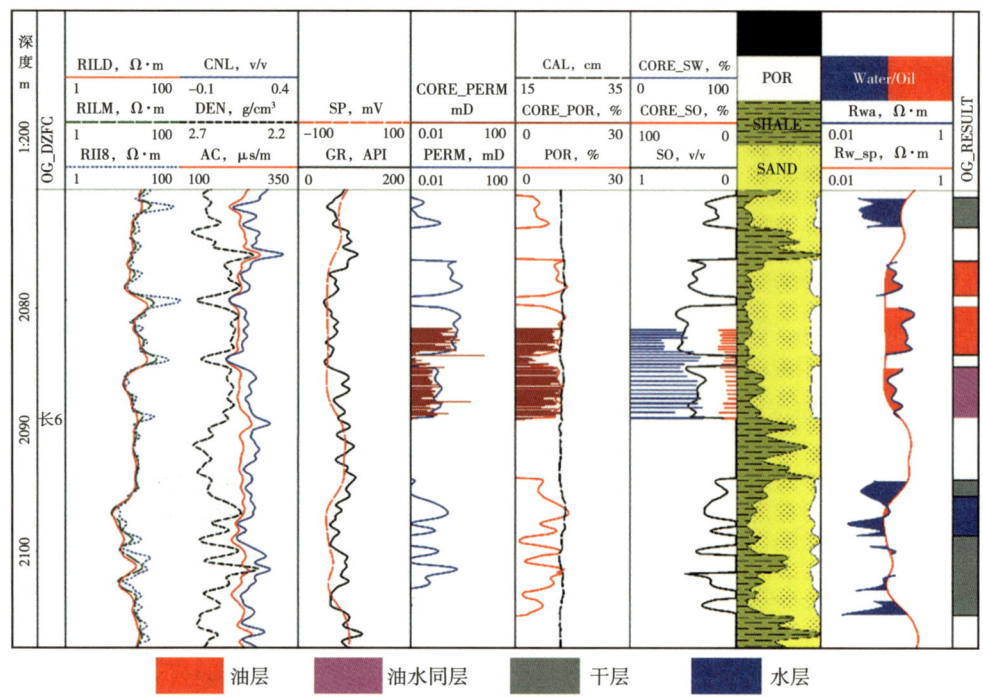

图 6-14　H310 井长 6 段测井解释成果图

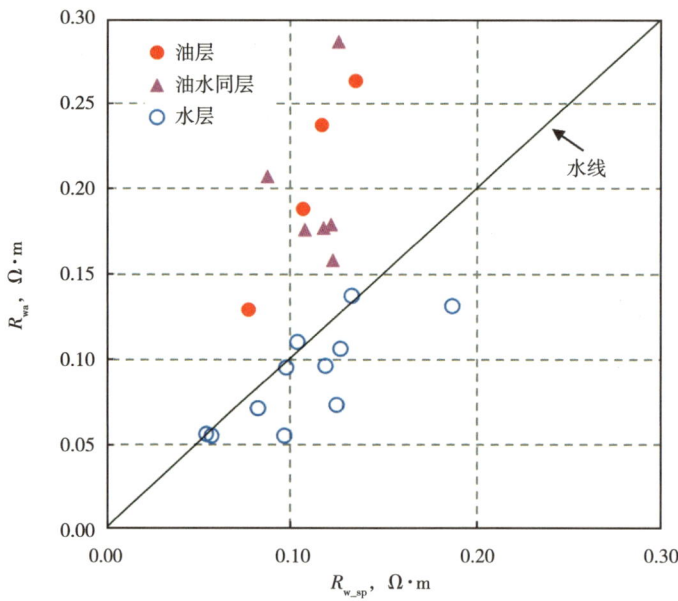

图 6-15　鄂尔多斯盆地低对比度油水层双 R_w 交会图

五、电阻率曲线重构对比法

电阻率曲线重构对比法通过测量电阻率与重构的相应条件下的水层电阻率对比以判断油水层。关键在于水层电阻率的重构，方法是针对目标区选择产水井作为学习样本，提取反映储层特性的多种测井属性参数，通过机器学习得到水井电阻率（R_{tc}）曲线与其他测井属性参数之间的关系。

在鄂尔多斯盆地，将自然伽马（GR，API）、自然电位（SP，mV）、声波时差（AC，μs/m）、体积密度（DEN，g/cm³）、补偿中子（CNL,%）、光电吸收截面指数（PE，b/e）以及岩石骨架参数 M、N、P 共9条曲线作为构造电阻率曲线的基本数据集。其中：

$$M=(TF-AC)/(DEN-DF)\times 0.3$$
$$N=(100-CNL)/(DEN-DF)$$
$$P=(UF-U)/(100-CNL)\times 1000$$

式中　TF——流体声波时差，μm/s；
　　　AC——测井声波时差，μm/s；
　　　DF——测井密度，g/cm³；
　　　DEN——测井密度，g/cm³；
　　　CNL——补偿中子，%；
　　　UF——孔隙中流体的体积光电吸收截面指数，无量纲；
　　　U——测井体积光电吸收截面指数，无量纲。

首先分析基本数据集的9条曲线与测井电阻率之间的相关性，按照相关系数大小优选参与 R_{tc} 重构的参数曲线。表6-1为电阻率曲线与基本参数之间的相关系数，结合变量之间的独立性分析，选择了 GR、M、N、P、PE 5个参数曲线作为参与重构 R_{tc} 的样本集。

表6-1　电阻率曲线与9条不同曲线的相关系数表

预测曲线＼建模曲线	AC μs/ft	CNL	DEN g/cm³	GR API	M	N	P	PE b/e
RT	0.68	0.421	0.543	0.745	0.789	0.871	0.885	0.735

电阻率曲线重构采用基于高分辨率图形的聚类分析方法（MRGC），其具体实现流程分为目标定义、数据准备、数据训练、建立模型和模型应用5个步骤（图6-16）。

聚类采用 KNN 算法即最近邻分类算法。K 最近邻指每个样本都可以用其最接近的 K 个邻居来代表。其核心思想是，在特征空间中，如果某一样本的 K 个最相邻样本的大多数属于某一个类别，则该样本也属于这个类别，并具有这个类别样本的特性。通过找出一个样本的 K 个最近邻点，将这些邻近点属性的平均值赋给该样本，就可以得到该样本的属性。基于图形群算法（MRGC）构建了一个 KRI 函数，用来刻画样本数据集中每一个核心数据点的属性特征指数。图6-17为一个样本集在中子—密度交会图上，采用 MRGC 的聚类过程。

利用 MRGC 函数可以产生一个聚类谱系图和 KRI 递减曲线（图6-18）。结合实际地质经验和分类的精细程度，确定最佳的聚类数量。

MRGC 算法通过变化的 K 可以得到多种预测结果。通过相似性阈值分析法，对源数据区和一到多个应用数据区之间的相似性进行评估。通过计算一条相似性模型曲线 STME，可以表征预测数据的不确定性（图6-19）。

综上所述，电阻率曲线重构需要在平面上选取一定数量的产水井作为建模井。以产水

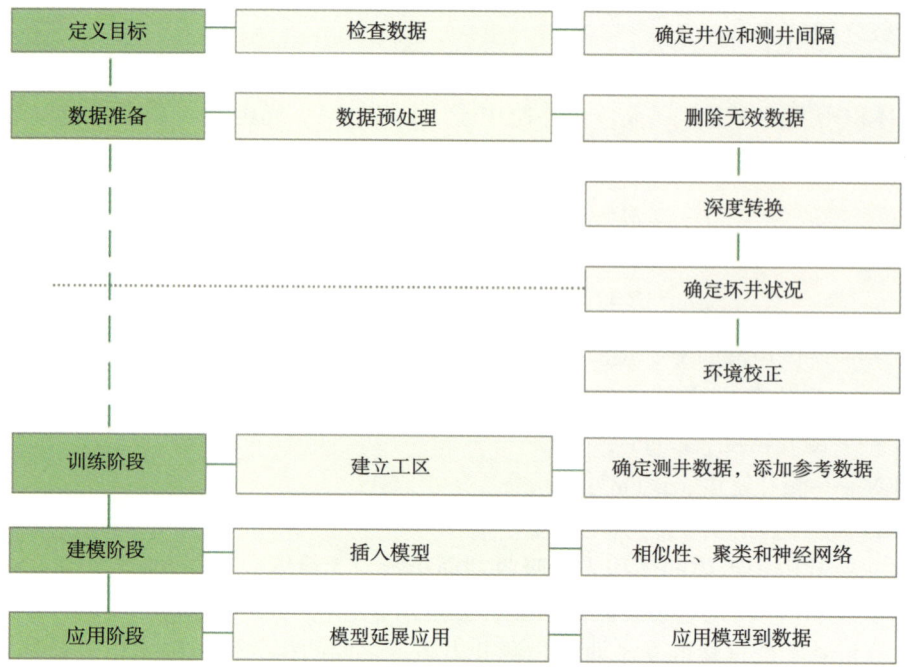

图 6-16 利用聚类分析方法进行曲线数据预测流程图

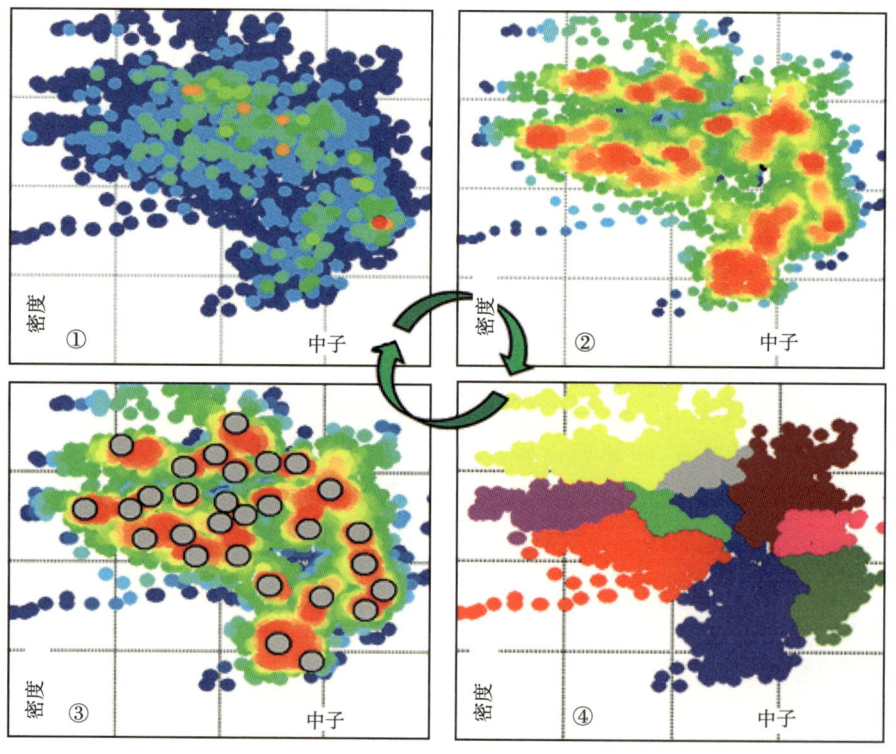

图 6-17 基于 MRGC 算法的聚类过程

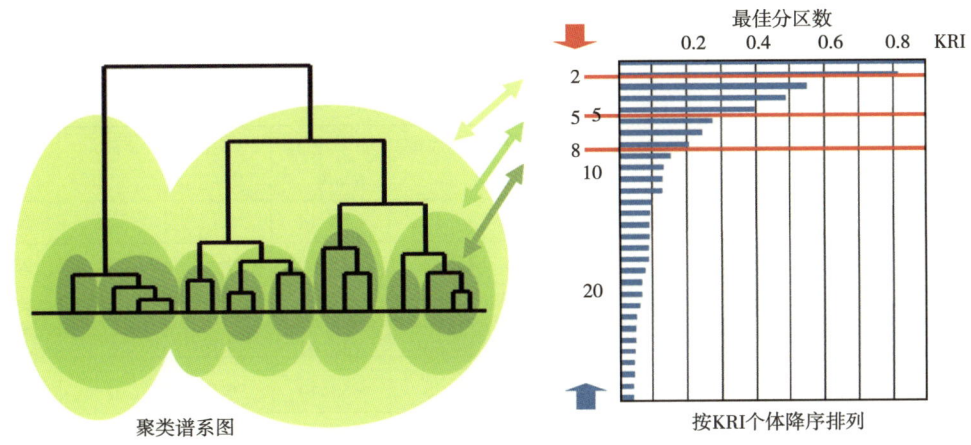

图 6-18 递减性的突变按照 KRI 曲线方法定义最佳分割数据

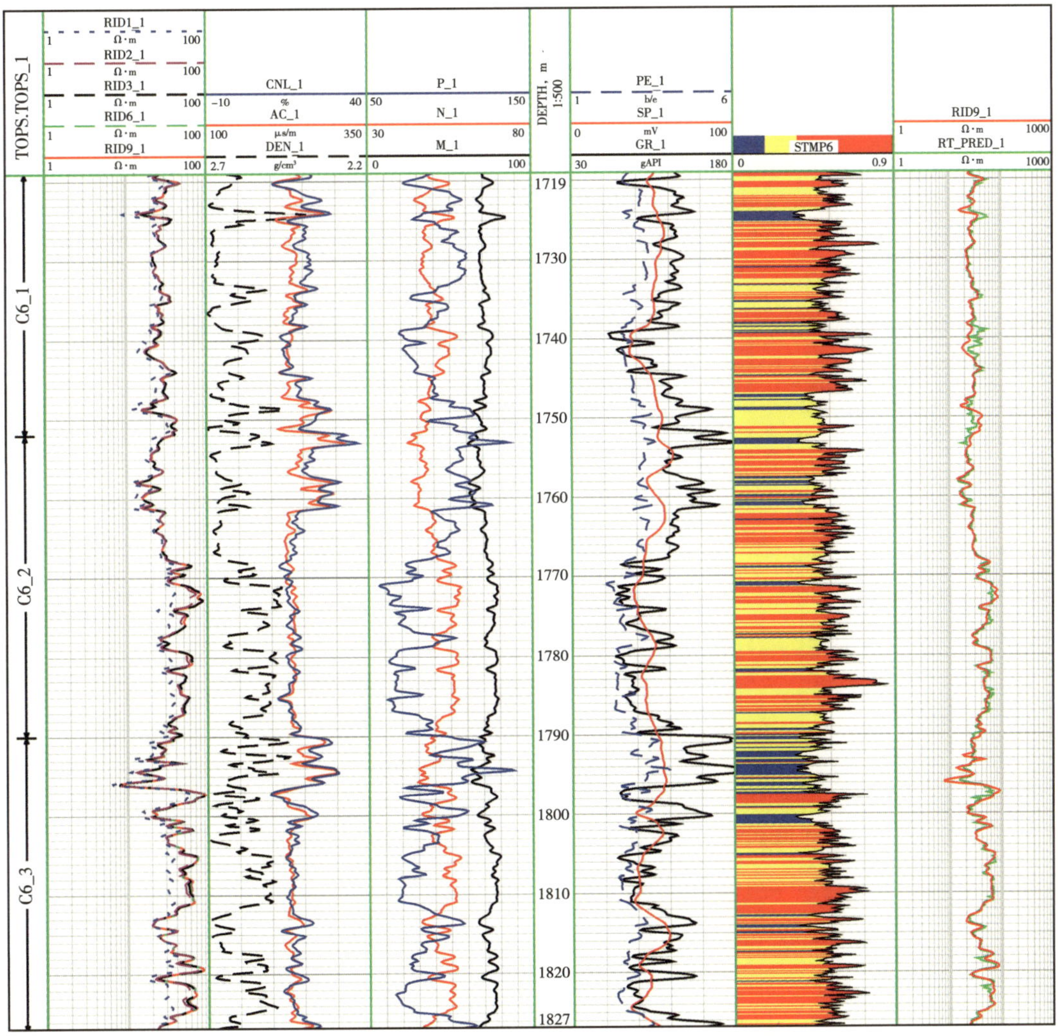

图 6-19 预测曲线数据的质量控制

井为基础，重构储层100%含地层水时的电阻率R_0。该方法利用了测井解释时在平面上进行横向对比的原则，所以这种方法需要在同一油藏系统中应用。

表6-2 姬塬地区长8_2水层建模井数据

井名	电阻率 $\Omega \cdot m$	声波时差 $\mu s/m$	中子 %	密度 g/cm^3	泥质含量 %	自然电位 mV	试油结论	油 t/d	水 m^3/d
H145	17.60	237.22	22.34	2.47	19.12	-44.14	水层	0	24.40
H347	14.56	235.87	20.86	2.43	17.32	-25.60	水层	0	28.80
H358	20.91	230.48	17.85	2.44	14.00	-35.41	水层	0	12.10
H328	22.44	235.37	20.84	2.43	14.60	-18.02	水层	0	44.20
H146	16.22	235.96	22.57	2.47	17.28	-53.10	水层	0	35.80
H346	19.24	224.97	16.75	2.50	22.36	-7.38	水层	0	4.40
H68	15.45	242.39	19.54	2.42	17.11	-53.37	水层	0	8.60
H263	18.90	237.76	19.86	2.46	19.57	-16.24	水层	0	7.00

基于以上原理分析，选取姬塬长8_2段的标准产水层，在该区采用重构水层电阻率R_{tc}对比原电阻率R_t的方法进行油水识别。选取该区产水井（表6-2）作为学习样本，样本井产出水主要为原生地层水，水型为$CaCl_2$型，平均总矿化度28200mg/L，由样本数据重构的电阻率曲线R_{tc}主要反映储层产水时的电阻率。图6-21第3道蓝色曲线为重构的R_{tc}，红色为实测的深电阻率曲线R_t，当$R_t>R_{tc}$时，充填为红色，表示储层含油，当$R_t<R_{tc}$时，充填蓝色，表示储层含水。通过R_t/R_{tc}计算储层电阻增大率I，根据试油资料统计，当电阻增大率$I \leqslant 1.2$时，试油为水层和含油水层；$1.2 \leqslant I<1.5$时，试油主要为油水同层；$I \geqslant 1.5$时，试油为油层（图6-20）。

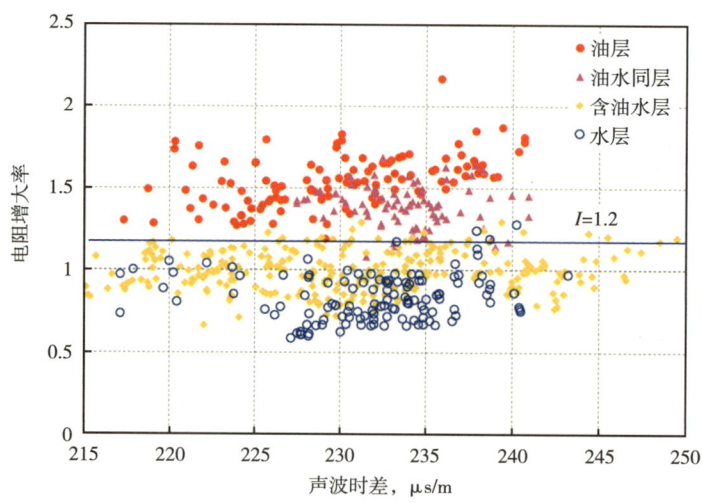

图6-20 重构电阻率曲线计算的电阻增大率—声波时差交会图

H396井（图6-21）底部59号层R_{tc}与R_t几乎重合，59号层的$I=1.03$，表明该层为含水层。56号、57号、58号层的I均大于1.5，解释为油层，压裂试油获得26.69t/d的高产油流。

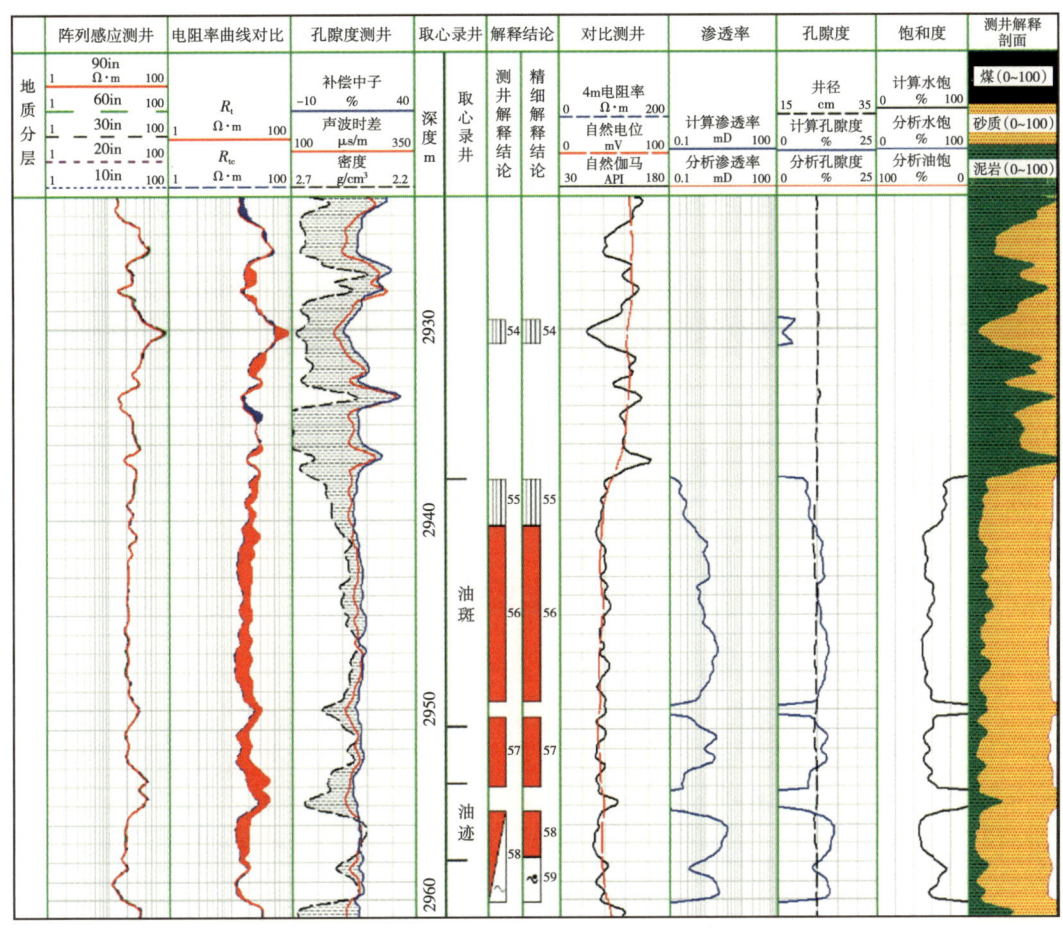

图 6-21 H396 井长 8_2 段实测与重构电阻率曲线对比

第二节 基于核磁共振测井识别方法

由于 T_2 包含流体信息，故核磁共振测井可以作为一种非电法流体识别方法。1995 年 Akkurt 等提出了基于双 T_W 和双 T_E 的两种核磁共振测井采集方式，并发展了相应的差谱法（Differential Spectrum Method，简写为 DSM）和移谱法（Shifted Spectrum Method，简写为 SSM）两种流体识别方法，随后出现了时间域分析法（Time Domain Analysis，简写为 TDA）以及增强扩散法（Enhanced Diffusion Method，简写为 EDM），上述这些方法在一定前提条件下可以进行储层流体性质的识别。"十二五"期间针对低孔低渗储层特征，在借鉴国外常用方法的基础上，深化或者研发了一系列能够提高低孔低渗储层流体识别符合率的新方法。本节介绍其中基于 T_2 谱形态特征的流体性质评价、二维核磁共振测井和构建水谱流体识别等 3 种新方法。

一、基于 T_2 谱形态的流体性质判识

歧口凹陷古近系低孔低渗油藏以中轻质油气为主，核磁共振测井的差谱法、移谱法直接识别油气层，可有效弥补电阻率测井评价储层流体性质的不足。图 6-22 为歧口凹陷低

孔低渗轻质油气层与水层核磁共振典型测井响应特征图，图中第3道为标准T_2谱，第4至第6道为差谱信息，等待时间分别为$T_{WL}=13s$，$T_{WS}=1s$；第7、第8道为移谱信息，回波间隔分别为0.9ms、3.6ms。无论在标准T_2谱还是在差谱、移谱上轻质油气层与水层均有明显的差异。标准T_2谱轻质油气层的分布明显长于水层，水层的T_2分布上限在300ms左右，峰值在100ms之内，而油气层的T_2分布上限长达1000ms，峰值在100ms之后。差谱图上，油层、气层存在明显的差谱信息，而水层相对较弱；移谱图上，无论水层还是轻质油气层，其T_2谱的右边界总体上均表现为前移的趋势，但油气层存在明显的长拖曳现象。在长回波间隔T_2谱上水层基本移到了100ms之前，而油气层在100ms之后还存在比较多的剩余信号。利用上述核磁共振特征差异，可有效识别低孔低渗储层流体性质。

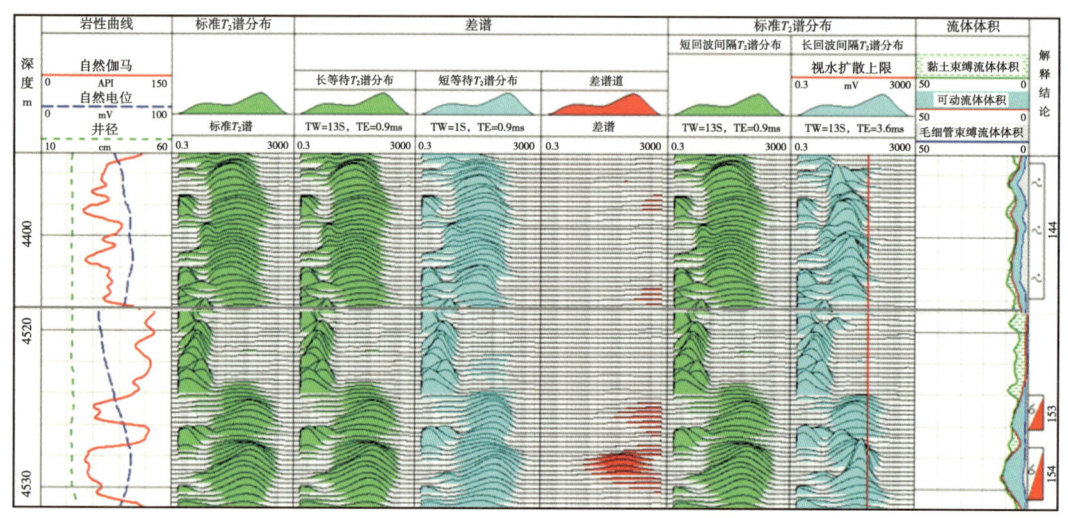

图6-22 歧口凹陷轻质油气层核磁共振测井响应特征图

二、二维核磁共振测井流体识别方法

为了解决油气水在T_2分布上的重叠问题，进一步准确判断油水层，在核磁共振测井提供的T_2信息的基础上，通过测量D或T_1，形成二维核磁共振测井识别流体方法（图6-23）。

对于二维核磁共振测井而言，当饱和流体的岩石处于梯度磁场中，改变CPMG脉冲序

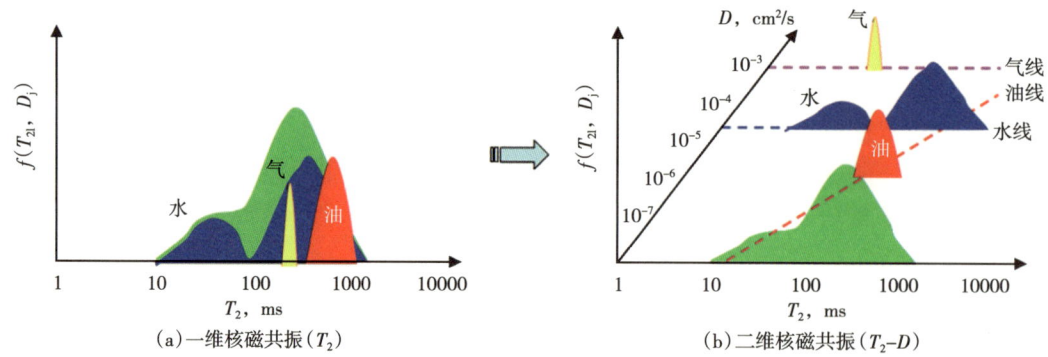

图6-23 二维核磁共振测井流体识别示意图

列的 T_E 和给定有限的测量 T_W，测量得到的 CPMG 回波串的幅度可以表示为：

$$b(t, T_W, T_E) = \iiint f(T_1, T_2, D) k_1(T_W, T_1) k_2(t, T_2) k_3(t, T_E, D) \mathrm{d}D \mathrm{d}T_1 \mathrm{d}T_2 + \varepsilon \quad (6\text{-}12)$$

式中 $f(T_1, T_2, D)$ ——氢核数在 (T_1, T_2, D) 三维空间的分布；

$b(t, T_W, T_E)$ ——回波串在时间 t 时的幅度；

k_1，k_2，k_3——核函数；

ε——噪声。

3 个核函数分别表示在 T_1、T_2 和 D 的作用下，磁化矢量随时间的变化，表示为：

$$\begin{aligned} k_1(T_W, T_1) &= 1 - \alpha \exp(-T_W/T_1) \\ k_2(t, T_2) &= \exp(-t/T_2) \\ k_3(t, T_E, D) &= \exp(-\gamma^2 G^2 T_E^2 D t/12) \end{aligned} \quad (6\text{-}13)$$

核函数 $k_1(T_W, T_1)$ 也称为极化因子，对于反转恢复法，$\alpha = 2$；对于饱和恢复法，$\alpha = 1$。这里假设 G 在空间和时间上都是常数，因此核函数 $k_3(t, T_E, D)$ 中不包含 G，当 G 在空间上不是常数时，它的影响常常包含在 D 中。

根据新一代电缆核磁共振测井仪能够测量的信息以及流体在 (T_1, T_2, D) 三维空间的分布规律，识别储层流体的二维核磁共振测井方法主要有 (T_2, D) 和 (T_2, T_1) 两种。二维 (T_2, T_1) 方法主要利用油气水完全极化所需时间的差异来区分流体，天然气的 T_1 最长，原油根据黏度的不同，T_1 有较大的变化，水根据所处的岩石孔隙大小不同，T_1 也有所不同。

二维核磁共振测井数据的采集可以用多种方法来实现。利用常规 CPMG 脉冲序列，改变回波间隔和/或等待时间采集一系列自旋回波串，通过开发新的反演算法就可以实现二维核磁共振测井。利用这种方法进行二维核磁共振测井不需要专门设计新的脉冲序列，只要能采集多组 CPMG 回波串就可以求解氢核数的二维分布。图 6-24 是利用常规 CPMG 脉

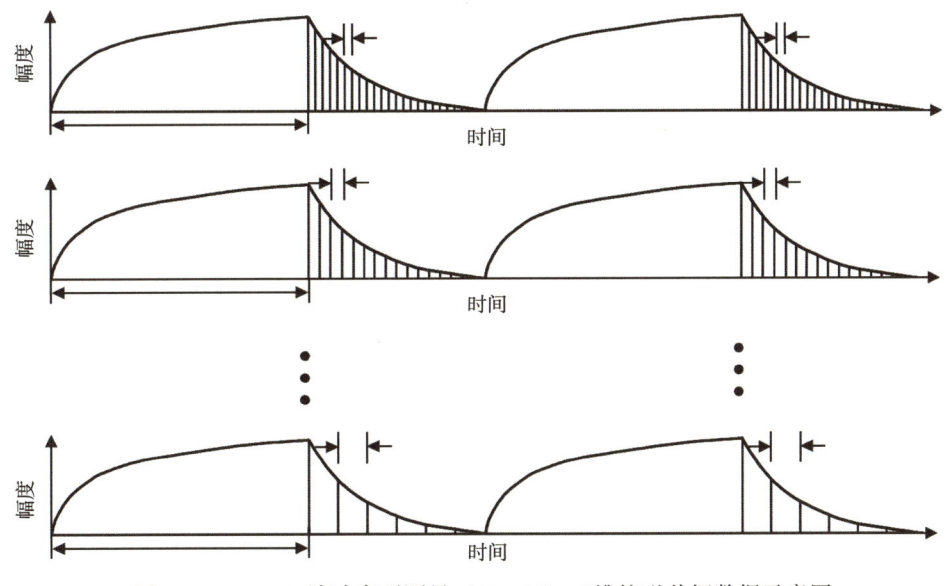

图 6-24　CPMG 脉冲序列测量 (T_2, D) 二维核磁共振数据示意图

冲序列，通过改变回波间隔 T_E 采集（T_2，D）二维核磁共振数据的示意图。图 6-25 是通过改变 T_W 采集（T_2，T_1）二维核磁共振数据的示意图。

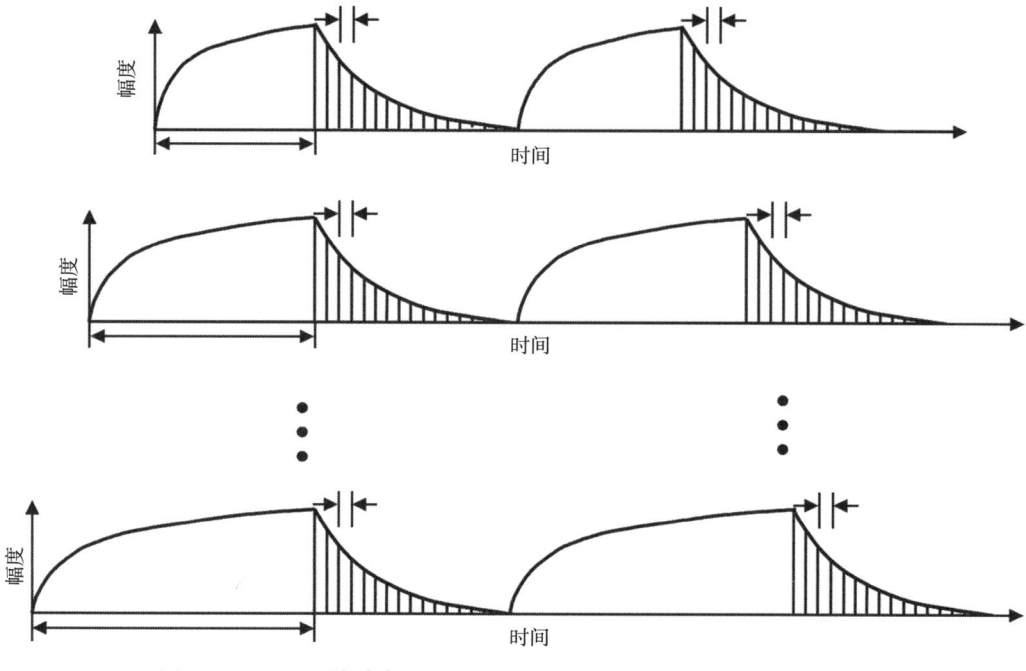

图 6-25　CPMG 脉冲序列测量（T_2，T_1）二维核磁共振数据示意图

二维核磁共振测井数据的处理比一维将更加复杂。利用 CPMG 脉冲序列，测量一组对应不同回波间隔时的 CPMG 自旋回波串，由于二维核磁共振测井数据量巨大，反演处理时需要先对数据进行压缩，然后利用 Butler-Reeds-Dawson（BRD）或奇异值分解法（SVD）进行求解，得到氢核数的（T_2，D）二维分布。这种方法同样适用于求解（T_2，T_1）的二维分布。

图 6-26 为实验室测量得到的纯水、纯油、硫酸铜溶液、饱和水岩心、饱和油岩心、硫酸铜溶液+油在 T_2—D 二维核磁共振谱图上的分布位置，可见油和水在 T_2—D 二维核磁共振谱图上的位置明显不同。

图 6-27 为沧东凹陷预探二叠系低孔渗砂岩储层的某井核磁共振测井成果图。二叠系砂岩储层勘探程度低，电阻率在 10~30Ω·m 时，常规测井油水关系响应混乱，利用常规测井资料很难有效评价流体性质。为有效评价该井流体性质，加测了 T_2—D 二维核磁共振测量。图 6-27（a）第 4 至第 7 道为由 T_2—D 测量得到的 4 组不同回波间隔 T_2 谱，116#、118#两层有效孔隙度基本一致，但是两层 4 种不同回波间隔 T_2 谱均存在明显差异，如果按照一维核磁共振测井基于 T_2 谱形态特征结合电阻率数值高低，很有可能将 116#解释为油层，118#为油水同层。但 T_2—D 二维核磁共振谱图可见 116#、118#两层油、气、束缚水信号明显，可动水信号不明显，116#、118#两层油组分存在明显差异，虽然都是油信号，但在 T_2 谱图位置上明显不同；根据 T_2—D 二维核磁共振谱图特征，116#、118#层均解释为油气层。对 115#—118#层（3830.2~3867.0m）试油，压后日产油 6.06t、气 17022m^3。

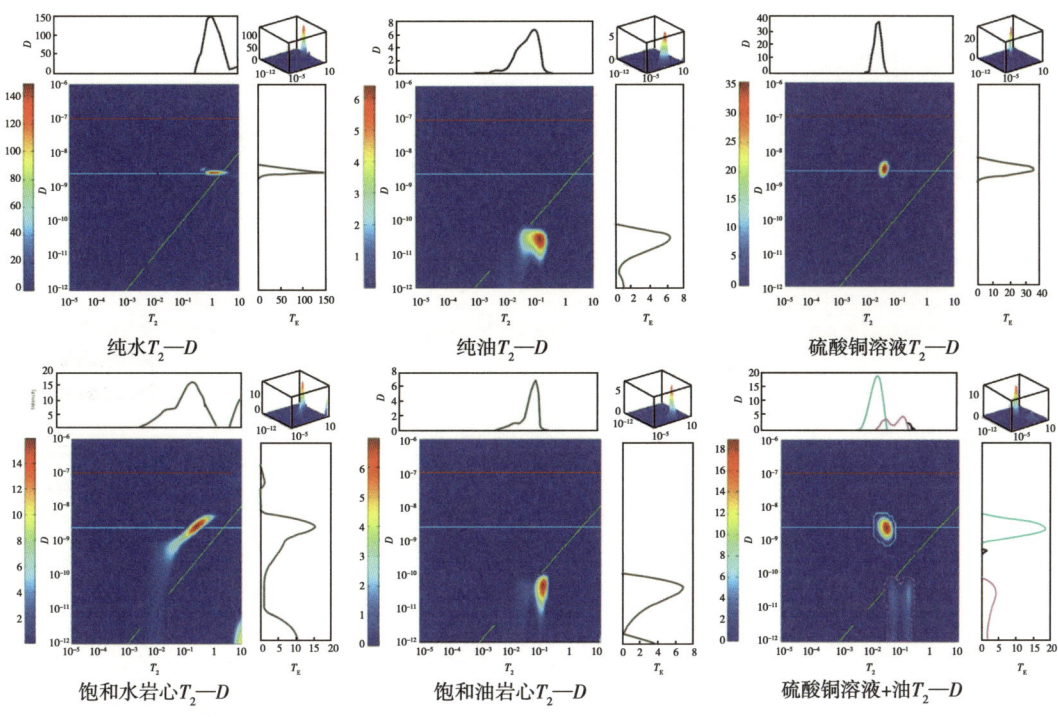

图 6-26 不同流体的实验室 T_2—D 二维核磁共振测量

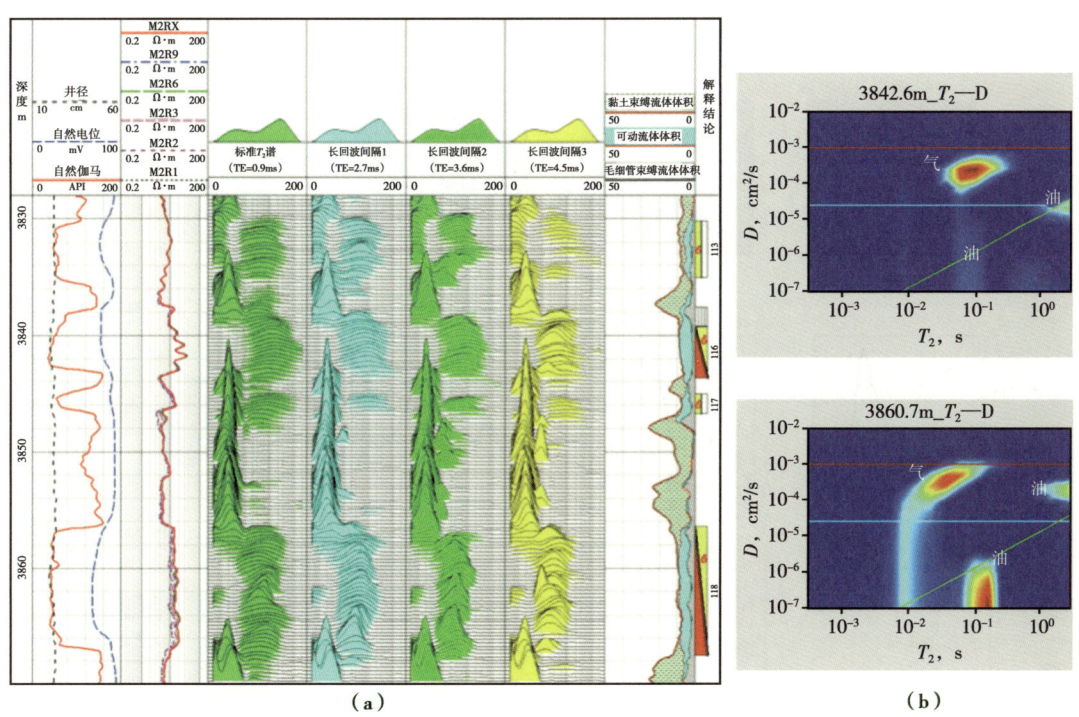

图 6-27 沧东凹陷某井核磁共振测井成果图

图 6-28 和图 6-29 展示的是一口长庆油田油探井的二维核磁共振测井实例。图 6-28 所示的长 8 段储层声波时差为 213μs/m，电阻率为 96Ω·m，密度为 2.55g/cm³，分析孔隙度最高为 10%，最低为 5%，平均孔隙度为 8%，分析平均渗透率为 0.1mD，属于典型的特低孔低渗储层，常规测井解释为油层。图 6-29 是 A 井 MR Scanner 测量的 2438.55m 处二维核磁共振测井解释图，右侧是该深度的 T_2、T_1 以及 D 径向剖面，结合相关地质资料，可以从这些剖面判别储层流体性质；左上侧是 T_1—D 二维核磁共振谱图，图中上部横直线是气线，中部横直线是水线，下部斜线是油线；左下侧是流体及流体各组分的 T_1 谱。

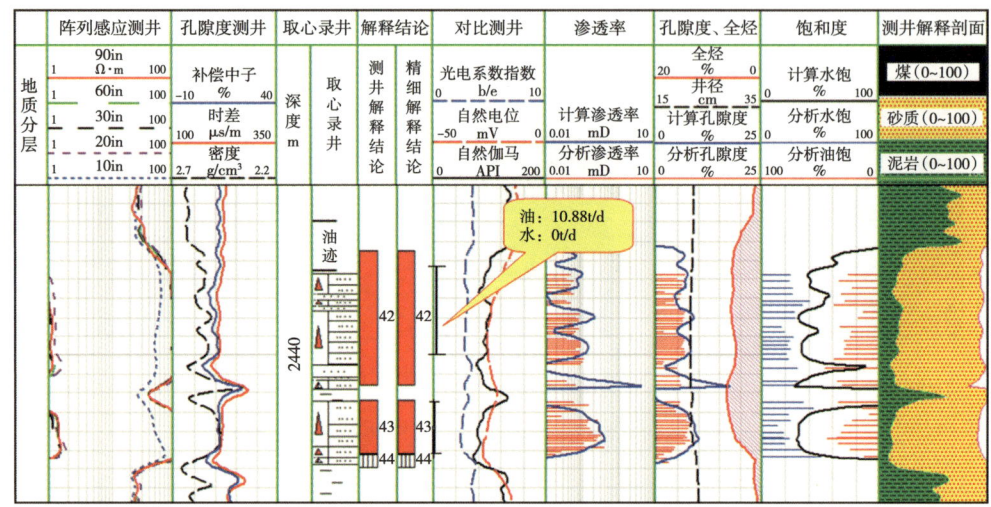

图 6-28　A 井长 8 段测井解释综合图

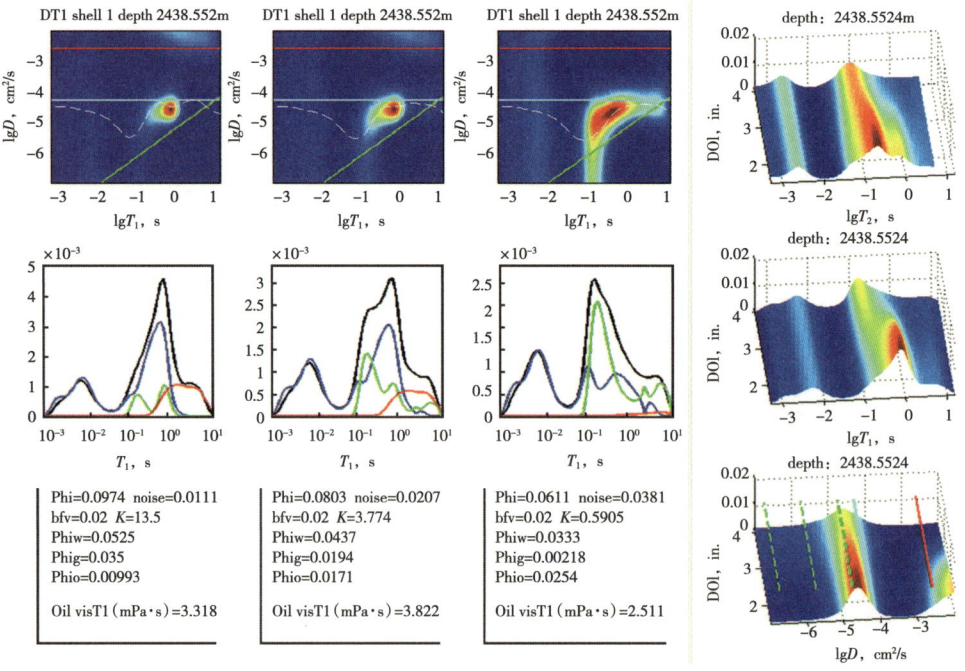

图 6-29　A 井 2438.55m 处二维核磁共振测井解释图

该段储层原油黏度一般较小，属轻质油。T_1 流体剖面图表明，径向上随着探测深度增加，流体 T_1 分异明显，T_1 变小，长等待组分减少。结合 T_2 及 D 的径向剖面，判识短弛豫组分明显增加，储层内流体呈轻质原油的核磁共振响应特征。从二维核磁共振测井纵向弛豫时间—扩散系数图（T_1—D）来看，随着探测深度的增加，油气显示区域逐渐由"水线"向"油线"靠近。T_1—D 图显示，油气显示区域大部位于"水线"与"油线"之间，有一部分已经位于"油线"上，且显示区域非常靠近"水线"与"油线"交会处。这种现象表明靠近井眼的地层受钻井液侵入的影响，孔隙中流体主要以长弛豫组分为主，而原状地层长弛豫组分减少，短弛豫组分逐渐增加。据此，可以推断随着探测深度的增加，地层孔隙中水的组分逐渐减少，油的组分逐渐增加，也说明储层内的流体可能为油水并存，油的成分居多。综合该地区地质资料，二维核磁共振测井综合判识该层为油层。最终试油 10.88t/d，印证了二维核磁共振测井结果。

延长组长 9 段为近年来勘探的新层系，试油资料非常少，岩电实验数据不足，常规测井解释的符合率较低。图 6-30 为 A 井长 9 段测井综合解释图。该段声波时差为 232μs/m，电阻率为 27Ω·m，密度为 2.51g/cm³，岩心分析平均孔隙度为 8.8%，平均渗透率为 0.12mD，常规解释为油层。该段储层原油黏度也比较小，属轻质油，核磁共振对其响应灵敏。图 6-31 所示的该井 2513.5m 处二维核磁共振测井表明，T_1 径向上随着探测深度增加没有变化，即长等待组分没有变化，结合 T_2 及 D 的径向剖面，判识储层的流体核磁响应特征与水的特征相似。从二维核磁共振测井纵向弛豫时间—扩散系数图来看，随着探测深度的增加，流体显示区域一直在"水线"附近，且距离"水线"与"油线"交汇处有

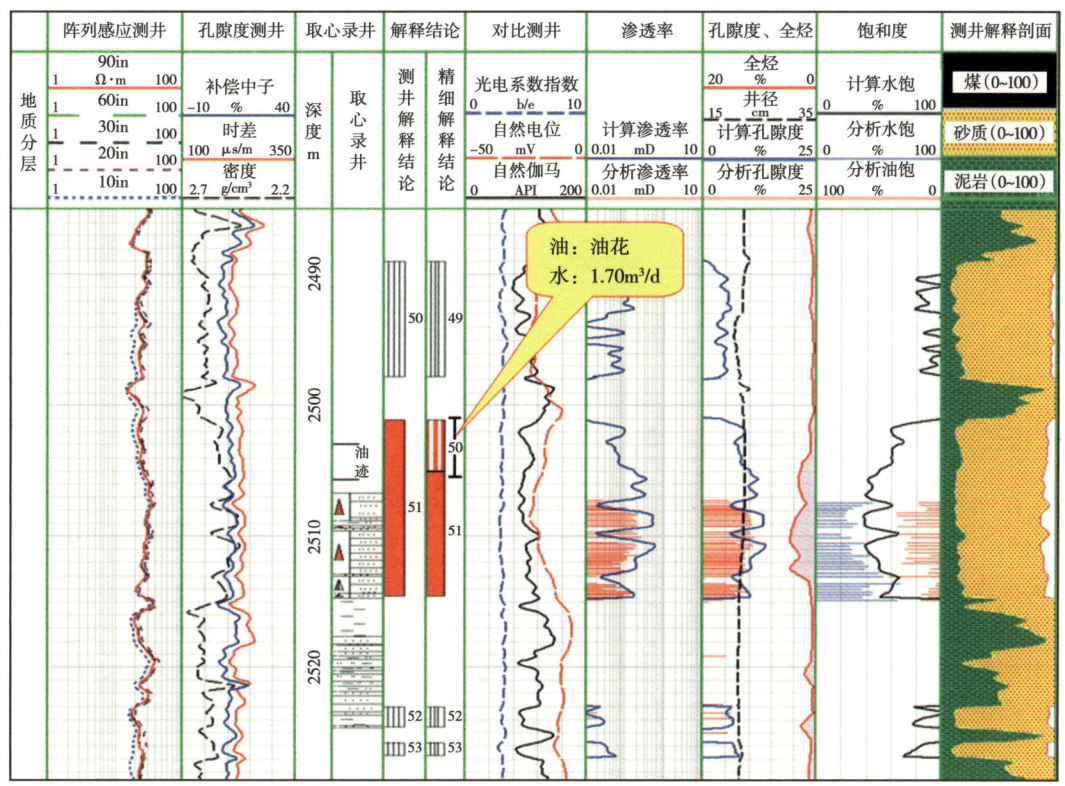

图 6-30　A 井长 9 段测井解释综合图

一定的距离。随着探测深度的增加，纵向弛豫时间没有发生变化，据此也判识储层孔隙中流体的组分主要为水。故综合二维核磁共振测井判识结论，该段解释为水层。最终该段试油结论为水层，印证了二维核磁共振测井的结果。

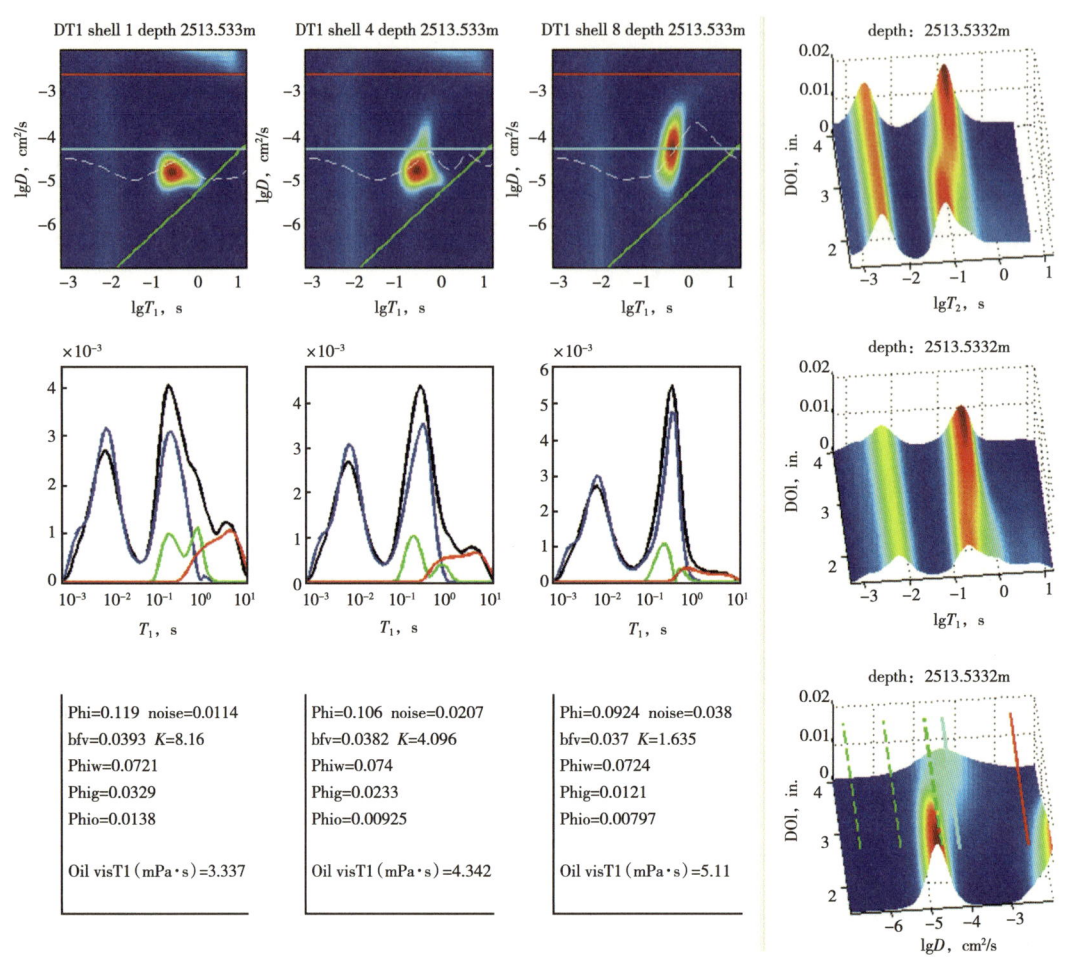

图 6-31　A 井 2513.5m 处二维核磁共振测井解释图

三、构建水谱流体识别方法

在储层流体识别方面，核磁共振测井目前主要采用基于一维 T_2 域的差谱法（DSM）、移谱法（SSM）以及增强扩散法（EDM）进行流体性质识别和评价。理论和实践都表明，由于受到孔隙结构和流体性质双重因素影响，上述一维方法必须在较强的应用条件之内才能有较好的效果，否则会产生流体性质的误判。针对该问题，国外测井公司和油公司在 2002 年左右提出二维核磁共振测井技术，利用 (T_2, D)、(T_2, T_1) 二维核磁共振测井参数消除孔隙结构影响，极大提高了核磁共振测井流体识别能力。但实现二维核磁共振测井需要诸多条件，如需要重新设计测井模式，需要研发 (T_2, D) 和 (T_2, T_1) 反演处理算法及相应处理软件，并发展全新流体识别和解释方法，其实现与应用过程均存在一定难度。

核磁共振测井构建水谱流体识别方法仅仅依靠现有仪器且无须设计新的脉冲序列,该方法利用长等待时间和短回波间隔测量下的 T_2 分布构造长等待时间和长回波间隔下完全含水状态下 T_2 分布,通过比对测量谱和构造水谱之间的差异实现流体性质的识别。该方法不仅同样能够消除孔隙结构这一影响流体识别的关键影响因素,极大提高了核磁共振测井流体识别能力,而且所需仪器、测量工艺和过程都相对简单,采集成本大大降低,在复杂油气藏具有广阔的应用前景。

1. 方法原理

如果假设储层为水层,在长等待时间(如 T_{WL} 为 13s)短回波间隔(如 T_{ES} 为 0.9ms)模式测量时,测井所得 T_2 可以表示为:

$$\frac{1}{T_{2,w}} = \frac{1}{T_{2B,w}} + \rho_2 \frac{S}{V} + \frac{D_w(\gamma G T_{ES})^2}{12} \tag{6-14}$$

利用长等待时间(如 T_{WL} 为 13s)、短回波间隔(T_{ES} 为 0.9ms)模式测量 T_2 谱模拟长等待时间(如 T_{WL} 为 13s)长回波间隔(如 T_{EL} 为 3.6ms)时的回波信息,即:

$$M_{T_{EL,w}} \approx \exp\left\{-t\left[\frac{1}{T_{2,w}} + \frac{D_w(\gamma G T_{ES})^2}{12}\right]\right\} \tag{6-15}$$

将长等待时间(如 T_{WL} 为 13s)长回波间隔时间(T_{EL} 为 3.6ms)测量的回波信息与构建回波串进行差谱分析,即:

$$\Delta M \approx M_i\left\{\exp -t\left[\frac{1}{T_{2B}} + \rho_2 \frac{S}{V} + \frac{D(\gamma G T_{EL})^2}{12}\right]\right\} - \exp\left[\frac{1}{T_{2,w}} + \frac{D_w(\gamma G T_{EL})^2}{12}\right] \tag{6-16}$$

如果储层为水层,此时构建水谱和测量谱一致,即:

$$\Delta M \approx M_i\left(\exp\left\{-t\left[\frac{1}{T_{2,w}} + \frac{D(\gamma G T_{EL})^2}{12}\right]\right\} - \exp\left[\frac{1}{T_{2,w}} + \frac{D_w(\gamma G T_{EL})^2}{12}\right]\right) \approx 0 \tag{6-17}$$

如果储层为气层,由于气的扩散系数远大于水的扩散系数,此时测量谱回波串信息应小于构造水谱回波串幅度,即:

$$\Delta M \approx M_i\left(\exp\left\{-t\left[\frac{1}{T_{2,w}} + \frac{D_g(\gamma G T_{EL})^2}{12}\right]\right\} - \exp\left[\frac{1}{T_{2,w}} + \frac{D_w(\gamma G T_{EL})^2}{12}\right]\right) < 0 \tag{6-18}$$

对于油层来说,由于油黏度分布范围较为广泛,需要进行更为细致分析:
(1) 当原油黏度小于 12mPa·s(包括轻质油及部分中等黏度油)时:

$$\Delta M \approx M_i\left(\exp\left\{-t\left[\frac{1}{T_{2,w}} + \frac{D_o(\gamma G T_{EL})^2}{12}\right]\right\} - \exp\left[\frac{1}{T_{2,w}} + \frac{D_w(\gamma G T_{EL})^2}{12}\right]\right) > 0 \tag{6-19}$$

（2）当原油黏度不小于12mPa·s（部分中等黏度油及稠油）时：

$$\Delta M \approx M_i \left(\exp\left\{ -t\left[\frac{1}{T_{2,w}} + \frac{D_o(\gamma GT_{EL})^2}{12} \right] \right\} - \exp\left[\frac{1}{T_{2,w}} + \frac{D_w(\gamma GT_{EL})^2}{12} \right] \right) \leq 0 \quad (6-20)$$

将上述回波串的差异数据利用反演算法转化为T_2谱，通过差异大小确定油谱、气谱和水谱，从而实现对储层流体性质识别与评价。

2. 现场应用

图6-32的C井2769.6~2785.3m试油证实该层为水层，日产水7.4m³。根据上述构建水谱原理，水层不应出现差谱信号，测量谱与构建水谱分布范围和幅度应几乎一致。对比该图第7道的测量谱（长回波间隔T_2谱）与第8道的构建水谱可知，完全符合水层理论特征，不存在差谱信号。该实例验证了构建水谱方法的正确性。

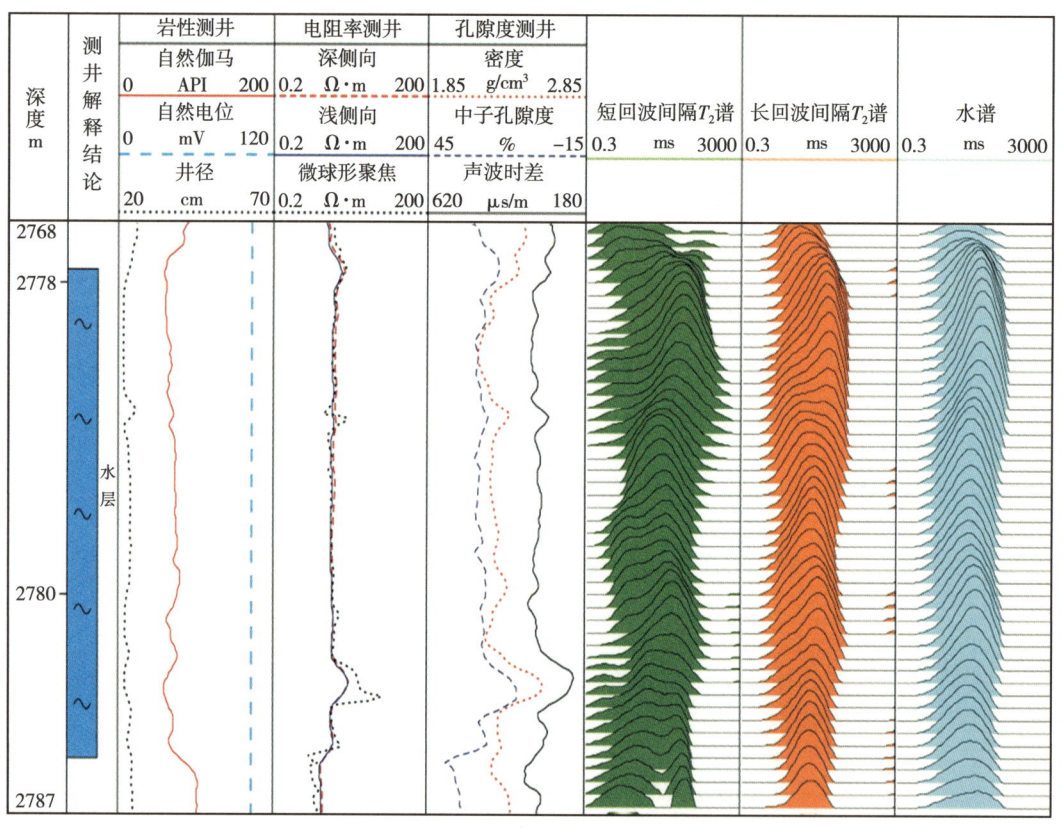

图6-32 C井构建水谱法水层识别效果

图6-33的D井2955.7~2971.4m层段，第7道的长回波间隔测量谱和第8道的构建水谱差异明显，且测量谱左移，明显小于构建水谱，这表明该层流体的扩散系数小于水的扩散系数，构建水谱与测量谱的差谱信息是油谱。通过计算可得该层的视含油饱和度为19.2%，根据本区域构建水谱的油层划分标准（>15%为油层）可以确定该层为油层，试油证实该层初期日产原油99 t，构建水谱的流体识别结果与试油结论一致。

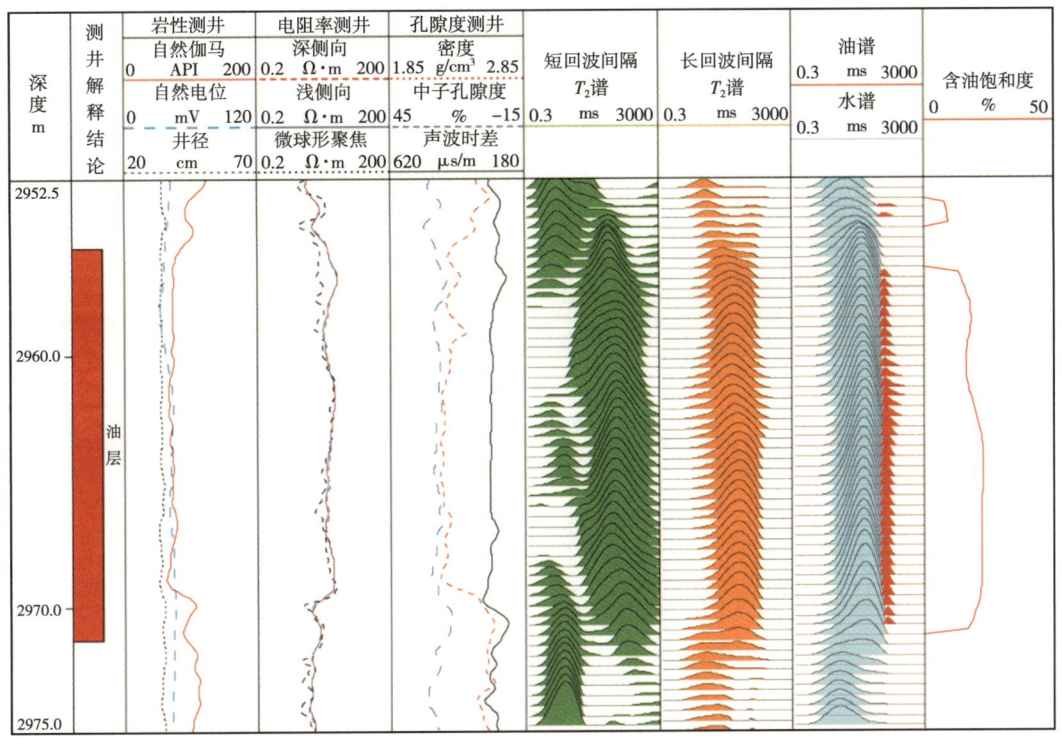

图 6-33 D 井 2955.7~2971.4m 井段构建水谱法油层识别效果

第三节　基于声波测井识别方法

苏里格地区南部储层岩性致密，气层识别难度极大。根据储层的声学特征和岩石力学特性，综合分析该地区的偶极声波资料，建立了一套适用于该地区的声学参数气层识别技术，在含气性识别方面有一定的优越性，可以辅助判识储层流体性质。

一、泊松比—体积压缩系数综合识别法

泊松比反映了岩石的压缩性，与压缩系数有关，其计算公式为：

$$\sigma = \frac{0.5(v_p/v_s)^2 - 1}{(v_p/v_s)^2 - 1} \quad (6-21)$$

式中　σ——泊松比；
　　　v_p——纵波速度，m/s；
　　　v_s——横波速度，m/s。

岩石体积压缩系数 C_B 直接反映了地层压实的情况，对含气饱和度的变化最敏感，在含有大量天然气时，体积压缩系数极大，是非常好的识别气层的参数。利用纵横波时差及密度曲线可以得出动态的体积压缩系数：

$$C_B = \frac{3\Delta t_s^2 \Delta t_p^2}{\rho(3\Delta t_s^2 - 4\Delta t_p^2)} \quad (6-22)$$

式中 Δt_p，Δt_s——分别为地层声波的纵波时差、横波时差，$\mu s/m$；

ρ——密度测井值，g/cm^3。

根据泊松比在气层明显减小、体积压缩系数明显变大的特征，将曲线进行正向刻度，并在明显水层或干层把两条曲线进行重叠，在气层段有明显的包络面积，包络面积越大，含气饱和度越高。如图6-34所示，S352井盒8段34号、35号气层泊松比与体积压缩系数包络面积明显，解释为气层，试气获无阻流量$4.6503\times10^4 m^3/d$。

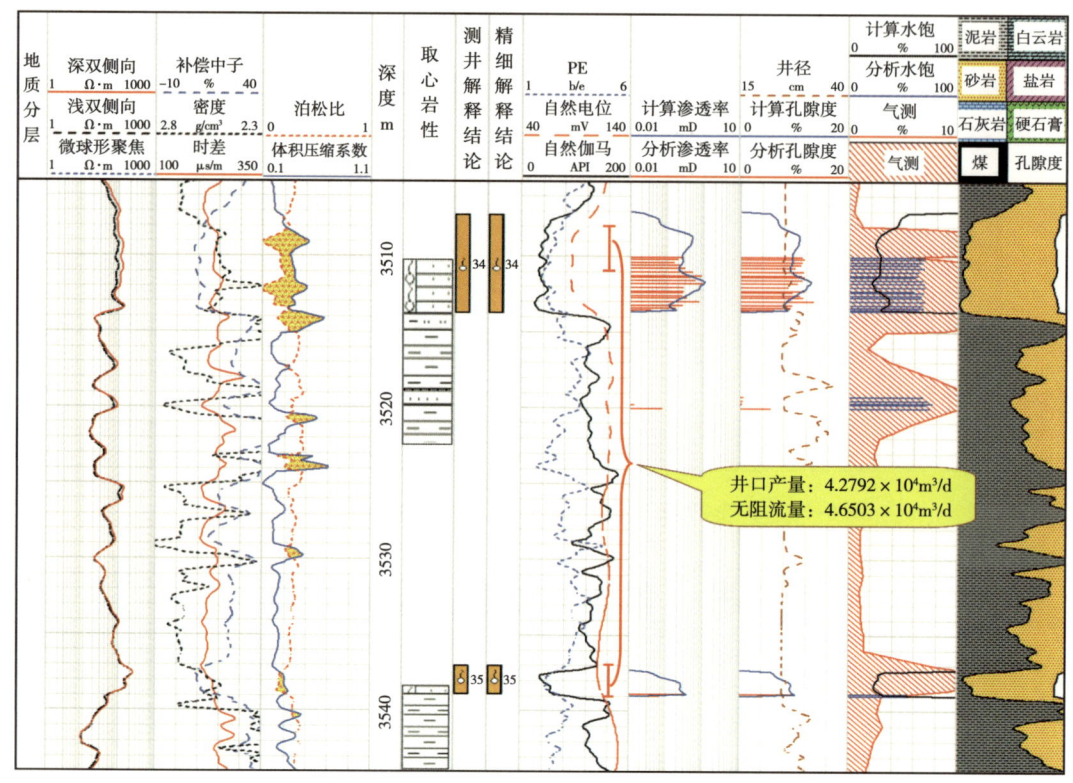

图6-34 S352井盒8段泊松比—体积压缩系数综合识别气指示图

根据体积压缩系数、泊松比的含气性特征，针对鄂尔多斯盆地苏里格地区盒8段、山1段砂岩储层的试气结论，建立适用于该地区储层流体识别的声学特征参数解释图版（图6-35）。

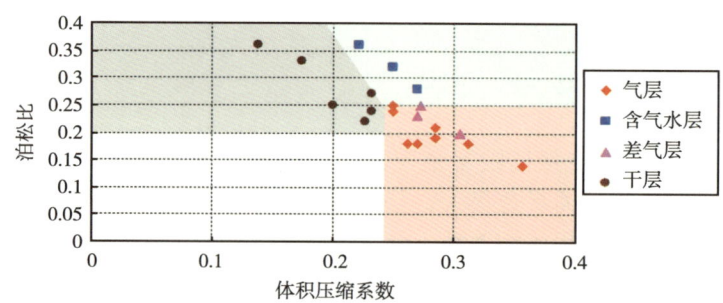

图6-35 S地区砂岩储层声学特征参数解释图版

该图版中气层、水层、干层范围界限清晰，分布特征明显，可将不同性质流体明显区分，验证了该方法的可靠性和准确性。根据该解释图版，S 地区砂岩储层流体识别范围见表 6-3，它作为流体性质判识的参考标准，提高了流体识别的准确率。

表 6-3　S 地区砂岩储层流体识别范围

储层类型	体积压缩系数范围	泊松比范围
气层	>0.24	<0.25
干层	<0.24	>0.2
水层	>0.2	>0.25

二、纵波时差差值法

当孔隙中含有天然气时，纵波速度降低，但对横波速度影响很小。利用偶极横波测井的横波时差可计算出不含气砂岩的纵波时差，实测纵波时差与该值的差值可直观指示气层。

根据 S 地区的岩心分析数据，该地区不含气地层的纵横波时差转换公式为（图 6-36）：

$$\Delta t_p = 0.2741 \Delta t_s + 33.251 \qquad (6-23)$$

根据式（6-36）计算视纵波时差，视纵波时差小于测井纵波时差的储层即为含气层。如图 6-37 所示，S56-8 井盒 8 段计算与实测纵波时差之间有明显差值，解释为气层，投产后生产产量为 $1.5 \times 10^4 \text{m}^3/\text{d}$。

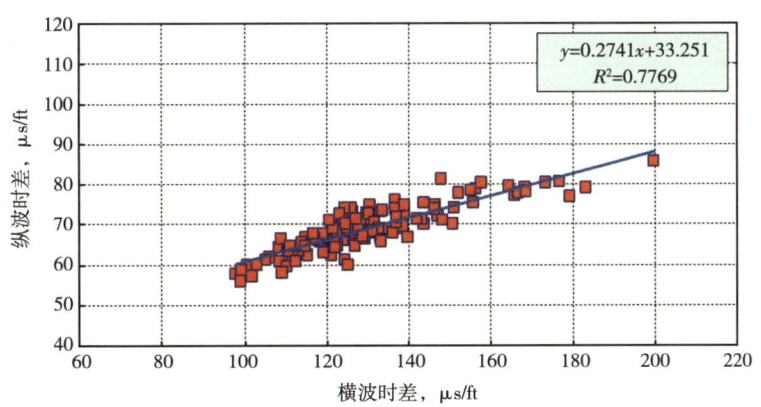

图 6-36　横波时差—纵波时差交会图

三、声学特征参数综合图版判识法

基于不同饱和度的岩心声学实验与理论计算，通过对不同岩性、物性、含气性岩心声学特征参数变化规律的综合分析研究，建立了半定量计算储层岩性、物性和含气性的综合图版。

将含气砂岩储层看作各向同性的理想介质，根据波动理论，岩石的纵波时差、横波时差可以表示为：

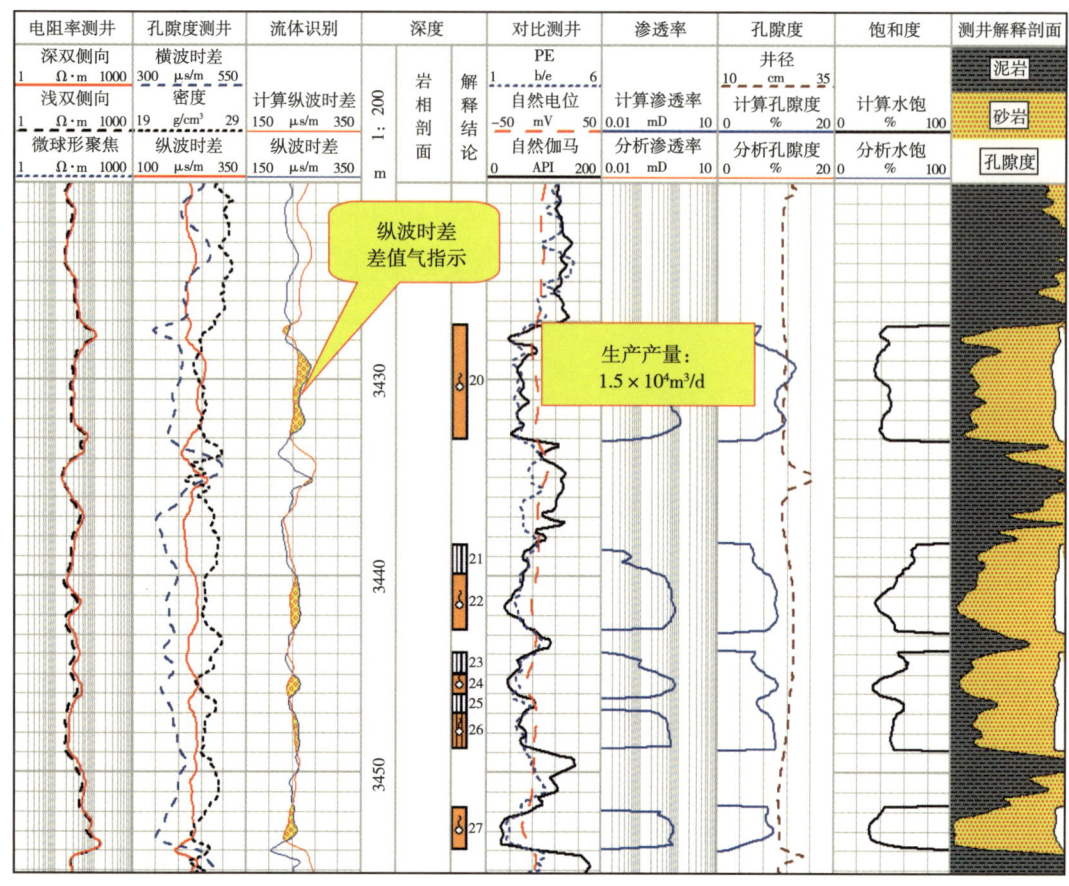

图6-37 S56-8井盒8段纵波时差差值气指示图

$$\Delta t_{\mathrm{p}} = c\sqrt{\dfrac{\rho_{\mathrm{b}}}{K+\dfrac{4}{3}G}}$$

$$\Delta t_{\mathrm{s}} = c\sqrt{\dfrac{\rho_{\mathrm{b}}}{G}} \qquad (6\text{-}24)$$

式中　c——单位转换系数，无量纲；

K——岩石体积模量，GPa；

G——岩石剪切模量，GPa；

ρ_{b}——岩石密度，g/cm^3。

不同岩性、孔隙度及流体类型将引起式（6-24）中 ρ_{b}、K、G 等弹性参数的改变，从而导致其纵波时差、横波时差的变化，这是声学特征参数进行储层流体性质判别的基础。根据式（6-24），岩石的波速比 r（v_{p}、v_{s} 的比值）可以表示为：

$$r = \dfrac{v_{\mathrm{p}}}{v_{\mathrm{s}}} = \dfrac{\Delta t_{\mathrm{s}}}{\Delta t_{\mathrm{p}}} = \sqrt{\dfrac{K}{G}+\dfrac{4}{3}} \qquad (6\text{-}25)$$

将饱含气的砂岩称为干岩石，Pickett等通过研究证实，砂岩干岩样的波速比为常数，根据苏里格地区126块岩心的实验测试数据统计结果得出，该地区干岩样的纵横波速度比为1.53。

当岩石分别被水、气完全饱和时，其纵横波速度比的取值范围不同，因此可以推断，当岩石中气、水同时存在时，根据饱和度的不同其在纵波时差—纵横波速度比交会图上应当存在不同的分布范围。

按照上述分析，对苏里格地区的岩石物理实验数据按岩石物性、流体饱和状态进行分类，得到"声学特征参数综合图版"（图6-38）。该图版适用于S地区低孔低渗储层。在图版上，不同孔隙度地层的分布范围不同，因此实现储层孔隙度的区间划分。另外，不仅对储层含气性进行了定性识别，同时能够划分不同含气饱和度的分布区域，实现饱和度的半定量解释。从图6-38可知，在孔隙度大于5%时，随着孔隙度的增大，各条等饱和度线之间的距离逐渐增加，图版对饱和度半定量的分辨能力逐渐增强。随着孔隙度的降低，图版对饱和度半定量的分辨能力降低，当孔隙度小于5%时，各条等饱和度之间的距离逐渐变小，此时对气层与干层的分辨具有一定的难度。

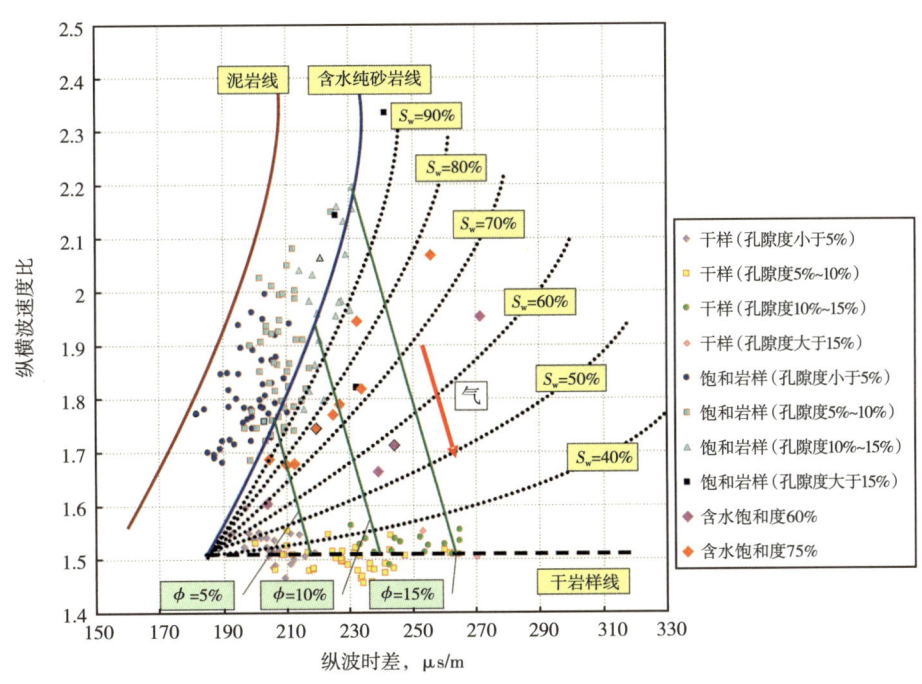

图6-38　S南区声学特征参数综合图版

将S南区92口井208个试气层段的声学参数值放入已建好的声学特征参数综合模板中，得到如图6-39所示的解释图版。可以看出，Ⅰ类、Ⅱ类气层数据点基本位于"含水饱和度55%砂岩线"和"干岩样线"之间；水层、含气水层数据点位于"含水饱和度55%砂岩线"和"含水纯砂岩线"之间，物性相对较好；物性较差的致密气层数据点位于"含水饱和度75%砂岩线"和"含水饱和度55%砂岩线"之间区域，这与S南区确定的储量下限基本一致。S南区L45井盒8段45号、46号气层声波时差为237.6μs/m，纵横波速度比为1.551，该层数据点落在图版中Ⅰ类气层边界上，试气井口产量5.4112×10^4 m^3/d，试气产量与图版分类结果比较吻合，图版应用效果良好。

基于声学特征参数的识别方法在致密砂岩气层（孔隙度主要分布在5%~12%）识别

中进行应用,解释13口井19层,14层符合,解释符合率为73.6%。从实际应用中发现,储层含水影响该方法判识效果,需配合其他气层识别方法使用。

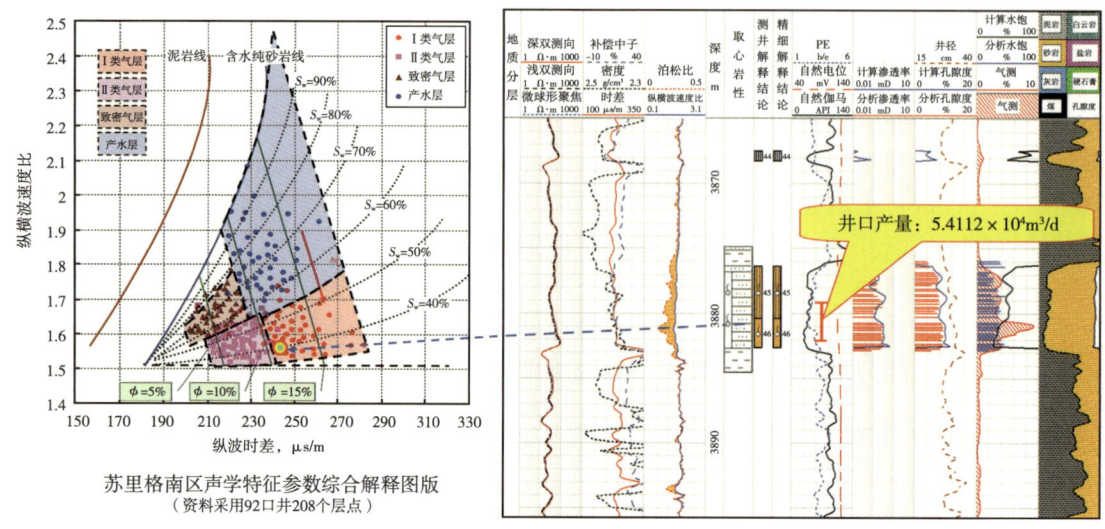

图6-39 S南区声学特征参数解释图版与L45井盒8段测井综合解释成果图

第四节 油气层综合识别方法

随着油田勘探开发的不断深入,复杂孔隙结构岩性油藏和隐蔽性油藏的勘探开发越来越多。前文介绍的大量油水层解释技术多是单项测井方法的应用,面对储层特殊的问题,它们从各自的角度出发能够发挥重要作用。除此而外,还可以进一步充分挖掘测井资料中对流体性质判断的有用信息,构建新的综合参数,并结合录井、取心技术开展多信息综合判识复杂储层的流体性质,以提高低孔低渗储层油水层识别符合率。

一、三孔隙度指数流体识别方法

从测井声波时差、补偿密度、补偿中子的组合特征出发,构建三孔隙度指数(TPI),辅以含油性因子($\Delta R_t \times \Delta AC$)、视电阻增大率等曲线,可以识别油水层。这是鄂尔多斯盆地湖盆中部长8储层流体性质的一种识别方法。

1. 三孔隙度、电阻测井曲线的组合特征

鄂尔多斯盆地湖盆中部长8低渗透—致密型储层测井曲线响应特征的统计分析表明,三孔隙度和电阻率曲线响应特征的组合在不同类型储层中差异明显且存在一定的规律。在刻度一定的前提下,三孔隙度曲线重合程度较好,且储层电阻率曲线与邻近泥岩的电阻率相比,其值越大,储层段的含油丰度越高;反之,则对应储层段的含油丰度越低。

(1)图6-40为长8储层段,A井2234.5~2250.1m油层段三孔隙度曲线基本重合[图6-40(a)第2道],表现为线重合,油层段电阻率与上下围岩相比具有较大的幅度差,声波时差与电阻率曲线包络面积大[图6-40(a)第3道黄色充填部分],表明其物性、含油性很好。测井解释油层为13.4m,压裂试油获得60.1 t/d的高产油流。表明当CNL、DEN、AC三条曲线基本重合(线重合)时,储层电阻率与上下围岩电阻率幅度差

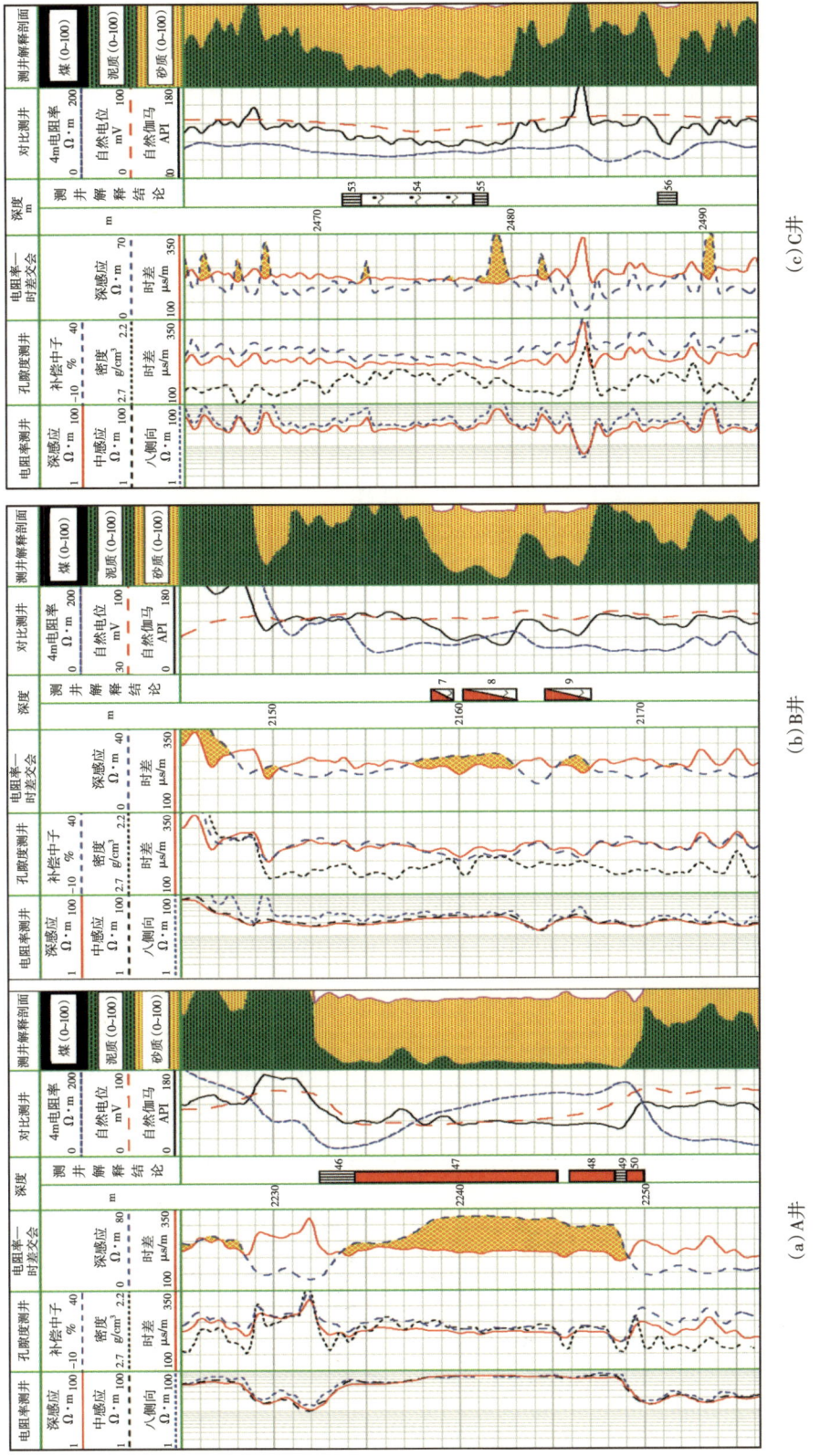

图6-40 延长组长8不同流体性质储层曲线组合特征

越大时，对应储层段的含油性越好。

（2）B井长8储层段2158.5~2167.0m三孔隙度曲线补偿中子与密度重合，声波时差与补偿中子、密度有一定的幅度差［图6-40（b）第2道］，纵向上幅度差有一定的变化，表现为点重合，储层段电阻率与上下围岩相比较具有一定的幅度差，声波时差与电阻率交会包络面积相对较小［图6-40（b）第3道黄色填充部分］，表明其物性、含油性相对较好，稍差于A井。测井解释油水同层为6.4m，压裂试油获得5.10t/d的工业油流，还产水4.5m³/d。表明当三孔隙度曲线存在一定的幅度差（点重合）时，储层电阻率与围岩电阻率有一定的幅度差，对应储层段仍有一定的含油性。

（3）C井长8储层段2472.5~2478.1m三孔隙度曲线AC、DEN、CNL之间均存在一定的幅度差［图6-40（c）第3道］，表现为不重合，储层段电阻率与上下围岩电阻率相比具有一定的幅度差或无幅度差，声波时差与电阻率交会包络面积很小或者无包络面积，表明其物性、含油性相对较差。测井解释含油水层5.6m，压裂试油仅仅产水9.32m³/d，且其氯离子含量为23016mg/L，属于地层水。表明当CNL、AC、DEN均存在一定的幅度差时，其幅度差越大，对应储层段的物性、含油性越差。

从以上分析可知，三孔隙度曲线的组合特征的差异、储层电阻率与围岩电阻率曲线的差异、声波时差与电阻率包络面积的大小，反映其含油性不同，使储层产量存在较大差别，从A井到C井呈为依次递减的趋势。因此，在储层有效厚度和压裂措施相似的前提下，综合三孔隙度曲线的重合程度和储层电阻率与围岩电阻率的幅度差异、声波时差与电阻率包络面积特征，可以定性地判识储层的流体性质。

2. 测井曲线的重构

1）三孔隙度指数

基于三孔隙度曲线在不同产能级别储层的重合程度不同这一测井曲线组合响应特征，衍生出特征参数TPI（Three Porosity Index）。三孔隙度曲线的刻度如图6-41（b）所示，为了保持三孔隙度曲线的原始形态，基于刻度的最大值和最小值，计算三孔隙度曲线的归一化相对值如图6-41（c）所示。为了使转换曲线左数值大小变化具有一致性，即左边为曲线最小值，右边为曲线最大值，将图6-41（c）转化为图6-41（d）。基于图6-41（d）中三条曲线的重合程度，计算TPI下式：

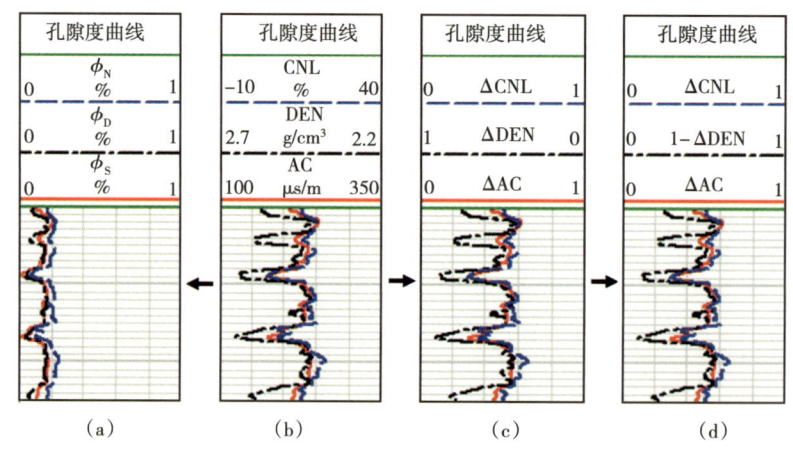

图6-41 三孔隙度曲线转化过程

$$TPI = 1 - \sqrt{\frac{(\Delta CNL - \Delta AC)^2 + [\Delta CNL - (1 - \Delta DEN)]^2 + [\Delta AC - (1 - \Delta DEN)]^2}{3}}$$

(6-26)

其中：$\Delta AC = (AC-100)/250$，$\Delta CNL = (CNL+10)/50$；$\Delta DEN = (DEN-2.7)/0.5$

式中　AC——声波时差，μs/m；

　　　CNL——补偿中子，%；

　　　DEN——测井密度，g/cm³；

　　　ΔAC——声波差异系数；

　　　ΔCNL——中子差异系数；

　　　ΔDEN——密度差异系数。

一般，声波孔隙度反映的是岩石粒间孔隙度，即有效孔隙度；而补偿中子和补偿密度计算的孔隙度为岩石总孔隙度。当岩性较纯时，中子、密度和声波孔隙度值较为接近；当岩性不纯，夹杂泥质或钙质，中子和密度孔隙度大于声波孔隙度。因此 TPI 本质上指示的是储层岩性、物性的变化。

近源低渗透岩性油藏"四性"关系普遍为岩性控制物性，物性制约含油性，因此 TPI 在一定程度上也能反映储层的含油性。图 6-42 和图 6-43 分别为湖盆中部长 8 段储层 TPI 与渗透率、含油饱和度之间的交会图，可见 TPI 与储层物性、含油性之间存在较好的线性正相关关系。

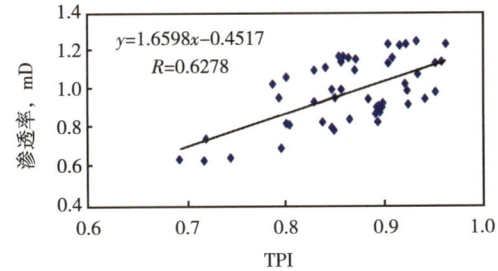

图 6-42　湖盆中部长 8 段储层 TPI 与
渗透率交会图

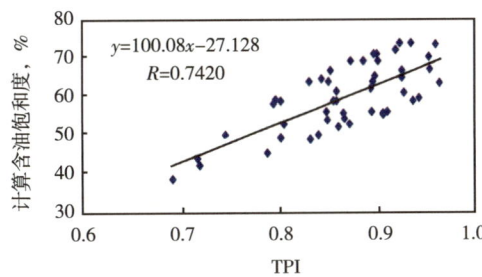

图 6-43　湖盆中部长 8 段储层 TPI 与
含油饱和度的交会图

根据以上分析，TPI 在一定程度上能反映地层的岩性、物性的变化，在一定的地质条件下也能反映含油性变化。在鄂尔多斯盆地湖盆中部的长 8 段，三孔隙度曲线重合较好，则 TPI 值较大，储层物性、含油性越好。

2）饱和度因子

为了直观表示电阻率曲线的形态和电阻率与上下围岩的幅度差异，从而直观表示储层的含油性，定义电阻率系数：

$$\Delta R_t = \lg R_t / \lg R_{tsh}$$

(6-27)

式中　ΔR_t——电阻率系数，Ω·m；

　　　R_t——深探测电阻率，Ω·m；

　　　R_{tsh}——本层段泥岩最低电阻率值，Ω·m。

电阻率与声波时差包络面积的大小反映了储层的含油性，为了定量表示声波时差与电阻率包络面积，定义饱和度因子 S_{RA}：

$$S_{RA} = \Delta R_t \times \Delta AC \tag{6-28}$$

式中　ΔAC——声波时差相对值，无量纲。

饱和度因子反映储层电阻率随孔隙度的变化规律，当声波时差值增大电阻率增大，包络面积越大，储层的含油性越好；反之，包络面积减小，储层的含油性越差。

3）视电阻增大率

岩石孔隙中含有油气时的电阻率比岩石孔隙中全部含水时的电阻率值大，其增大的倍数叫作电阻增大率。电阻增大率与岩石含油或含水饱和度有关。利用湖盆中部长 8 段部分出水井可获得地层水电阻率，利用岩电实验参数可以反算一个地层完全含水的电阻率 R_0，从而得到含油储层电阻率 R_t 与 R_0 的比值，叫作视地层水电阻增大率。

定义物性指数：

$$PI = \frac{AC}{AC_{下限}} \text{ 或 } PI = \frac{DEN}{DEN_{下限}} \tag{6-29}$$

式中　$AC_{下限}$——声波下限值；
　　　$DEN_{下限}$——密度下限值。

PI 消除了孔隙度曲线采集时的测量误差，表示储层物性对于储层下限的相对值，其值越大说明储层的物性越好。

3. 重构曲线的应用

针对湖盆中部长 8 段储层段应用 TPI 计算公式求取 54 口井 54 个数据点试油段的 TPI、S_{RA}，做 TPI 和饱和度因子的交会图（图 6-44），沿纵轴方向向上表示储层的含油性变好，沿横轴方向向右表示储层的岩性、物性变好，图版符合率高达 96.3%，能很好地判识储层的流体性质，提高了测井对该类油层的识别能力。

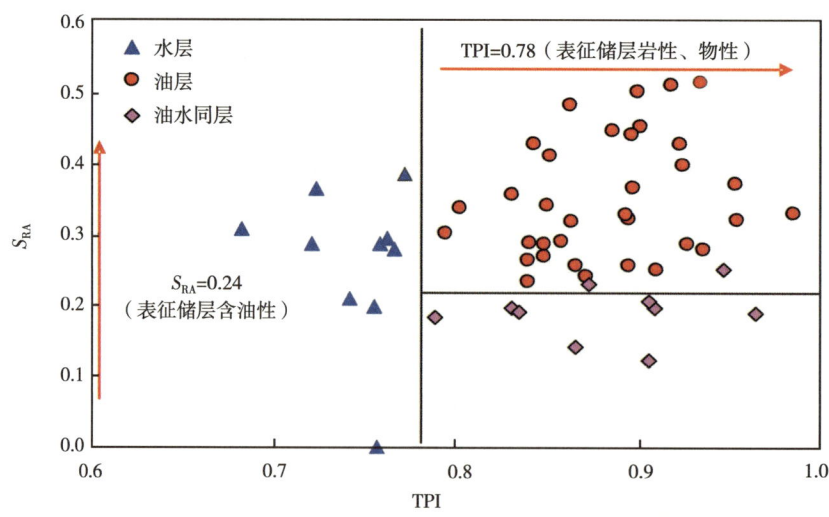

图 6-44　湖盆中部长 8 段储层 TPI 与饱和度因子交会图

利用湖盆中部长 8_1 段 156 口井的试油层段 323 个小层数据点做长 8_1 段声波时差与电阻率交会图（图 6-45），并构建视电阻增大率和 PI 交会图（图 6-3-7），从图 6-45 和图 6-46 可知声波时差下限由斜线（图 6-45）转换成直线（图 6-46），使测井解释图版更直观，且 PI 与 ARI 交会能将好油层、高饱和度致密油层、油水同层、含油界限层、水层、干层有效的区分开。

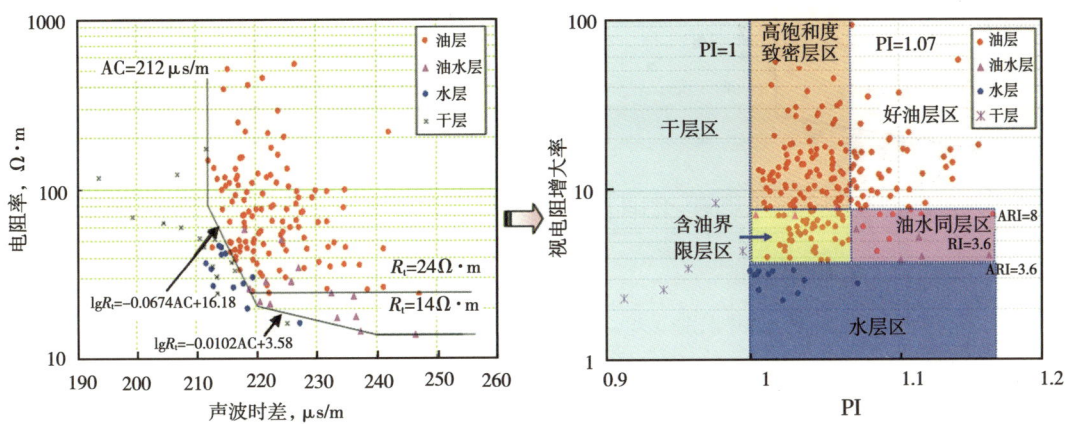

图 6-45　湖盆中部长 8_1 段 AC 与 R_t 交会图　　图 6-46　湖盆中部长 8_1 段 PI 与视电阻增大率交会图

2014—2015 年利用上述测井解释图版解释湖盆中部油探井、评价井长 6—8 段油层组共计 172 个层，符合 139 个层，测井解释符合率为 85.46%，比原解释方法提高了 5.2%，提高了测井解释符合率。

二、多因素逐步剥离法流体识别方法

渤海湾盆地歧口凹陷深部储层埋藏深，成因类型、储层岩性和孔隙结构等方面都比中浅层复杂，储层整体上表现为低孔、低渗特低渗特征，低对比度油层也较为发育，受地质、钻探条件等因素的限制，测井系列以常规测井为主。针对受多种因素共同影响的复杂油气层，通常的声波时差—电阻率图版根本无法区别出流体性质，必须尽可能地综合利用更多的测井信息，找准并提取最能反映流体性质主控因素的信息，才能最终达到准确识别油气层的目的。为此，在融合多种测井信息基础上，形成了基于主控成因逐步剥离影响因素的流体识别评价思路和方法。具体技术思路为全面分析影响因素，明确主控因素，选择合理步骤、合适参数，逐步明确不同因素对储层响应的影响规律，直至问题解决。

在歧口凹陷沙三段，多因素逐步剥离法流体识别步骤如下。

第一步，物性—岩性指数交会划分储层与非储层。

随着地层埋深的增加，影响储层电性的非含油性主控因素是物性，有时物性影响甚至超过含油性，这种情况往往出现在物性较差的储层以及干层。在低孔低渗油气层识别研究中，其有效储层的识别尤其重要，此时可以采用储层下限标准的研究成果，通过图 6-47 进行有效储层识别，剔除非储层，从而在众多影响因素中首先剥离了物性影响因素，为低孔低渗储层流体性质的准确识别打开第一道"大门"。

第二步，电阻率—声波时差交会图识别常规油气层。

在剔除了物性和岩性导致的非储层后，储层含油性对电性的影响就显现出来，此时含油性就扮演了主控因素角色。对于含油饱和度较高的典型油气层，与水层存在着较明显的电性差异，因此采用如图6-48所示图版即可快速判断该类典型油气层，实现剥离高含油饱和度的影响因素目的。

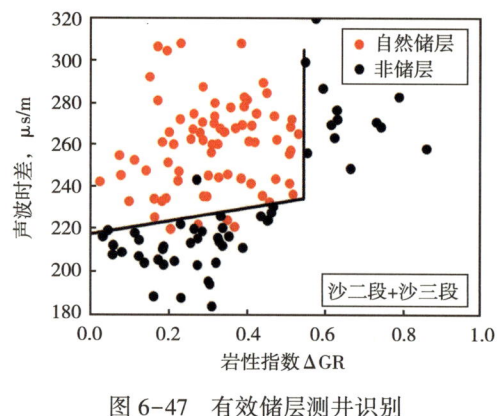

图6-47　有效储层测井识别

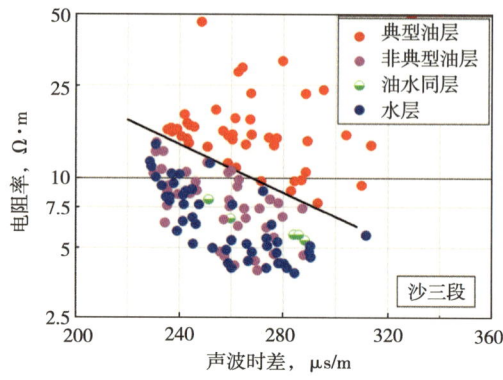

图6-48　典型油气层识别

第三步，电阻率比值—声波时差交会图剔除水层。

低孔低渗储层电性影响因素复杂，部分井段泥岩层电阻率升高，甚至出现高阻水层，表现出非典型油气层与油水同层、水层电阻率相近，从电阻率比值—声波时差交会图上区分它们变得困难。为了剔除水性、强压实作用造成的影响，在研究实践中提出采用声波时差—电阻率比值的方法来识别水层（图6-49）。采用电阻率比值主要是为了消除高阻围岩的影响。该类图版可以将经过上述两个步骤工作后的烃类储层与水层较好地区分开。

第四步，视地层水电阻率—岩性指数交会图判别非典型油气层。

经历了上述三个研究步骤后，可基本区分非储层、典型油层和水层，但是还存在部分岩性油气层与油水同层不能够很好区分的问题，这部分油气层往往岩性较细，但与油水同层的岩性存在一定差异，而岩性差异可以通过岩性指数来体现。在淡水钻井液钻井条件下，由于储层电阻率，尤其是油气层电阻率受钻井液影响较小，通过电阻率计算的视地层水电阻率在岩性相似情况下能够体现储层含油变化，即储层含油饱和度越高其视地层水电阻率越大。因此，可通过视地层水电阻率与岩性指数交会图（图6-50）来识别岩性油气层与油水同层。

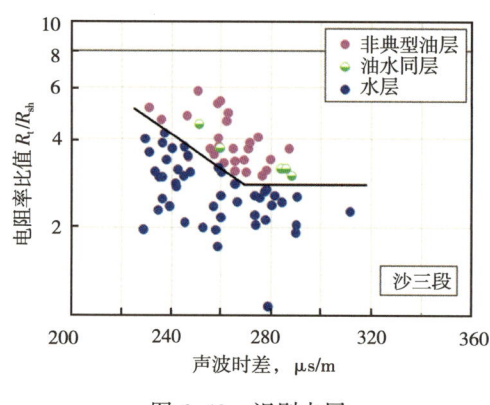

图6-49　识别水层

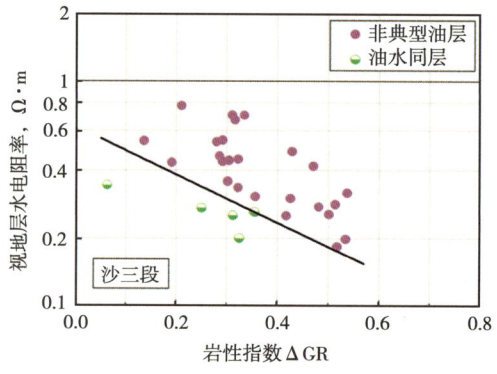

图6-50　非典型油层与油水同层识别

岩性指数与视地层水电阻率两个参数可以如下求取：

岩性指数：
$$\Delta \mathrm{GR} = \frac{\mathrm{GR}-\mathrm{GR}_{\min}}{\mathrm{GR}_{\max}-\mathrm{GR}_{\min}} \qquad (6-30)$$

视地层水电阻率：
$$R_{\mathrm{wa}}(R_\mathrm{t}) = R_\mathrm{t}\phi^m/a \qquad (6-31)$$

式中　GR——目的层段自然伽马值，API；

　　　$\mathrm{GR}_{\max}$，$\mathrm{GR}_{\min}$——分别为纯泥岩、纯砂岩自然伽马值，API；

　　　R_t——目的层深探测电阻率，$\Omega \cdot \mathrm{m}$；

　　　$R_{\mathrm{wa}}(R_\mathrm{t})$——视地层水电阻率，$\Omega \cdot \mathrm{m}$；

　　　ϕ——储层孔隙度，一般情况下采用中子—密度交会孔隙度。

将该方法软件化并对重点探井进行了处理解释。以 B47x1 井为例（图 6-51），利用该方法第一步把有效储层识别出来（见储层判别道）；第二步识别出典型油层，可以看到只有 65 号层是典型油层；第三步识别出烃类储层，有红色显示的均为烃类储层，如 65 号、66 号、67 号和 76 号层上半段；第四步识别非典型油层和储层，可以看到 65 至 67 号层为油层，76 号层顶部为油水同层。试油结果与分析结果一致，证实了该技术的可靠性。对

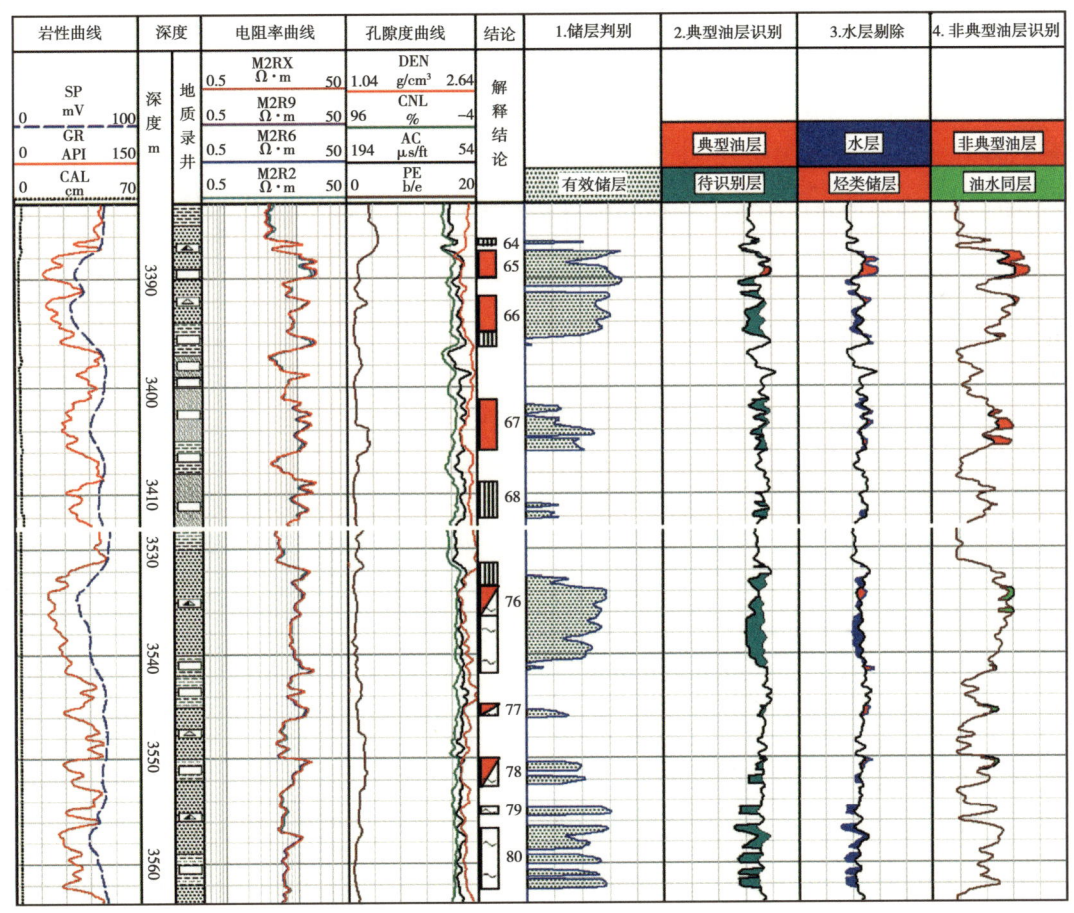

图 6-51　多因素逐步剥离法处理成果图

2009年底完钻、2010年试油的沙二段、沙三段的8口井、15个试油层60个解释层的适应性分析表明符合率达到92％，并且应用到油田新钻探井油水层的识别评价，取得了较好的应用效果，完全满足了油田勘探对油水层解释符合率的要求。

三、测录井信息融合流体识别方法

盐水钻井液侵入使得油气层电阻率显著降低，储层浸泡时间越长，电阻率降低越明显，使得利用电阻率—声波时差交会建立的区域油水层评价图版失效［图6-52（a）］。但通过对多口井不同浸泡时间阶段储层电阻率测井曲线综合分析发现，盐水钻井液侵入原状地层后，油气层与水层在测井响应上仍会存在一定差异，具体体现在与邻近泥岩段电阻率的比值上，可以利用这类差异建立储层深电阻率/邻近泥岩电阻率—声波时差交会来识别油气层与水层［图6-52（b）］。由图可见储层深电阻率/邻近泥岩电阻率降低侵入影响，油水关系相对清晰。另外，考虑到录井资料为揭开目的层后及时的、第一手的反映储层信息资料，受钻井液侵入响应程度较低，特别是录井的气测资料包括全烃以及丰富的各组分烃类信息，有助于流体性质评价，因此可以将测录井资料结合以降低钻井液侵入的影响，减少综合评价的多解性。为此，建立了基于测录井信息融合的盐水钻井液环境下流体性质评价技术。

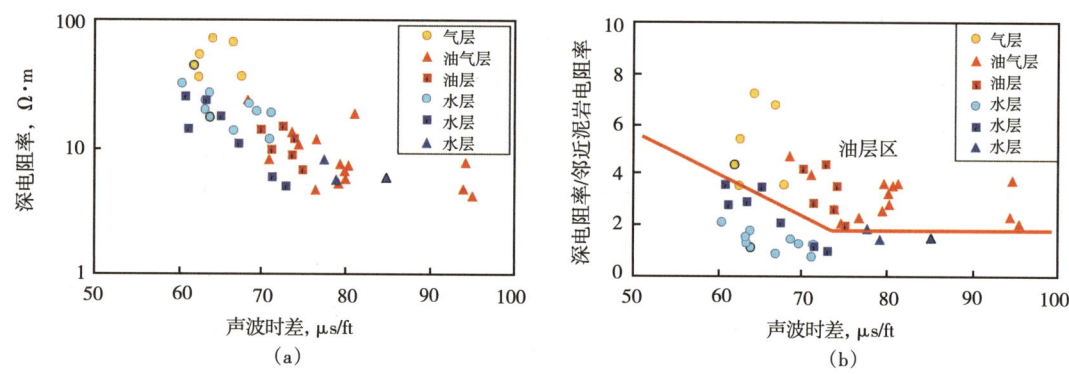

图6-52 大港油田滨海地区区域油水层评价图版

该技术的具体实现方法为：

第一步：编制软件实现储层电阻率与邻近泥岩电阻率的连续处理，获得连续的电阻率比值曲线，该曲线在油层、高阻致密层处为高值，水层、低阻泥岩处为低值。

第二步：利用丰富的气测烃组分信息组合提取出轻烃、重烃比值（RLH）曲线和重烃、中烃比值（RHM）曲线：

$$RLH = (C_1 + C_2)/(C_4 + C_5)^3 \tag{6-32}$$

$$RHM = (C_4 + C_5)^2/C_3 \tag{6-33}$$

式中 $C_1, \cdots, C_5$——分测组分。

对于轻质油气层在油层RLH曲线为高值，RHM曲线为低值；在水层处则刚好相反。

第三步：将电阻率比值曲线与RHM曲线，RLH曲线与RHM曲线按一定比例反向重叠，让其在典型水层处重合，则在油层处出现较大的包络面积。根据该包络面积可以识别油水层。

图 6-53 为 BS3x1 井的测录井信息融合流体性质评价成果图。钻井液电阻率为 0.17 Ω·m/18℃。电阻率系列采用随钻电阻率划眼测量方式测量，测井时 101 号层已经浸泡 37 天，188 号层浸泡 12 天，对比两层电阻率，101 号层明显低于 188 号层，甚至低于 169 号，此时应用随钻电阻率数值判断流体性质完全可以把 101 号层解释为水层。但是，通过应用测录井信息融合技术，101 号、188 号层均存在较大的包络面积，都可以解释为油气层。101 号层试油，日产油 36.5t，累计产油 75.2t，日产气 95747m³、气 203318m³；188 号层试油，日产油 37.65t，累计产油 246.3t，日产气 123600m³，累计产气 994261m³。该案例说明测录井信息融合技术在识别盐水钻井液侵入的低阻油气层时是一种有效手段。

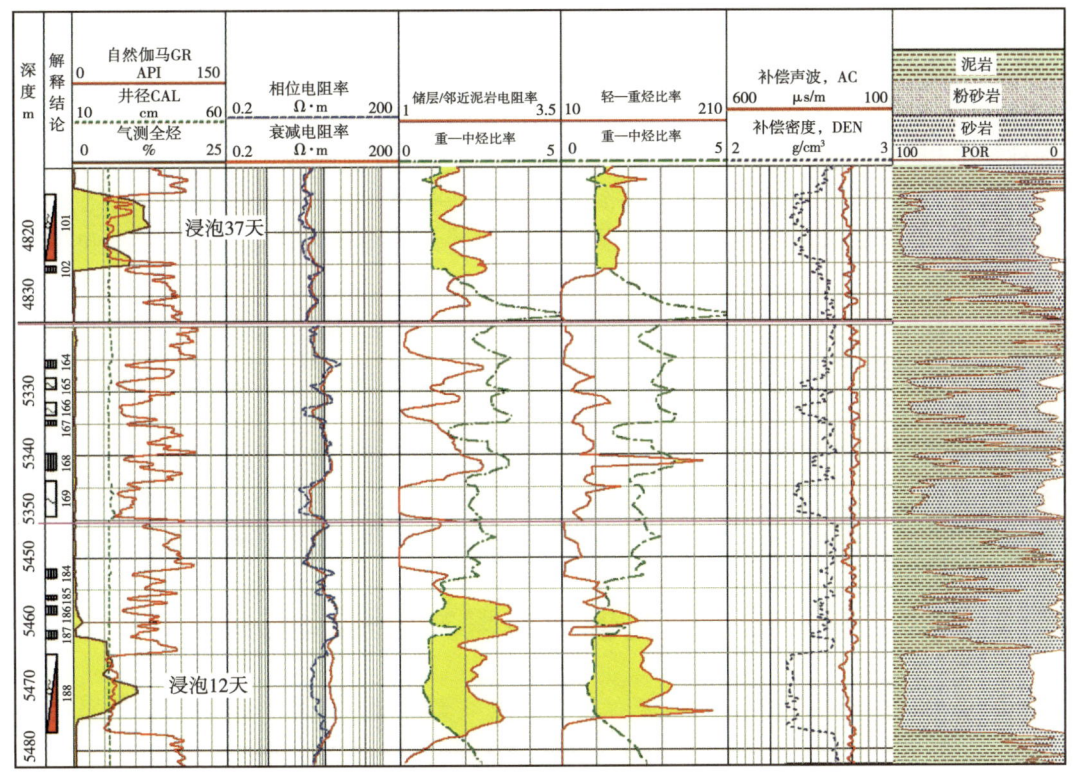

图 6-53 BS3X1 基于测录井信息融合流体性质评价成果

参 考 文 献

[1] 中国石油勘探与生产分公司. 低孔低渗油藏测井评价技术及应用 [M]. 北京：石油工业出版社，2009.
[2] 张晓明，王晓红，郑秀臣，等. 铁边城地区深层低电阻率油层成因及测井识别技术 [J]. 测井技术，2010，34（4）：360-364.
[3] 成志刚，张蕾，赵建武，等. 利用岩石声学特性评价致密砂岩储层含气性 [J]. 测井技术，2013，37（3）：253-257.
[4] 边会媛，潘保芝. 利用横波数据进行低孔低渗储层气层识别与储层参数定量评价 [J]. 吉林大学学报：自然科学版，2010（增刊）：106-109.
[5] 胡向阳，吴健，陈嵘，等. 南海珠江口盆地文昌 A 凹陷低孔低渗油气层测井识别方法及应用 [J]. 海洋地质前沿，2012（6）：46-50.

第七章 低孔低渗储层产能分级预测方法

油气储层产能评价和预测是油气勘探开发的一项基本任务，是油气储量计算和开发方案编制的重要内容。对于低孔低渗油藏大井组开发、快节奏上产，及时准确地对单井产能分级可以有效地避免低效开发井或区块的出现，降低产能建设风险，为油田高效开发提供测井技术支持。

产能是油气储层的动态特征，是油气储层生产潜力和各种影响因素之间在互相制约过程中的动态平衡。虽然是动态特征，但储层的静态特征如孔隙度、渗透率、饱和度以及油层厚度等也相当大程度上控制着储层产能的大小，可以说储层静态特征是动态特征的基础。在忽略完井污染、生产压差基本一致、储层改造强度相当的前提下，储层静态参数甚至能够决定其生产的动态表现。正因如此，虽然测井评价得到的储层参数主要反映静态特征，极少能够直接反映动态特征，但是测井仍然能够在一定条件下预测产能，这也是油田勘探开发过程中的常用做法[1-4]。测井储层产能预测，就是利用静态储层参数预测油井初始产能，通常遵循"从已知到未知，从未知到已知"的规律，在一定油藏单元内建立储层初始产量和静态敏感参数的数学关系，再利用这种关系预测未试油井的产能。

不可回避，由于储层产能除了静态参数的控制之外还有测井之后的完井污染、试油工艺和储层改造等的影响，因此测井产能预测当然也有一定的不确定性，预测结果存在一定程度的波动误差。正因如此，低孔低渗储层的测井产能预测应该是其产能分级预测。

第一节 低孔低渗储层产能影响因素

影响低渗透储层油气产能的因素有很多，第一类是储层因素，包括储层的岩性、物性、含油气性和流体性质、地层压力等；第二类是流体特征，包括原油的黏度、气油比、流体类型；第三类是工程因素，包括表皮系数和油气半径等，其中表皮系数是一个综合参数，是钻井、井下作业过程中对油层的污染，射孔的完善程度、酸化、压裂改造油层等因素的综合反映。由此可见，储层产能是由储层的自身条件与外部环境及其所赋存的油气性质等共同决定的。测井资料获得的储层参数仅仅是静态的参数，由静态参数建立的产能预测模型无法考虑测井之后的钻井、完井、压裂改造等等动态因素的影响，这是测井产能预测无法规避的局限性。当然，在油田开发过程中，开发井网和作业方式一般变化不大，因此外部环境条件相对固定，特定区块内油气性能等一般也不会有大的变化，此时，储层的产能高低主要取决于储层自身的性质，即测井所表现的静态参数。

一、储层品质对产能的影响

分析储层参数与试油、测试资料关系可知，孔隙度、渗透率、含油饱和度以及储层有效厚度等都可能影响常规试油产量，在测井产能预测中需要考虑这些储层参数对产能的贡献，优选主控参数构建产能敏感综合参数。

1. 孔隙度对产能的影响

孔隙度的大小决定了储层所含流体多少，是产能高低的重要因素之一。储层孔隙度越大，试油可能越高产。一般来说，高孔隙度储层的自然产能较高，中、低孔隙度储层的自然产能较低（图7-1）。

2. 渗透率对产能的影响

渗透率标志着流体在储层中的流动能力。渗透率越大，流体的流动能力越大，反之越小，与储层岩石孔隙大小和孔隙结构好坏有很好的正相关性。渗透率越大，油藏供油能力越强，产能也就越高，中、低渗透储层产能则较低（图7-2）。渗透率是直接影响储层产能高低的又一重要参数，储层渗透性差是造成储层常规试油低产的重要原因。

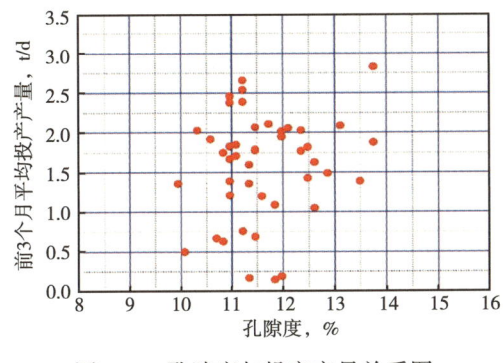

图7-1 孔隙度与投产产量关系图

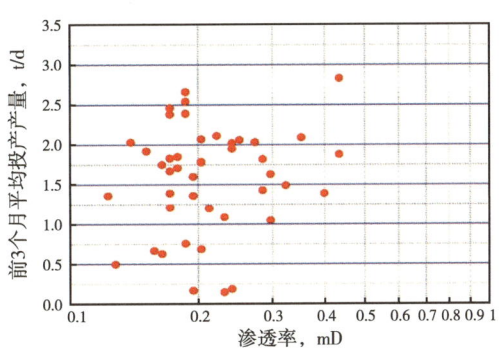

图7-2 渗透率与投产产量关系图

3. 孔隙结构特征对产能的影响

储层自然产能不仅与渗透率有关，还与储层可动流体孔隙度有关。可动流体孔隙度直接反映储层孔隙中的大孔隙，渗透率则是孔隙连通性以及孔隙孔径大小的直接反映，这些都是储层孔隙结构特征的响应。有关储层孔隙结构的概念和表征在第四章已经详细介绍，一般中—大孔径越发育，可动流体越多，渗透率越高，储层自然产能越高反之亦然。因此，在评价储层产能时，要抓住孔隙结构这一主控因素，提高产能评价的准确性。

4. 含油饱和度对产能的影响

储层的孔隙度、渗透率以及孔隙结构只能反映产液能力，但不能反映储层所产液体的性质。一般情况下，含油饱和度在储层孔隙度和渗透率相同条件下，含油饱和度越高，油层产油越多（图7-3）。在测井解释中，含油饱和度是评价储层所含流体类别的最重要指标。孔隙度和含油饱和度一定程度上能反映储层的含油体积大小，二者乘积越大，含油体积越大，试油产量可能越高。

5. 有效厚度与产能的关系

低孔低渗储层储集空间较小，渗透率较低，一般需要压裂才能获得一定的工业油气流。通常低孔低渗储层单位厚度的产能贡献较小，需要有效厚度达到一定程度才能获取工业油流。储层有效厚度越大，试油或者投产产量越高（图7-4）。有效厚度与研究区投产前3个月平均投产产量的相关性比孔隙度、渗透率、含油饱和度与投产前3个月平均投产产量的相关性要好，说明在储层孔渗一定的条件下，低孔低渗储层的有效厚度数值对储层产能的预测很重要。

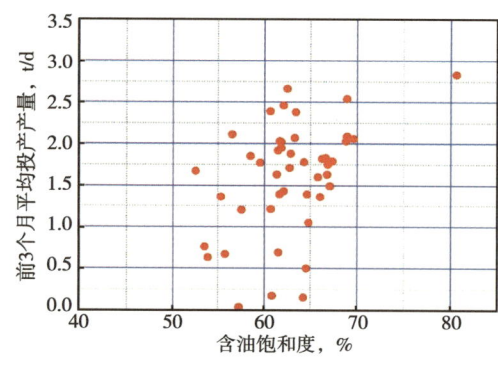
图7-3 含油饱和度与投产产量关系图

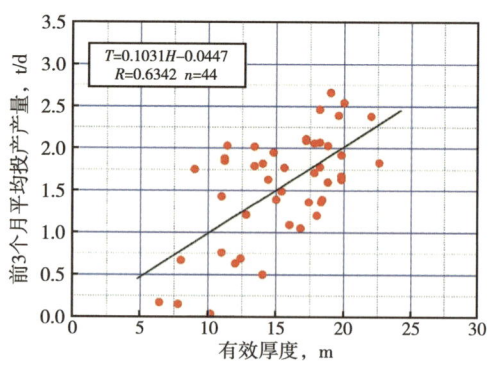
图7-4 有效厚度与投产产量关系图

二、原油黏度对产能的影响

原油黏度是原油内部某一部分相对于另一部分流动时摩擦阻力的度量,对于油气层产能具有重要影响。随原油黏度的增加,其在渗流通道中的流动性变差,常规试油时单位厚度产油量总体上呈递减趋势,从而影响试油产量。产能预测是假设同一区块同一油层组的原油黏度相同,去获得储层参数与试油产量的数学关系。

三、试油工艺对产能的影响

一般情况下,低渗透油田由于流体渗透性能差、产量低,不适宜直接开采,只有通过增产改造后,才能实现正常的生产开采。随着压裂工艺技术的进步,同一区块可能存在多种压裂施工方案,以鄂尔多斯盆地长8段为例,同一油层组可能存在常规压裂、多级加砂压裂、体积压裂等压裂措施,不同的压裂措施对储层的改造效果不同,从而影响试油产量。以鄂尔多斯盆地长6—8段为例,2008—2012年,长庆油田对于厚度大且层内无明显隔夹层的油层,常规压裂工艺改造因支撑剂沉降难以实现油层纵向上的充分动用,纵向延伸过度难以实现造长缝。为改善其压裂改造效果,借鉴下沉剂控缝高压裂原理,从注入级数、压裂规模、注入排量等参数优化着手,试验形成了一种多级加砂压裂工艺。该工艺是将总支撑剂量通过多级注入进行铺置,依靠上一级压裂形成的支撑剂砂堤提供应力遮挡改变后续混砂液流向,进一步增加裂缝长度和支撑缝高,从而扩大有效泄油面积。在长庆油田长6—8段油层累计试验242井次,平均单井日增油0.4~1.8t,对特低渗厚油层有较好的增产效果。2013年后,为了提高单井产量,对于低渗厚油层,采用体积压裂工艺,该工艺通过水力压裂对储层实施改造,使天然裂缝不断扩张和脆性岩石产生剪切滑移,实现对天然裂缝和岩石层理的沟通,同时在主裂缝的侧向上强制形成次生裂缝,最后形成天然裂缝与人工裂缝相互交错的裂缝网络,从而将有效储层打碎,实现长、宽、高三维方向的全面改造,增大渗流面积及导流能力,提高初始产量和最终采收率。与常规压裂相比,体积压裂技术特点主要体现在大液量、大排量、大砂量、小粒径和低砂比。该压裂施工技术在长6—8段应用300余口井,平均单井日增加油0.6~1.5t,对低渗透储层有一定的增加效果。所以,压裂工艺的革新,可以提高压裂试油产量或投产初始产量,产能预测时需要考虑压裂施工工艺对试油的影响。

四、油气产能预测常用方法

测井产能分级预测是针对特定油层单元，假设动态条件变化不大，在储层属性评价和储层分类基础上，利用储层属性参数、储层类别与产能的关系，建立预测模型，以实现储层产能的分级预测。

油气井产能预测方法可主要可分为四类，第一类是综合指数类比法，该类方法是根据试井、试油、测井等资料基于储层特性对产能的影响关系进行经验统计回归预测单井产能；或根据经验公式或产量下降曲线对油气井产能动态（IPR）进行历史拟合来预测产能；第二类是在油气田开发阶段利用商业油藏模拟器进行油藏数值模拟得到区块内所有油气井的动态产能；第三类是基于数据挖掘方法的储层产能预测，该类方法是构建能反映储层产能的敏感参数，通过分类、估算、预测、聚类分析等预测低渗透储层产能；第四类是在勘探阶段根据试井、钻杆地层测试（DST）、电缆地层测试资料，基于渗流力学理论通过分析测试储层获得的压力资料预测储层产能。由于低孔低渗储层自然渗流能力很差，该类方法的适应性较差。油气实际生产中，需要根据油气勘探开发的不同阶段、不同开发方式采用不同的产能预测方法。

第二节　产能指数法

产能指数法基于地层渗透率、油气含量、孔隙结构、有效厚度等单因素属性参数与产能的关系，构建各种产能指数，并利用测井资料计算产能指数。该方法的核心是如何利用测井资料合理构建产能综合指数和产能预测模型。实际应用中较多采用地层渗透率、孔隙结构、油气含量等构建的多参数产能指数模型进行产能预测。下面以某区块产能指数及模型构建为例进行说明。

一、基于平面径向流的产能指数法

研究表明，影响产量的参数多达 15 种，包括产层的原始压力、井口压力、流体黏度、气油比值、有效厚度、有效渗透率、表皮系数、体积系数、压缩系数、有效孔隙度、可动流体孔隙度、压力系数、流度、含油饱和度、束缚水饱和度及产层温度等。除表皮系数和井口压力由测井方法无法获得外，其他参数均可由不同的测井资料直接或间接获得。

根据平面径向流公式，将测井资料与油藏工程数据有机地结合起来，就能使定量计算储层产量成为可能。当原油黏度和原油的体积系数一定并且供油半径稳定后，地层产油能力的大小主要取决于地层的油相有效渗透率。同时，油层可动油孔隙度反映了储油空间的大小及流动体积，油层的地层真电阻率反映了储层的含油性，二者与油层产能有一定的关系。因此，从测井的角度出发，构建测井产能评价指数 LPEI 用于评价油层产能。

$$\text{LPEI} = \sqrt{\frac{K_o R_t}{\phi_m \mu_o C_t}} \tag{7-1}$$

式中　R_t——油层的深电阻率；

　　　ϕ_m——油层的可动油孔隙度；

C_t——原油的压缩系数；
K_o——油相有效渗透率；
μ_o——地层条件下原油黏度。

通过将对试油层的实测产油指数 J_0 与测井产能评价指数进行相关（图7-5），从而得到利用测井资料进行产能定量计算的相关公式：

$$J_0 = 0.0929 \text{LPEI}^{1.8922} \tag{7-2}$$

通过对实际的相对渗透率曲线分析可知，相对渗透率与储层的含水饱和度之间存在着比较复杂的幂次形式的函数关系。分析认为储层的产能可表达为有效孔隙度、储层渗透率以及储层电阻率的复杂函数关系。

因此基于渗流力学基本原理，以平面径向流公式为基础，改进测井资料预测储层产能的模型如下：

$$\text{LEPI} = \sqrt{\frac{K(\phi^m R_t)}{\phi \mu C_t}} = \sqrt{\frac{K(\phi^{m-1} R_t)}{\mu C_t}} \tag{7-3}$$

式中　R_t——油层的深电阻率；
　　　ϕ——油层孔隙度；
　　　K——油层渗透率；
　　　μ——地层条件下原油黏度；
　　　C_t——原油的压缩系数。

通过对单层出油井的每米日产油量与测井产能评价指数进行相关分析（图7-6），发现二者具有非常好的相关性，从而实现了利用测井响应预测油气产能。

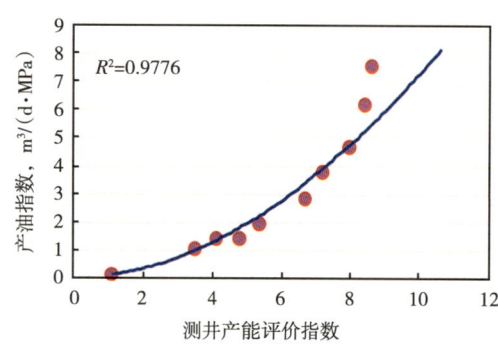

图7-5　产油指数与测井产能评价指数与交会图

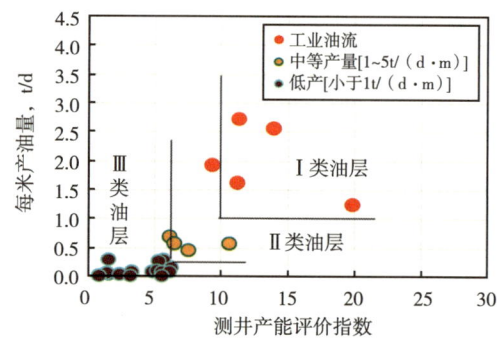

图7-6　每米产油量与测井产能评价指数关系图

二、TPI法产能分级

TPI的物理意义主要是从孔隙度的角度来刻画储层岩石性质，也能间接表征储层的物性和含油性（参数的意义详见第五章第四节）。TPI之所以能被用来定性地进行产能预测，也正是因为其能反映储层的含油性能。

图7-7为D井的处理成果图，三孔隙度曲线基本重合，储层与围岩密度相差较大。深感应电阻率增大幅度明显，TPI也有较好的响应，说明其含油级别较高，压裂试油获得

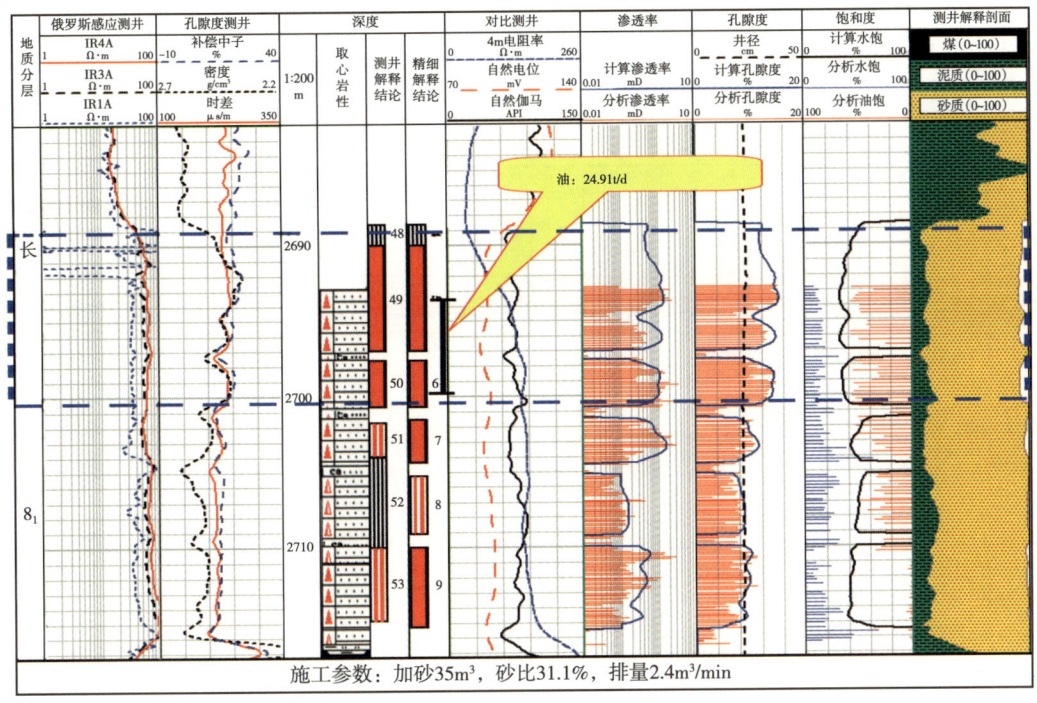

图 7-7　D 井长 8 段测井解释成果图

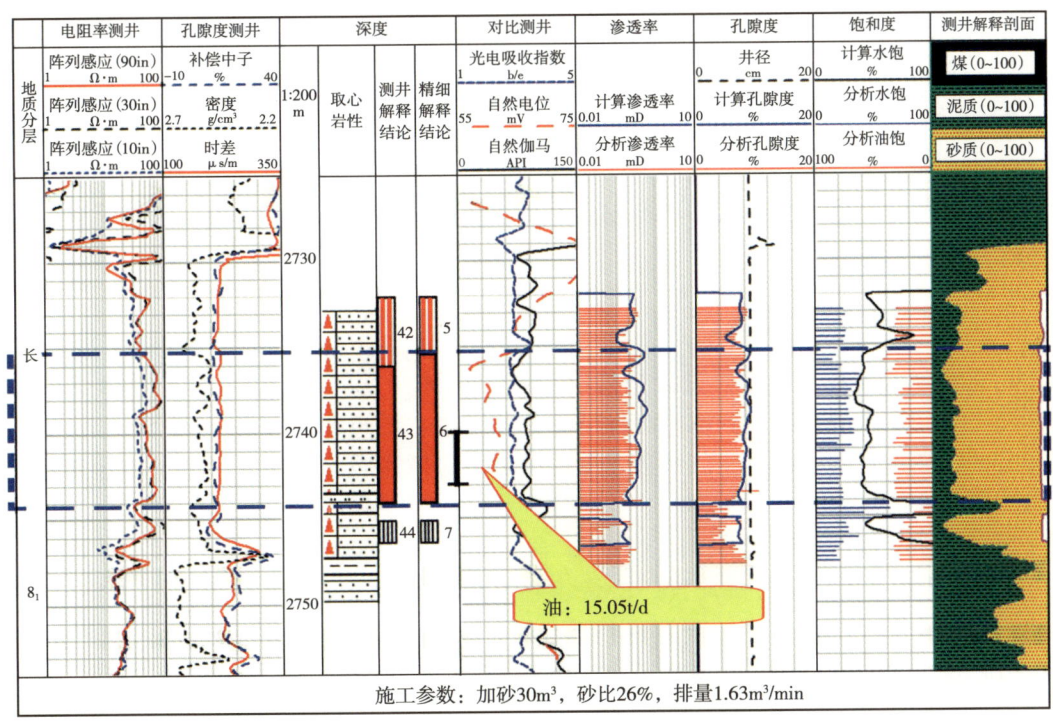

图 7-8　E 井长 8 段测井解释成果图

24.91t/d 高产。图 7-8 为 E 井的处理成果图，在 43 号层，中子和声波曲线重合，密度与其余两条孔隙度曲线不重合。压裂试油获得中等产量（15.05t/d）。图 7-9 为 F 井测井解释成果图，三孔隙度曲线之间均不重合，储层与围岩密度相差较小。TPI 的响应特征也不明显，说明其含油级别较差，压裂试油仅获得较低产量（日产油 4.85t）。

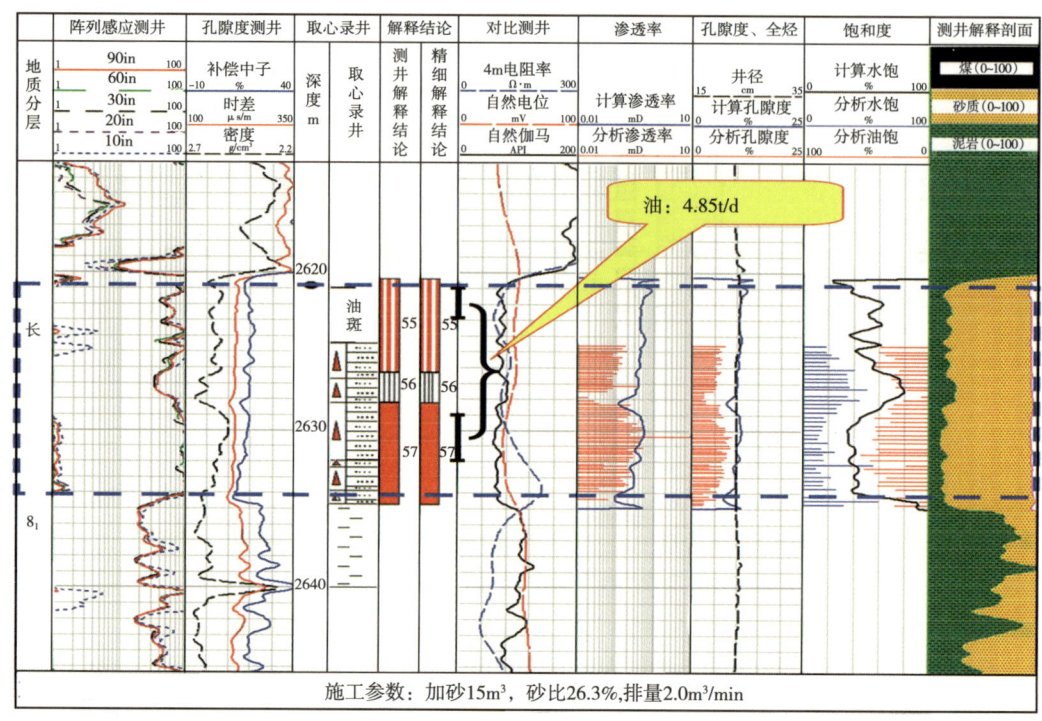

图 7-9　F 井长 8 段测井解释成果图

当 TPI 相对较大时，对应油层的产能级别相对较高，反之，对应油层的产能级别则相对较低。利用 TPI 指标预测低渗透油层的产能级别，该方法对日产油量大于 15t 和小于 4t 的油层适用性效果较好。

三、静态参数产能预测

产能综合指数分类法是通过分析储层参数与试油产量的关系，构建产能敏感综合参数，建立其与产能的关系。获取综合敏感参数的方法主要两种，一是将几个基本储层参数以一定的数学形式进行组合，二是通过储层分类消除厚油层非均质性影响后构建加权储能系数以预测产能。

单井产量与储层孔隙度 ϕ、渗透率 K、含油饱和度 S_o 及有效厚度 $H_{有效}$ 关系密切，采用 4 个参数与压裂后前 3 个月平均投产产量建立关系，就可预测投产产量。由图 7-10 得到 $Q=1.1843+0.1018ZZ$，其中综合评价指数 $ZZ=\phi KS_oH_{有效}$。罗 X 井区采油井投产后小于 1.0t/d 产量井少，使用该公式造成较小 ZZ 三类储层产量预测偏高，故此当 ZZ 小于 2 时，采用 $Q=0.4619+0.8336ZZ$。ZZ 是不同储层类别综合评价指数的总和。

为了区分同一压裂过程中各储层因品质差异造成的对总产量的不同贡献，孔隙度、渗透率、含油饱和度采用这一压裂段中不同类别各小层的储层参数，有效厚度则采用不同储

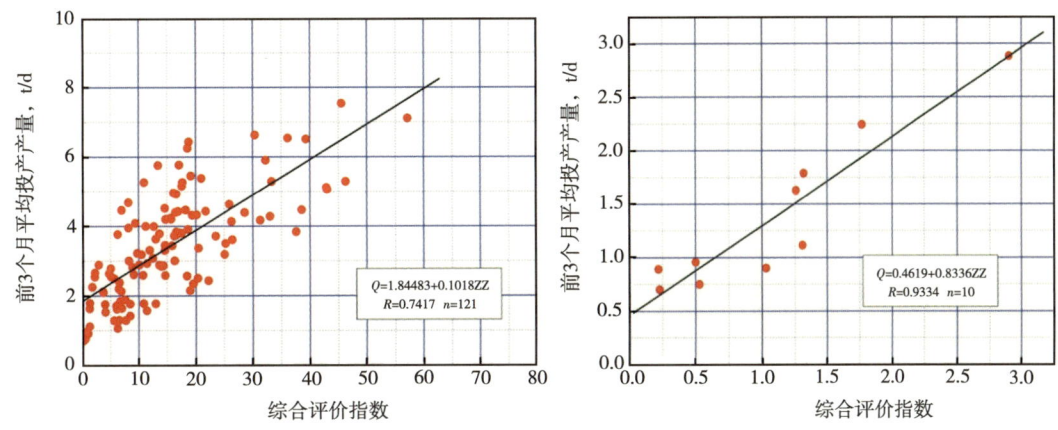

图 7-10 罗 X 井区综合评价指数与产量关系图

层类别小层加权有效厚度。

四、基于储层分类的加权储能系数法

由于储层强非均质性的影响，同一砂体单元中不同物性、电性的小层对储层产能的贡献不同，要准确预测储层产能，首先要开展储层精细分类，确定同一砂体单元不同类储层对产能的贡献权值。在某地区长 6 段油层研究中，利用聚类分析方法，结合优选的超低渗透储层特征参数、测井响应特征与试油结果，将研究区有效储层综合分为 3 类（表 7-1）。

表 7-1 某地区长 6 段油层分类标准

储层类别	Ⅰ类	Ⅱ类	Ⅲ类
峰点喉道半径，μm	≥0.5	0.15~0.5	<0.15
可动流体饱和度，%	≥50	42~62	35~52
有效含油孔隙度，%	≥10	8~10	6~8
油相渗透，mD	≥0.038	0.014~0.038	0.0032~0.014
气测渗透率，mD	≥1.0	0.4~1.0	0.1~0.4
电阻率，Ω·m	≥35	≥20	—
密度，g/cm³	≤2.45	2.45~2.50	2.50~2.54
声波时差，μs/m	≥227	≥224	≥220

注："—"代表Ⅲ类储层电阻率不确定。

储能系数反映了某一井点的含油富集程度，是预测油井产能的重要参数，更能反映低渗透油层压裂试油产能。加权储能系数产能预测方法的思路是在测井精细解释的基础上，视同一砂体单元不同小层对产能贡献的大小不同，按照表 7-1 的储层分类标准对同一砂体单元精细分类，纵向上分段、分类划分储层，然后确定每个小层的储能系数，进而确定不同类储层对产能的权重。应用求取的不同类型储层权重与储能系数，可以确定目的层段的累计产能。主要考虑了以下 3 个关键参数：（1）各贡献层的类别（Ⅰ类、Ⅱ类、Ⅲ类）；（2）各小层储能系数；（3）不同级别小层对产能的贡献率（权重）。产能 θ 预测公式如下：

$$S_j = \sum_{i=1}^{n} \phi_i S_{oi} H_i \qquad (7-4)$$

$$Q = \sum_{j=1}^{3} A_j S_j \qquad (7-5)$$

式中 S_j——第 j 类储层储能系数；
ϕ_i——第 i 个小层孔隙度，%；
S_{oi}——第 i 个小层含油饱和度，%；
H_i——第 i 个小层的有效厚度，m；
A_j——第 j 类储层的储层系数的加权值。

根据上述思路和方法，对某地区 31 口试油井的长 6 段油层按照储层分类标准对储层进行分类，利用试油资料进行标定，应用多元线性回归并经过归一化处理得到压裂试油产能预测公式为：

$$Q = 40.87 \times (0.46 S_{\mathrm{I}} + 0.30 S_{\mathrm{II}} + 0.24 S_{\mathrm{III}}) \quad (R=0.93, n=31) \qquad (7-6)$$

式中 S_{I}，S_{II}，S_{III}——分别为 I 类、II 类、III 类储层储能系数和。

从式（7-6）可以看出，I 类储层的储能系数加权值为 0.46，对产能的贡献率为 46%；II 类储层的储能系数加权值为 0.30，对产能的贡献率为 30%；III 类储层的储能系数加权值为 0.24，对产能的贡献率为 24%，储能系数大的储层对产能贡献较大。利用某地区长 6 段油层已试油井对上述产能预测模型进行验证，如图 7-11 所示，预测产能与实际产能相关性很好，随产量增加，误差呈发散线分布在 45°线两侧，模型符合率达到 81.8%，能满足产能预测的要求。

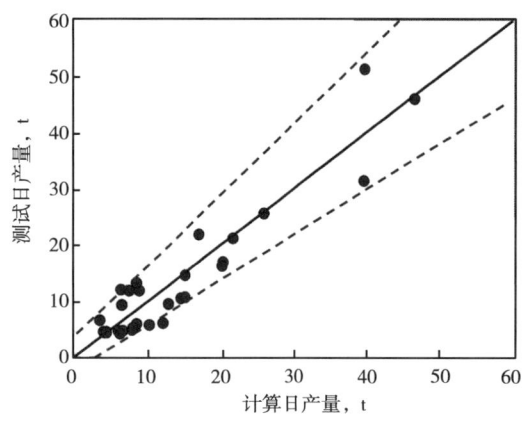

图 7-11 某地区长 6 段油层产能预测验证图

第三节 数据挖掘产能预测方法

数据挖掘法产能评价技术主要解决岩性复杂、类型多样、非均质性强的各种疑难储层的参数计算和流体识别。基本原理是利用数学算法从大量的、不完全的、有噪声的、模糊的、随机的实际应用数据中，提取隐含在其中的、潜在有用的信息。在用数据挖掘预测储层产能时需要分析储层参数与试油产能的关系，构建反映储层产能的敏感参数，建立智能算法预测储层产能样本。

一、产能敏感参数构建

低渗透储层非均质性强，孔隙度高的储层不一定对应高渗透率，孔隙度、渗透率高不一定有高含油饱和度。因此，要准确全面地评价储层，首先要选择适当的储层产能评价指标，才能建立准确的超低渗透储层产能预测模型。

分析低渗透储层测井参数与油层试油产量之间的关系可知，任何单一参数与试油产量的相关性都不高，因此从原始测井参数出发，构建了厚度因子、岩性因子、物性因子、含油性因子、TPI 等 5 个反映储层岩性、物性、含油性、有效厚度变化的产能敏感参数，为油层产能预测模型建立奠定基础。

1. 厚度因子

鄂尔多斯盆地存在较多储层岩性、物性、有效厚度相同，试油结果却差异较大的情况。其中，一类储层单层有效厚度小，钙质夹层较多，储层非均质性强，取心为条带状含油，试油难以达到高产；另一类储层为块状砂岩，钙质夹层少，试油通常能够获得高产。在储量计算中仅用有效厚度参数难以表征储层的这一特点，因此定义了厚度因子 $\sigma = H_e / H$，其中 H_e 为有效厚度，H 为砂体厚度。利用有效厚度与砂体厚度的比值，表征油层结构，储层非均质性强，钙质夹层多，则厚度因子较小，反之，厚度因子较大。在试油工艺、储层类型差异不大的情况下，储层的厚度因子从一个方面反映了储层非均质性，是储层产能的重要敏感参数。

2. 岩性因子

泥质含量与中子—密度孔隙度比值呈正相关，中子—密度孔隙度比值越小，说明岩性越纯（图 7-12，其中 ϕ_D 为密度孔隙度，ϕ_N 为中子孔隙度），可以通过中子—密度孔隙度比值反映储层泥质含量，并且能更好地反映高伽马储层中的泥质含量。

因此定义岩性指数 $PI = \phi_N / \phi_D$，PI 越大，储层岩性越纯，物性越好（图 7-13）。

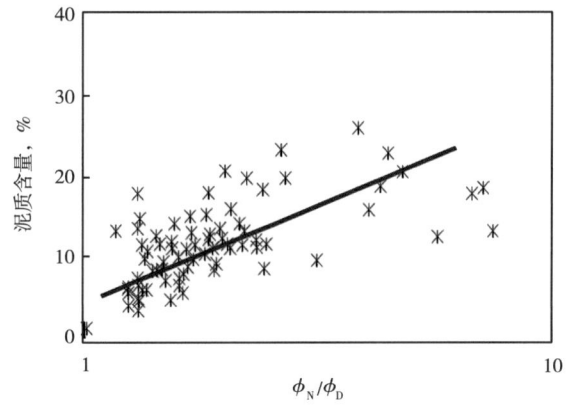

图 7-12　ϕ_N / ϕ_D 与泥质含量关系图

3. 物性因子

导致鄂尔多斯盆地超低渗透储层物性变差的主要因素为泥质和钙质。泥质含量与储层孔隙度、渗透率呈负相关，随着泥质含量的增加，储层物性变差；碳酸盐含量与储层孔隙度、渗透率、声波时差呈负相关，随着碳酸盐含量的增加，储层物性也变差。

因此分别定义物性因子 β、γ：

$$\beta = \Delta t / \Delta t_{下限}$$
$$\gamma = DEN / DEN_{下限} \tag{7-7}$$

式中　$\Delta t_{下限}$——声波时差下限值；

　　　$DEN_{下限}$——密度下限值。

利用声波时差与声波时差下限的比值、电阻率与电阻率下限比值归一化处理作交会图可以看出，传统电阻率—声波时差交会图［图7-14（a）］中随声波时差变大，电阻率降低的斜线部分变成了直线，更准确地反映了储层物性、电性的变化。通过新构建的参数，消除了物性变化对电阻率的影响，突出了含油性变化，很好地反映了超低渗透油藏的特征，即物性控制含油性，随着物性变好，含油越饱满［图7-14（b）］。

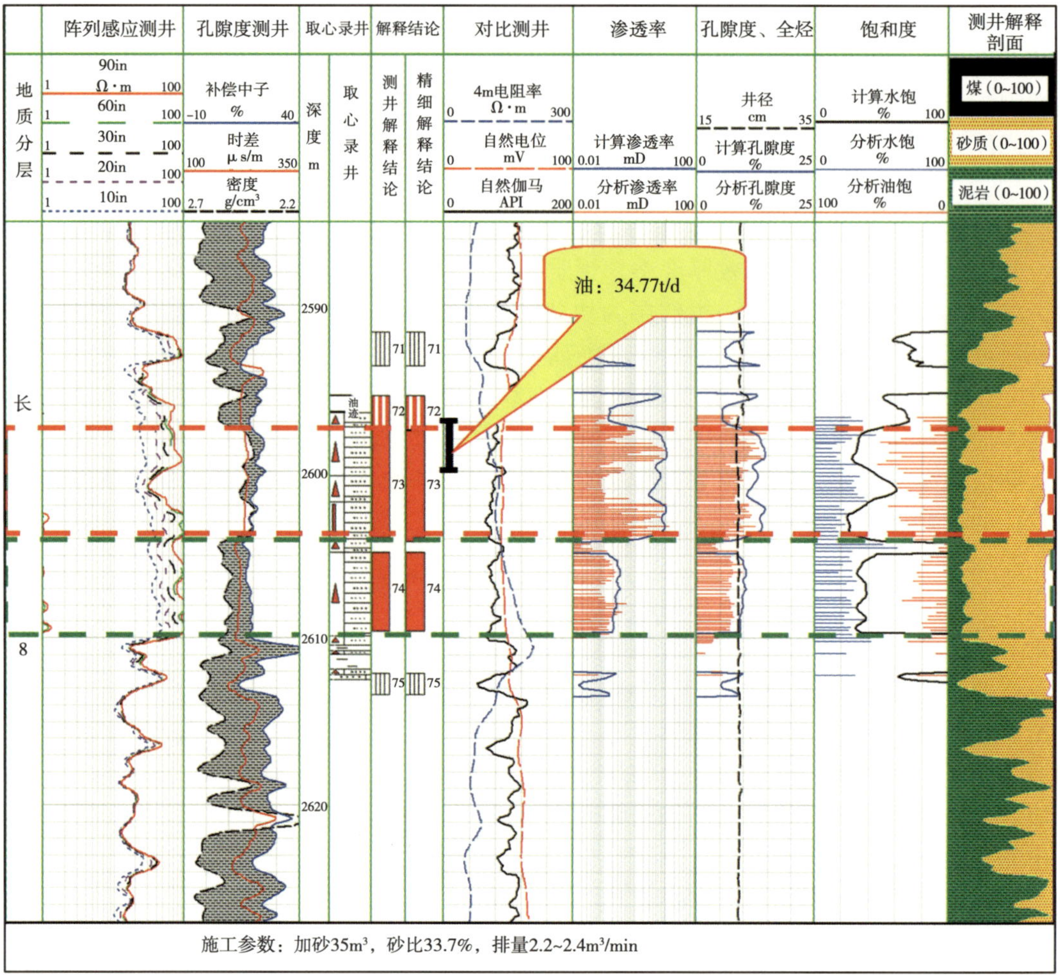

图 7-13 A 井长 8 段测井解释成果图

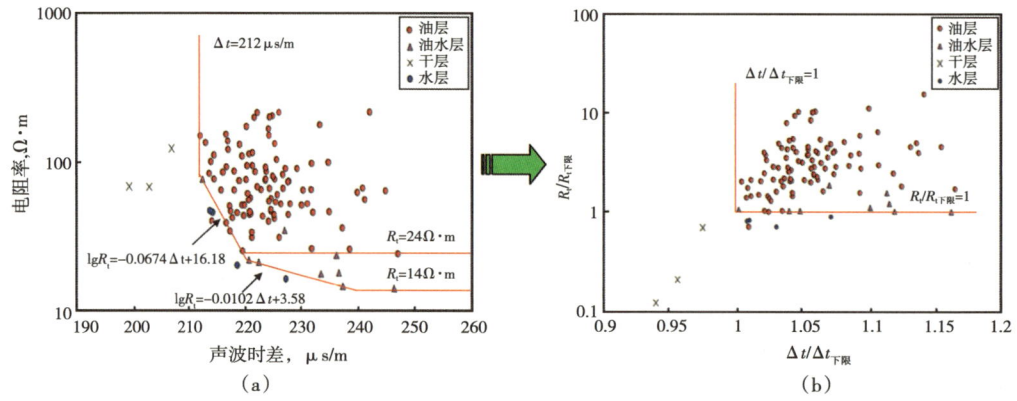

(a)   (b)

图 7-14 某地区长 8 段声波时差与电阻率交会图和物性因子与电阻增大因子交会图

4. 含油性因子

超低渗透储层中电阻率的影响因素很多，仅以电阻率绝对值判断储层的含油性往往效果不理想。因此在构建含油性因子的过程中考虑了储层岩性、物性的影响。

由阿尔奇公式可知，饱含水地层电阻率 $R_0 = aR_w / \phi^m$，定义含油性因子 RI：

$$\text{RI} = \frac{R_t}{R_0} = \frac{R_t \phi^m}{aR_w} \tag{7-8}$$

含油性因子在计算中引入了储层的岩性、物性、电性参数，消除了岩性、物性变化对电阻率的影响，突出了含油性，RI 越大，含油性越好。

5. TPI

通过分析近源超低渗透储层测井曲线响应特征发现，三孔隙度曲线的幅度差在不同产能级别储层中存在一定的规律：当三孔隙度曲线基本重合（线重合）时，对应地层段的含油丰度最高；当 CNL 与 AC 重合，与 DEN 存在一定的幅度差（点重合）时，对应地层段的含油丰度次之；当 CNL、AC、DEN 均存在一定的幅度差时，对应地层段的含油丰度最差。

由于声波时差不受洞穴和高角度裂缝的影响，只受骨架和粒间孔隙影响，因此，声波孔隙度反映的是岩石粒间孔隙度，即有效孔隙度；而补偿中子和补偿密度受洞穴、裂缝、泥质和钙质等的影响比较严重，故其计算的孔隙度为岩石总孔隙度。当岩性较纯时，中子、密度和声波孔隙度值较为接近；当岩性不纯，夹杂泥质和钙质或存在洞缝时，中子和密度孔隙度大于声波孔隙度。因此 TPI 可以指示岩性的纯度。一般，岩性控制物性，物性制约含油性，因此 TPI 在一定程度上也能反映储层的物性和含油性。

二、数据挖掘法

本部分介绍的数据挖掘法是采用聚类分析、关联分析和分类归纳等算法获取储层产能敏感参数与储层产能的关系，综合利用多种分类归纳方法，形成超低渗透油层产能预测的模型（图7-15）。

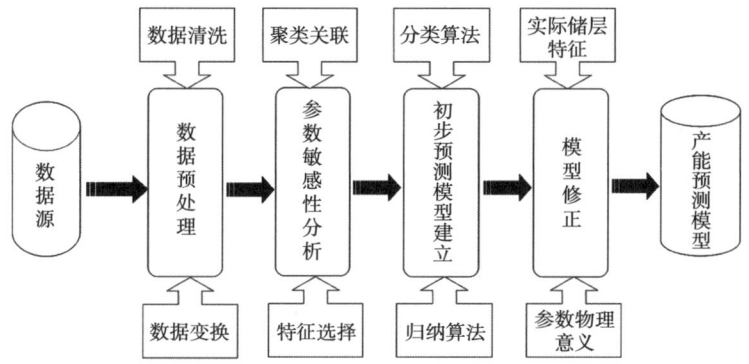

图 7-15 基于数据挖掘技术建立产能预测模型的基本原理及流程图

以某地区长 8 段油层为例，其关键井的产能级别及对应的井数量见表 7-2。

表 7-2　某地区长 8 段关键井产能分布情况表

日产油量，t	≥20	15~20	10~15	4~10	<4
产能级别	A	B	C	D	E
井数量	13	5	12	25	22

将测井原始参数和构建的产能敏感参数共 21 个参数作为数据源的挖掘属性。选择多种算法，分别从不同的角度对 21 个参数进行敏感性分析，探索其与产能之间的内在联系。通过敏感性分析，优选探井系列敏感参数为饱和度因子（$\Delta R_t \times \Delta AC$）、密度孔隙与中子孔隙度比（$\phi_D/\phi_N$）、有效厚度（$H_e$）、自然伽马相对值（$\Delta GR$）、声波时差（AC）、地层电阻率与电阻率下限比值（$R_t/R_{t下限}$）、补偿中子（CNL）、地层电阻率（R_t）等 8 个参数；开发井系列敏感参数为 H_e、AC、ΔGR、$\Delta R_t \times \Delta AC$、$R_t/R_{t下限}$、$R_t$ 等 6 个参数，建立了探井、开发井产能敏感参数与产量的相关性（图 7-16、图 7-17）。

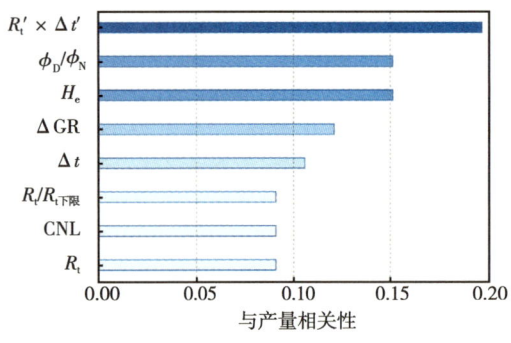

图 7-16　探井系列参数敏感性分析

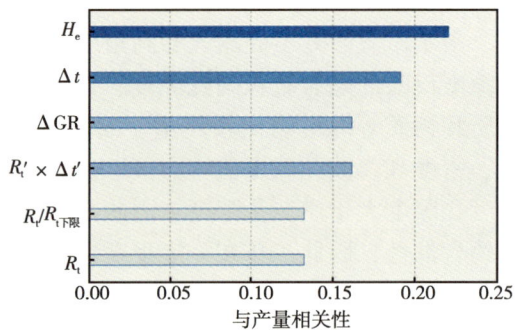

图 7-17　开发井系列参数敏感性分析

在敏感性分析的基础上，利用数据挖掘技术中的分类方法建立该地区长 8 段的开发井的产能预测模型，见表 7-3，能较为准确识别 155 口井中的 127 口，准确率为 81.93%。

表 7-3　某地区长 8 段的开发井产能预测模型

产能级别	数量	规则序号	规　　则	识别个数	准确率 %
A	13	①	$H_e>9.63$，$\Delta GR≤0.35$，$R'_t \times \Delta t'≥0.42$	8	80.00
		②	$4.38≤H_e≤11.00$，$2.10≤R_t/R_{t下限}≤9.41$，$R'_t \times \Delta t'≤0.40$ or $≥0.54$，$220.98≤\Delta t≤223.98$	5	83.33
B	5	①	$H_e>9.63$，$R_t>52.52$，$\Delta GR≤0.30$，$R'_t \times \Delta t'≤0.42$	2	100
		②	$6.63≤H_e≤8.74$，$218.05≤\Delta t≤236.32$，$0.23≤R'_t \times \Delta t'≤0.39$，$26.10≤R_t≤27.92$	2	100
C	12	①	$9.63<H_e≤17.10$，$\Delta t≤223.66$，$\Delta GR>0.30$	7	87.50
		②	$5.98≤H_e≤8.38$，$219.51<\Delta t≤224.31$，$R_t/R_{t下限}≤4.04$	5	83.33

续表

产能级别	数量	规则序号	规 则	识别个数	准确率 %
D	25	①	$3.50 < H_e \leqslant 5.98$，$\Delta t > 222.78$	3	100
		②	$3.00 \leqslant H_e \leqslant 9.38$，$\Delta t \geqslant 222.30$，$1.04 \leqslant R_t/R_{t下限} \leqslant 5.12$，$0.28 \leqslant \Delta GR \leqslant 0.44$	12	75.00
		③	$H_e > 9.63$，$R_t \leqslant 52.52$，$\Delta GR \leqslant 0.30$	3	100
E	22	①	$H_e \leqslant 3.50$	11	78.57
		②	$4.68 \leqslant H_e \leqslant 5.98$，$\Delta t \geqslant 222.78$	5	100

第四节 地层压力与孔隙结构相结合的产液量预测

根据达西渗流产量公式可知，油层的产液能力主要受储层的渗透性影响，渗透率越高，产液能力越强，渗透率越低，产液能力越差。但是在歧口凹陷低孔渗储层的产能预测中发现，根据储层渗透性来预测储层自然产能与实际生产情况存在较大的差异，在完全相同的测试条件下，有些渗透率较高的储层，其产能非常低，而渗透率非常低的储层，却有非常高的产能。为准确预测储层自然产能并评价储层改造效果，从达西渗流产量公式出发，重点分析了歧口凹陷低孔低渗储层产能主控因素。在此基础上，建立了一套利用孔隙结构与地层压力相结合的储层自然产能评价方法，并将此方法应用到歧口凹陷勘探实践中，取得了较好的应用效果。

一、达西渗流产量公式在歧口凹陷的不适应性

达西渗流产量公式认为，假设油藏开发形状为理想的圆柱形，则流体在孔隙介质中的流动分析可认为是平面径向流的分析，根据达西定律，得到日产量可以描述如下：

$$Q = \frac{CK_o H \Delta p}{\beta_o \mu_o \lg(\frac{r_e}{r_w} + S)} \tag{7-9}$$

式中　Q——油井的稳定日产量，m^3；
　　　C——单位换算系数，0.54287；
　　　K_o——油相渗透率，mD；
　　　H——油层有效厚度，m；
　　　Δp——油井生产压差，MPa；
　　　μ_o——地层原油黏度，mPa·s；
　　　β_o——原油体积系数，无量纲；
　　　r_e——油井供油半径，m；
　　　r_w——油井井眼半径，m；
　　　S——表皮系数，无量纲。

一般情况下，将单位压差下每米采油指数定义为储层的产能，则式（7-9）可以转换为：

$$J_o = \frac{Q}{H\Delta p} = \frac{CK_o}{\beta_o \mu_o \lg(\frac{r_e}{r_w} + S)} \quad (7-10)$$

对于同一油田,当储层原油性质、射孔方式以及油井供油半径、井眼半径基本一致时,式(7-10)中 $C/[\beta_o \mu_o \lg(r_e/r_w + S)]$ 可以当作是常数项,令:

$$A = \frac{C}{\beta_o \mu_o \lg(\frac{r_e}{r_w} + S)} \quad (7-11)$$

则式(7-10)可以转换为:

$$J_o = AK_o \quad (7-12)$$

$$K_o = K_{omax} K_{ro} \quad (7-13)$$

式中 K_{omax}——束缚水状态下的油相相渗透率;

K_{ro}——油相相对渗透率,对于油层,无论何种方法得到的 K_{ro} 均为1。

通过对歧口凹陷大量岩心数据分析发现束缚水状态下油相相渗透率与绝对渗透率之间存在很好的相关系(图7-18),其相关式表达为:

$$K_{omax} = 0.0615 K^{1.244} \quad (7-14)$$

式中 K——绝对渗透率,mD,也即为岩心分析中的空气渗透率,测井计算所能够获得的渗透率。

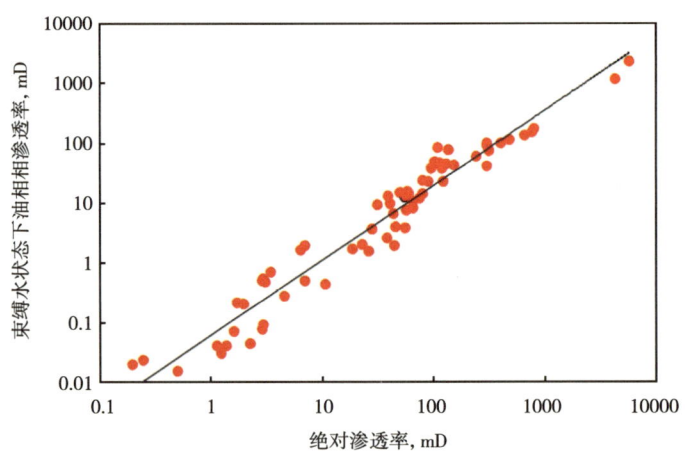

图7-18 最大油相相渗透率与绝对渗透率关系图版

对于油层来说,将式(7-14)代入式(7-12),则可以得到简化后的达西渗流产能公式:

$$J_o = 0.0615 AK^{1.244} \quad (7-15)$$

由式(7-15)可知,油层的产能主要与储层的渗透率相关。为验证该方法在歧口凹陷的适应性,选取了歧口凹陷某一区块同一层系,相同测试作业方式的油层,建立储层自然产能与岩心分析渗透率关系图版（图7-19）。由图可见，当储层渗透率大于50mD时，储层自然产能与渗透率有非常好的正相关关系，说明在中高孔渗储层，达西渗流产能描述公式可用于歧口凹陷储层自然产能预测；当储层渗透率小于50mD时，储层自然产能与渗透率相关性明显变差，特别是当储层渗透率小于1mD时，储层自然产能变化差异高达4个数量级，说明在歧口凹陷低孔低渗储层，式（7-15）已经不能用于进行储层自然产能预测，必须寻求适合该地区低孔渗储层产能预测的方法。

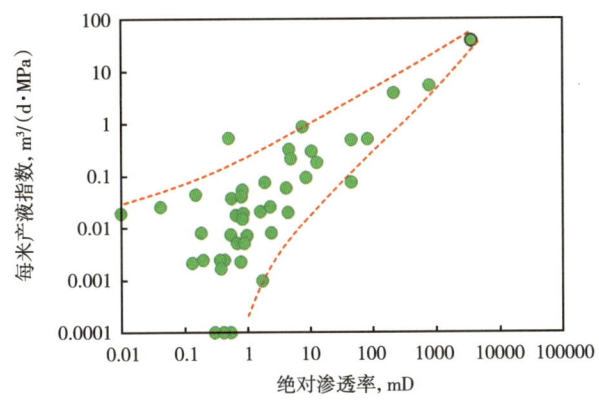

图7-19 绝对渗透率与自然产能关系图

二、歧口凹陷低孔低渗储层产能主控因素

对于歧口凹陷低孔渗储层，由于复杂的岩性、孔隙结构的影响，电阻率不能有效反映储层含油饱和度和产能，而储层的孔隙度、渗透率均受储层孔隙结构控制。歧口凹陷深层普遍发育异常高压储层，在异常高压条件下储层的渗流能力增强，对储层产能具有明显的改善作用。因此，在该区域的产能预测中重点分析孔隙结构和地层孔隙压力对储层自然产能的影响。

1. 孔隙结构对储层自然产能的影响程度分析

在综合分析大量岩心与试油试采资料基础上发现，在正常储层压力系统下，储层的毛细管压力曲线形态能够较好地反映储层自然产液能力。不同毛细管压力曲线形态，储层自然产液能力不同，孔隙结构越好，自然产液能力越高，孔隙结构越差，储层自然产液能力越低，说明在正常压力系统下，储层自然产液能力主要受孔隙结构控制。利用压汞毛细管压力曲线形态可以将储层孔隙结构与自然产液能力关系描述如下（图7-20）：（1）I类储层，每米产液指数大于$10m^3/(d \cdot MPa)$，在毛细管压力曲线形态上表现为高进汞饱和度—低排驱压力型，曲线位于坐标左下部，总体上表现为低排驱压力（小于0.025MPa）、高进汞饱和度（大于90%），具有明显平台段与双拐点，反映储层孔隙结构好，岩石粒度粗，分选好，连通性好，孔喉分布均匀，

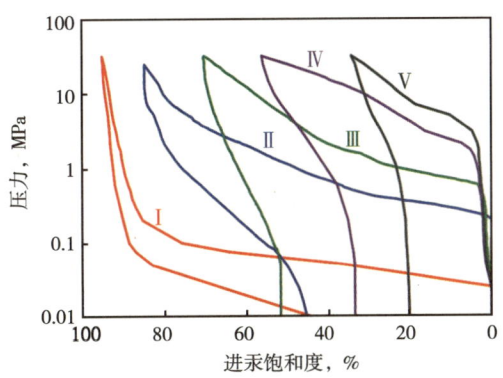

图7-20 毛细管压力曲线分类图

储集性能好，为高产储层；(2) Ⅱ类储层，每米产液指数在 1~10m³/(d·MPa)，在毛细管压力曲线形态上表现为中—高进汞饱和度—中—低排驱压力型，曲线位于坐标中下部，总体上表现为中—低排驱压力 (0.025~0.1MPa)、中—高进汞饱和度 (大于80%)，具有较明显的平台段与双拐点，反映储层孔隙结构相对较好，岩石粒度较粗，分选性相对较好，连通状况中等，储集性能中等，一般为工业产能储层；(3) Ⅲ类储层，每米产液指数在 0.1~1m³/(d·MPa)，在毛细管压力曲线形态上表现为中—高进汞饱和度—中—高排驱压力型，曲线位于坐标中部，总体上表现为中—高排驱压力 (0.1~0.5MPa)、中—高进汞饱和度 (大于70%)，呈斜坡形，双拐点不明显，反映储层孔隙结构较差，岩石粒度较细，分选性相对较差，连通性较差，储集性能较差，一般为工业产能储层。(4) Ⅳ类储层，每米产液指数在 0.001~0.1m³/(d·MPa)，在毛细管压力曲线形态上表现为中—高进汞饱和度—高排驱压力型，曲线位于坐标中上部，总体上表现为高排驱压力 (0.5~2.0MPa)、中—高进汞饱和度 (大于50%)，呈斜坡形，无双拐点反映储层孔隙结构差，岩石粒度细，分选性差，孔喉分布不均匀，连通性差，储集性能较差，一般为低产能储层，压裂改造后具有工业产能；(5) Ⅴ类储层，每米产液指数小于 0.0010.1m³/(d·MPa)，在毛细管压力曲线形态上表现为低进汞饱和度—高排驱压力型，曲线位于坐标右上部，总体上表现为高排驱压力 (大于2.0MPa)、低进汞饱和度 (小于50%)，呈斜坡形或上凸型，反映储层孔隙结构极差，岩石粒度细，分选性差，孔喉分布不均匀，连通性差，储集性能很差，一般无产能。

通过毛细管压力曲线形态描述储层产液能力与孔隙结构之间的关系，只能进行直观定性解释，不能满足日常生产需求。为有效描述储层产液能力，在综合分析储层物性宏观表征参数和 16 种微观孔隙结构特征参数基础上，优选了有效孔隙度、渗透率、排驱压力、孔隙喉道均值、分选系数、最大进汞饱和度等 6 个反映储层产能敏感的表征参数，通过加权组合构建了一条表征储层自然产液能力的孔隙结构综合评价指数：

$$TT = f\left(\frac{\phi_e K S_p S_{max} D_M}{100 p_d}\right) \quad (7-16)$$

式中　TT——孔隙结构综合评价指数，无量纲；
　　　ϕ_e——有效孔隙度，%；
　　　K——渗透率，mD；
　　　S_p——分选系数，无量纲；
　　　S_{max}——最大进汞饱和度，%；
　　　D_M——孔隙喉道均值，μm；
　　　p_d——排驱压力，MPa。

分不同压力梯度建立了孔隙结构综合评价指数与储层自然产液能力的关系，如图 7-21 所示，不同颜色点子代表不同压力梯度点子。在正常压力系统情况下（压力梯度在 0.95~1.2kPa/m），每米产液指数与孔隙结构综合评价指数之间存在非常好的相关性（图中绿色点子）；即使不考虑压力的影响，每米产

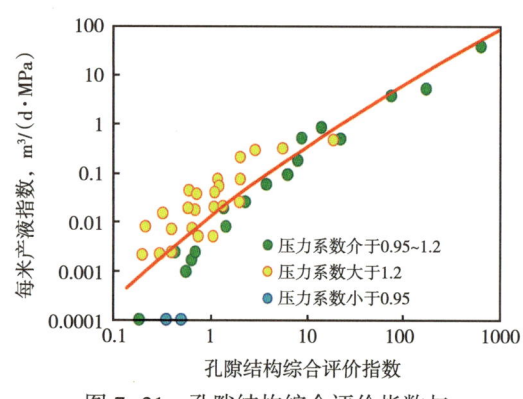

图 7-21　孔隙结构综合评价指数与自然产能关系图版

液指数与孔隙结构综合评价指数之间的相关性也明显优于每米产液指数与渗透率之间的关系，说明孔隙结构综合评价指数比渗透率能够更好地描述储层自然产液能力。

2. 地层压力对储层自然产能的影响程度分析

前人研究表明，歧口凹陷中深层异常高压十分发育，异常高压与油气运移、聚集、油气分布以及产能有十分密切的关系。一方面超压的存在减缓了压实作用，可以有效地保留部分原生孔隙，使储层保持较高的孔隙度，对中深层碎屑岩的储集性能，尤其是渗流能力起到有效维持。同时由异常高压引起的微裂缝对致密碎屑岩储层物性的改善也起到非常重要的作用。另一方面超压是油气在低渗透致密储层中运聚充注的主要动力（动力圈闭），"动力圈闭"与中—高渗透储层中的构造、地层、岩性等常规圈闭相比较，除充注动力、渗流方式不同外，在油气水关系、圈闭的形态和分布上也有很大的差异；源岩与储层大范围叠置或互层，生烃超压近源充注，以及在孔缝网络中的短距离运移是形成动力圈闭的有利条件，并最终可导致地层中大面积连续含烃。与此同时，通过生产实践发现，高异常压力区域，储层产能通常也较高。

地层压力与储层自然产能之间存在一定的相关性，随着压力系数增加，储层自然产液能力也增加，但是储层产液能力与地层压力之间的相关性明显不如储层产液能力与孔隙结构综合评价指数之间的相关性。

通过以上分析可知，影响歧口凹陷低孔低渗储层产能的主控因素为孔隙结构和地层压力，其中孔隙结构为关键控制因素，地层压力是重要的影响因素。

三、基于孔隙结构与地层压力相结合的产能预测方法

在低孔低渗储层措施改造方案优化设计中，工程人员希望能够同时了解储层自然产液能力，储层是否具有改造价值，改造后的效果如何？为达到上述目标，在前文主控因素分析的基础上，构建了一条同时考虑孔隙结构影响和地层压力影响的产能评价综合指数曲线，具体表达式为：

$$ZZ = TT \cdot p_o^x \tag{7-17}$$

式中　ZZ——产能评价综合指数，无量纲；

　　　p_o——地层压力系数，无量纲；

　　　x——经验系数，无量纲。

为评价储层自然产液能力，建立了产能评价综合指数与每米产液指数之间的关系图版（图7-22）。可见自然产能与产能评价综合指数之间的相关性要明显优于产能与渗透率、孔隙结构、地层压力等单因素的相关性，利用产能评价综合指数曲线能够较好地描述储层自然产液能力。具体计算公式如下：

$$\lg J_o = -0.178 \lg^2 ZZ + 1.763 \lg ZZ - 2.166 \quad (R^2 = 0.95) \tag{7-18}$$

为评价储层是否具有改造价值以及改造后储层产液能力，建立了措施改造前、后储层每米产液指数与产能评价综合指数之间的关系图版（图7-23），图中绿色点子代表措施改造前储层产能，即为储层自然产能；蓝色点子代表措施改造后储层产能，即储层措施产能。由图中措施前、后每米产液指数对比可知，当产能评价综合指数小于0.28时，储层基本不具备改造价值；产能评价综合指数越大，储层改造价值越高，由图中蓝色点子可以

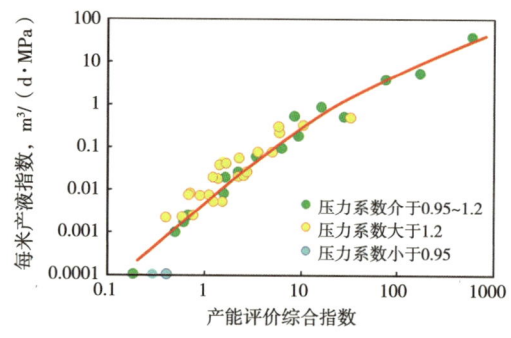
图7-22 产能评价综合指数与自然产能关系图版
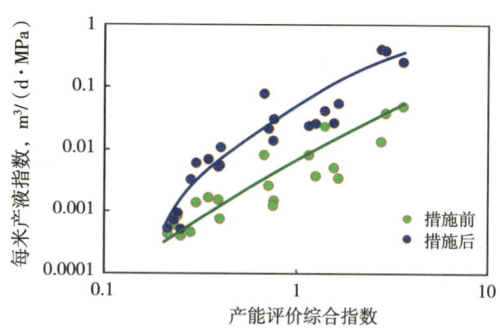
图7-23 产能评价综合指数与措施产能关系图版

建立措施改造产能与产能评价综合指数曲线之间的关系,具体描述如下:

$$\lg J_o = -0.734\lg^2 ZZ + 1.883\lg ZZ - 1.44 \quad (R^2 = 0.87) \quad (7-19)$$

四、储层产能分级评价标准建立与应用

为更直观有效地给措施改造方案设计提供方案设计参考依据,结合前文储层孔隙结构与产液能力分类,建立了歧口凹陷储层产能分级评价标准,见表7-4。

表7-4 储层产能分级评价标准

储层类别	自然产能(每米产液指数),m³/(d·MPa)	产能评价综合指数	是否需要措施改造	措施后产能(每米产液指数),m³/(d·MPa)
Ⅰ	≥10	≥200	否	—
Ⅱ	1~10	25~200	否	—
Ⅲ	0.1~1	5~25	否	—
Ⅳ	0.001~0.1	0.28~5	需要	0.002~0.4
Ⅴ	≤0.001	≤0.28	无改造价值	≤0.001

在实际测井资料应用中,上述方法中的孔隙结构参数主要由核磁共振测井资料来获取,地层孔隙压力参数由声波、密度等测井资料得到。上述方法编制成软件并投入歧口凹陷实际生产应用,为歧口凹陷低孔低渗储层勘探发现起到了非常重要的作用。图7-24为歧口凹陷一口重点探井的应用实例,目的层段为沙三段,核磁共振测井获得的总孔隙度在7%~9%(最后一道),有效孔隙度在3%~5%,按歧口凹陷低孔低渗储层有效储层孔隙度下限标准8%来说,图中所示井段均达不到有效储层解释标准。但是从核磁共振测井标准T_2来看(第5道),在143号、144号层均存在一定的长T_2分布,反映储层可能发育一些微裂缝;从测井计算的地层孔隙压力来看(第7道),目的井段地层孔隙压力在1.36~1.4MPa,反映了异常高压的存在。应用本书所提出的方法进行了储层产能综合评价,从孔隙结构综合评价指数来看,图中所示井段整体储层物性均非常差,物性相对较好一点的储层位于143号层的3977~3978m井段、144号层的3982~3984m井段,能够评价到Ⅳ类储层(第8道黑色断线),其他均达不到有效储层解释标准;但是从产能评价综合指数

来看，143号层平均产能评价综合指数为 3.2，预测措施前每米产液指数约为 0.045 m³/(d·MPa)，经过措施后改造后每米产液指数能够达到 0.34m³/(d·MPa)；144 号层平均产能评价综合指数为 2.0，预测措施前每米产液指数约为 0.02m³/(d·MPa)，经过措施后改造后每米产液指数能够达到 0.15m³/(d·MPa)；可见 143 号、144 号层均可以评价为Ⅳ类储层，具有一定的措施改造价值。142 号层平均产能评价综合指数为 0.13，预测措施前每米产液指数约为 0.0001m³/(d·MPa)，为Ⅴ类储层，无措施改造价值。对 142—144 号层试油，测量得到油层压力梯度为 0.0138MPa/m，措施改造前日产液 6.4m³，折算为每米产液指数为 0.0187m³/(d·MPa)；经过措施改造后日产油 54.9m³，折算为每米产液指数为 0.159m³/(d·MPa)。试油得到的措施前、后每米产液指数与计算的 3 层平均每米产液指数 0.02m³/(d·MPa) 和 0.163m³/(d·MPa) 基本吻合，说明该方法是有效的。

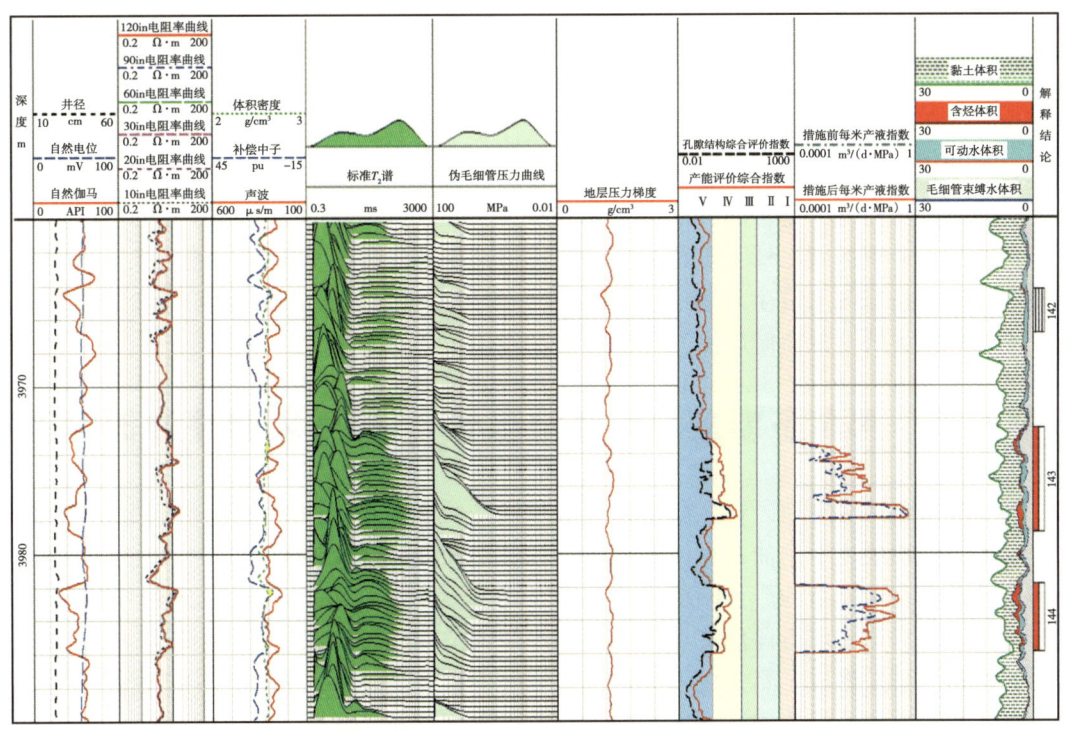

图 7-24　ch35 井产能预测综合成果图

参 考 文 献

[1] 毛志强，李进福. 油气层产能预测方法及模型 [J]. 石油学报，2000，21（5）：58-61.
[2] 张占松，张超谟，郭海敏. 基于储层分类的低孔隙度低渗透率储层产能预测方法研究 [J]. 测井技术，2011，35（5）：482-486.
[3] 李少发. 储能系数在低渗透油藏开发中的应用 [J]. 低渗透油气田，1999，4（3）：31-33.
[4] 谭成仟，马娜蕊，苏超. 储层油气产能的预测模型和方法 [J]. 地球科学与环境学报，2004，26（2）：42-45.

第八章 低孔低渗油气藏测井评价实例

前文介绍了低孔低渗油藏的基础认识和专项测井技术。但应该充分认识到，低孔低渗油藏既具有大量的共性特征，也具有不少自有的个性特征。应用这些成果进行综合测井评价，既解决共性问题，也解决个性问题，准确识别油气水层，准确分级预测油气产量，为储量计算和油气生产奠定基础，测井工作者不仅需要掌握相关技术，也需要具备一定的地质和油藏分析能力。

本章首先以鄂尔多斯盆地姬塬地区长 8_1 段油藏、姬塬地区长 8_2 段和长 9 段油藏、渤海湾盆地黄骅坳陷沙河街组油藏等 3 个不同类型典型低孔低渗油藏作为实例，介绍了如何针对目标区块的不同地质特征，在清楚认识共性和个性特征的基础上，综合应用第二章至第七章介绍的低孔低渗储层测井评价技术进行油层解释和油藏评价。

实际上，低孔低渗储层测井评价技术在中国石油各油气田都进行了广泛的推广应用，除了上述 3 个典型油藏之外，本章最后一节还挑选了鄂尔多斯盆地华庆地区长 6 段低孔低渗油藏、苏里格地区上古生界低孔低渗气藏、四川盆地广安地区须家河组气藏作为其代表，简要介绍了低孔低渗储层测井评价技术的应用效果。

第一节 鄂尔多斯盆地姬塬地区长 8_1 段油藏测井评价实例

鄂尔多斯盆地姬塬地区长 8 段发育大面积低孔低渗砂岩岩性油藏，因直接位于该油田长 7 段主力生油层之下，油藏充注程度高，含油饱和度高。但该油藏同时存在孔隙度、渗透率低、孔隙结构复杂的严重问题，本次研究之前测井判识难以区分油层与差油层、差油层与干层。针对该油层组评价难点，测井评价研究按照成岩相识别+孔隙结构评价+含油性评价的思路，研发形成了测井成岩相划分、储层参数分类计算、孔隙结构定量评价、含油性分类评价、产能分级预测等高充注油藏测井综合评价技术系列。

一、油藏地质概况

1. 沉积背景

姬塬地区位于陕西省定边县、吴起县，宁夏回族自治区盐池县及甘肃省环县境内，区域构造横跨伊陕斜坡与天环坳陷两个构造单元（图 8-1）。该区延长组长 3—长 8 段主要发育大型岩性油藏。长 8 段的沉积相展布特征（图 8-2）主要为，三角洲平原主要分布在研究区北部的红井子—波罗池—安边—胡尖山一线；三角洲前缘相带宽阔，内外前缘分界线位于沙嵝岘—冯地坑—油房庄一线，内前缘水下分流河道、河口坝砂体发育，外前缘席状砂发育；前三角洲分布范围较小，主要分布在堡子湾—樊学—高嵝岘一线，为沉积中心区，主要为暗色泥岩和粉砂质泥岩。该区主力层长 8_1 有利储集砂体主要为三角洲前缘的水下分流河道砂体、河口坝砂体和复合型砂体（图 8-3）。

第八章 低孔低渗油气藏测井评价实例

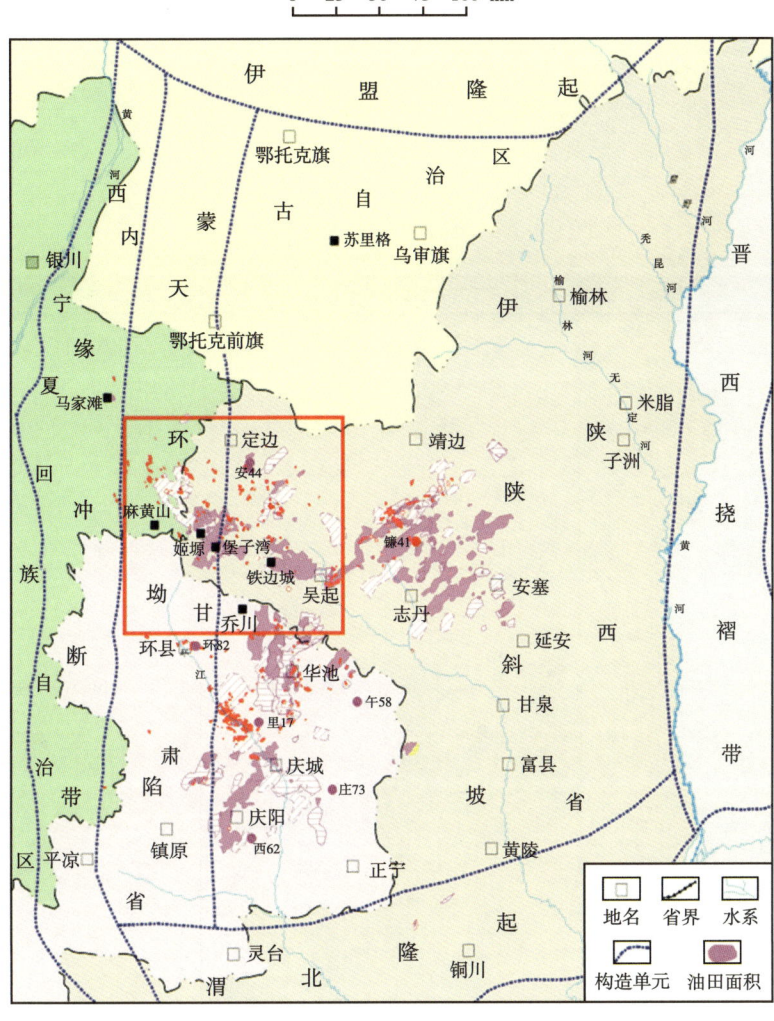

图 8-1 姬塬地区地理位置图

不同的砂体类型形成于不同的沉积微相，而不同的沉积微相具有不同的水动力条件，因而对应的砂体厚度、粒度、物质成分、分选性、磨圆度、杂基含量及其物性等均有明显的差异，结果导致不同沉积微相的砂体具有不同的物性及含油性。长 8_1 段油层有利储集砂体主要为三角洲前缘的水下分流河道砂体等复合型砂体。

姬塬地区物源较多，当多支河流向湖盆汇聚时，由于形成的三角洲砂体主要分布于湖岸线附近，因此形成了多个三角洲砂体环绕湖岸线呈环带状分布的特征。随着湖水的升降，湖岸线位置也相应迁移，在新的湖岸线附近形成新的三角洲砂体，这就形成了多期切河道方向坨状砂体围绕湖盆呈环带状展布的特征。因此，浅水三角洲湖岸线位置对浅水三角洲砂体分布具有明显的控制作用，浅水三角洲砂体分布具"湖岸线控砂"的规律。

区内河道砂体的沉积主要呈北西—南东和北东—南西向展布。其中，受西北物源沉积控制发育4条北西—南东向的砂体，砂体一般在区内延伸 80~120km，宽 3~10km，砂厚 10~30m（图8-4）；东北沉积体系以吴仓堡地区较为发育，发育三支砂体，延伸 80~

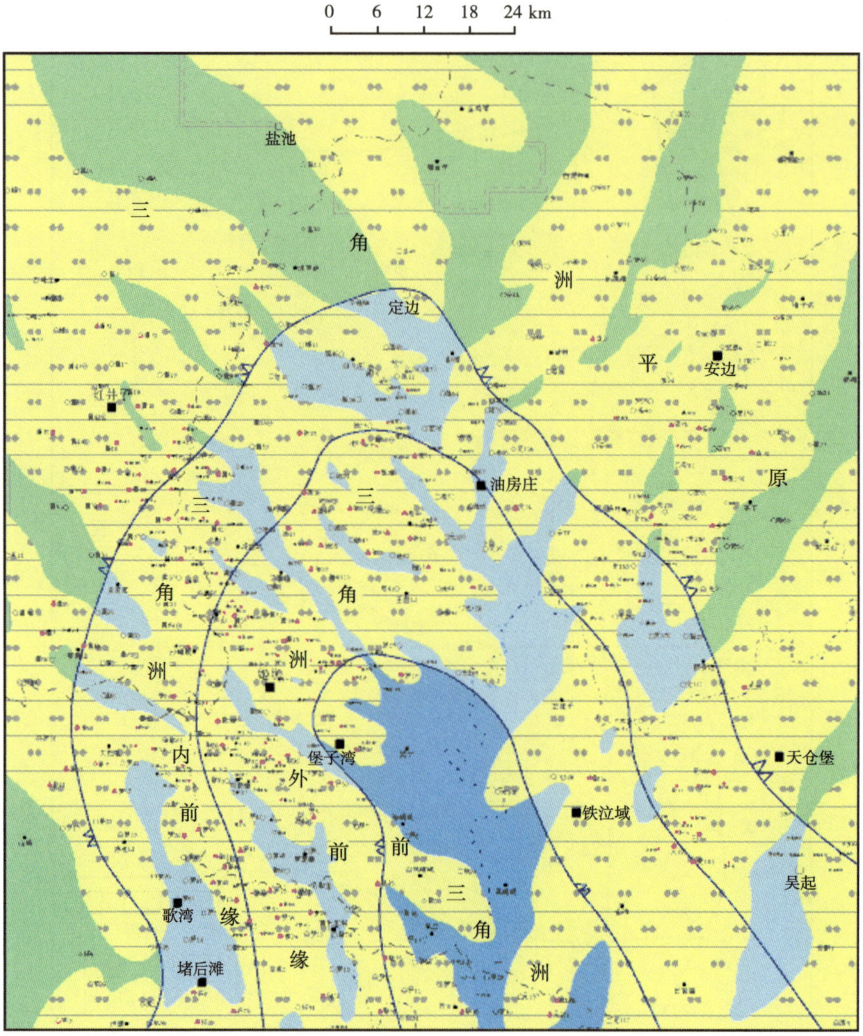

图 8-2 姬塬地区长 8_1 段沉积相图

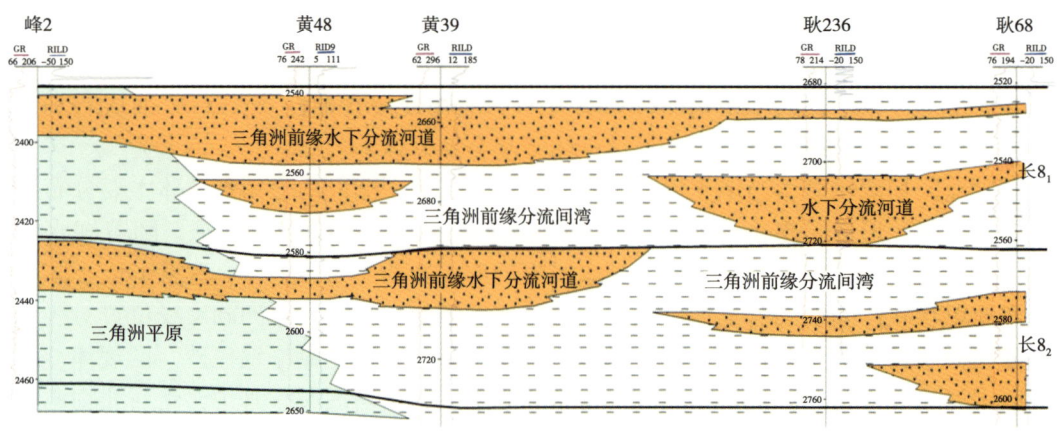

图 8-3 长 8 段三角洲前缘亚相水下分流河道沉积微相

100km,宽5~10km,砂厚8~15m。姬塬地区长8段储层整体的砂体展布、水下河道发育均在近北西—南东方向上有较好的延伸性。各小层的沉积微相和砂体的展布特征具有很强的相似性,沉积微相的发育直接控制了砂体的厚度以及形态。

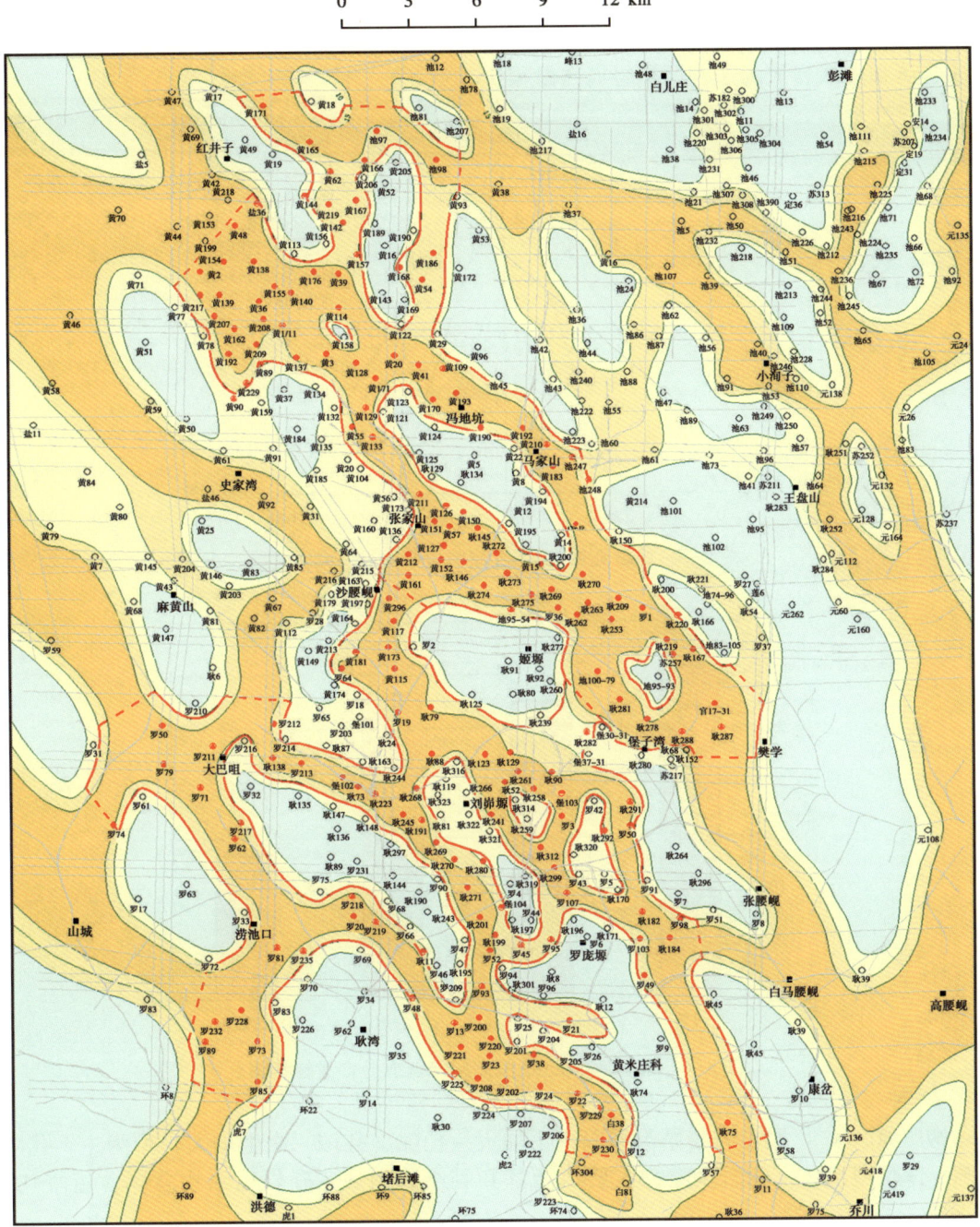

图8-4 姬塬地区长8_1段砂体展布图

2. 储层岩石学特征

姬塬地区长 8_1 段岩石类型主要为灰色、灰褐色中—细粒岩屑长石、长石岩屑砂岩（图 8-5），岩屑含量较高，成分成熟度低。储层的岩石类型及填隙物特征因区块和层位的不同而有所差异。姬塬地区石英含量平均为 30.7%、长石含量平均为 27.6%、岩屑含量平均为 28.3%、填隙物含量平均为 13.4%（图 8-6）。砂岩粒度以细粒、细—中粒、粉—细粒为主（图 8-7），砂岩分选好，磨圆度以次棱角状为主。长 8_1 段储层砂岩岩屑组成中以变质岩屑和火成岩屑为主，沉积岩屑含量很少。

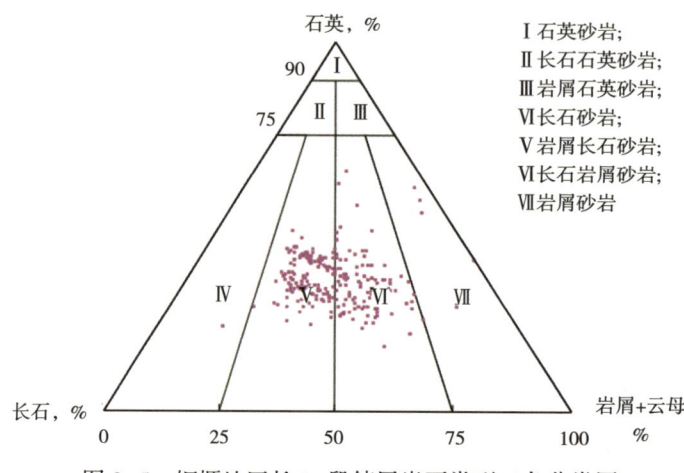

图 8-5 姬塬地区长 8_1 段储层岩石类型三角分类图

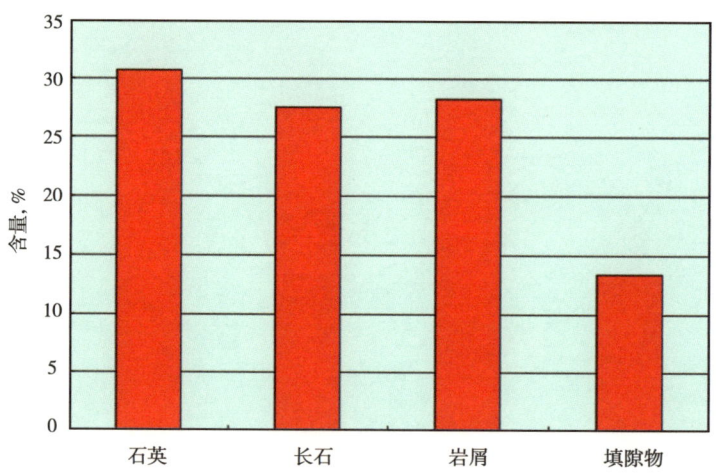

图 8-6 姬塬地区长 8_1 段储层碎屑成分含量柱状图

姬塬地区长 8_1 段砂岩胶结类型以次生加大—孔隙（孔隙—次生加大）型为主，孔隙、孔隙—薄膜型次之。砂岩填隙物主要由杂基和胶结物组成，砂岩填隙物总体含量平均为 15.87%。

姬塬地区长 8_1 段储层孔隙较为发育，特别是长石溶孔发育，孔隙度一般为 7%～10%（图 8-8），平均孔隙度为 8.5%；渗透率一般介于 0.2～2mD，平均渗透率为 0.61mD（图 8-8）。该区长 8_1 段属于典型的低孔特低渗储层，基本无自然产能，需要压裂生产。

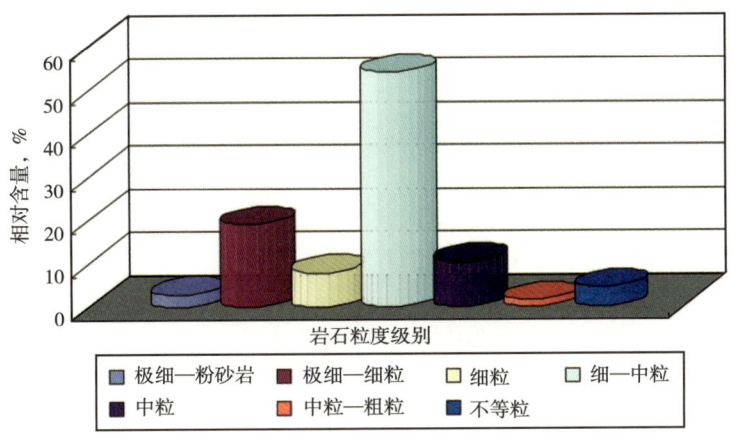

图 8-7 姬塬地区长 8 段粒度直方图

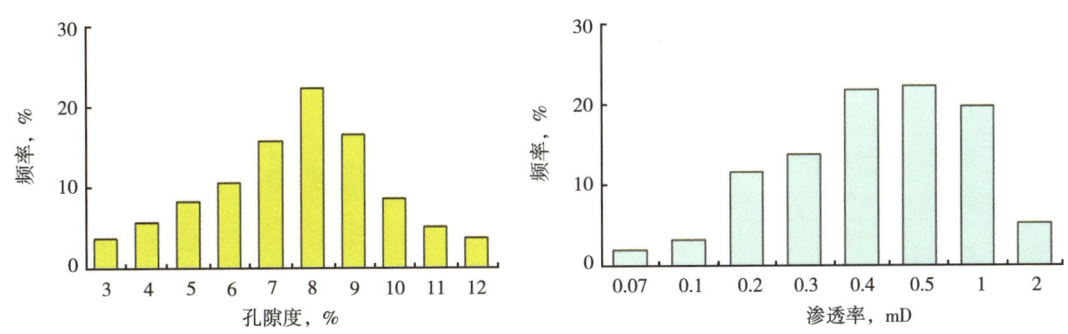

图 8-8 姬塬地区长 8_1 段孔隙度、渗透率分布频率图

3. 孔隙结构特征

为了研究多相流体在岩石中的流动情况，一般复杂孔道简化为毛细管模型，将单个小孔道看作是变断面且表面粗糙的毛细管。根据姬塬地区长 8_1 段各井的毛细管压汞试验及其曲线图可以把该区孔隙结构类型分为以下几种。

1）压汞孔喉结构特征

（1）小孔细喉型。

压汞曲线表现为分选好，歪度偏粗，如图 8-9 所示，孔隙度为 9.0%~12%，渗透率为 0.21~0.79mD，排驱压力为 0.28~2.34MPa，分选系数为 0.23~2.63，变异系数为 0.41~0.28，喉道中值半径为 0.11~0.50μm，该类型储集性能中等偏好。

（2）小孔微细喉型。

压汞曲线表现为分选偏好，歪度偏细，如图 8-9 所示，孔隙度为 7.4%~7.8%，渗透率为 0.13~0.24mD，排驱压力为 0.72~2.67MPa，分选系数为 2.28~2.38，变异系数为 0.09~0.22，喉道中值半径为 0.03~0.20μm，该类型储集性能为中等偏差。

根据毛细管压力参数统计分析，研究区内砂岩排驱压力最低为 0.283MPa，最高可超过 2.667MPa，平均为 1.90 MPa。砂岩平均喉道半径最低小于 0.045μm，最高超过 0.499μm，中值半径为 0.1μm。砂岩最大进汞量最低小于 58%，最高超过 78%，平均为

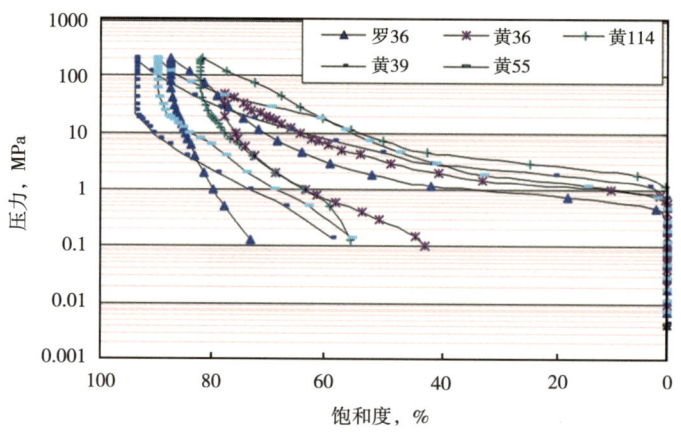

图 8-9 姬塬地区延长组长 8_1 段压汞曲线图

62.7%。砂岩退汞率最低小于 20%，最高超过 45%，平均为 30.8%（表 8-1）。毛细管压力参数的非均质性显示了姬塬地区长 8_1 段砂岩储层孔隙结构具有较强的非均质性。

表 8-1 姬塬地区长 8_1 段孔隙结构特征表

样品数块	孔隙度 %	渗透率 mD	排驱压力 MPa	中值压力 MPa	中值半径 μm	分选系数	变异系数	进汞饱和度 %	退汞率 %
22	8.5	0.61	1.9	6.4	0.1	1.7	0.18	62.7	30.8

2）孔喉半径分布特征

据姬塬地区长 8_1 段不同级别渗透率的 4 块恒速压汞代表样品值，孔隙半径分布曲线均接近正态分布且范围接近，主要分布在 80~250μm，峰值约 140μm [图 8-10（a）]。随着渗透率增加，孔隙半径没有明显变化，表明孔隙并不是影响目的层段储层物性的主要因素。与孔隙半径分布曲线不同，4 块样品喉道半径曲线形态差异较大 [图 8-10（b）]。渗透率小于 1.0mD 的 2 块超低渗透样品，喉道半径仅分布于 0~2μm，2 块特低渗样品喉道半径为 0~4.5μm，范围相对较宽。两类样品随渗透率的增加，喉道半径的分布范围均有明显变宽趋势，小喉道数量依次减少，大喉道所占比例明显增加且峰值含量减小，说明

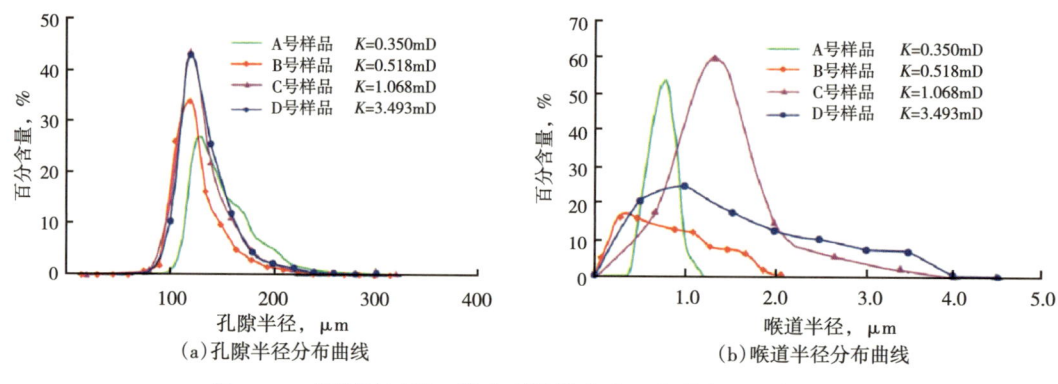

图 8-10 姬塬地区长 8 段典型样品孔隙和喉道半径分布曲线

姬塬地区长 8 段储层孔喉结构差异主要体现在喉道上，储层性质主要受控于喉道，而非孔隙。

二、测井评价技术需求

鄂尔多斯盆地姬塬地区长 8_1 段紧邻湖盆中心长 7 段，长 7 段发育的大面积优质烃源岩，其生烃总量大，生烃膨胀所产生的强大超压使生油岩为高压体系，储层为低压，存在明显的过剩压力差，为原油向下运移提供了动力，油源丰富，成藏动力充足。同时，长 8 段砂体连片性好，相对优势物性区发育，且距离烃源岩近，因此使源内油藏或源储接触油藏的小孔隙空间也能获得一定的含油量，储层毛细管中的束缚水得到较多的驱替使得湖盆中心长 8 段储层大面积含油，形成了典型的低孔低渗高充注油藏，油层饱和度可达到 65%~75%。图 8-11 为盆地长 8 段砂体与长 7 段烃源岩配置关系图，长 8_1 段的油藏与长

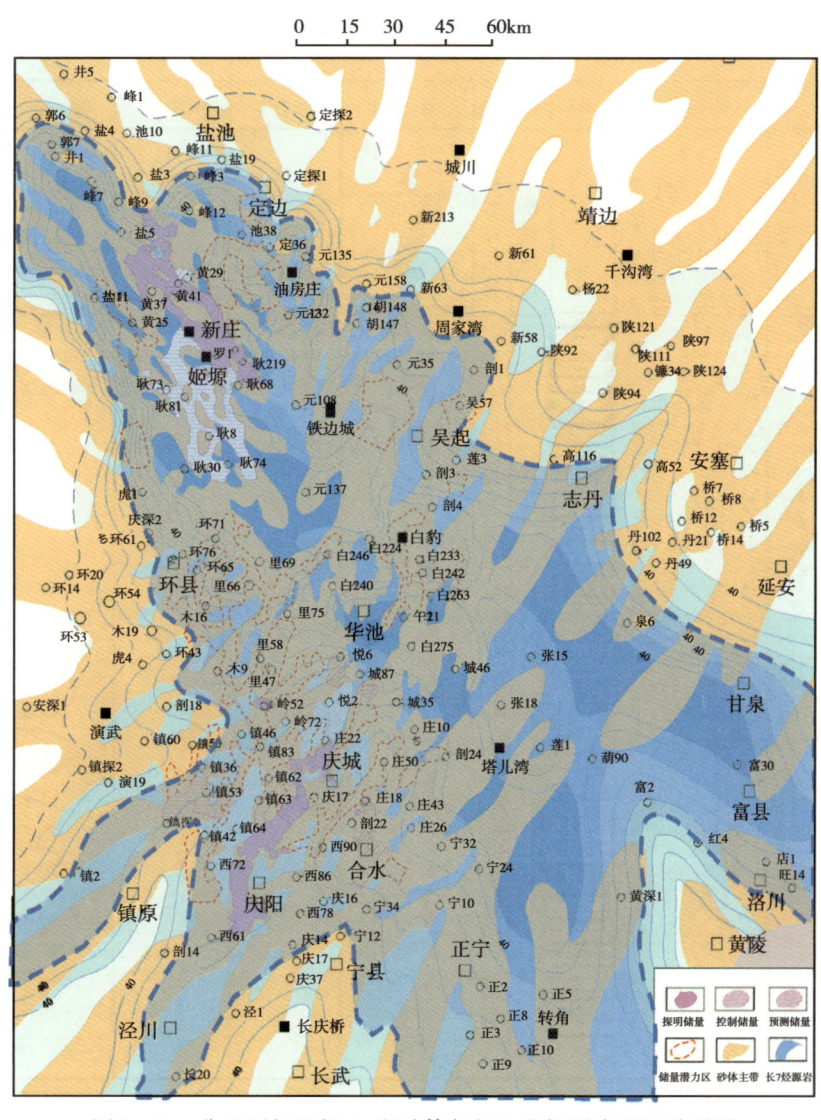

图 8-11　盆地延长组长 8_1 段砂体与长 7 段烃源岩配置关系图

7_3 段的有效烃源岩有一定的叠置关系，长 8_1 段油藏主要分布在长 7 段有效烃源岩的面积之下。该类油藏在陇东—华庆—姬塬地区延长组长 8 段十分发育，显现出高充注类型油藏其油层厚度大、物性相对较差、孔隙结构复杂、其储层电阻率在 20~200Ω·m（大部分油层电阻率大于 30Ω·m）的显著特点，试油证实该类储层测井解释结论主要为油层—差油层—干层序列，储层一般不含水。但是该区长 8_1 段油藏孔隙度结构复杂，纵向、横向非均质性强，干层与差油层、差油层与油层的界限模糊，产能评价难度大。如图 8-12 中 L38 井长 8_1 段 2704.2~2718.2m 井段，常规测井曲线显示该段储层平均声波时差为 211.57μs/m，密度为 2.55g/cm³，岩心分析孔隙度为 11.9%，分析渗透率为 0.32mD，测井电阻率为 132.95Ω·m，利用声波时差—电阻率交会识别法（图 8-13）判别流体性质解释为差油层，压裂施工加陶粒 35.0m³，砂比为 29.0%，排量为 2.0m³/min，获得工业油流 10.80t/d，出现"干层"不干局面，导致油层漏判，急需测井开展孔隙结构、含油性和产能评价，准确判识该类储层并预测产能。

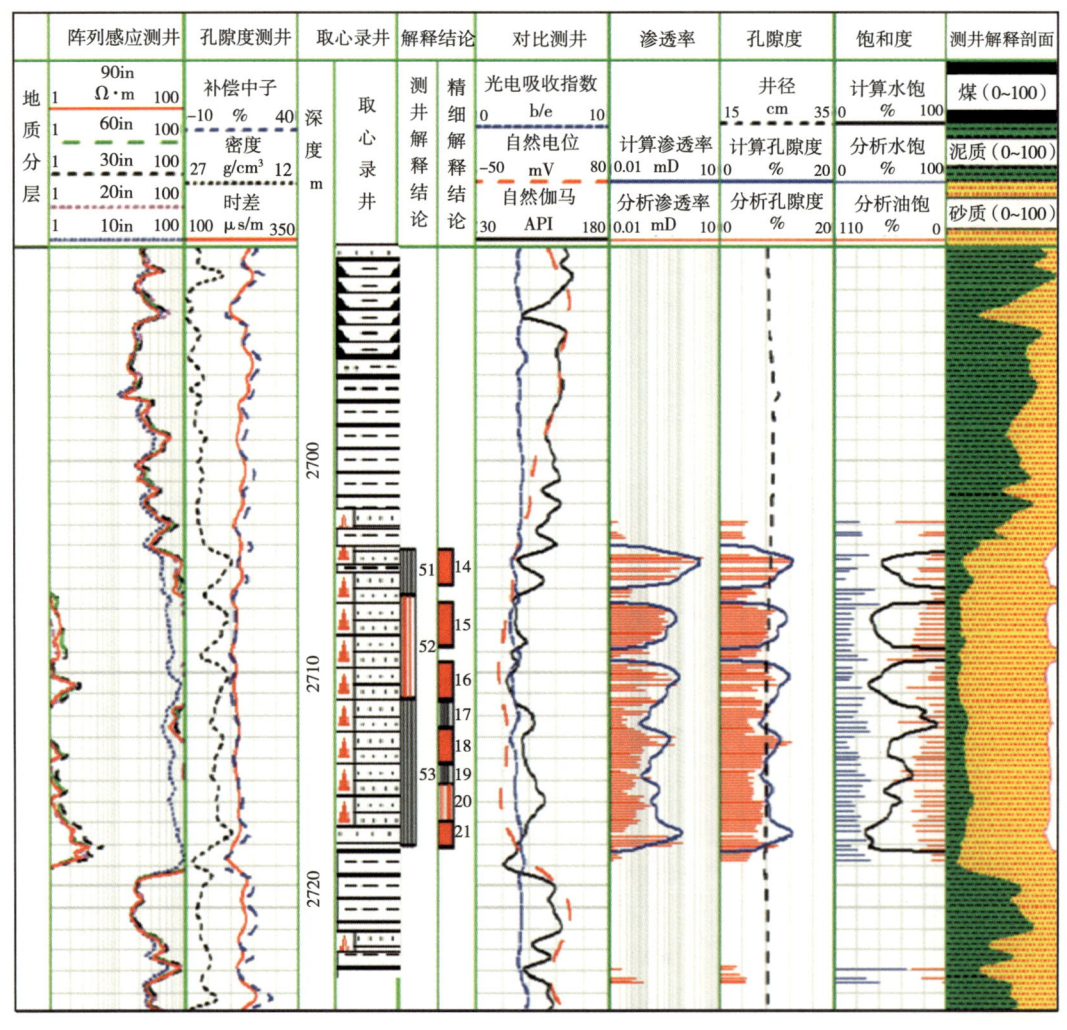

图 8-12　L38 井长 8_1 段测井解释成果图

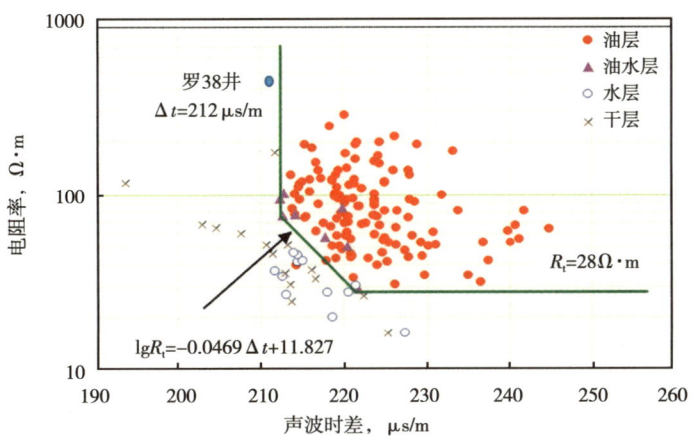

图 8-13　姬塬地区长 8_1 段声波时差与电阻率交会图

三、测井采集系列优化

鄂尔多斯盆地中生界长 8_1 段储层由于邻近生油中心，油藏充注程度高，一些细粒—极细粒，甚至粉细砂岩储层、薄互层，其分析渗透率接近或小于 0.1mD，常规测井和宏观物性显示较致密，但压裂试油仍能获得 10t/d 以上的工业油流，分析认为测井采集信息精度较低是测井评价结果不能满足低渗储层储量计算要求的重要原因之一。因此，针对测量精度和探测深度问题，系统研究了岩性、孔隙度、电阻率和核磁共振测井的适应性，认为阵列感应+岩性密度+核磁共振测井组合是长 8_1 段、长 9 段油层的最佳组合，并在长庆探区加以大范围推广。该区全采用阵列感应+岩性密度测井系列，根据现场录井、取心、常规测井的情况，针对性加测核磁共振测井，高精度测井系列覆盖率达到 100%。采用该测井系列以后，采集精度明显提升，分析物性与测井参数相关性显著增强，测井识别特低渗—致密储层以及薄互层的能力有效提高，为长 8_1 段储层的测井识别提供了强有力的测井技术支持。

N42 井采集了 ECLIPS 5700 测井系列的阵列感应测井和 MRIL-P 型核磁共振测井，长 8_1 段 1562.7~1589.2m 井段从测井曲线响应特征分析该层层间非均质性较强，声波时差平均为 225μs/m，密度平均为 2.50g/cm³，经邻井对比，解释为致密储层，如图 8-14 所示。但是根据核磁共振解释成果，该井段 T_2 谱后移，且峰值较高，显示储层孔隙结构好大孔隙较多，经计算有效孔隙度为 12.16%，可动流体饱和度为 55.72%，将常规解释差油层结论改为油层，经试油验证，本层出纯油 30.26t/d。

四、综合评价技术应用

针对姬塬地区长 8_1 段低孔低渗储层测井评价技术需求，测井技术以面向勘探开发，强化基础研究，突破关键技术和优选有利目标为导向，以孔隙结构和含油性评价为核心，开展储层成岩相识别+孔隙结构评价+含油性评价，形成从测井成岩相划分、储层参数分类计算、孔隙结构定量评价、含油性分类评价、产能分级预测等高充注油藏测井综合评价技术系列（图 8-15），在此基础上开展多井对比与富集区优选。

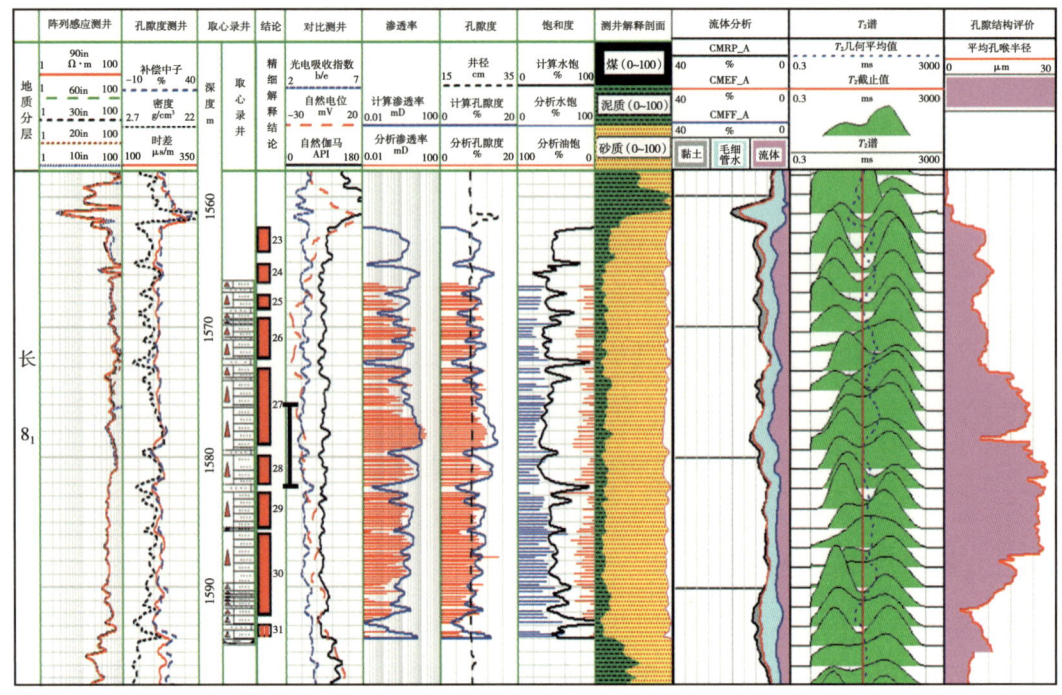

图 8-14　N42 井长 8_1 段测井解释成果图

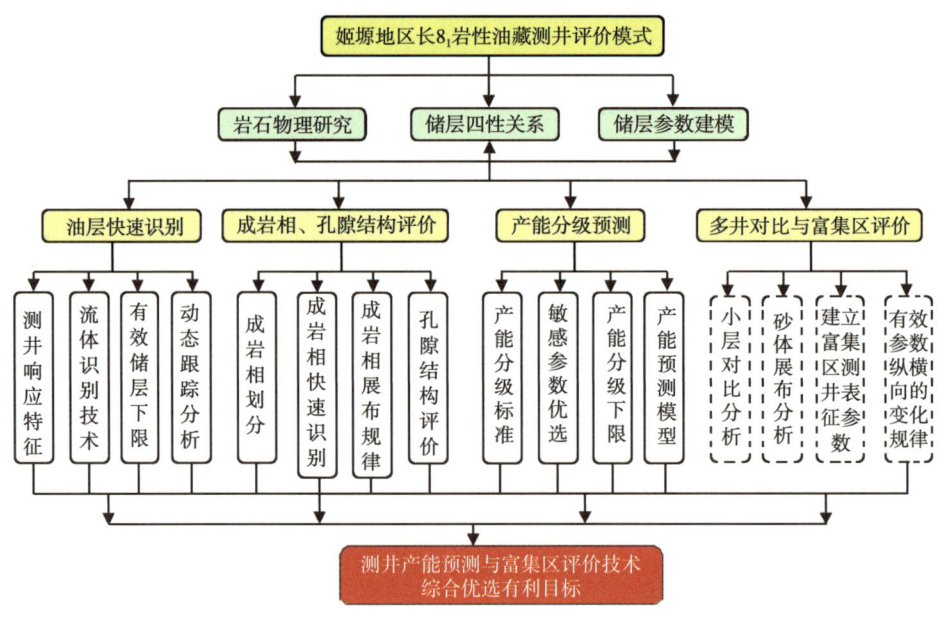

图 8-15　姬塬地区长 8_1 段高充注油藏测井评价思路与主体技术

1. 流体性质快速判识

姬塬地区长 8_1 段储层流体性质判识需要基于试油、常规测井曲线确定储层的电性下限，建立该类储层的电性解释标准，同时需要基于试油、取心、录井、物性分析资料确定储层的物性下限，达到准确识别储层流体性质的目的。

1) 电性解释标准

姬塬地区长 8_1 段邻近湖盆中心长 7_3 段的烃源岩，高排烃压力使小孔隙空间都能含油，储层含油饱满，有效储层主要以油层或差油层为主，油层测井响应特征为：自然伽马值一般为中值（60~80API）、中低自然电位负异常（相对幅度 5~30mV）、中低密度（2.38~2.58g/cm³）、中低声波时差（205~260μs/m）、中低补偿中子（10%~25%）、中高电阻率（15~300Ω·m），油层电阻率主要集中在 40Ω·m 以上，且以纯油层为主。自然伽马、电阻率曲线形态以箱形、钟形为主，显示含油较饱满。长 8_1 段储层的流体性质识别主要利用常规测井曲线交会（图 8-13）、三孔隙度指数（TPI）与饱和度因子、物性指数与视电阻增大率 ARI 交会综合判别该区长 8_1 储层流体性质。

表 8-2 姬塬地区长 8_1 段测井解释标准表

结论	声波时差与电阻率交会	TPI 与饱和度因子交会	视电阻增大率与物性指数交会
油层、油水层	212μs/m ≤ Δt < 221μs/m 时，$\lg R_t \geq -0.0469\Delta t + 11.827$；Δt≥221μs/m 时，$R_t \geq 28Ω·m$	油层：TPI≥0.78，$\Delta R_t \times \Delta AC \geq 0.24$；油水层：TPI≥0.78，$\Delta R_t \times \Delta AC < 0.24$	油层：ARI≥8.0，PI≥1.07；油水层：ARI≥3.6，PI≥1.07；致密油层：ARI≥8.0，1≤PI<1.07；含油界限层：ARI≥3.6，1≤PI<1.07

2) 物性下限

姬塬地区长 8_1 段油藏试油、分析资料丰富，物性下限采用测试法、经验统计法共同确定，同时利用压汞资料对下限层附近储层的孔隙结构和可动流体进行分析，评价其合理性。

经验统计法是以岩心分析孔隙度和渗透率资料为基础，以低孔渗段累积储渗能力丢失占总累积的 5% 为界限的一种频率统计法。在具体操作过程中考虑到长庆油田低孔低渗储层特点，要求累积样品丢失率不超过总累积的 20%，累积储能丢失不超过总累积的 10%。

采用研究区延长组长 8_1 段储层 76 口井 6318 块样品的岩心分析资料，制作岩心分析孔隙度、渗透率关系图及频率直方图（图 8-16、图 8-17），可以看到孔隙度与渗透率相关性较好。

由于姬塬地区长 8_1 段储层物性总体相对较差，但含油富集程度较高，所以其有效厚度下限标准较低。孔隙度下限取 6.0% 时，对应的渗透率为 0.07mD，此时累计孔隙能力丢失 5.1%，孔隙度样品丢失 8.3%；累计渗透能力丢失 2.0%，累计渗透率样品丢失 10.5%。累计储能、产能丢失均小，符合储量规范要求（图 8-17）。

综上所述，确定姬塬地区长 8_1 段储层孔隙度下限为 6.0%，渗透率下限为 0.07mD。

试油证实，长 8_1 段油迹及油迹以下级别的砂岩基本不具有工业价值，试油获得工业油流的层段普遍以油斑级为主。利用 42 口井 4594 个数据点作含油产状的孔隙度和渗透率交会图（图 8-18），可以看到油斑级的孔隙度下限为 6%，渗透率的下限为 0.07mD。

采用长 8_1 段 42 口井的单层试油资料分析渗透率与单位厚度产油量关系（图 8-19），可以看出储层渗透率下限取 0.07mD 时，储层仍有一定的产油能力。

由此确定长 8_1 段储层物性下限，渗透率为 0.07mD，孔隙度为 6%。

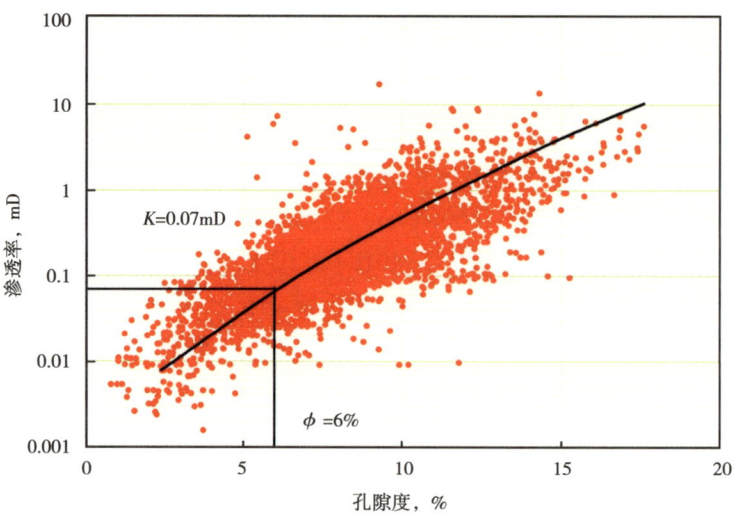

图 8-16 姬塬地区长 8_1 段储层孔隙度与渗透率关系图

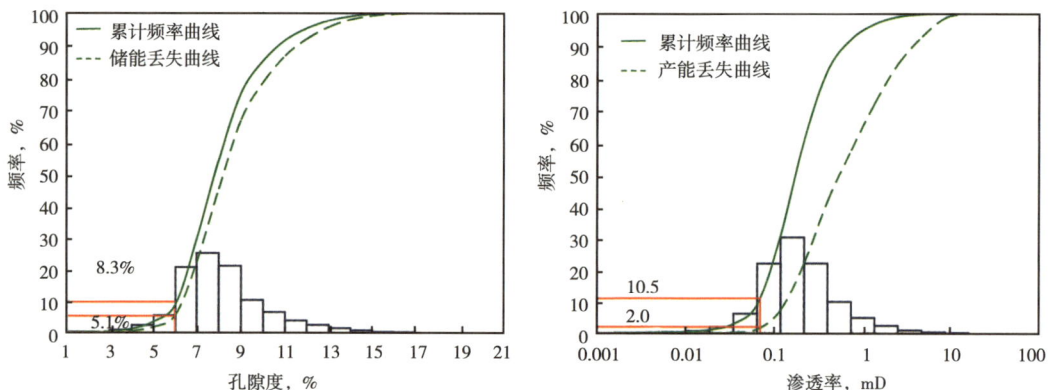

图 8-17 姬塬地区长 8_1 段储层孔隙度、渗透率频率直方图

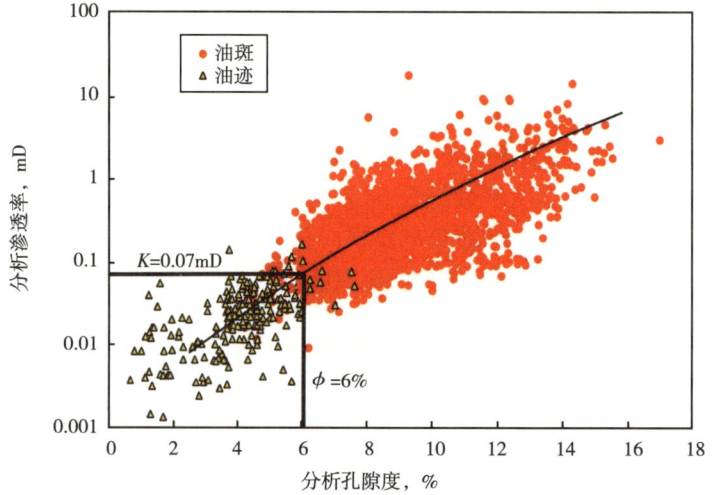

图 8-18 姬塬地区长 8_1 段储层孔隙度—渗透率关系图

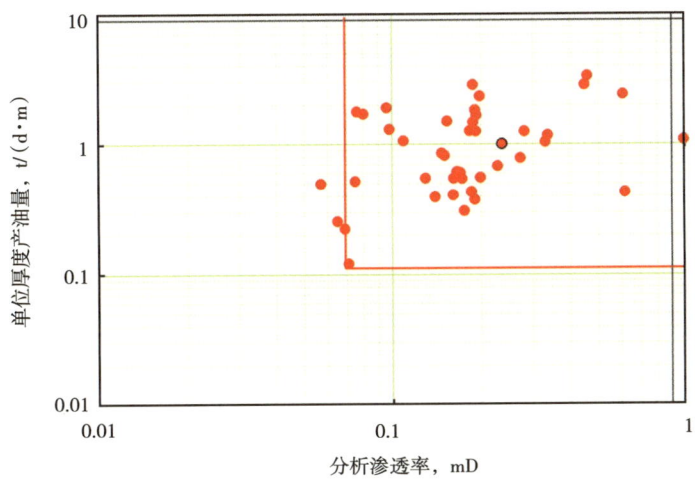

图 8-19　姬塬地区长 8_1 段单位厚度产油量与分析渗透率关系图

2. 基于成岩相识别的低孔低渗储层孔隙结构评价

岩石的孔隙结构指其内部的孔隙和喉道的几何形状、大小、分布及其相互连通关系，综合体现了储层对油气的储集和渗透能力。尤其对于低渗透储层，储层的结构成熟度、成分成熟度、杂基特别是泥质杂基的含量、自生黏土矿物的含量、胶结物的成分与含量等，都可能影响储层的孔隙结构。储层在沉积、成岩过程中经历了压实、溶蚀、胶结和交代等作用，复杂的成岩作用导致了储层的孔隙结构变化很大。因此，基于测井划分储层的成岩相，并在测井成岩相基础上建立低孔低渗储层孔隙结构评价方法，识别储层的孔隙结构，对于低渗透高充注储层评价具有重要意义。测井成岩相的识别与划分详见第四章第二节。

毛细管压力曲线作为一种直观描述储层孔隙结构的资料，在储层评价过程中广泛应用。然而，岩心实验虽然足够精确，却不能对储层进行连续评价。通过测井资料与毛细管压力曲线建立关系，可以在深度剖面上连续逐点构造毛细管压力曲线并实现连续深度的孔隙结构评价。

当前由测井资料构造毛细管压力曲线最好的办法是核磁共振测井。前人对核磁共振测井的多孔介质响应机理进行了大量研究，认为利用核磁共振表面弛豫的测井响应，可以将 T_2 谱转换为毛细管压力曲线，有关成果在第四章第三节做过简单介绍。其基本原理如下：

第一，用以平均毛细管压力曲线的 J 函数具体形式见下式：

$$J(S_w) = \frac{p_c(S_w)}{\sigma\cos\theta}\sqrt{\frac{K}{\phi}} \tag{8-1}$$

式中　S_w——对应进汞压力下的润湿相饱和度，%；
　　　$p_c(S_w)$——对应润湿相饱和度下的进汞压力，dyn/cm^2；
　　　σ——两种流体的表面张力，dyn/cm；
　　　θ——润湿相流体和岩石表面的接触角，(°)；
　　　K——渗透率，mD；
　　　ϕ——孔隙度，%。

第二，基于核磁共振测井计算储层渗透率的 SDR 模型，其数学表达式为：

$$K = C\phi^m T_{2lm}^n \tag{8-2}$$

式中　C，m，n——模型参数；

　　　T_{2lm}——T_2 几何平均值，ms。

第三，Wang 等通过大量岩石实验数据的研究，认为在给定的毛细管压力下，S_w 和 $J(S_w)$ 函数之间存在幂函数关系：

$$S_w(i) = a(i) \times [J(S_w(i))]^{b(i)} \tag{8-3}$$

式中　$S_w(i)$——第 i 个压力点的含水饱和度；

　　　$a(i)$——不同进汞压力点下的系数；

　　　i——进汞压力点数。

由式（8-1）至式（8-3），可以得到：

$$S_{Hg}(i) = 100 - C'(i)\phi^{m'(i)} T_{2lm}^{n'(i)} \tag{8-4}$$

式中　$C'(i)$，$m'(i)$，$n'(i)$——模型参数，其数据通过岩心压汞和核磁共振测井联测实验数据统计回归得到。

在利用岩心压汞和核磁共振测井资料确定出相应的参数 $C'(i)$、$m'(i)$ 和 $n'(i)$ 后，可以利用式（8-4）从核磁共振测井资料中估算出每一个进汞压力下的进汞饱和度 $S_{Hg}(i)$，以构造出毛细管压力曲线。

当然，这种由核磁共振测井构造毛细管压力曲线的方法需要有一个严格的前提，那就是这种多孔介质岩石必须是水湿的，因为只有水湿才能从理论上证明以表面弛豫为主的 T_2 谱反映了孔径分布。不幸的是，这种方法在陇东地区长 8 段的适用性遭到了严重挑战。因为目的层受到明显的亲油润湿性影响，而亲油润湿性会使测井得到的 T_2 谱不再仅仅是孔隙结构的响应，因此导致 T_2 谱不能用于重构毛细管压力曲线。

为了解决这个问题，本次研究尝试利用常规测井资料仿照上述方法构造毛细管压力曲线。

按照成岩相分类的绿泥石衬边弱溶蚀成岩相地层、不稳定组分溶蚀成岩相地层和碳酸盐胶结成岩相储层的结果，可以利用下式的成岩相渗透率模型计算渗透率：

$$K = 10^{a(i)\lg\phi + b(i)\Delta GR + c(i)} \tag{8-5}$$

式中　ΔGR——自然伽马相对值，小数；

　　　a，b，c——模型参数；

　　　i——分别对应三类成岩相，$i = 1$，2，3。

结合式（8-1）、式（8-3）和式（8-5），可以得到：

$$\lg(100 - S_{Hg}) = A^*(i)\lg\phi + B^*(i)\Delta GR + C^*(i) \tag{8-6}$$

式中　S_{Hg}——对应进汞压力下的进汞饱和度，%；

　　　$A^*(i)$，$B^*(i)$，$C^*(i)$——模型参数。

如式（8-1）所示，在固定进汞压力 p_c 取值的前提下，进汞饱和度为因变量，ϕ 和 ΔGR 为自变量，通过岩心实验数据标定，可以获取剩余模型参数。

图 8-20 为 51 块岩心毛细管压力曲线，将其作为建模样本集刻度模型参数。将毛细管

压力曲线实验数据和测井数据代入式（8-1），回归得到不同成岩相储层下的毛细管压力曲线连续构造模型参数 $A^*(i)$、$B^*(i)$ 和 $C^*(i)$，见表 8-3，模型的相关系数绝大部分高于 0.8，表明模型的精度较高。

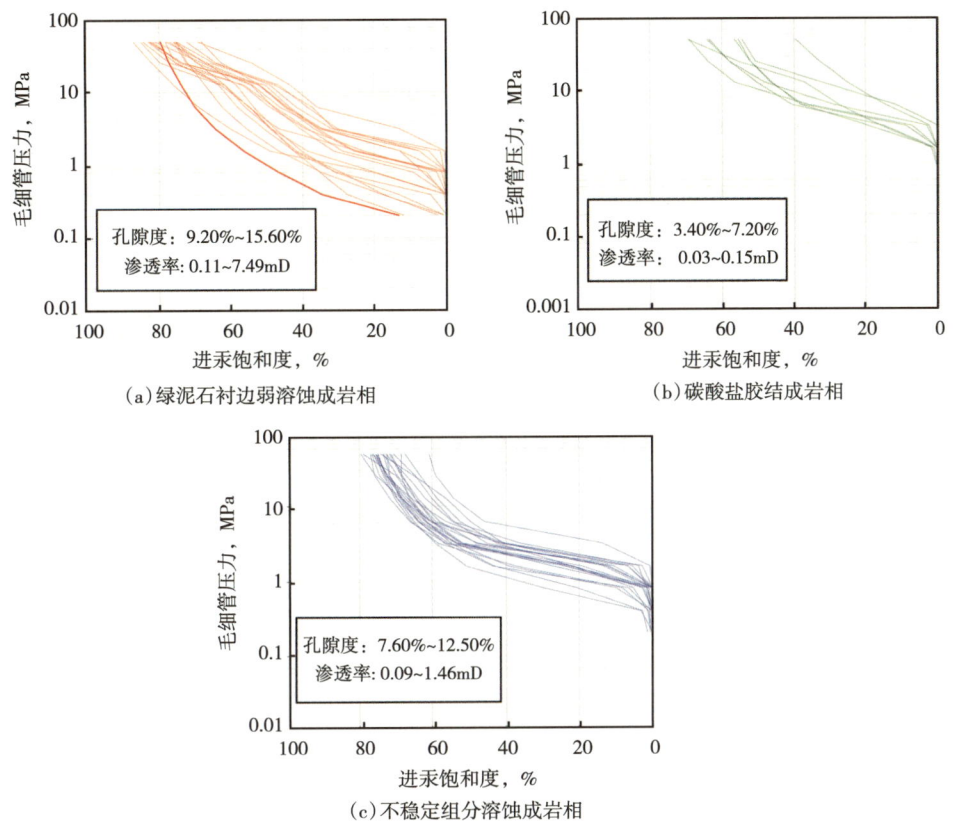

图 8-20　用于建模的岩心毛细管压力曲线

表 8-3　毛细管压力曲线连续构造模型参数表

进汞压力 MPa	Ⅰ类成岩相				Ⅱ类成岩相				Ⅲ类成岩相			
	A^*	B^*	C^*	相关系数	A^*	B^*	C^*	相关系数	A^*	B^*	C^*	相关系数
0.2	-0.79	0.12	2.88	0.97								
0.4	-1.12	1.04	3.12	0.96	-0.07	-0.02	2.06	0.76				
0.8	-0.85	0.75	2.76	0.85	-0.23	0.05	2.21	0.74				
1.6	-0.81	0.67	2.64	0.93	-1.24	0.16	3.12	0.80	-0.04	0.02	2.02	0.74
3.2	-0.75	0.48	2.51	0.89	-0.95	0.43	2.61	0.93	-0.07	0.21	1.95	0.79
6.4	-0.71	0.51	2.38	0.87	-0.61	0.29	2.18	0.86	-0.26	0.36	1.94	0.95
12.8	-0.76	0.52	2.37	0.87	-0.55	0.28	2.05	0.80	-0.48	0.08	2.08	0.83
25.6	-1.13	0.15	2.68	0.85	-0.70	0.18	2.16	0.80	-0.68	0.11	2.14	0.92
51.2	-1.20	0.13	2.60	0.76	-0.70	0.18	2.11	0.78	-0.69	0.06	2.06	0.89

为了检验表8-3中毛细管压力曲线构造模型参数的可靠性，如图8-21所示，通过对比两者的形态和趋势，可以看出构建的毛细管压力曲线与压汞实验得到的毛细管压力曲线具有较好的相似度。

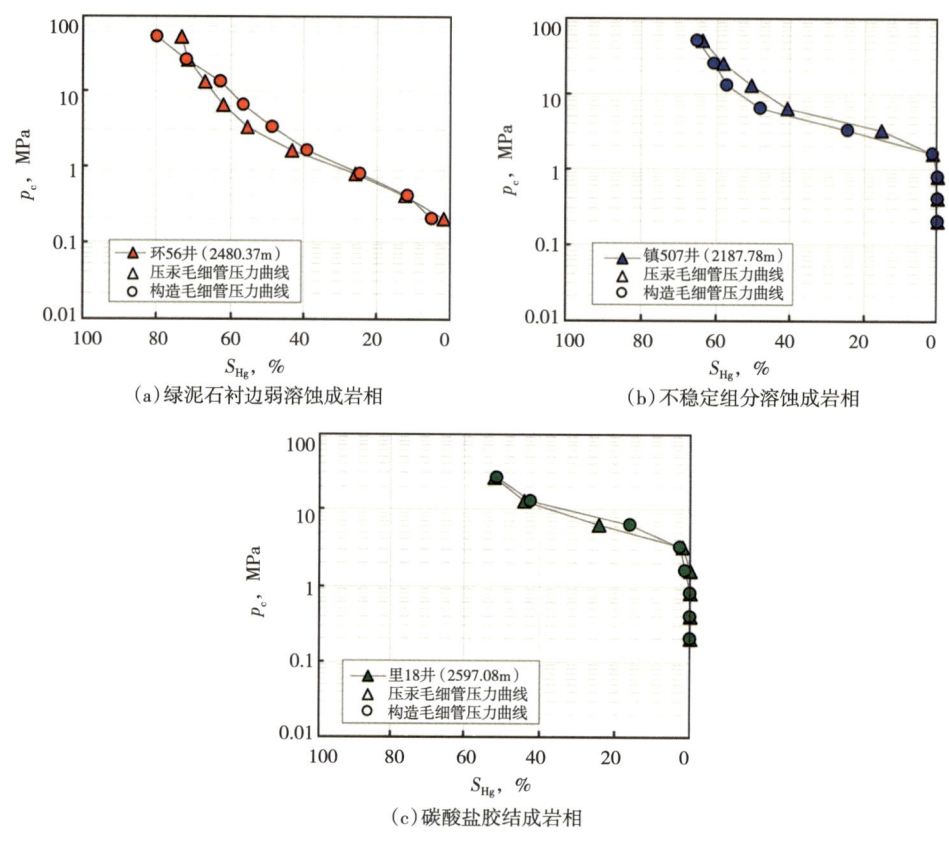

图8-21 预测结果与岩心毛细管压力曲线对比

将上述毛细管压力曲线构造技术应用于H15井长8_1段实际井资料处理中，如图8-22所示，用于孔隙结构评价。图中前四道为常规测井曲线，第5道至第10道分别为孔隙度、T_2谱、孔隙半径分布（RCDIST_C）、构造的毛细管压力曲线（PCDIST_C）、成岩相类型和分类计算渗透率曲线。可以看出，本次研究中利用常规测井资料评价孔隙结构的方法和模型是有效的，更为重要的是，其并不受到高阻（亲油润湿性）的影响。

3. 基于岩相差异的岩电参数模型

高充注低渗型储层的岩性、孔隙结构及黏土类型十分复杂，储层非含油性因素对电性的影响往往能够掩盖含油性影响，使得该类储层的岩石电学性质与普通储层之间存在显著的差异，造成油层、水层、干层之间的测井对比度降低，测井解释中存在较多的误判，原有的饱和度解释模型已经不能满足测井评价的需求。图8-23为姬塬地区长8段高充注储层的分析孔隙度与地层因素关系图，按照前述的成岩相划分类型，将孔隙度与地层因素分为绿泥石衬边弱溶蚀成岩相、不稳定组分溶蚀成岩相、碳酸盐胶结成岩相建立各类岩相储层的变胶结指数地层因素与孔隙度的关系，相关系数均达到0.98以上。同理，按照上述方法建立含水饱和度与电阻增大率的关系图（图8-24），相关系数也达到0.98以上，将

第八章 低孔低渗油气藏测井评价实例

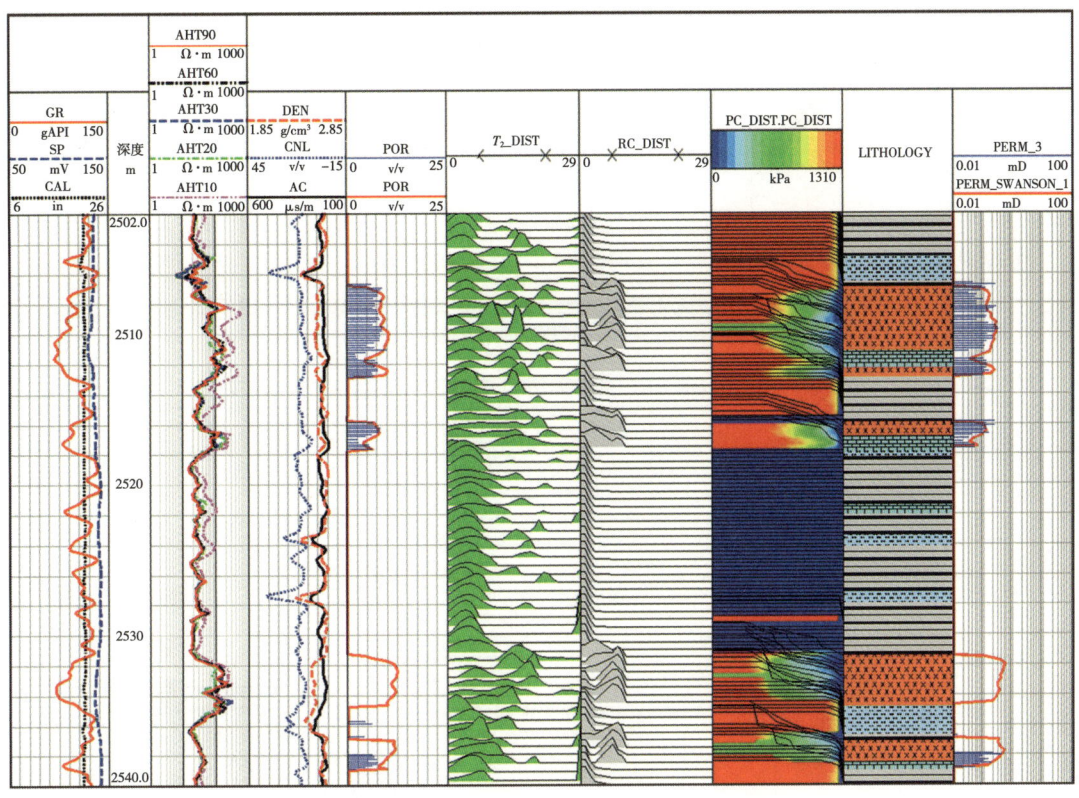

图 8-22　H15 井长 8_1 段孔隙结构评价成果图

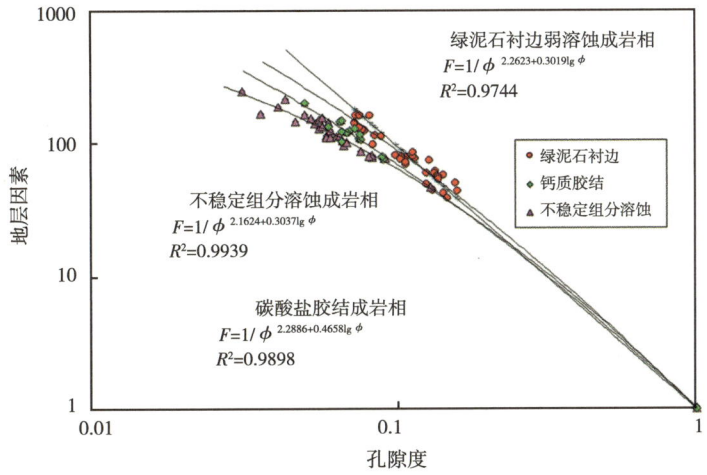

图 8-23　不同成岩相储层岩石岩电关系

上述参数代入阿尔奇公式，能提高高充注低渗型储层含油饱和度计算模型的精度。图 8-25 为 X 井测井解释成果图，第 7 道为上述模型计算的含油饱和度，和该井密闭取心分析的含油饱和度吻合很好。

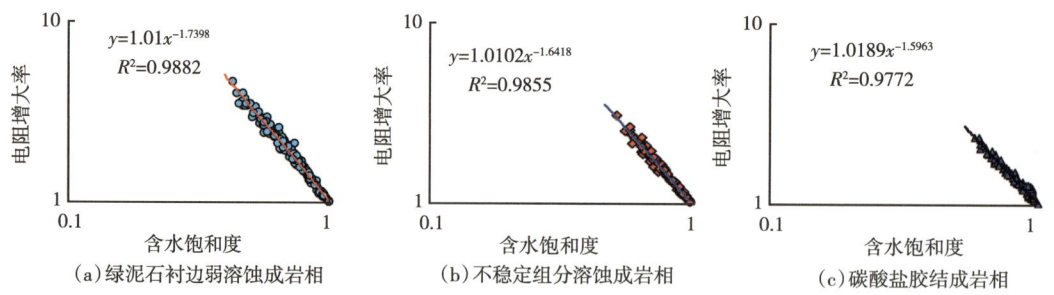

图 8-24 不同成岩相储层含水饱和度—电阻增大率交会图

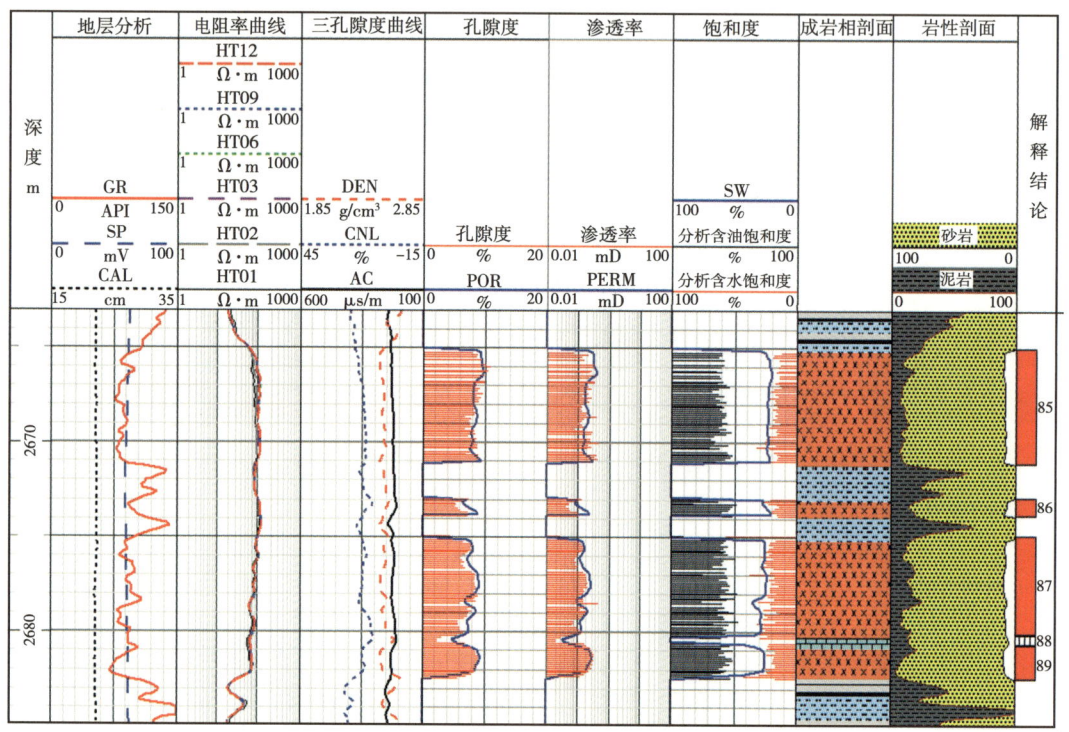

图 8-25 X 井长 8 段测井解释成果图

4. 基于源储配置关系的有利富集区优选

研究发现，烃源岩与储层配置关系对单井产能具有控制作用，烃源岩有机碳含量越高、储层物性与含油饱和度越高，则储层含油富集程度越高且产能越高。因此在筛选有利含油富集区时，一方面要重视烃源岩的分布，同时也要考虑烃源岩与储层的配置关系。两者都有利的情况往往对应高产层[1]。

1）储层含油富集程度测井表征方法

定义储层含油富集程度测井表征参数 V_{OIL}：

$$V_{OIL} = \phi^p S_o^q \tag{8-7}$$

式中 ϕ——孔隙度；

S_o——含油饱和度；

p，q——贡献指数。

V_{OIL} 可以定量判断储层含油的饱满程度。通过对该区大量井资料处理发现，该参数可较好地表征储层的含油富集程度。利用 V_{OIL} 对多井长 8_1 段储层含油富集程度进行表征，绘制 V_{OIL} 平面分布等值图，如图 8-26 所示，将含油富集程度分为 3 个等级，红色颜色越深，表明含油富集程度越高。可以看出，在主砂体的中心部位，储层含油富集程度相对较高，而在砂体的边部，储层含油富集程度相对要差一些。

利用上述方法对研究区大量井资料进行源储配置关系分析，提出依据储层品质（Reservoir Quality, RQ）和烃源岩品质（Source Rock Quality, SQ）综合评价有利油气富集的思路：

RQ×SQ＝高产

RQ×~SQ＝中高产能

~RQ×SQ＝中等产能

~RQ×~SQ＝低产

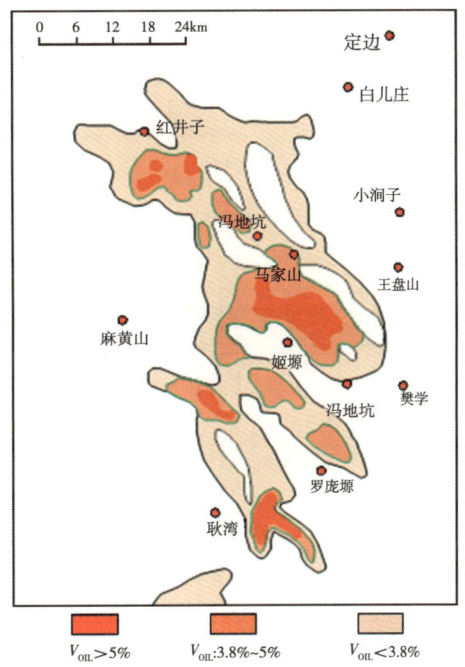

图 8-26 长 8_1 段储层测井评价含油富集程度分布图

式中 RQ，SQ——分别表示好储层和好烃源岩；

~RQ，~SQ——分别表示差储层和差烃源岩。

图 8-27 和图 8-28 是两个连井剖面的源储配置关系评价实例。分析可以看出，储层品

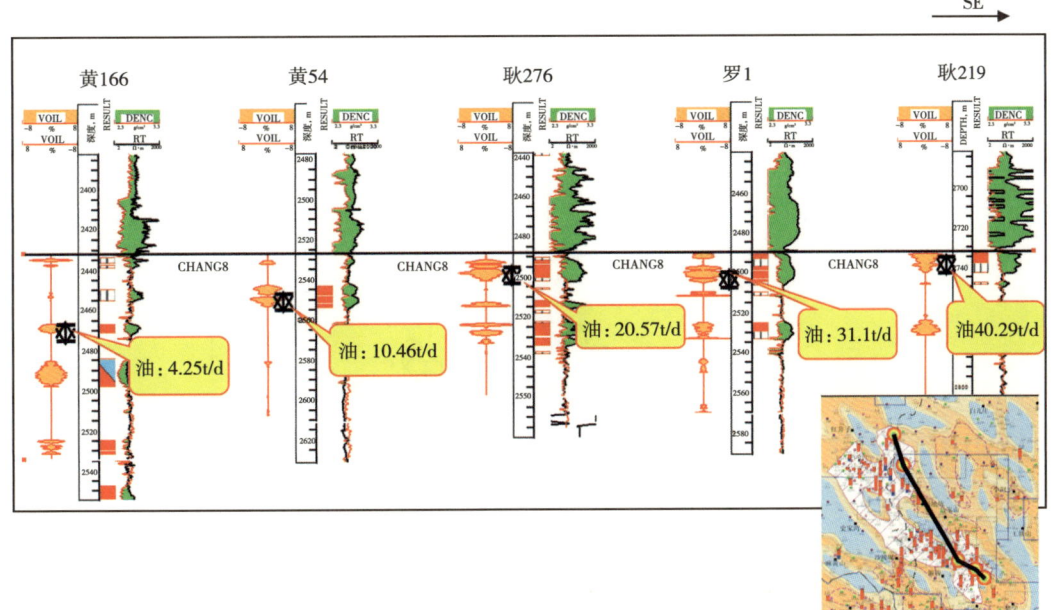

图 8-27 长 8 段储层源储配置关系与单井产能多井对比图（黄 166 井—耿 219 井）

质和烃源岩品质都好，往往对应高产油气层或者高产的概率大，如耿 219 井。因此利用这种思路可以在很大程度上筛选出有利的高产油气层。

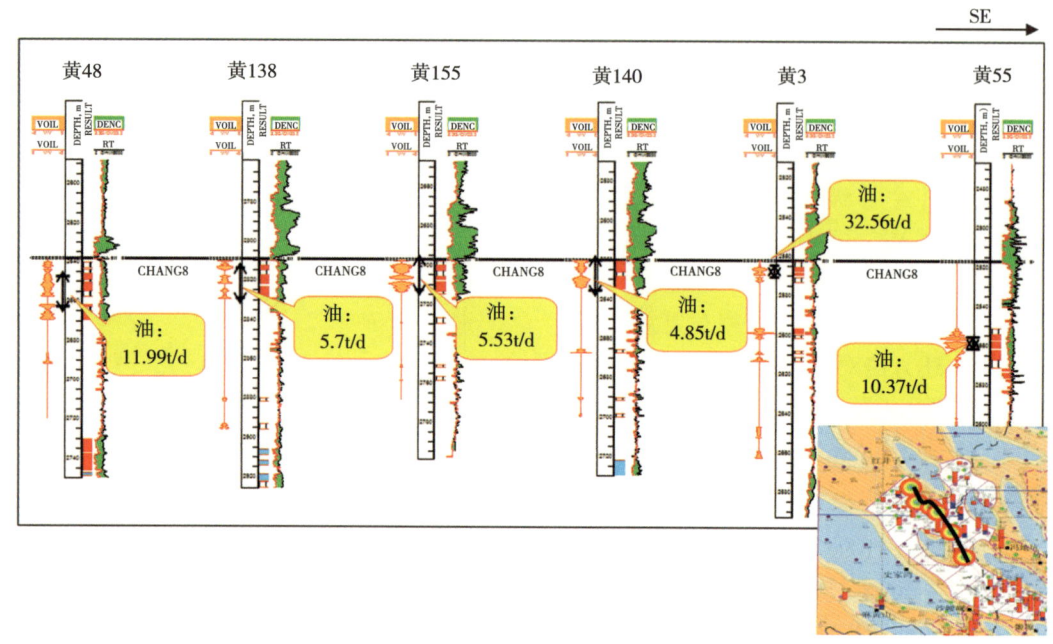

图 8-28　长 8 段储层源储配置关系与单井产能多井对比图（黄 48 井—黄 55 井）

对姬塬地区 70 口井 70 个试油层位的统计发现，源储配置关系与产能一致性较好（图 8-29），上部长 7 段烃源岩有机碳含量越高，长 8_1 段储层含油富集程度越大，则单井日产量越高。据此，可将姬塬地区长 8_1 段油层分为两类，TOC 大于 16%，V_{OIL} 大于 4.5% 的为 Ⅰ 类油层，其产量多数大于 15d/t；TOC 小于 16%，V_{OIL} 小于 4.5% 的为 Ⅱ 类油层，其产量多数小于 15t/d。

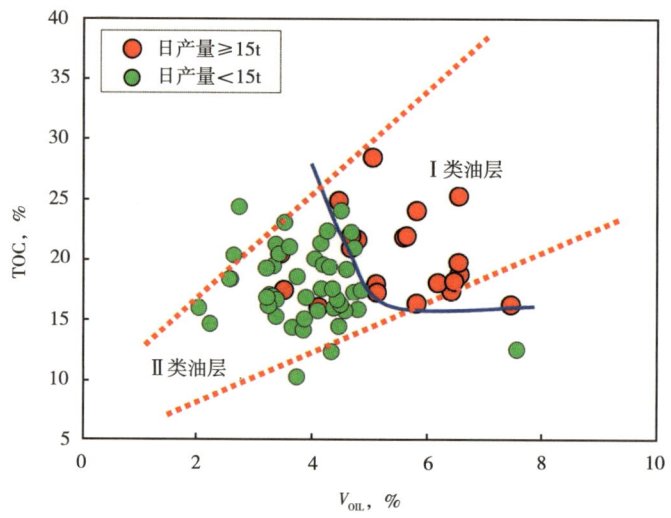

图 8-29　长 8_1 段试油层 TOC 与 V_{OIL} 关系图

需要强调的是，当储层品质较好但该井烃源岩品质较差时，对应油气层可能高产也可能为中等产能，因为其他邻井的烃源岩也可能发生侧向运移充注入该井的储层。所以，在利用源储配置关系评价有利储集体及对单井产能进行预测时，需要尽可能立体考虑多种因素的影响。

2) 富集区测井综合评价和优选

姬塬地区长 7 段烃源岩位于长 8 段储层的上方，为上生下储型。通过对该区长 7 段烃源岩分布特征和长 8 段油层分布主控因素分析可以看出，烃源岩生烃能力与储层含油富集程度的有效配置控制了有利富集区分布。

利用上述方法分别计算烃源岩 TOC 和长 8_1 段、长 8_2 段储层含油富集程度，然后在平面上将两者进行叠合，根据源储配置关系来综合评价优选富集区和潜力区，可有效指导岩性油气藏开发建产，如图 8-30 所示。根据烃源岩和储层有利的源储配置关系，优选了 5 个富集区，分别是罗 1 井区、罗 38 井区、耿 73 井区、黄 3 井区和黄 39 井区，还提出了 A、B、C、D、E 五个含油富集潜力区，如图 8-31 所示。

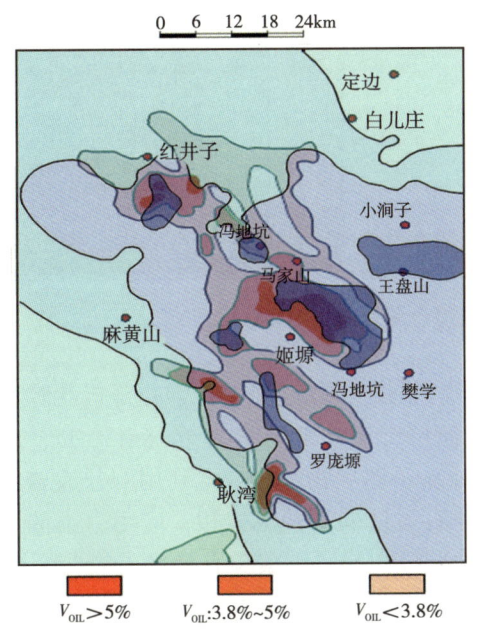

图 8-30　长 7 段烃源岩与长 8_1 段储层
含油富集程度分布叠合图

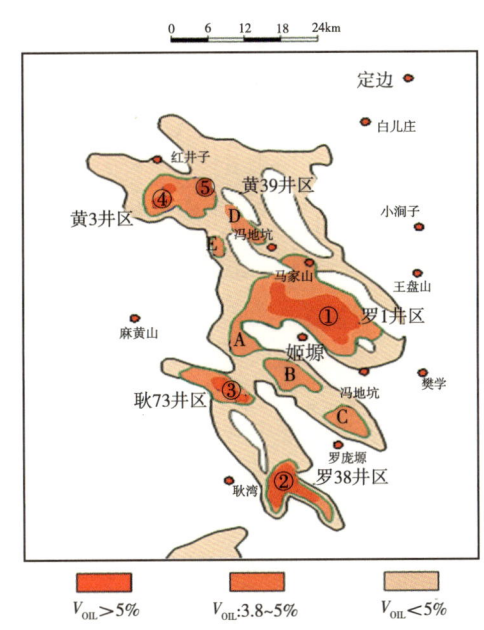

图 8-31　长 8_1 段储层测井评价预测
含油有利富集区和潜力区

5. 应用效果

如图 8-32 所示，探井 L24 井位于鄂尔多斯盆地湖盆中心，长 8 段储层段紧邻长 7_3 段烃源岩，实验孔隙度为 9.8%，实验渗透率为 0.97mD，为高充注低渗型储层，测井电阻率为 34.13Ω·m，声波时差为 223.13μs/m，密度为 2.56g/cm³，常规测井显示储层比较致密。利用测井成岩相划分技术识别 2729~2745.3m 井段成岩相主要为绿泥石衬边弱溶蚀成岩相和钙质胶结成岩相，成岩相类型好（第 9 道）；应用分类储层参数计算模型计算孔隙度（第 11 道）、渗透率（第 10 道），与岩性分析的孔隙度、渗透率吻合很好，计算储层含油饱和度 57%~78%（第 12 道），显示储层含油性较好。2729~2742m 储层 T_2 谱靠右，利用核磁共振测井资料构造的毛细管压力曲线平台较长，显示储层孔隙结构较好，结合三孔隙度指数流体性质判识法，解释储层主要为油层，应用第七章介绍的产能预测方法综合预测该井产能为大于 20t/d，属于低孔低渗巨厚高产油层，加陶粒 40.0m³，排量为 2.2~2.4m³/min，压裂试油获得 31.54t/d 的高产油流。

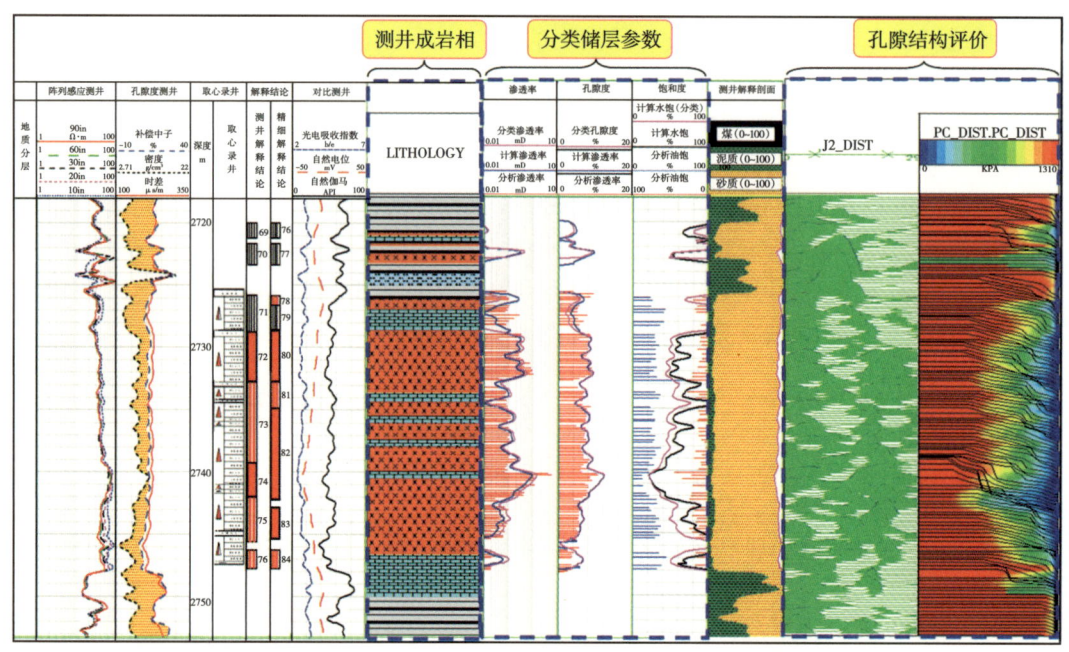

图 8-32　L24 井长 8 段测井综合评价成果图

如图 8-33 所示，探井 M30 井长 8 段储层仍是紧邻长 7_3 段烃源岩，岩心分析孔隙度为 12.3%，分析渗透率为 3.75mD，为高充注低渗型储层，测井电阻率为 74.85Ω·m，声波时差为 227.87μs/m，密度为 2.45g/cm³，常规测井显示储层物性较好。利用测井成岩相划分技术识别 2651.8~2663.1m 段成岩相主要为绿泥石衬边弱溶蚀成岩相，应用分类储层参数计算模型计算孔隙度（第 10 道）、渗透率（第 9 道），与岩心实验孔渗吻合较好，计算储层含油饱和度为 51%~63%（第 10 道），储层参数显示 2651.8~2663.1m 段储层渗透率较高、含油性较好。与 L24 井解释评价方法和结果一样，储层孔隙结构较好，解释储层主要为油层，产能分级预测结果为大于 20t/d（表 8-4）。采用多级加砂加陶粒 20.0m³+30.0m³，排量 2.0m³/min +1.8m³/min，压裂试油获得 42.76t/d 的高产油流。

表 8-4　2014—2016 年研究区长 6—8 段压裂试油井预测产能与试油产能符合层数对比表

试油产量＼预测产量	>20t/d	15~20t/d	10~15t/d	4~10t/d	合计
>20t/d	157	10	4	2	173
15~20t/d	17	269	13	4	303
10~15t/d	12	28	197	7	244
4~10t/d	5	16	23	181	225
合计	191	323	237	194	945

在鄂尔多斯盆地湖盆中部长 6—8 段高充注型低孔低渗储层中推广以上测井综合评价方法，测井解释符合率达到了 81.3%，产能分级预测符合率大于 85.1%，应用效果良好。

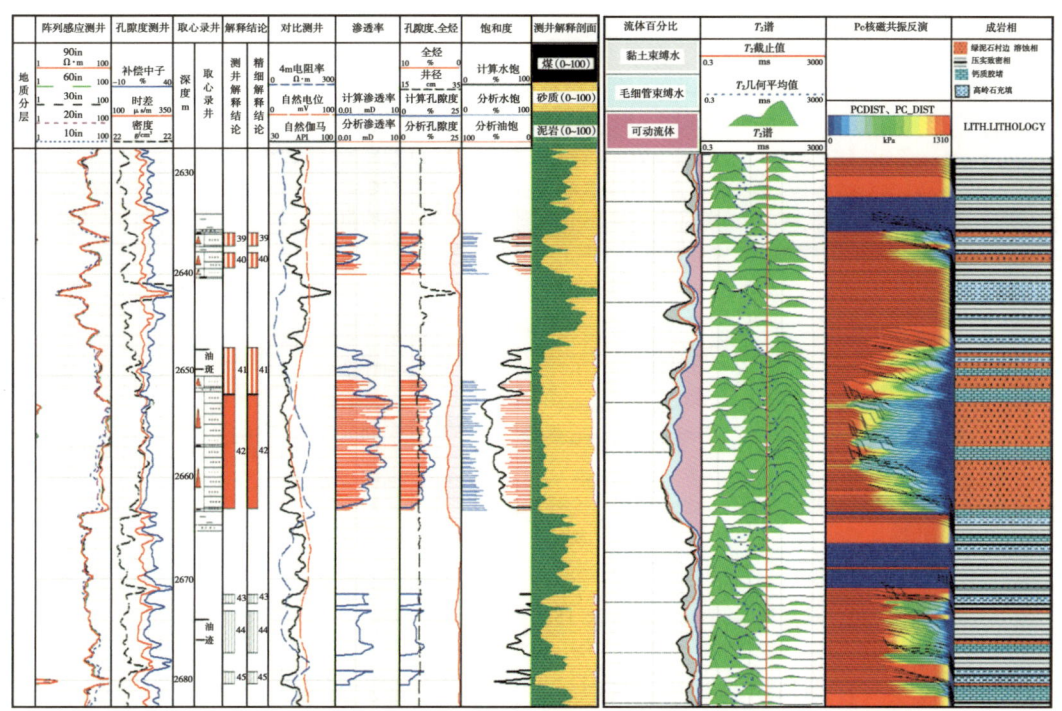

图 8-33　M30 井长 8 段测井综合评价成果图

第二节　鄂尔多斯盆地姬塬地区西北部长 8_2 段、长 9 段油藏测井综合识别实例

鄂尔多斯盆地姬塬地区西北部长 8_2 段出现低阻油层与水层伴生，流体性质判识难度大；长 9 段受断层和裂缝的影响，导致油藏规模小，井间可对比性较差，油水关系十分复杂，流体性质判识与压裂改造难度大。通过水分析资料，明确该区长 8_2 段、长 9 段地层水矿化度变化较大，导致电阻率测井反映储层含油性具有一定的不确定性，这是该区长 8_2 段、长 9 段储层流体性质判识难的主要原因之一。因此，在测井解释的过程中需要消除地层水的影响，建立综合的测井识别方法，提高测井对该类储层流体性质的判识能力。

一、区域地质概况

鄂尔多斯盆地姬塬地区西北部构造上属于北部贺兰山构造带与南部六盘山弧形构造带的结合部，东西横跨天环坳陷和西缘冲断带，主体位于马家滩构造带。断层、裂缝发育，沿逆冲带构造变形强烈，断层发育，以断块油藏为主；过渡带变形相对较弱，发育低幅度构造和微小断层，以构造—岩性油藏为主；天环坳陷砂岩透镜体的上倾方向形成有效遮挡，以岩性油藏为主（图 8-34）。油藏规模小，油藏特征差异较大，油水关系复杂。

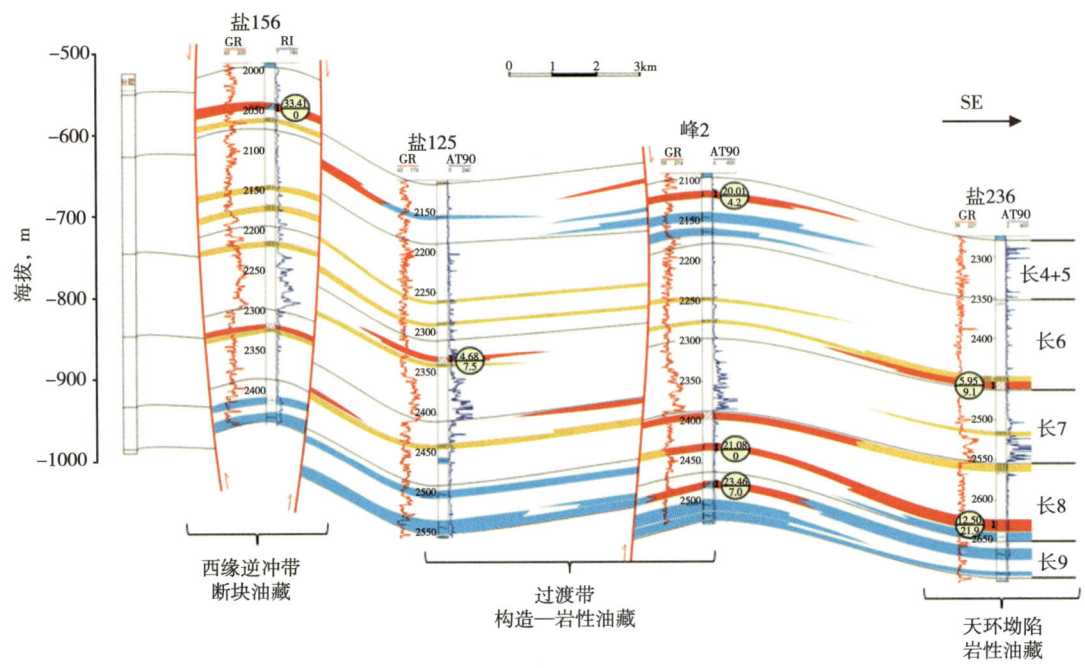

图 8-34　马家滩—麻黄山地区盐 156—盐 236 井长 4+5—长 9 段油藏剖面图

研究区位于天环坳陷构造单元，其以轴部为中心，两翼对称，背斜方向性明显，南部为北西向，往北转为北北西向。断层发育，以高角度正断层为主，断层倾角 60°～85°，断距 5～10m。坳陷西部倾角较大，向盆地内部渐平缓。在其北段有较多大型的穹隆背斜，发育鼻状构造。区内断层主要划分为三大期次［图 8-35（a）（b）］，Ⅰ期是中晚侏罗世形成切穿长 10 段至侏罗系的逆断层，Ⅱ期是早白垩世形成切穿前白垩系的正断层，Ⅲ期是古新世以来形成切穿新生界和中生界的正、逆断层。断层及裂缝发育对地层水活动影响大，地层水间歇地顺断层面、裂缝向别处运移，离子交换作用强［图 8-35（c）］，部分储层地层水淡化严重。

一方面，由于断层、裂缝的存在使得石油更容易运移成藏，原油在排驱压力的作用下从长 7_3 段烃源岩向下经过长 8_1 段储层后，通过较长距离运移到长 8_2 段、长 9_1 段成藏，形成油藏规模和充注度逐渐减小的低充注度油藏（图 8-36）。另一方面，原油进入物性好，砂体连片的长 9_1 段储层后，受古背斜构造控制，在浮力和构造应力的作用下，向古隆起方向侧向再次运移并聚集成藏。

二、测井评价难点与技术需求

近年来，鄂尔多斯盆地的勘探领域不断向盆地外围拓展，勘探层系不断加深，在姬塬地区西北部延长组下组合长 9 段、长 8 段不断获得新发现。2005 年发现了以峰 2 井为代表的多个出油井点，尤其是峰 2 井的长 9 段储层获得 23.46t/d 的高产油流，打开了该地区长 9 段勘探的新局面；2016 年发现了以峰 34 井为代表的延长组下部层系高产工业油流，该井长 9_1 段储层日产 56.27t 纯油。截至 2016 年 12 月长 8_2 完试 21 层，工业油流 7 层，长 9_1 段完试 37 层，工业油流 10 层，展现出了良好的勘探前景，成为石油勘探的重要接替层

第八章 低孔低渗油气藏测井评价实例

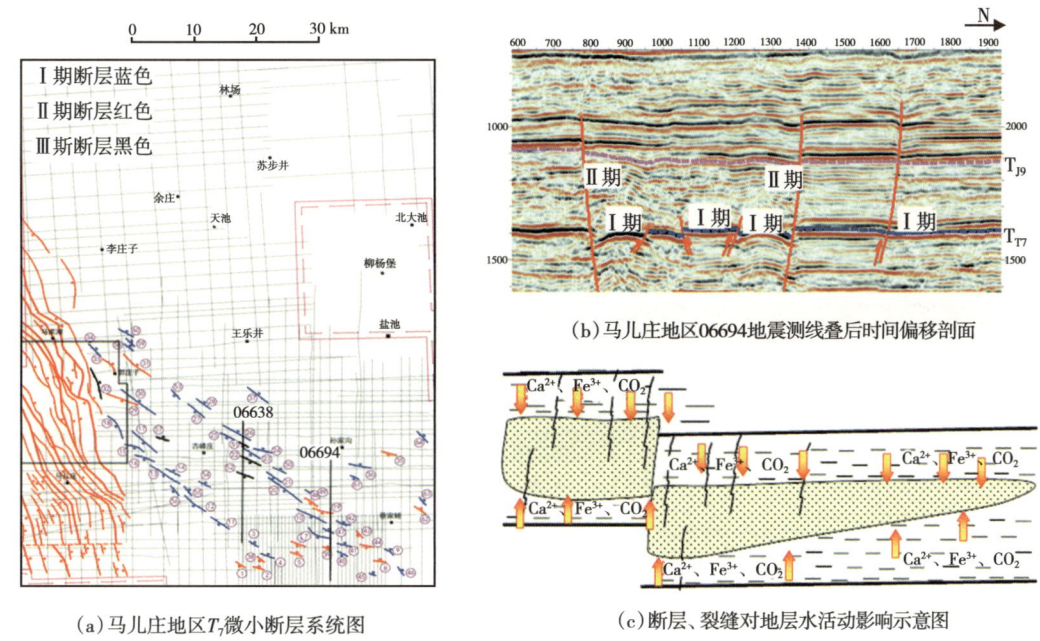

图 8-35 姬塬地区西北部断层发育情况及对地层水活动的影响

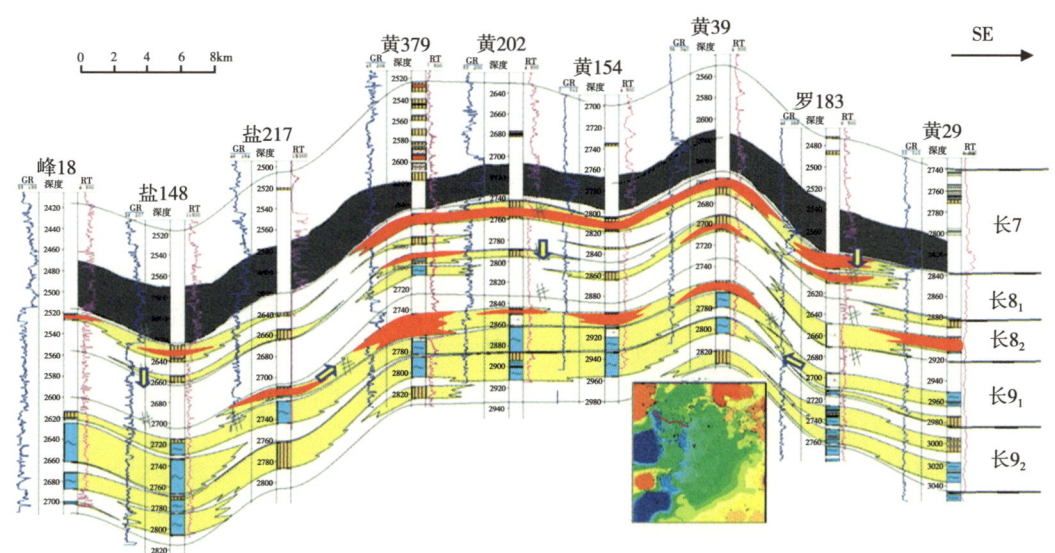

图 8-36 姬塬地区西北部长 8_2 段、长 9_1 段储层石油成藏模式

区。但是，与延长组长 8_1 段以上油藏相比，姬塬地区西北部地区长 8_2 段、长 9 段油藏连续性差（图 8-37），油藏规模小，层间可对比性差，多井对比较为困难。油水关系复杂，高、低阻油藏共存，电阻率曲线反映储层的含油性具有一定的不确定性。取心录井显示储层非均质性强，条带状含油或底水油帽型储层较多，无有效遮挡，压裂容易沟通下部水层，试油工艺对产液性质影响很大。

- 241 -

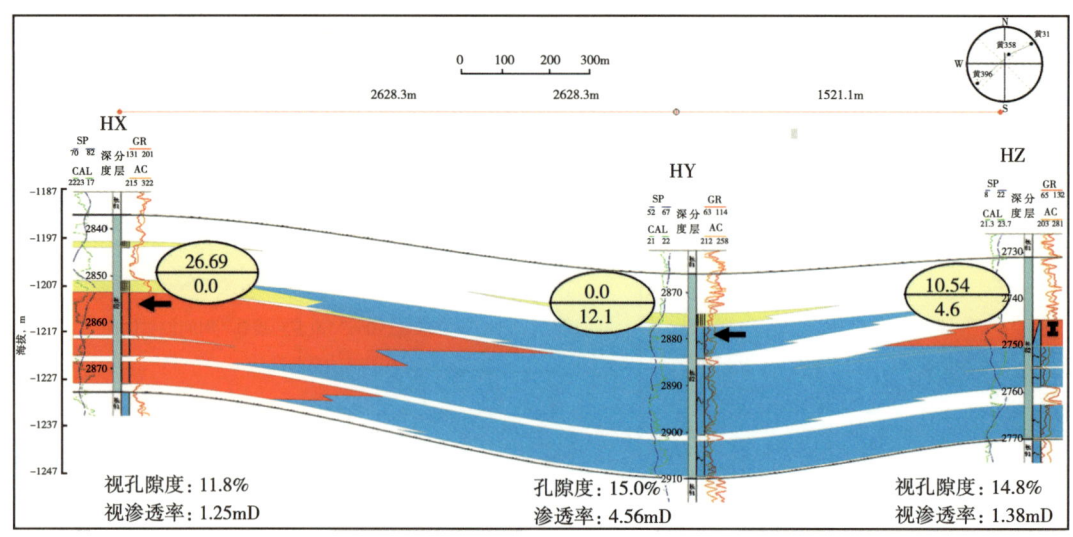

图 8-37　姬塬地区西北部 HX 井—HZ 井延长组长 8_2 段油藏剖面图

如图 8-38 所示，Y177 井长 8_2 段测井电阻率为 19.2Ω·m，声波时差为 243.8μs/m，密度为 2.43g/cm³，岩心分析孔隙度为 14.7%，分析渗透率为 8.3mD，取心显示为油斑，测井解释为油水层。在 2189.5~2193.5m 处射孔，压裂试油加陶粒 15.0m³，砂比为 24.7%，排量为 1.6~1.8m³/min，产水 71.2m³/d，水样氯离子含量为 4936mg/L，与该区同层位其他井相比氯离子偏低，说明地层水被淡化。而该区另外一口井 H343 井长 8_2 段 2764.5~2779.5m，测井电阻率为 14.4Ω·m，声波时差为 240μs/m，密度为 2.43g/cm³，分析孔隙度为 16.1%，分析渗透率为 25.3mD，取心显示为油斑，亮黄色荧光，滴水缓渗，测井解释为油层、油水层，在 2765~2765.5m 射孔，加酸 15m³，排量为 0.4m³/min，获得 21.51t/d 的高产油流。从以上分析可以看出，Y177 井长 8_2 段储层物性好于 H343 井长 8_2 段，显示出姬塬地区长 8_2 段、长 9 段储层物性对含油性的控制很强。最主要的是 H343 井长 8_2 段油层电阻率比 Y177 井长 8_2 段水层电阻率还低，这给测井识别带来了重大难题。姬塬地区西北部长 8_2 段、长 9 段产油井和产水井均处于较高的电阻率背景下，如何有效区分油层和水层的微弱差别，需要测井与地质紧密结合，构建含油性敏感参数，消除地层水性质、岩性等对储层含油性的影响，建立综合的测井识别方法。

针对姬塬地区西北部长 8_2 段、长 9_1 段储层上述测井评价难点，测井开展储层含油性及电性主控因素分析，明确地层水性质的平面分布规律，建立复杂油水层综合识别及精细解释技术，提高试油选层针对性和试油成功率。

三、综合评价技术应用

1. 姬塬地区西北部长 8_2 段、长 9_1 段储层地层水平面分布规律

姬塬地区长 8_2 段、长 9_1 段储层地层水矿化度变化范围大。对长 8_2 段 148 口井矿化度资料统计表明，主要分布在 13~40g/L ［图 8-39（a）］，其中矿化度小于 25g/L 的水样占 62.7%。低地层水矿化度的储层占据大部分；局部出现高矿化度储层，地层水最高矿化度可达 68g/L。对长 9_1 段 265 口井地层水矿化度资料统计表明，长 9_1 段地层水矿化度主要

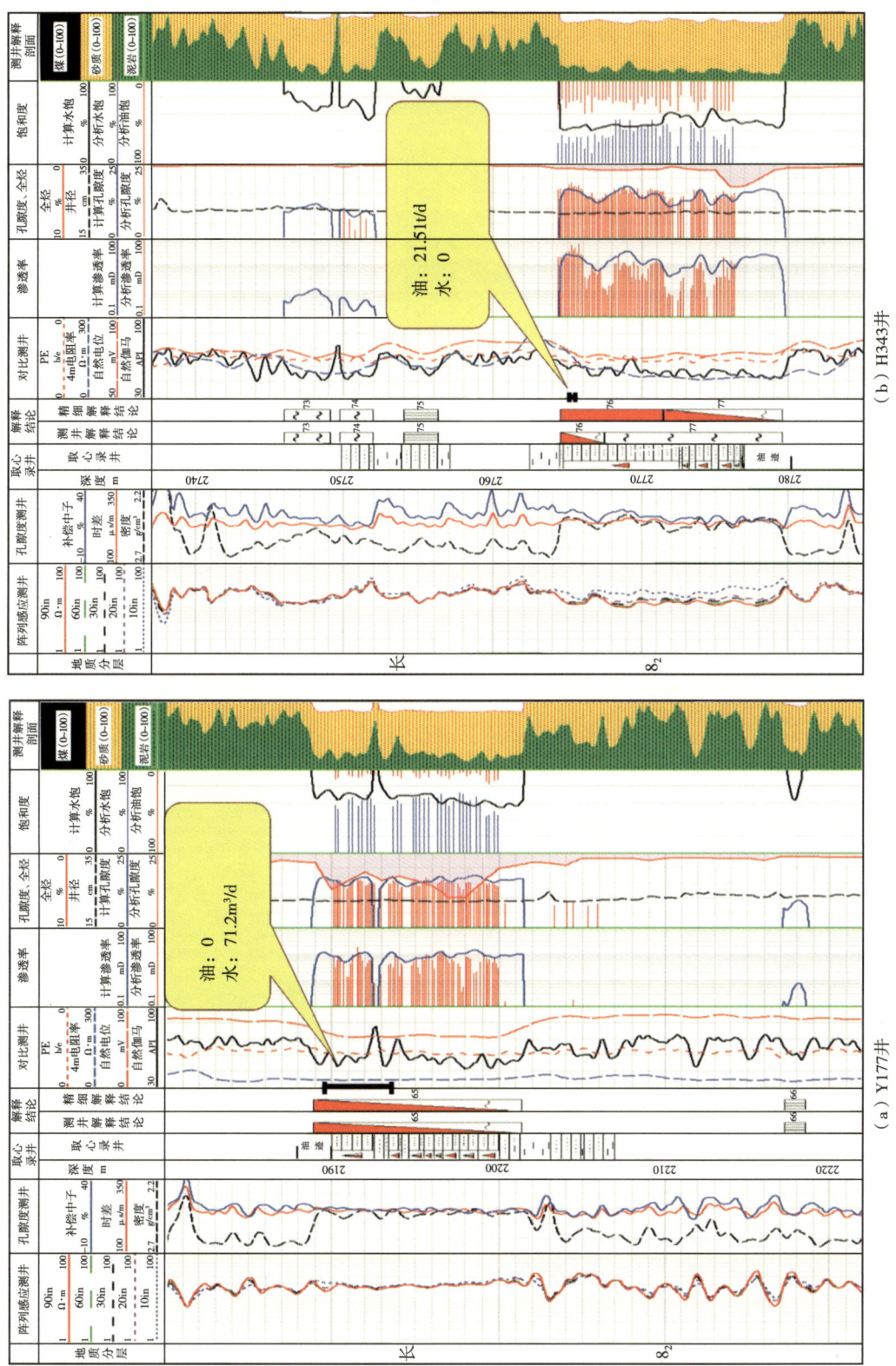

图8-38 姬源地区西北部长8_2段产油、水层"四性关系"对比图

分布范围为 10~35g/L [图 8-39（b）]，其中矿化度小于 35g/L 的水样占 70%，地层水矿化度偏低的储层较多。图 8-40 为长 8_2 段、长 9_1 段储层地层水变化平面分布规律图，可见该地区长 8_2 段、长 9_1 段储层地层水矿化度变化确实较大，特别是在断层附近受后期淡水充注的影响，地层水矿化度普遍偏低。

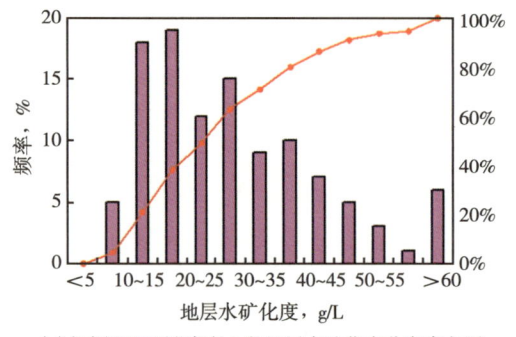 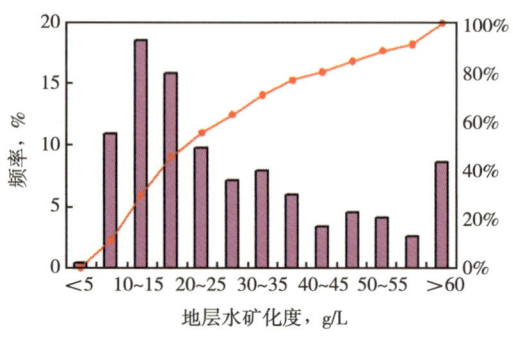

(a) 姬塬地区西北部长8_2段地层水矿化度分布直方图　　(b) 姬塬地区西北部长9_1段地层水矿化度分布直方图

图 8-39　姬塬地区西北部长 8_2 段、长 9_1 段储层地层水矿化度分布直方图

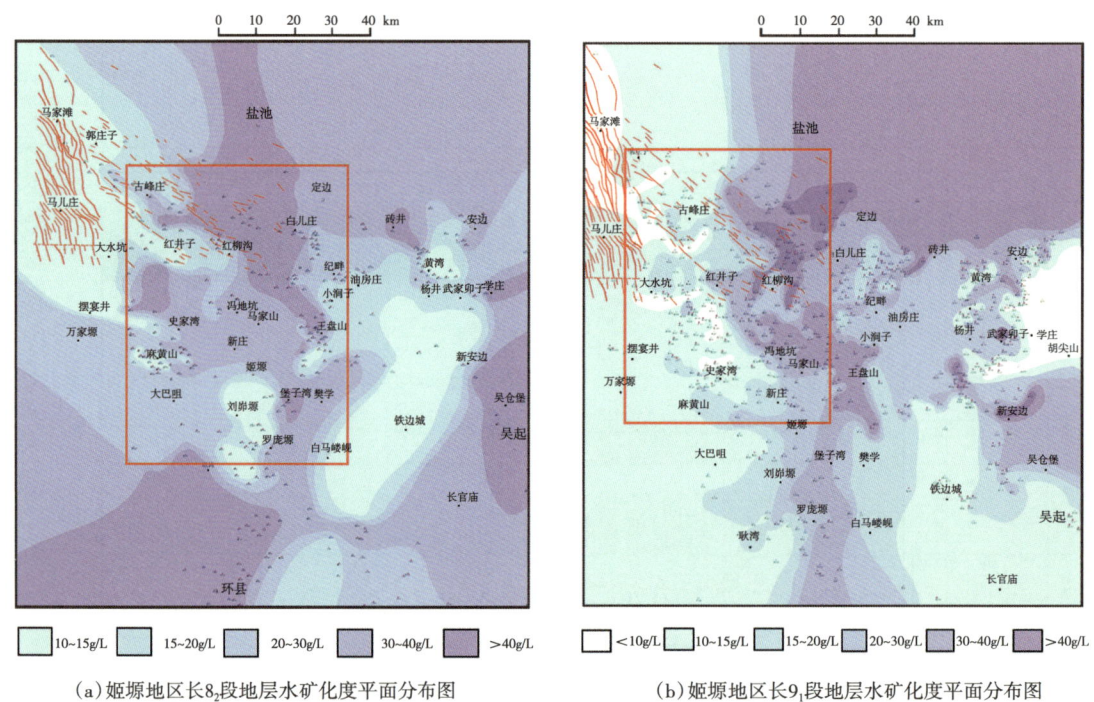

(a) 姬塬地区长8_2段地层水矿化度平面分布图　　(b) 姬塬地区长9_1段地层水矿化度平面分布图

图 8-40　姬塬地区长 8_2 段、长 9_1 段储层地层水矿化度平面分布图

2. 地层水矿化度对流体性质判识的影响

依据姬塬地区西北部地区地层水分析资料，经环境校正后计算得到的地层水电阻率，主要分布于 $0.05~0.3\Omega \cdot m$，具有较大的变化范围（图 8-41）。

由于地层水矿化度越高，地层水电阻率 R_w 就越低。当岩性变化不大的情况下，影响储层电阻率的主要因素仅为储层孔隙度、含油饱和度、地层水电阻率等参数时，若储层孔

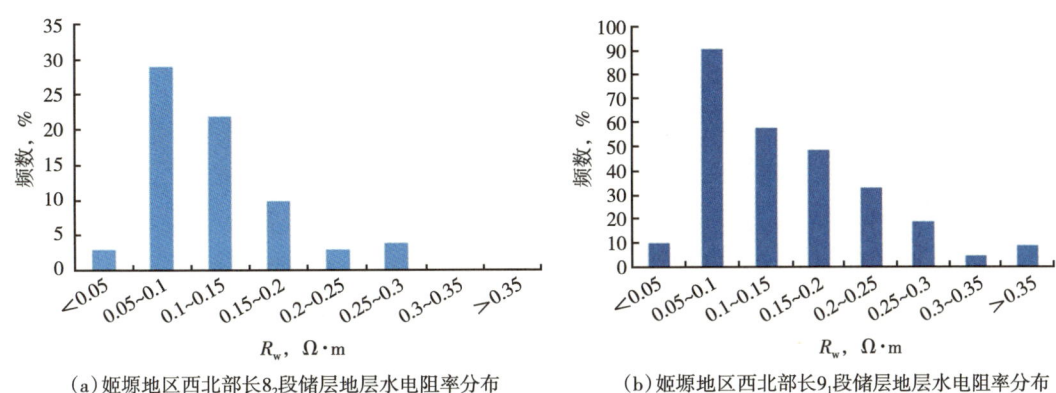

(a) 姬塬地区西北部长 8_2 段储层地层水电阻率分布 (b) 姬塬地区西北部长 9_1 段储层地层水电阻率分布

图 8-41　姬塬地区西北部地层水电阻率变化分布

隙度、含油饱和度相差不大，则 R_w 的变化将会直接影响储层电阻率曲线值 R_t 的非含油性数值变化（图 8-41、图 8-42）。统计研究区内 12 口长 8_2 段油水同层的井，可以明显看到随地层水矿化度增加，R_t 呈减小趋势。当 R_t 减小至 10Ω·m 后趋于稳定。因此可认为高矿化度地层水是导致研究区内发育低阻油层的主要原因，低矿化度地层水是研究区发育大量高电阻率水层的主要原因。

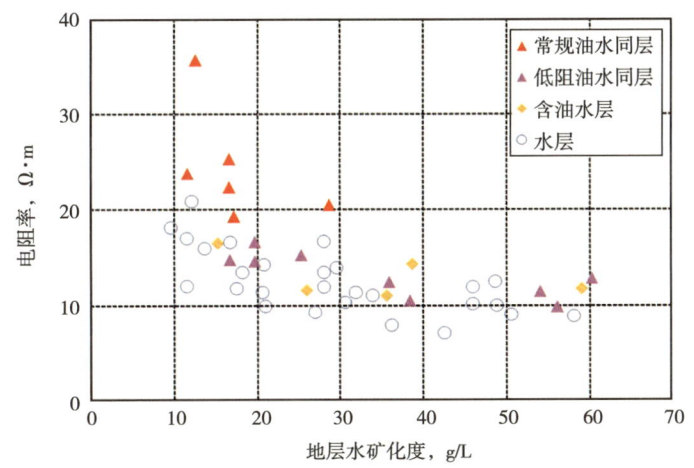

图 8-42　姬塬地区西北部长 8_2 段储层地层水矿化度与电阻率关系图

3. 姬塬地区西北部长 8_2 段、长 9_1 段储层流体性质判识

基于上述姬塬地区西北部长 8_2 段、长 9_1 段储层地层水矿化度分布规律和储层电阻率主控因素分析，综合研究提出三种考虑地层水性质的复杂油水层测井综合识别方法，即优化饱和度计算参数法、双 R_w 对比法和电阻率曲线重构对比法。后两种方法在第五章第一节已有详细介绍，这里着重介绍优化饱和度计算参数法。

1) 优化饱和度计算参数法

依据测井响应特征，通常可以将长 9_1 段分为两类储层（图 8-43）。一类分布于地层水矿化度较高的区域，该类油藏被断层、裂缝破坏较少，图 8-43（a）表明地层水脱硫系数在 0.03~150，其分布范围较大，主要分布在 15 以下，说明保存相对较好。例如：黄 219 井［图 8-43（b）］其电阻率为中低阻（10~20Ω·m），孔隙度（15%）和渗透率（10mD）相对较高，这类油层属于常规低阻油层；另一类分布于地层水矿化度较低的区域，这些区域往往是断层、裂缝发育区，油藏不容易保存，石油成藏之后，仍有可能遭到部分或彻底破坏，导致出现高阻油层或高阻水层。例如盐 293 井［图 8-43（c）］其电阻率为高阻（30~60Ω·m），孔隙度（11%）和渗透率（11mD）也相对较高，这类油层属于高阻油层，同时油层底部水层电阻率同样较高。

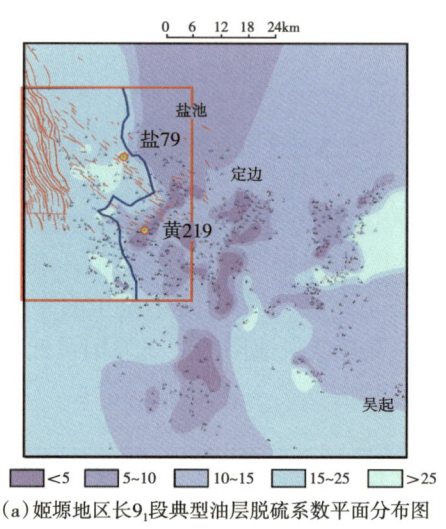

(a) 姬塬地区长 9_1 段典型油层脱硫系数平面分布图

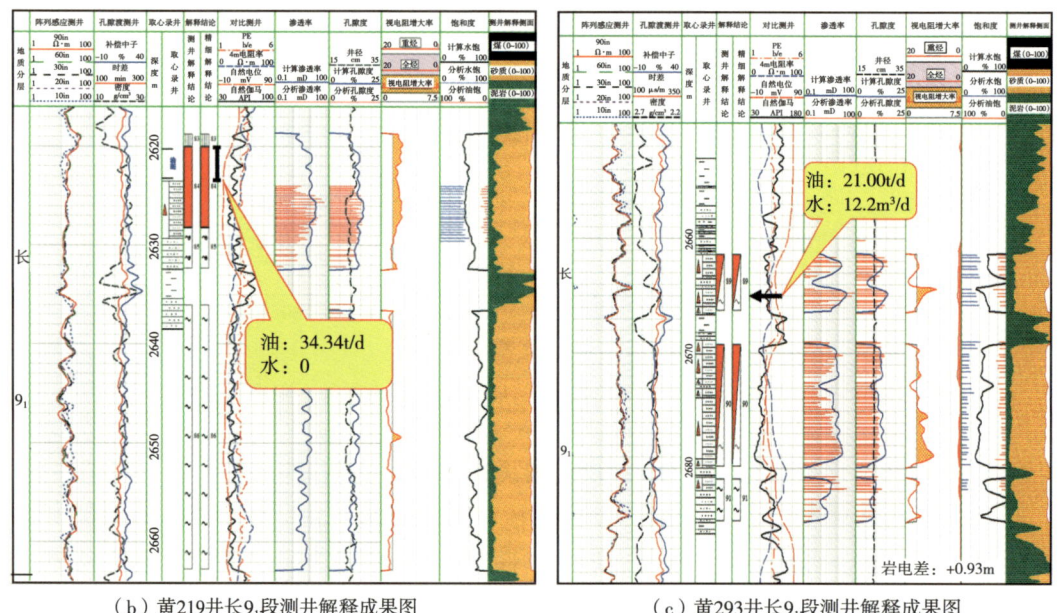

(b) 黄219井长 9_1 段测井解释成果图　　(c) 黄293井长 9_1 段测井解释成果图

图 8-43　姬塬地区西北部长 9_1 段典型油层"四性"关系特征及井位分布

在姬塬地区西北部地区针对中低阻油水层和高阻油水层选取 6 口井 23 块岩样，开展岩电实验，得到长 9_1 段储层岩电参数为，$a=1.010$，$b=1.017$，$m=1.816$，$n=1.866$（图 8-44）。

F—ϕ 关系图 [图 8-44（a）] 中，并没有出现超低渗砂岩储层常见的非阿尔奇现象。因此，利用阿尔奇公式计算储层含油饱和度，具有较强的适应性。

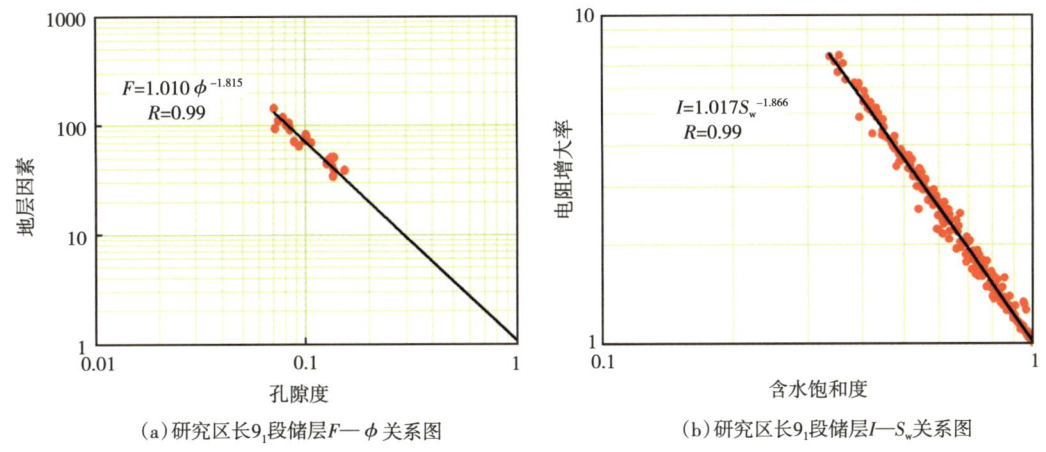

(a) 研究区长 9_1 段储层 F—ϕ 关系图　　　(b) 研究区长 9_1 段储层 I—S_w 关系图

图 8-44　姬塬地区西北部长 9_1 段岩电实验参数

在长 9_1 段中低阻和高阻两类油水层中应用阿尔奇公式计算含油饱和度时，依据前述地层水矿化度平面分布规律，可以比较准确地计算得到 R_w，进而可得到比较可靠的含油饱和度。如黄 219 井 [图 8-43（b）] 这类中低阻油水层，利用阿尔奇公式计算含油饱和度剖面，通过纵向对比，可以发现顶部油层的含油饱和度为 54%，底部水层的含油饱和度仅为 23.1%，油层和水层的可比性比较强，能够准确识别姬塬地区西北部长 9_1 段储层的中低阻油层。

然而，利用图 8-44 的岩电实验参数针对高阻油水层计算含油饱和度时，表现出一定的不适应性。如盐 79 井 [图 8-45（a）] 为姬塬地区西北部长 9_1 段典型的高阻水层特征，试油证实该层产纯水 52.3m³/d。利用上述饱和度计算参数（$a=1.010$，$b=1.017$，$m=1.816$，$n=1.866$），结合盐 79 井的水分析资料得到的总矿化度为 19.69g/L，经温度校正计算得到地层水电阻率 $R_w=0.146\Omega \cdot m$，并计算得到含油饱和度剖面 [图 8-45（a）]，平均含油饱和度为 54.5% 左右，显然与试油结论不符。可见，针对这类高阻油水层，仅仅依靠岩电实验参数利用阿尔奇公式计算饱和度的可靠性较差。

通过盐 79 井试油井段的岩石电镜扫描照片 [图 8-45（b）（c）] 发现，在储层孔隙内颗粒表面衬垫的绿泥石黏土吸附大量圆球状油珠。分析认为，导致姬塬地区西北部长 9_1 段存在的这类高阻油水层的原因有两方面。一方面是研究区西部靠近盆地西缘冲断带，发育较多断层及裂缝，导致地层水离子交换活跃，地层水矿化度本身较低造成测井电阻率背景值较高。另一方面由于断层的多期次发育，在石油成藏后，仍有微小的地层断裂活动发生，造成早期形成的油藏遭到破坏，油气发生二次运移。二次运移时缺少初次运移时强大的排烃压力，其运移动力主要是浮力，因此在储层内部留下较多残余油或重质烃类成分，当储层再次充注低矿化度地层水后，其整体电阻率值就会更高，进而形成像盐 79 井这样的高阻水层。针对这类储层选样进行岩电实验时，实验前的洗油、洗盐等工作可能将这部分残余油清洗掉而恢复了岩石最初不含油状态，但原状地层实际情况可能是由于岩石颗粒表面的绿泥石、伊利石等黏土吸附残余油导致其电性有所改变。因此认为，实验参数并不能真实的反映这类高阻储层含残余油时的状态,实验得到的饱和度参数（$a=1.010$,$b=1.017$,$m=1.816$,$n=1.866$）是不可靠的,需要对这类储层的饱和度计算参数进行优化。

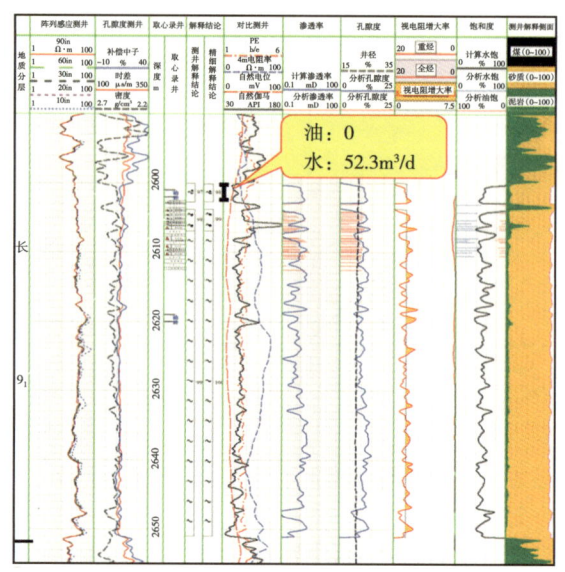

(a)盐79井长9_1段测井解释成果图

(b)盐79井,长9_1段储层2604.76m,×615

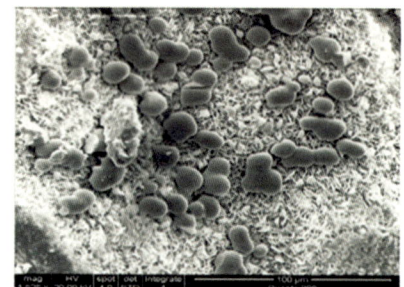

(c)盐79井,长9_1段储层2604.76m,×1525

图8-45 姬塬地区西北部盐79长9_1段"四性"关系特征及扫描电镜特征

基于以上分析,针对姬塬地区西北部地区长9_1段的高阻油水层识别问题,从含油饱和度计算原理入手,结合长9_1段底水油藏特征,对饱和度计算参数,主要是胶结指数m,进行了优化方法研究。基本思路是,根据地层水矿化度平面分布规律,求准R_w,利用孔隙度—电阻率交会图版（Pickett图版）,反推m,其他参数采用阿尔奇公式默认取值（$a=1$,$b=1$,$n=2$）,进一步突出残余油对储层孔隙结构的影响,将其他次要因素综合考虑为对m的影响,从而达到对含油饱和度参数进行优化的目的。

如图8-46所示,盐249井位于姬塬地区西北部古峰庄地区,区内断层发育［图8-46(a)］,井周围地层水矿化度变化较大［图8-46（b）］,但是从其邻井油藏剖面［图8-46(c)］可知无论从砂体结构还是地层水性质均与邻井盐233井（图8-47）更接近。因此选用盐233井对饱和度计算参数进行优化。根据地层水分析资料可知,盐233井长9_1段储层地层水矿化度为14.65g/L,换算成地层水电阻率为0.184Ω·m。利用Pickett图版（图8-49）可以快捷获取岩电参数m,可得出优化后的饱和度计算参数:$a=1.0$,$b=1.0$,$m=$

第八章 低孔低渗油气藏测井评价实例

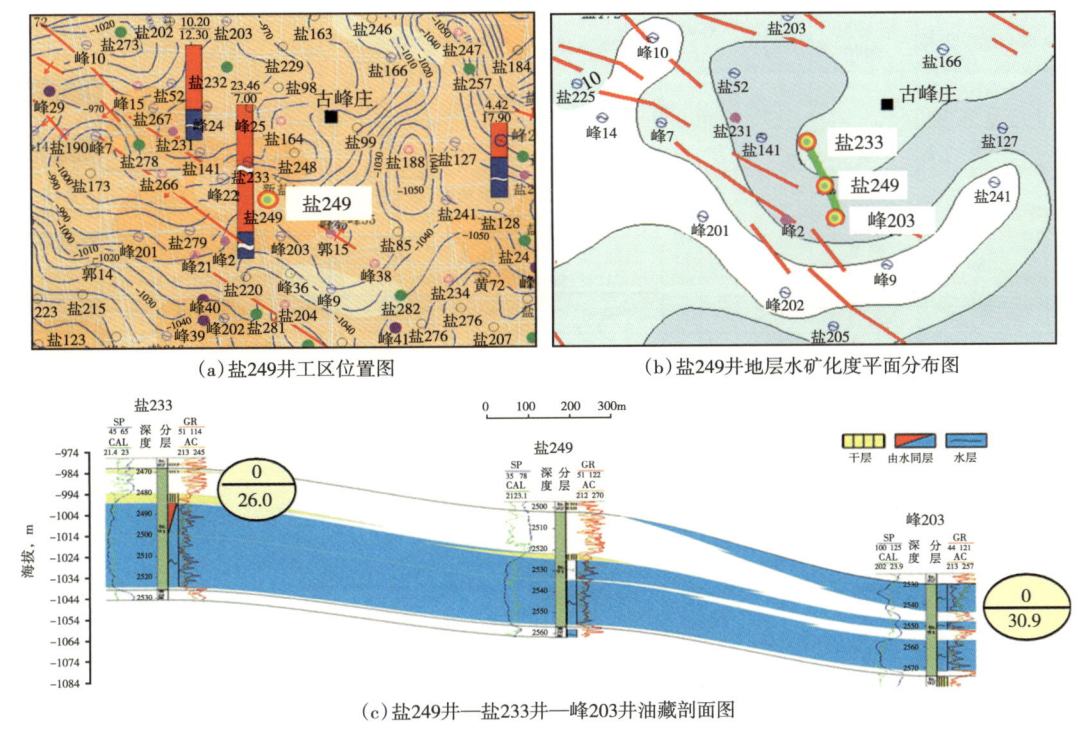

(a) 盐249井工区位置图　　(b) 盐249井地层水矿化度平面分布图

(c) 盐249井—盐233井—峰203井油藏剖面图

图8-46　盐249井位及长9_1段储层油藏剖面图

2.22，$n=2$，$R_w=0.184\Omega \cdot m$。利用这一套参数计算盐249井的平均含油饱和度为26.5%，长9_1段储层饱和度剖面（图8-48）顶部和底部饱和度并没有太大的变化，结合该区长9_1段底水油藏特征将其解释为含油水层和水层。在储层顶部2525~2526m处负压射孔1m，求初产，获得油花、水16.1m³/d，试油结果与利用优化后饱和度参数法计算含油饱和度得到的解释结论一致。

因此，准确求取邻井或本井底部水层的地层水电阻率，利用Pickett图版对目标层位储层岩电参数进行优化，更符合实际储层条件，有效克服了实验参数计算饱和度不准确的问题。通过这种方法识别研究区西部长9_1段储层的低阻油层和高阻水层都具有较好的效果。

利用优化饱和度计算参数法计算工区内75口井99个层，根据计算孔隙度—计算含水饱和度交会图（图8-50）可得，长9_1段产油层的孔隙度一般大于10%，含油饱和度大于40%，可达到工业油流。

峰2井（图8-51）是位于古峰庄地区2005年的老井，储层顶部油水同层电阻率为28.7$\Omega \cdot m$、声波时差为240.1μs/m、密度为2.41g/cm³，岩心分析孔隙度为14.5%，分析渗透率为12.5mD。优化饱和度参数：$a=1$，$b=1$，$m=2.03$，$n=2.00$，$R_w=0.1632\Omega \cdot m$（分析），由此计算的含油饱和度剖面（图8-51）顶部油水同层段含油饱和度为50.6%，底部水层段含油饱和度为10.6%。油层和水层的饱和度可对比性强，结合饱和度剖面将一次解释的有效厚度增加了4m。压裂试油加陶粒3.0m³、砂比为16.0%、排量为0.9m³/min，试油结论为油水同层，与测井后期完善的结论一致。

盐293井是2016年的新井，利用实验参数计算的饱和度剖面如图8-52所示，底部水

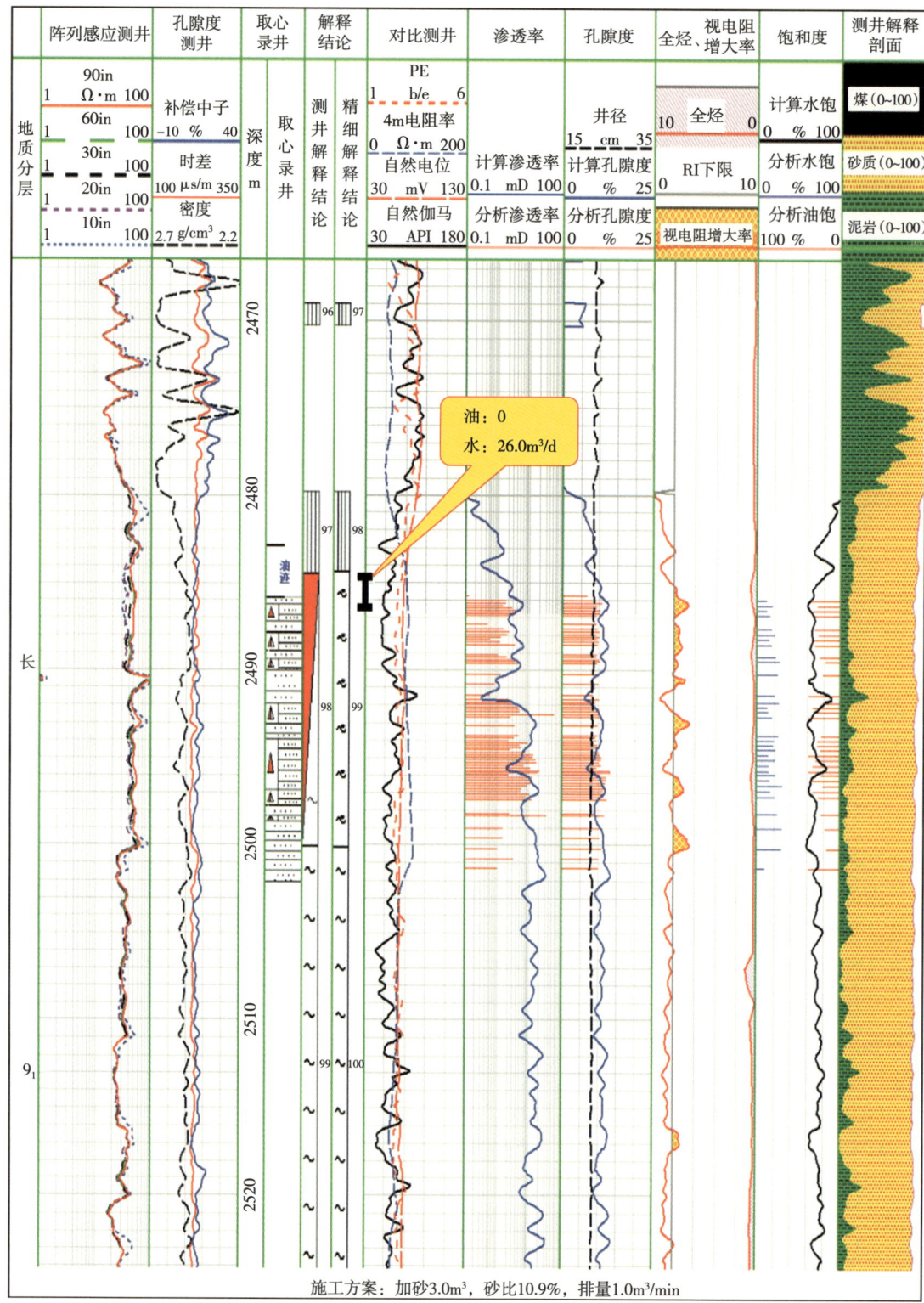

图 8-47 盐 233 井长 9_1 段储层"四性"关系特征

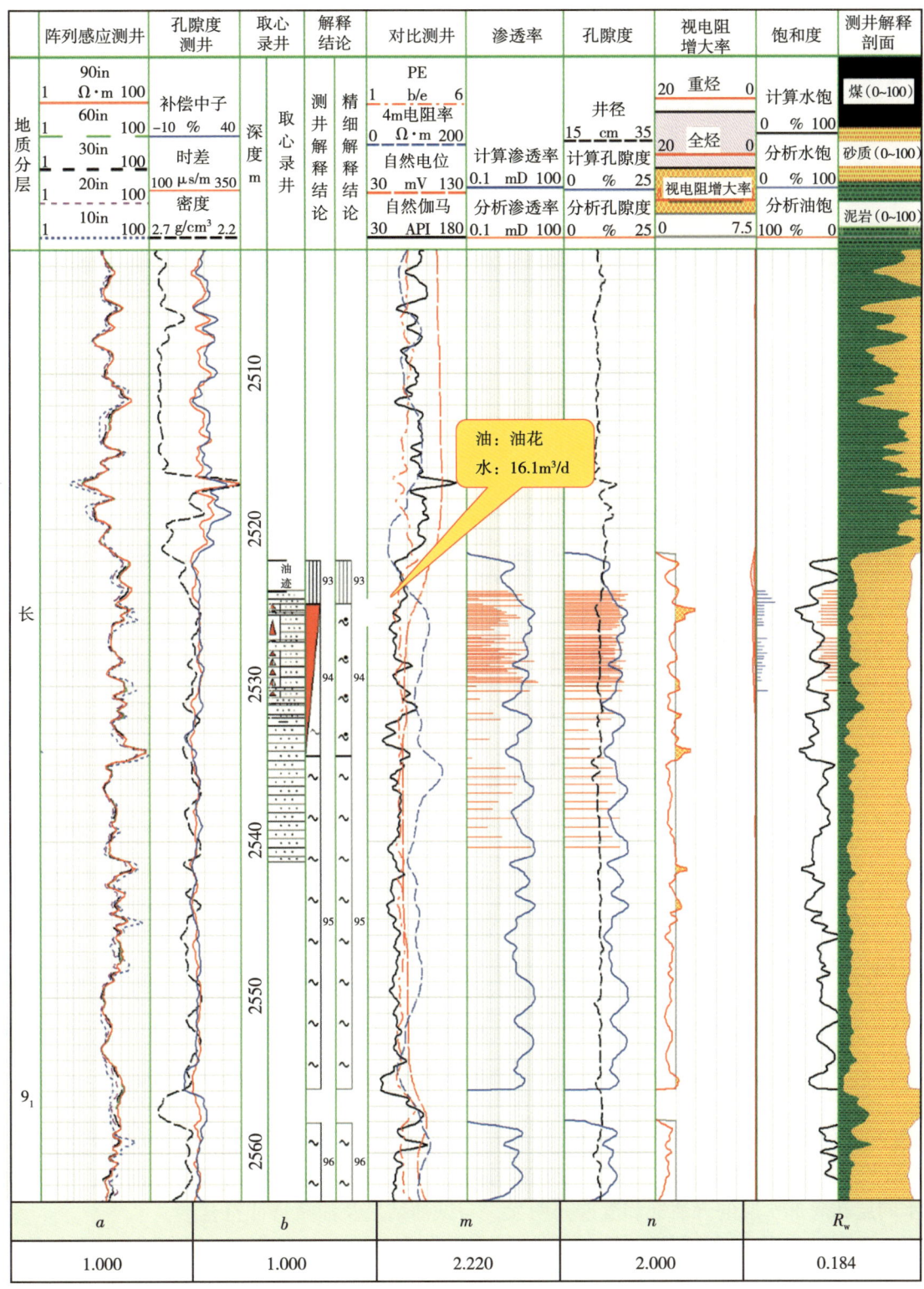

图 8-48 盐 249 井长 9_1 段储层"四性"关系特征

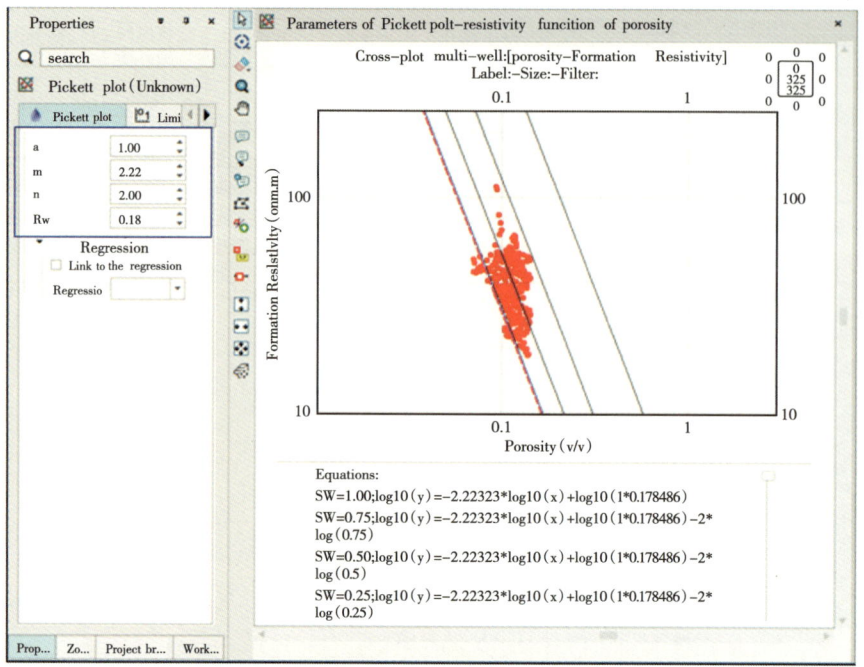

图 8-49　盐 233 井 POR—R_t 图版求取饱和度参数

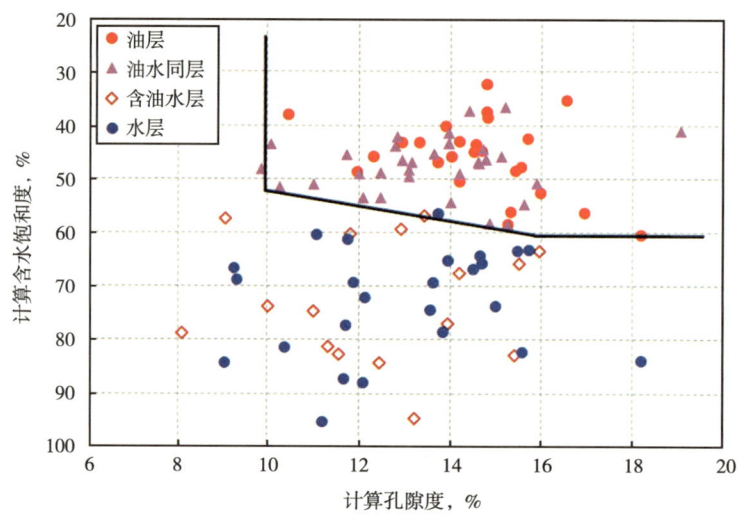

图 8-50　姬塬地区西北部长 9_1 段储层计算孔隙度—计算含水饱和度交会图

层段解释饱和度明显偏高，与长 9_1 段的底水油藏特征不符合。优化饱和度参数：$a=1$，$b=1$，$m=2.14$，$n=2.00$，$R_w=0.1656\Omega \cdot m$（分析），由此计算含油饱和度剖面，顶部油水同层和底部水层的含油饱和度差异明显，与试油结果及油藏特征符合。

采用优化饱和度参数法，针对姬塬地区西北部地区长 9_1 段高阻油水层，以邻井或本井底部的水层为标准，优化储层饱和度计算参数，使模型参数更接近目的层实际参数，计算了 56 口井 109 个层（表 8-5），依据计算含油饱和度解释的结论与试油结论对比，这种方法的有效率达 81.6%。

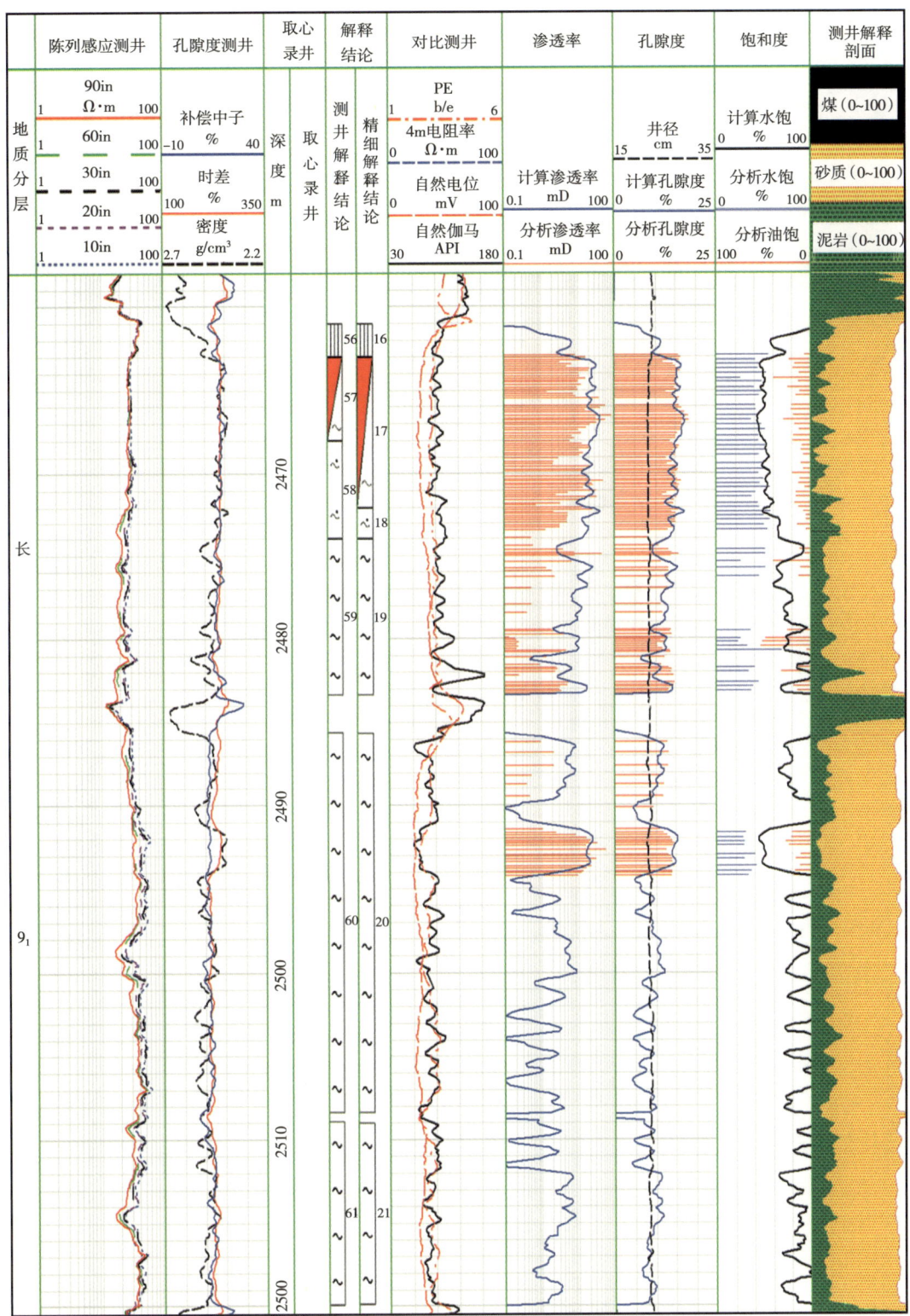

图 8-51 峰 2 井长 9_1 段优化饱和度参数法成果图

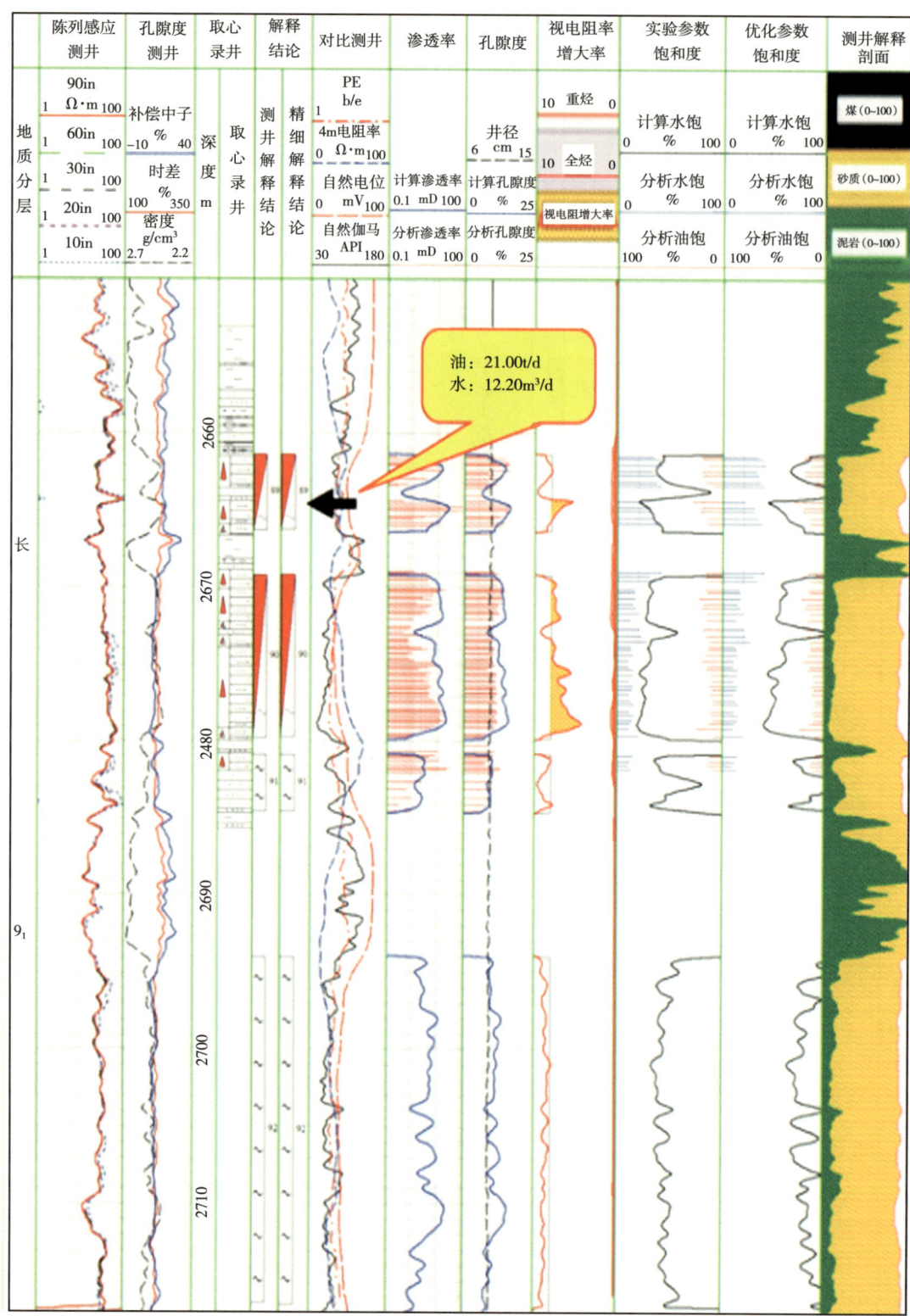

图 8-52 盐 293 井长 9_1 段优化饱和度参数法成果图

第八章 低孔低渗油气藏测井评价实例

表 8-5 优化饱和度参数法解释情况统计表

井号	层位	顶深 m	底深 m	AC μs/m	AT10 Ω·m	AT20 Ω·m	AT30 Ω·m	AT60 Ω·m	AT90 Ω·m	DEN g/cm³	CNL %	GR API	POR %	PERM mD	S_o %	解释结论	油 t/d	水 m³/d	符合情况
黄209	长9_1	2870.3	2872.5	237.2	18.3	19.9	21.9	21.4	19.9	2.41	17.6	70.3	14.8	2.0	67.6	油层	24.1	0.0	√
盐90	长9_1	3161.2	3164.1	234.7	35.4	29.1	25.2	23.6	23.1	2.44	19.4	69.5	17.0	5.6	53.6	油层	11.4	0.0	√
黄320	长9_1	3079.1	3081.6	234.3	30.0	25.1	25.0	25.6	26.4	2.45	21.3	74.9	15.1	59.1	62.7	油层	油花	39.1	×
峰34	长9_1	2591.4	2594.4	235.4	22.9	25.1	25.1	25.3	25.4	2.43	21.4	71.6	15.3	24.6	41.5	油水同层	56.3	0.0	√
峰2	长9_1	2463.3	2468.0	240.1	28.2	29.8	28.0	28.7	30.9	2.41	18.4	92.5	15.9	10.5	49.1	油水同层	23.5	7.0	√
盐231	长9_1	2022.0	2024.7	251.2	12.9	9.2	7.4	6.4	6.1	2.39	26.2	89.6	12.5	1.5	47.5	油水同层	20.4	0.0	√
黄61	长9_1	2825.6	2829.0	225.3	27.9	32.4	34.5	33.4	33.7	2.45	11.7	74.4	14.8	2.5	46.4	油水同层	6.0	15.0	√
盐84	长9_1	2737.9	2739.6	269.1	19.8	20.2	21.5	21.3	21.5	2.44	24.6	87.1	13.1	2.0	48.6	油水同层	5.4	35.5	√
盐242	长9_1	2609.8	2612.1	225.7	91.7	72.8	71.9	76.3	80.6	2.46	11.7	61.9	13.1	7.4	50.4	油水同层	4.4	17.9	√
盐52	长9_1	2515.0	2519.0	226.3	57.9	69.4	65.5	52.9	47.8	2.46	11.5	74.5	11.8	5.1	41.6	油水同层	0.0	56.8	×
罗100	长9_1	2905.6	2907.6	239.0	19.6	20.8	20.0	19.1	18.0	2.40	21.4	84.3	16.0	11.5	46.6	油水同层	油花	20.6	×
黄162	长9_1	2956.0	2958.6	227.9	18.9	22.9	24.1	25.0	26.5	2.46	17.9	80.2	12.9	13.5	40.7	油水同层	油花	38.8	×
盐162	长9_1	2716.0	2718.6	230.8	19.4	19.2	19.4	20.3	20.9	2.43	22.9	74.1	15.5	59.3	36.5	含油水层	0.0	16.5	√
黄305	长9_1	2810.0	2815.9	230.8	50.3	24.7	22.9	24.4	25.5	2.45	18.7	91.7	14.0	9.5	34.7	含油水层	0.0	35.0	√
黄94	长9_1	2730.6	2732.6	213.0	30.4	41.3	42.3	36.2	39.3	2.54	10.6	72.6	9.3	2.6	33.2	含油水层	0.0	27.5	√
峰24	长9_1	2517.0	2519.1	227.3	62.8	38.6	42.6	43.4	40.9	2.50	14.9	75.7	11.8	1.8	31.6	水层	油花	22.1	√
黄305	长9_1	2796.2	2802.0	227.2	19.8	17.7	17.5	18.3	18.7	2.46	18.3	86.2	12.5	3.9	15.7	水层	油花	10.8	√
盐114	长9_1	2497.0	2508.3	221.5	123.3	66.2	72.8	77.2	110.4	2.50	15.9	63.0	11.7	4.6	22.5	水层	0.0	53.5	√
黄230	长9_1	2796.4	2802.3	229.0	26.2	26.0	25.2	24.7	24.9	2.43	20.8	96.8	13.8	0.9	21.3	水层	0.0	67.2	√
盐61	长9_1	2718.0	2720.1	243.3	16.9	14.4	14.7	14.4	13.6	2.37	16.5	74.0	19.2	271.1	16.0	水层	0.0	34.0	√
盐31	长9_1	2649.1	2652.1	232.0	13.9	15.7	15.0	14.4	13.7	2.46	19.7	74.7	12.1	2.6	11.9	水层	0.0	12.3	√
……	……	……	……	……	……	……	……	……	……	……	……	……	……	……	……	……	……	……	……

- 255 -

2) 双 R_w 对比法

姬塬地区西北部长 8_2 段、长 9_1 段储层存在的地层水矿化度变化大等问题，利用双 R_w 对比法识别低阻油层，具有比较明显的优势。它与常规"四性"分析法比较，考虑了地层水的信息，以 R_{w_sp} 为背景曲线与 R_{wa} 对比综合解释效果更好（表8-6）。图8-53、图8-54分别

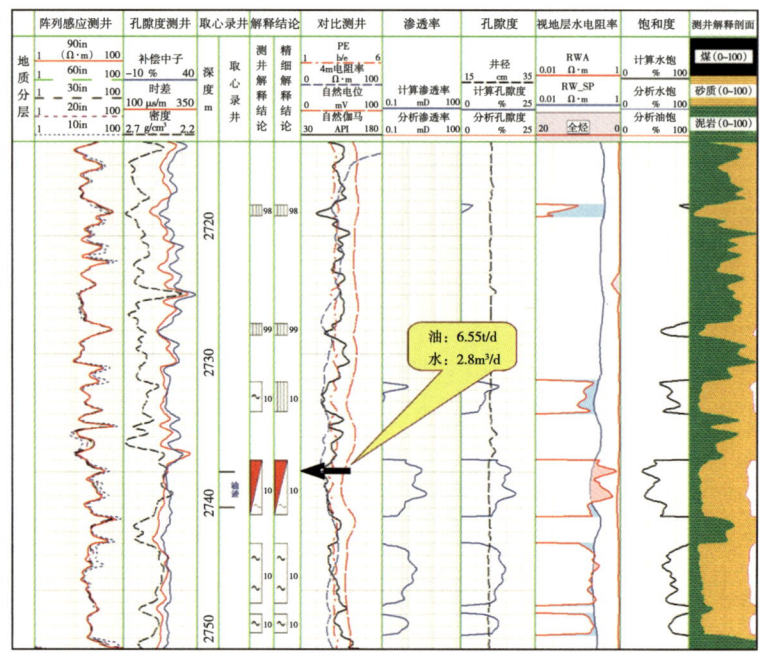

图 8-53　盐 288 井长 8_2 段测井解释成果图

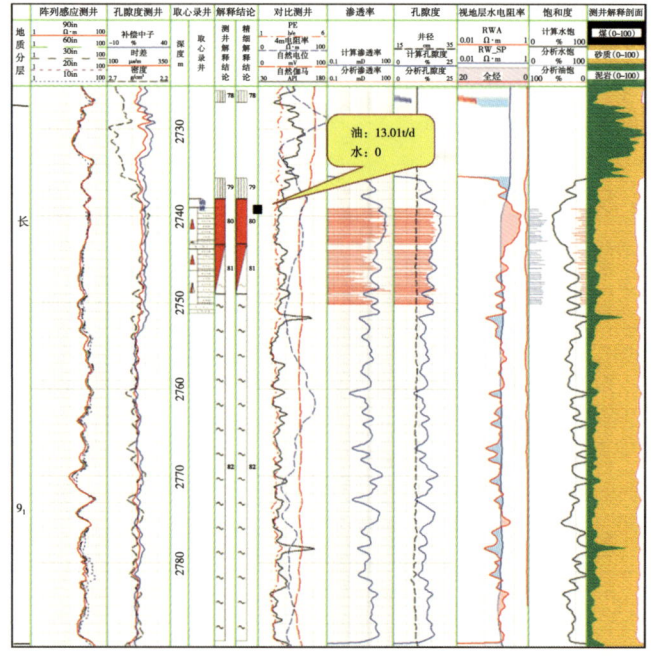

图 8-54　黄 337 井长 9_1 段测井解释成果图

表 8-6 双 R_w 对比法解释情况统计表

井号	层位	顶深 m	底深 m	AC μs/m	AT10 Ω·m	AT20 Ω·m	AT30 Ω·m	AT60 Ω·m	AT90 Ω·m	CNL	DEN g/cm³	POR	PERM mD	GR API	SP mV	R_{w_sp} Ω·m	R_{wa} Ω·m	单方法解释结论	油 t/d	水 m³/d	符合情况
盐28	长8_2	2611.3	2620.9	237.9	33.7	21.5	19.8	19.2	19.0	0.20	2.444	0.13	2.35	92.72	-33.64	0.125	0.175	油层	33.7	0.0	√
黄396	长8_2	2940.9	2950.1	229.3	22.0	21.7	21.4	21.5	21.8	0.18	2.476	0.11	1.14	89.72	-31.24	0.148	0.224	油层	26.7	0.0	√
黄300	长8_2	2734.1	2741.7	243.8	18.7	16.2	15.6	14.7	14.1	0.19	2.414	0.17	10.07	65.33	-14.59	0.148	0.236	油层	23.7	0.0	√
池453	长8_2	2270.3	2289.9	227.5	41.0	30.0	28.4	28.1	27.0	0.12	2.513	0.12	0.26	72.35	-7.47	0.307	0.509	油层	21.8	0.0	√
池317	长8_2	2336.1	2343.5	239.2	21.4	18.4	16.9	16.9	17.3	0.20	2.475	0.13	0.76	62.52	-15.49	0.148	0.255	油层	20.7	0.0	√
黄388	长8_2	2959.4	2967.1	230.1	28.6	25.6	24.9	24.0	23.3	0.20	2.443	0.13	2.71	80.96	-24.43	0.124	0.231	油层	8.6	0.0	√
池229	长8_2	2386.9	2391.4	225.7	12.1	13.5	14.5	14.1	13.2	0.19	2.518	0.10	0.41	63.22	-18.00	0.188	0.202	油层	6.4	0.0	√
池18	长8_2	2404.9	2417.0	231.7	11.9	13.5	13.3	12.9	12.6	0.17	2.484	0.12	0.44	88.02	-23.88	0.096	0.192	油层	14.0	7.3	√
盐236	长8_2	2623.8	2636.4	228.5	39.0	29.6	31.8	34.2	42.8	0.20	2.455	0.12	1.67	78.24	-20.11	0.115	0.212	油层	12.5	21.9	√
池167	长8_2	2422.4	2428.4	228.4	15.2	15.0	14.9	14.8	14.3	0.20	2.491	0.13	0.85	78.18	-10.72	0.280	0.290	油水同层	10.8	13.4	√
黄370	长8_2	2939.2	2943.1	236.7	16.0	15.4	15.1	15.0	15.1	0.21	2.409	0.16	4.12	72.76	-49.34	0.065	0.085	油水同层	5.3	19.1	√
盐155	长8_2	2240.1	2243.3	258.5	13.6	12.7	13.1	13.5	14.3	0.26	2.343	0.17	1.31	78.74	-11.17	0.252	0.373	油层	4.4	6.1	×
黄328	长8_2	2830.1	2834.5	235.3	27.3	21.5	20.7	21.6	22.3	0.21	2.441	0.13	3.23	78.28	-11.69	0.182	0.221	油层	0.0	44.2	√
黄204	长8_2	2539.1	2547.3	248.7	22.4	16.4	14.2	13.6	13.1	0.21	2.421	0.14	1.59	79.69	-38.77	0.168	0.141	水层	0.0	28.0	×
黄355	长8_2	2818.7	2827.4	239.1	22.5	18.2	16.8	16.1	15.8	0.24	2.429	0.13	4.04	78.34	-46.31	0.103	0.137	油水同层	0.0	18.3	√
盐346	长8_2	2910.8	2913.8	226.2	21.3	21.1	20.4	20.8	22.1	0.16	2.443	0.12	0.91	70.46	-13.59	0.120	0.184	水层	0.0	4.4	√
盐121	长8_2	1208.3	1218.9	253.9	13.2	13.9	15.1	15.6	16.0	0.26	2.416	0.16	8.20	77.86	-11.52	0.259	0.242	水层	油花	56.5	√
盐203	长8_2	2458.6	2465.3	251.1	13.9	10.5	9.8	9.5	9.0	0.24	2.418	0.15	4.86	59.41	-23.42	0.158	0.144	水层	油花	27.2	√
黄68	长8_2	2954.3	2963.9	242.7	20.1	17.5	16.5	15.6	15.3	0.20	2.417	0.14	4.84	87.82	-44.38	0.128	0.128	水层	油花	8.6	√
黄84	长8_2	2909.4	2915.8	225.1	20.7	20.4	20.9	21.0	21.7	0.22	2.491	0.11	0.22	70.99	-13.09	0.312	0.130	水层	油花	4.2	√
峰34	长9_1	2476.9	2489.4	246.9	27.2	22.8	21.8	21.0	20.7	0.19	2.442	0.17	10.97	82.80	-33.50	0.125	0.197	油水同层	56.3	0.0	√
黄337	长9_1	2738.7	2742.8	237.6	28.2	28.7	30.9	31.2	30.9	0.20	2.387	0.18	34.29	73.27	-22.16	0.174	0.408	油层	13.0	0.0	√
盐57	长9_1	2948.4	2953.8	237.7	34.5	25.5	24.1	21.8	20.0	0.20	2.433	0.18	8.73	73.86	-27.07	0.140	0.184	油水同层	0.9	1.4	×
……	……	……	……	……	……	……	……	……	……	……	……	……	……	……	……	……	……	……	……	……	……

为长 8_2 和长 9_1 储层段的低阻油层，在常规"四性"分析较难得出结论时，采用双 R_w 法进行评价，第 11 道为 R_{w_sp} 和 R_{wa} 交互包络对比，充填红色指示含油，充填蓝色指示水层或不含油。二者包络相对饱满的解释为油层，较差的解释为油水同层，评价结果与试油结果都对应得非常好。

利用自然电位曲线，根据钻井液性质、温度、压力等参数计算的 R_{w_sp} 可以真实反映地层水电阻率，水层时 $R_{w\_sp} \approx R_w$，油层时 $R_{w\_sp} \approx R_{wi}$。并且利用其与 R_{wa} 对比，可以简便、有效地指示储层含油情况。利用双 R_w 对比法识别油层时，只需常规测井曲线、钻井液、温度等信息即可，非常适合于老井复查工作中对隐蔽的低对比度油藏进行重新评价。在使用时，需要注意纵向上的综合对比分析，在此基础上，再进行多井对比分析油藏，可提高测井解释精度。

由双 R_w 对比法的理论分析可知，该方法适用于地层水矿化度变化引起的中、低阻油水层识别。针对工区 69 口井 73 层长 8_2 段、长 9_1 段的中低阻油层有效识别率达 86.3%。

3）电阻率曲线重构对比法

如图 8-55 所示，黄 396 井的储层底部 59 号层 R_{tc} 与 R_t 几乎重合，59 号层的 $I=1.03$，表明

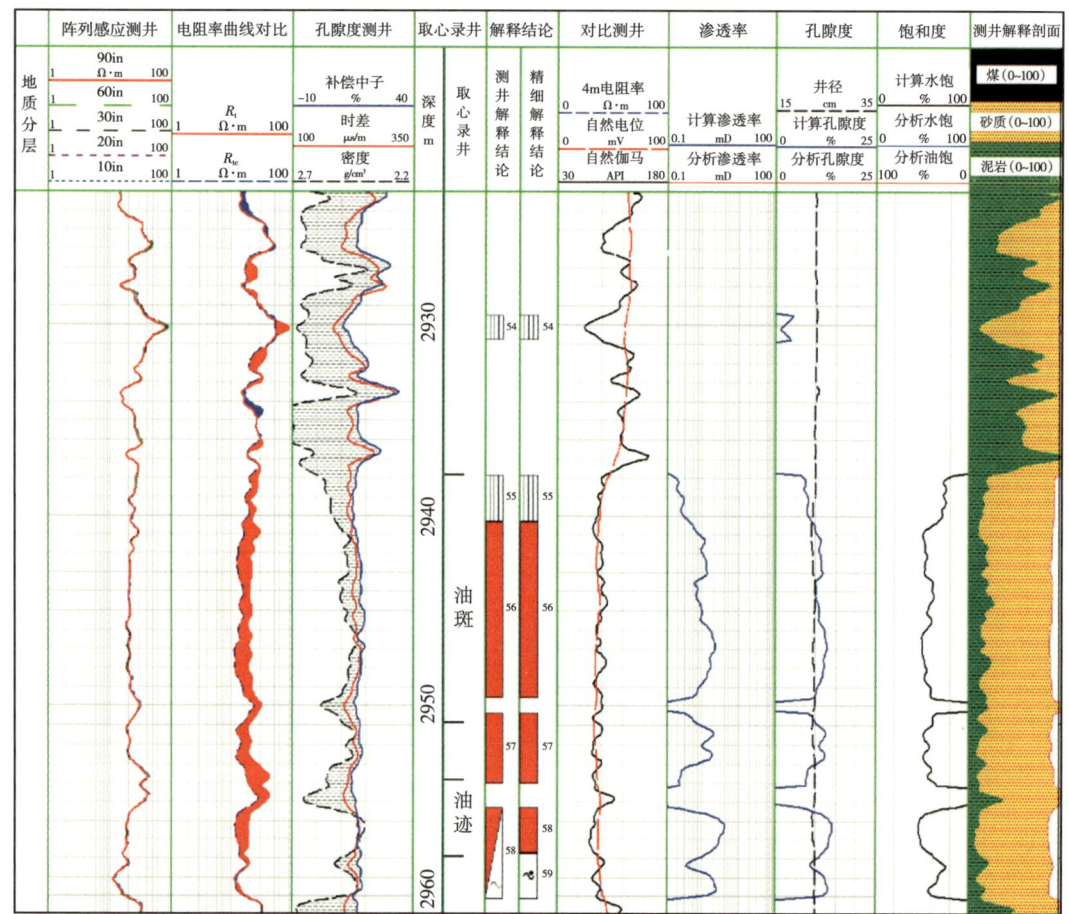

图 8-55　黄 396 井长 8_2 段实测与重构电阻率曲线对比（2941m 处水力喷砂射孔，产纯油 26.69t/d）

该层为含水层。56 号、57 号、58 号层的 I 均大于 1.5，解释为油层，试油产纯油 26.69t/d。

如图 8-56 所示，黄 204 井顶部 48 号层 R_t 与 R_{tc} 包络面积较大，$I=1.37$，综合解释为油水同层；49 号层，R_t 稍大于 R_{tc}，红色包络面积不明显，$I=1.05$，综合解释为含油水层；50 号层，R_t 几乎小于 R_{tc}，包络面积主要为紫色，$I=0.79$，解释为水层，48 号层试油产油 4.68t/d，产水 5.9m^3/d，解释结论符合试油结论。

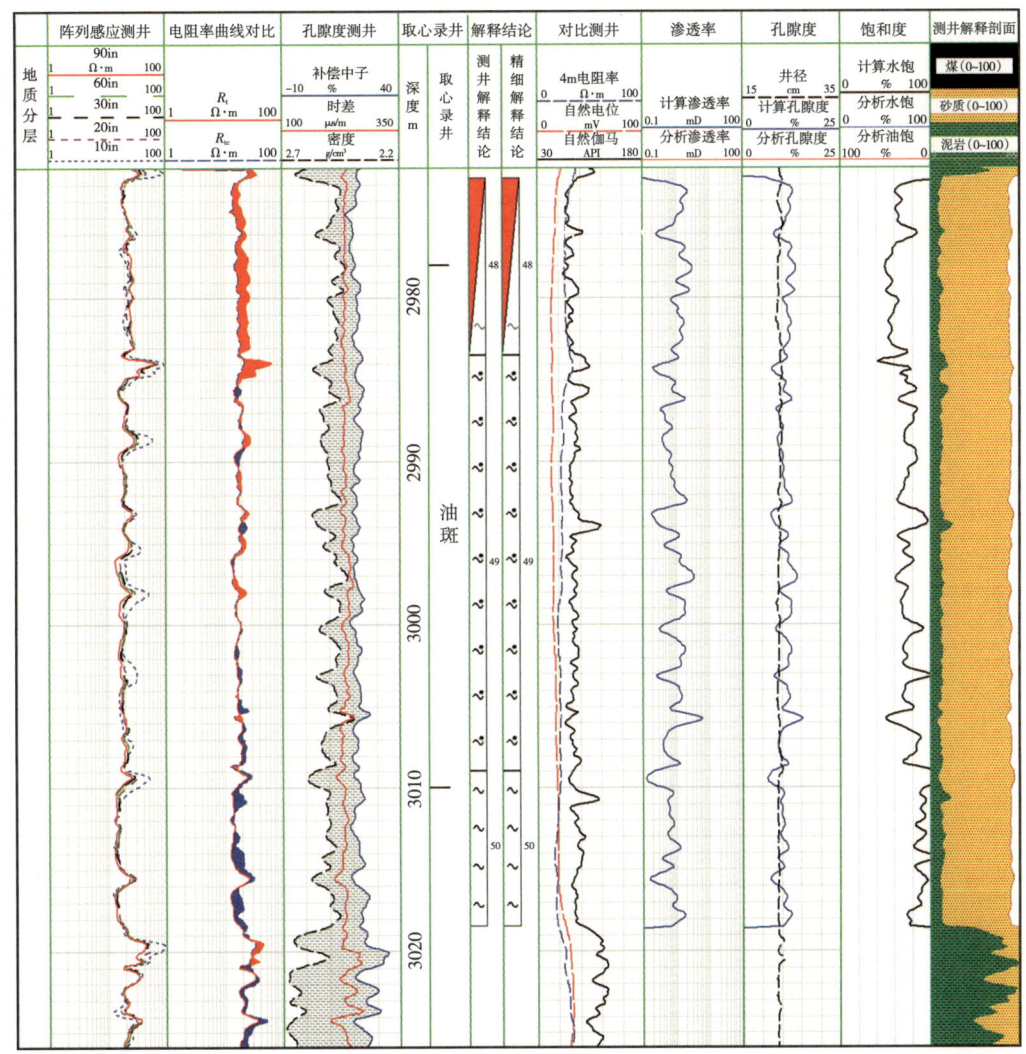

图 8-56　黄 204 井长 8_2 段实测与重构电阻率曲线对比（2973～2975m，试油：4.68t/d，水：5.9m^3/d）

同理，如图 8-57 所示，盐 59 井的 95 号层解释为含油水层，$I=1.02$；96 号层解释为水层，$I=0.92$，据此修改了一次解释结论。95 号层经试油验证产油花，产水 9.4m^3/d，证明该方法有效。

通过对该区块 31 口井 32 层试油结果验证（表 8-7），电阻率曲线重构方法适用于中小区域内，物性、地层水矿化度相对稳定的低阻或高阻油水层识别，该方法有效识别率达 80.6%。

表 8-7 电阻率曲线重构法解释情况统计表

井号	层位	顶深 m	底深 m	AC Ω·m	CNL %	DEN g/cm³	POR %	PERM mD	GR API	SP mV	AT90 Ω·m	R_{tc} Ω·m	单方法解释结论	油 t/d	水 m³/d	结论
黄375	长8₂	2626.3	2634.0	255.9	20.8	2.485	7.8	0.0	82.0	62.0	12.5	11.5	油层同层	31.3	0.0	√
黄396	长8₂	2940.3	2949.6	221.0	14.9	2.522	9.2	0.4	82.8	38.8	22.4	17.7	油层	26.7	0.0	√
黄390	长8₂	2818.0	2830.9	226.8	19.9	2.468	13.8	15.5	79.2	62.9	17.5	13.3	油水同层	22.6	0.0	√
黄343	长8₂	2764.5	2769.8	241.7	23.2	2.417	16.2	19.0	84.4	76.2	13.1	10.7	油层	21.5	0.0	√
黄43	长8₂	2916.0	2929.3	236.8	18.3	2.474	15.1	2.2	73.9	83.2	18.4	12.5	油水同层	11.3	9.6	√
黄67	长8₂	2701.8	2714.5	235.4	21.7	2.478	12.7	1.0	83.4	93.5	16.2	12.2	油水同层	10.7	40.9	√
黄388	长8₂	2957.6	2965.0	225.6	19.3	2.457	12.5	2.5	79.7	59.7	25.5	14.1	油层	8.6	0.0	√
黄370	长8₂	2939.0	2943.4	229.6	21.9	2.437	14.5	2.4	73.2	43.3	16.4	11.1	差油层	5.3	19.1	√
黄262	长8₂	3024.0	3030.3	224.8	18.7	2.526	9.6	0.3	79.1	63.5	20.4	16.2	油水同层	5.2	13.5	√
黄204	长8₂	2972.6	2983.5	233.8	21.2	2.476	11.7	1.4	76.5	65.0	23.5	12.0	油水同层	4.7	5.9	√
黄147	长8₂	2936.7	2945.7	234.2	22.7	2.431	14.6	9.5	72.5	3.6	21.2	11.0	油水同层	4.4	13.6	√
黄418	长8₂	2904.6	2911.6	232.8	18.7	2.464	12.5	5.4	81.2	56.4	13.2	13.5	含油水层	0.9	14.8	√
黄112	长8₂	2760.0	2763.9	233.7	19.2	2.441	12.9	0.8	84.7	74.8	8.7	12.3	含油水层	油花	10.4	×
黄146	长8₂	2825.3	2841.3	238.8	21.0	2.463	14.4	0.9	73.8	14.3	12.3	12.4	油水同层	油花	35.8	×
黄328	长8₂	2830.3	2834.6	235.4	20.8	2.437	0.1	3.4	77.7	60.0	22.4	11.8	油水同层	油花	44.2	×
黄346	长8₂	2910.8	2914.3	225.9	15.5	2.445	12.4	0.9	69.9	76.3	22.8	15.4	油水同层	0.0	4.4	×
黄347	长8₂	2770.0	2778.0	235.9	20.9	2.429	14.7	21.4	71.1	62.1	14.5	11.0	油水同层	0.0	28.8	√
黄358	长8₂	2877.3	2884.1	231.2	16.8	2.455	12.2	1.7	72.4	61.4	21.1	13.3	含油水层	0.0	12.1	√
黄395	长8₂	3123.3	3146.4	242.7	19.7	2.385	17.7	26.3	79.1	41.0	6.6	11.8	含油水层	0.0	13.1	√
黄415	长8₂	2978.5	3009.3	217.0	14.4	2.531	5.9	1.5	84.2	55.6	12.5	14.4	含油水层	0.0	2.3	√
黄416	长8₂	2885.5	2893.9	216.6	17.0	2.525	6.2	0.4	79.5	59.4	18.7	19.8	含油水层	0.0	31.4	√
黄417	长8₂	2999.2	3041.7	231.1	16.3	2.436	15.1	2.9	84.6	46.4	13.3	13.4	含油水层	0.0	31.7	√
……	……	……	……	……	……	……	……	……	……	……	……	……	……	……	……	……

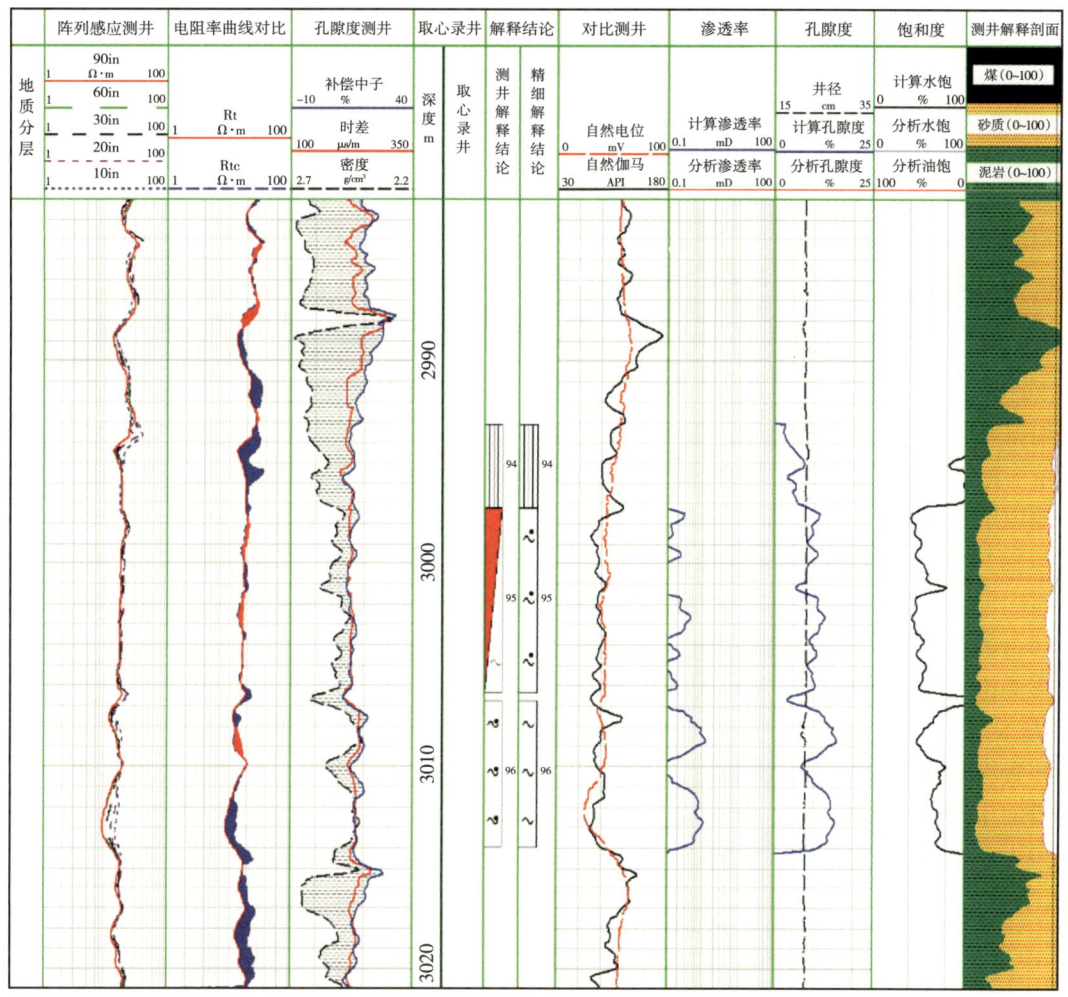

图 8-57　盐 95 井长 8_2 段实测与重构电阻率曲线对比（2996~2999m，试油：油花，水：9.4m³/d）

4）3 种识别方法的适用条件

3 种复杂流体识别方法具有一个共同的特点，即充分考虑了地层水电阻率对储层电性的影响。在流体识别过程中，结合油藏特点利用底水油藏的"四性"关系特征优化解释参数；利用自然电位反映地层水矿化度变化的优势，尽量消除地层水的影响，纵向上凸显储层含油特征；以同一油藏产水井作为学习样本，进行电阻率曲线重构，利用神经网络或聚类分析等机器学习技术辅助解释人员判断流体性质。3 种方法适用于不同类型的复杂流体识别（表 8-8），每种方法的有效性都达到 80% 以上。

表 8-8　3 种复杂油水层流体判识方法适用条件

复杂流体识别方法	适用条件及判识标准	单方法有效性
优化饱和度参数法	适用于长 9_1 段有底水的高阻油水层识别，以邻井或本井底部的水层为标准，优化储层饱和度计算参数。当孔隙度大于 10%，含油饱和度大于 40%，可达到工业油流	81.6%

续表

复杂流体识别方法	适用条件及判识标准	单方法有效性
双 R_w 对比法	适用于长 8_2 段无底水的低阻油水层识别。以本井自然电位曲线经温度、钻井液校正计算的地层水电阻率 R_{w_sp} 作为基值,视地层水电阻率 R_{wa} 对比,当 $R_{wa}>R_{w\_sp}$ 时,为油层;当 $R_{wa} \leq R_{w\_sp}$ 时,为水层	86.3%
电阻率曲线重构法	适用于岩性、物性变化引起的低阻或高阻油水层识别。基于流体替换的思想,构建储层完全含水时的电阻率 R_{tc},与实测地层电阻率 R_t 对比,当 $R_t>R_{tc}$ 时,为油层,当 $R_t \leq R_{tc}$ 时,为水层	80.6%

5) 在生产中的应用效果

2016 年,利用上述方法,在探井、评价井中对所有打穿长 8_2 段、长 9 段的井进行了精细解释(表 8-9),通过试油验证精细解释结论比第一次解释的结论更准确。如图 8-58 所示,峰 21 井位于盆地古峰庄地区,由于该区位于天环凹陷,断层发育(图中红色线条为地震解释断层),一次解释其长 9_1 段储层时,发现邻井峰 201、峰 202、盐 279 等井长 9_1 段储层基本为产水层,但是电阻率含油特征与峰 2 井(试油获得油 23.46t/d,水 7.0m³/d)相似,因此解释为油水同层。通过优化饱和度参数法和双 R_w 对比法解释发现顶部含油特征非常明显,第 12 道为优化饱和度参数法计算储层含油饱和度,与底部水层的含油饱和度相比具有明显的含油特征。第 14 道为 R_{wa} 与 R_{w_sp} 对比,可见顶部含油层段 R_{wa} 与 R_{w_sp} 包络面积饱满,底部水层 R_{wa} 与 R_{w_sp} 相当,顶部含油特征明显。结合核磁共振测井资料及孔隙结构评价顶部储层孔隙结构明显较底部好。因此,精细解释为两段油层和两段油水同层(图 8-59)。压裂施工在 2460~2462m 射孔,加砂 3.0m³,砂比为 10.0%,排量为 1.0m³/d,获纯油 121.72t/d。测井解释与试油结果吻合很好。

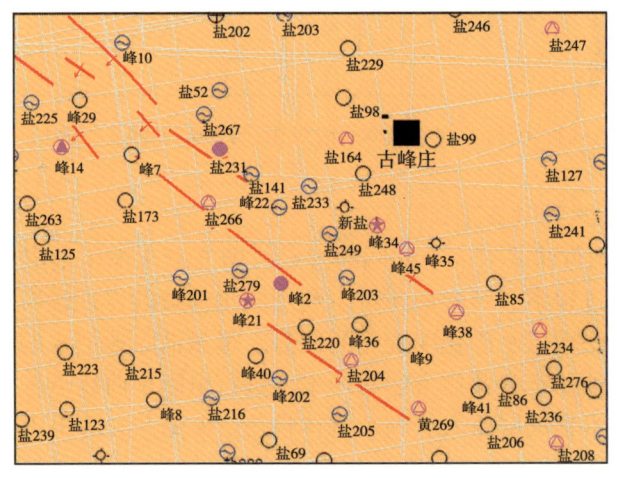

图 8-58 峰 21 井井位图

如图 8-60 所示,盐 279 井通过双 R_w 对比法解释,第 10 道的 R_{wa} 与 R_{w_sp} 基本相等,含油特征不明显,因此将该层的原解释结论油水同层降低为含油水层,在 2445~2446m 处射孔并压裂试油,加砂 20.0m³,砂比为 20.0%,排量为 2.0m³/min,获水 16.9m³/d。同理,如图 8-61 所示,盐 229 井长 8_2 段储层计算 R_{wa} 与 R_{w_sp} 相当,含油性差,精细解释为含油水

表8-9 2016年姬塬地区西北部长8_2段、长9_1段精细解释结果统计表

序号	井号	层位	深度		厚度 m	电性参数						解释参数			一次解释结论	精细解释结论
			顶深 m	底深 m		感应电阻率 Ω·m	时差值 μs/m	密度 g/cm³	中子 %	自然伽马 API	孔隙度 %	渗透率 mD	含油饱和度 %			
1	峰21	长9_1	2459.5	2471.3	11.8	37.7	243.9	2.43	21.6	78.8	14.6	3.0	52.0	油水同层	油层
2	黄429	长9_1	3089.3	3093.0	3.7	18.1	237.2	2.40	22.1	74.7	16.7	13.3	47.4	油水同层	油水同层
3	黄435	长9_1	2703.1	2706.8	3.7	18.0	236.6	2.43	18.8	75.6	15.7	30.1	52.2	油水同层	油水同层
4	黄419	长8_2	2830.5	2837.4	6.9	13.6	235.6	2.46	21.4	86.9	12.6	2.2	45.8	油水同层	油水同层
5	盐258	长9_1	2812.3	2817.6	5.3	20.4	236.7	2.43	18.1	78.8	14.1	2.4	48.9	油层	油水同层
6	峰44	长8_2	2542.1	2547.4	5.3	19.7	240.2	2.53	18.8	75.3	12.2	1.4	20.0	油水同层	含油水层
7	冯29	长8_2	3008.0	3012.0	4.0	12.4	248.3	2.42	19.8	72.6	18.0	2.2	36.1	油水同层	含油水层
8	盐277	长8_2	2653.4	2659.9	6.5	19.9	233.7	2.46	17.3	79.2	14.0	26.1	25.4	油水同层	含油水层
9	盐279	长8_2	2444.6	2449.6	5.0	14.9	243.9	2.49	16.6	73.1	14.0	0.7	34.1	油水同层	含油水层
10	盐229	长8_2	2465.5	2471.4	5.9	14.7	249.5	2.46	22.0	89.0	13.6	2.2	31.9	油水同层	含油水层
11	峰52	长9_1	2006.0	2014.6	8.6	26.5	238.8	2.47	23.5	78.5	13.7	8.9	22.2	油水同层	含油水层
12	峰27	长9_1	2406.0	2409.3	3.3	21.5	234.5	2.45	16.3	77.0	12.3	2.6	38.4	油水同层	含油水层
13	峰33	长9_1	2472.0	2476.6	4.6	26.3	229.9	2.44	12.6	67.4	11.4	105.5	28.0	油水同层	差油层
14	安292	长9_1	2344.5	2346.9	2.4	25.3	230.9	2.50	16.5	68.3	10.5	0.9	37.7	差油层	差油层
15	黄434	长9_1	2724.8	2730.3	5.5	33.8	230.0	2.50	18.1	82.0	12.1	3.7	39.3	差油层	含油水层
16	黄395	长9_1	2730.9	2734.6	3.7	29.4	235.4	2.44	19.4	83.4	16.1	12.4	39.1	含油水层	含油水层
17	冯26	长8_2	3113.3	3123.3	10.0	11.5	236.2	2.42	20.6	78.9	15.9	17.8	29.3	含油水层	含油水层
18	峰45	长8_2	2827.4	2829.3	1.9	24.8	237.1	2.46	18.7	86.1	13.5	2.2	36.8	含油水层	含油水层
19	峰26	长9_1	2510.0	2516.1	6.1	17.9	236.7	2.41	20.0	78.8	15.9	2.5	36.7	含油水层	含油水层
20	峰48	长9_1	2352.0	2355.9	3.9	25.9	236.2	2.48	11.0	53.2	12.1	5.6	26.1	含油水层	含油水层
21	峰29	长9_1	2715.0	2723.0	8.0	19.1	224.0	2.51	16.3	80.5	11.0	8.9	37.0	含油水层	含油水层
		长9_1	2450.1	2458.5	8.4	33.6	219.0	2.48	12.1	75.9	12.7	8.6	39.7	含油水层	含油水层

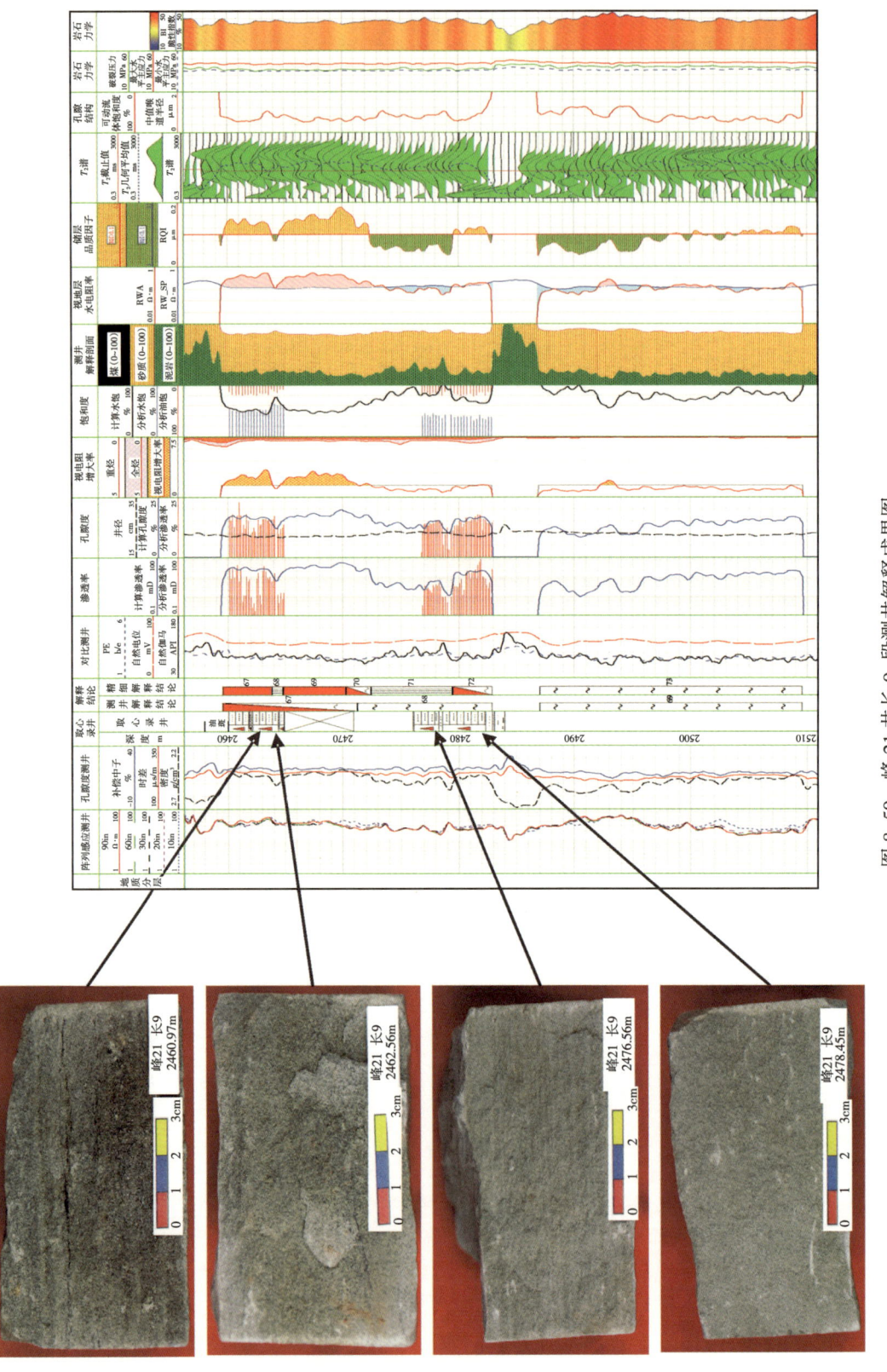

图 8-59 峰 21 井长 9_1 段测井解释成果图

第八章 低孔低渗油气藏测井评价实例

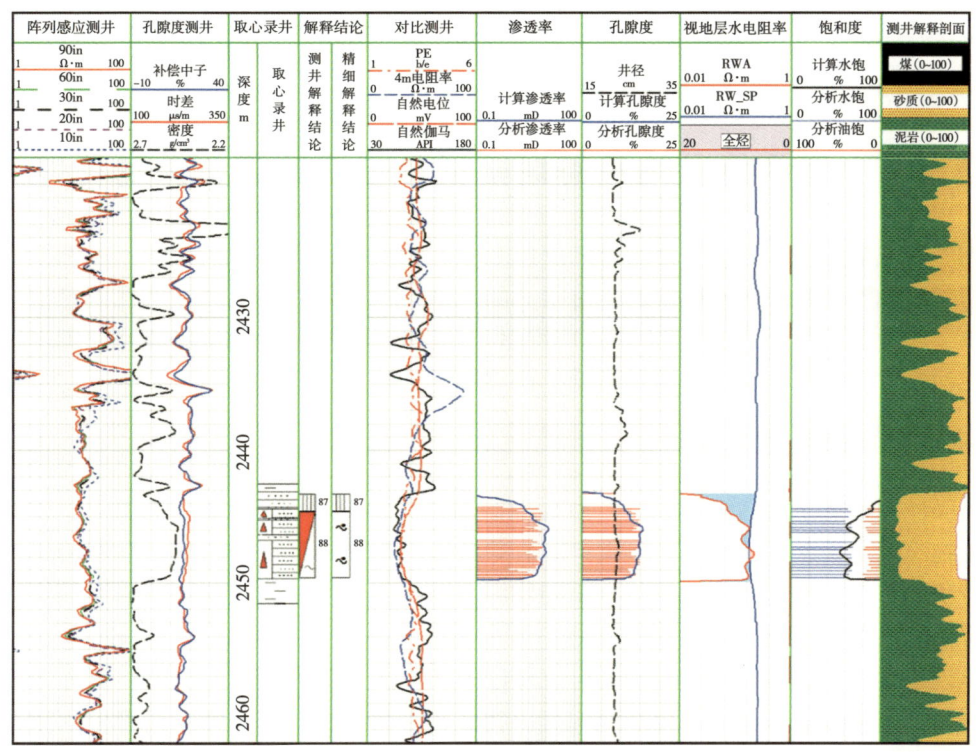

图 8-60 盐 279 井长 8_2 段测井解释成果图

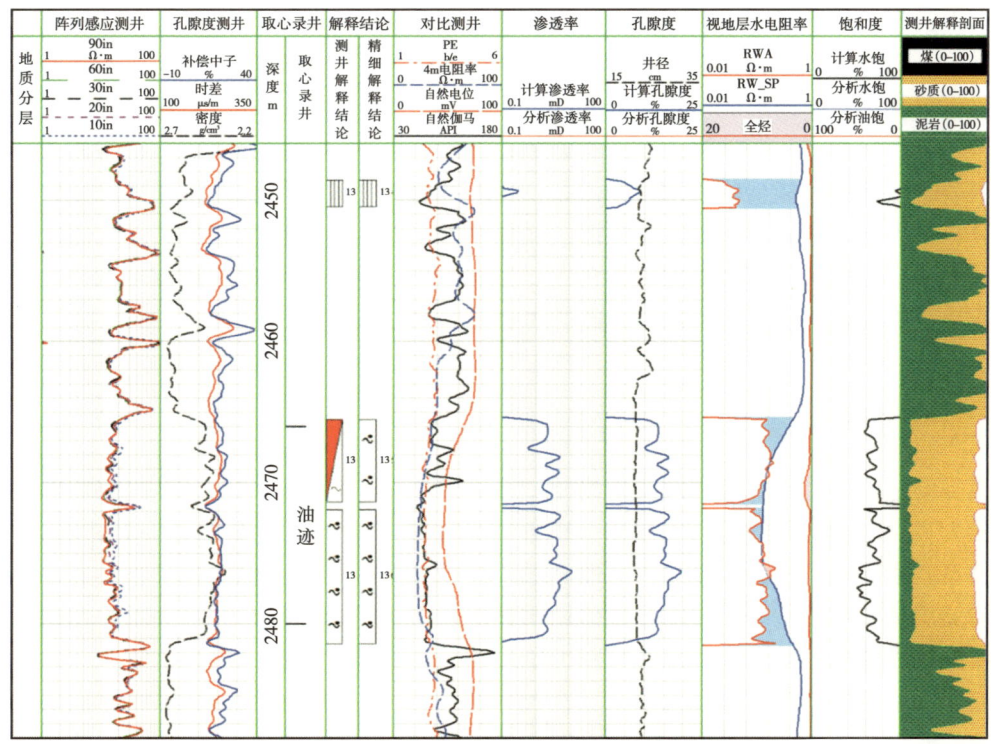

图 8-61 盐 229 井长 8_2 段测井解释成果图

层，并建议放弃试油，节省了无效投资。通过精细解释与再认识，对部分井的第一次解释结论修正并降低了解释结论，通过试油验证利用上述3种方法的结论更符合试油结果，验证了新方法的有效性，从而降低了无效试油。

第三节 渤海湾盆地黄骅坳陷低孔低渗油藏测井解释评价

渤海湾盆地的古近系是其主力产油层位之一，长期以来受到极大关注。虽然沙三段在渤海湾盆地的不同区域沉积成岩环境有很大的区别，但总体来说都属于低孔低渗储层。本节选择"十一五""十二五"期间在中国石油大港油田科技专项中重点研究的黄骅坳陷低孔低渗油藏作为实例，介绍大港油田低孔低渗储层的测井综合评价方法和生产应用情况。

一、区域地质概况

黄骅坳陷古近系孔店组沉积中心为沧东凹陷，受西北部、东北部、东南部、西南部4大碎屑物源波及控制，环湖发育十大碎屑岩朵叶体，粗粒碎屑沉积与细粒沉积沿闭塞湖盆呈环带状展布。受多物源供给影响，不同物源、沉积、储层、生烃特征差异明显。沙河街组沉降中心从早期的沧东向北转移至歧口，以断陷充填型沉积开始并覆盖整个大港探区，整体呈现多期旋回、多沉积样式的复合沉积序列。以大型斜坡为沉积背景，盆外西部沧县隆起物源、南缘埕宁隆起物源以及北部燕山物源在沙河街组尤其是沙三段都分别波及板桥斜坡区、歧南斜坡区、埕宁断坡区以及北塘斜坡区；盆内孔店—羊三木凸起物源是歧北斜坡区的主要碎屑物源供给区，由此在斜坡区形成了既富泥也富砂的沉积格局。研究表明，斜坡—次凹区砂体主要为扇三角洲和辫状河三角洲前缘—远岸水下扇成因砂体，尤其是前缘相带与重力流砂体广布，这些大型砂体带与斜坡匹配，其充足的碎屑物质为斜坡区中深层油气有效储集空间的形成奠定了良好的物质基础。受盆内外多物源体系的影响，储层岩石类型丰富，发育有长石砂岩、岩屑砂岩和石英砂岩，但主要发育岩屑—长石砂岩，长石—岩屑砂岩。储集性能整体表现为中低孔—低渗特低渗，以次生孔隙、残余原生粒间孔隙及混合孔隙为主。随储集体的持续深埋，储层物性整体呈现降低的趋势，但孔隙度与深度之间并非线性变化关系，如埋藏较深的 Es_3 储层纵向上按埋藏深度统计存在四个孔隙发育段，次生孔隙带的发育有效提高了储层的储集性能，为中深层的油气聚集提供了有利条件。

二、测井评价难点与技术需求

黄骅坳陷中深层低孔渗储层沉积物源、油藏类型复杂，不同地区、不同层组储层物性差别较大，储层物性好的地区和层组，电性高低主要受含油性控制明显，而孔隙结构差、孔渗关系匹配性差的地区和层组，电性高低不仅受含油性影响，也明显受物性影响，油藏丰度和储层品质对油水分布规律控制作用明显。针对黄骅坳陷复杂油水关系类型低孔渗储层的实际地质情况，建立如下测井解释评价思路：首先针对目标区域评价重点、难点，录取高精度测井原始信息，详见第三章；在此基础之上，开展低孔渗储层高精度储层物性参数计算、储层有效性评价及产能预测、饱和度定量评价，分地区、分层组、分油藏类型和储层类型建立相应的流体性质评价图版，进行油藏综合评价，详见第四章至第七章。

低孔低渗储层测井综合评价技术在歧口凹陷和沧东凹陷复杂油气田勘探开发中全面推广应用，为黄骅坳陷新增整装规模储量做出了突出贡献。

三、测井采集系列优化

1. 低孔低渗储层测井系列优化原则

测井系列指针对特定测井目的的测井项目配套组合。测井系列确定一般要以目标区地质特点为基础，根据测井需要完成的不同的地质任务与工程要求选择不同的测井系列。测井系列选择时要考虑区块测井项目的完整性、配套性和一致性，保持测井系列在地区和层位上一定时间段内的相对稳定，以便于测井资料的多井对比和多井解释；测井系列的选择首先要经济适用，满足勘探开发的基本要求，也要根据储层情况富有前瞻性，尽量通过测井先进技术最大限度地主动解决复杂地质工程问题。

测井系列中各种方法的测量原理不同，探测的储层物理特性不同，获得的岩石物理参数不同，当不同的测量方法组成不同的测井系列配套方案时最终解决的地质问题也大为不同。测井采集系列优化需要针对储层地质特点、评价重点和难点，结合不同测井系列解决地质工程问题能力，优选合适的测井采集系列。

根据黄骅坳陷低孔低渗储层评价重点，设计测井采集系列优化方案为：

（1）在满足区域基本测井系列基础之上，在准确划分储层方面，如果区域邻井不含高放射性储层，建议测量自然伽马+井径+自然电位+三孔隙度+电阻率测井系列即可，如果区域邻井含高放射性储层，建议加测自然伽马能谱测井和核磁共振测井。

（2）在准确识别有效储层方面，三孔隙度曲线用于计算储层孔隙度，自然电位曲线可用于识别储层渗透性，核磁共振测井可以提供避开岩性影响的总孔隙度和孔隙结构分析。如果为裂缝+孔隙双重介质储层，则建议加测微电阻率扫描成像测井。

（3）在流体性质评价方面，阵列感应测井能够提供3种纵向分辨率、5种或6种不同径向探测深度电阻率曲线，阵列侧向能够提供5种不同径向探测深度电阻率曲线。阵列感应测井、阵列侧向测井在薄层识别、原状地层电阻率提供、利用径向电阻率曲线差异识别流体性质等方面具有常规电阻率系列不可替代的优势，建议用其替代双感应测井、双侧向测井。

（4）大部分低孔低渗储层均需要进行措施改造才能够获得工业产能，为提高措施改造的成功率，建议在关键井中加测阵列声波测井，提供岩石力学参数，为措施改造提供基础数据。

2. 黄骅坳陷低孔低渗储层测井采集系列优化

黄骅坳陷中深层低孔低渗储层主要岩石类型包括长石砂岩、岩屑长石砂岩、长石岩屑砂岩、岩屑砂岩和凝灰质岩屑砂岩等。次生孔隙发育，包括粒间溶蚀孔、颗粒内溶蚀孔、颗粒铸膜孔、胶结物内孔、交代物内孔和构造裂缝等6种类型。复杂的孔隙结构使得储层非均质性强，储层连通性差异大，孔渗关系复杂，裂缝大量发育更加剧了储集空间的复杂性。复杂孔隙结构导致储层有效性评价困难。另外，由于低孔低渗储层流体的测井响应贡献小，测井信号区分流体性质的能力低，加上侵入、孔隙结构、泥质、钙质、地层水性以及盐水钻井液等因素对电阻率测井的影响，使得电阻率测井的含油性响应具有很大程度的不确定性。为准确识别有效储层、评价流体性质和预测储层产液能力，测井采集系列优化方案为阵列感应、补偿中子、岩性密度、数字声波、自然伽马、自然电位、井径等测井，重点井和关键井加测自然伽马能谱、核磁共振、阵列声波等测井。

C64X1 井为黄骅坳陷歧口凹陷歧南低斜坡区一口预探井，钻探目的为预探 Es_1^z、Es_1^x、Es_2 含油气情况，目的层系为低孔低渗储层。针对区域储层评价难点和重点，设计测井系列为自然伽马+自然伽马能谱+井径+自然电位+阵列感应+补偿声波+补偿中子+岩性密度+核磁共振测井（图8-62）。从常规三孔隙度曲线上看，储层处密度曲线均在 2.5g/cm³ 以上，声波时差在 210~220μs/m，整体表现为干层特征。但从核磁共振测井标准 T_2 谱上看，55号、56号层底部、59号、61号层均存在明显长 T_2 谱分布，表明存在一定可动流体，该4层长回波间隔 T_2 谱上均有明显长拖曳现象，综合评价为油层、差油层。对该4层试油，压后日产油 10.3t，试油结论为油层。证实了优化测井系列的有效性。

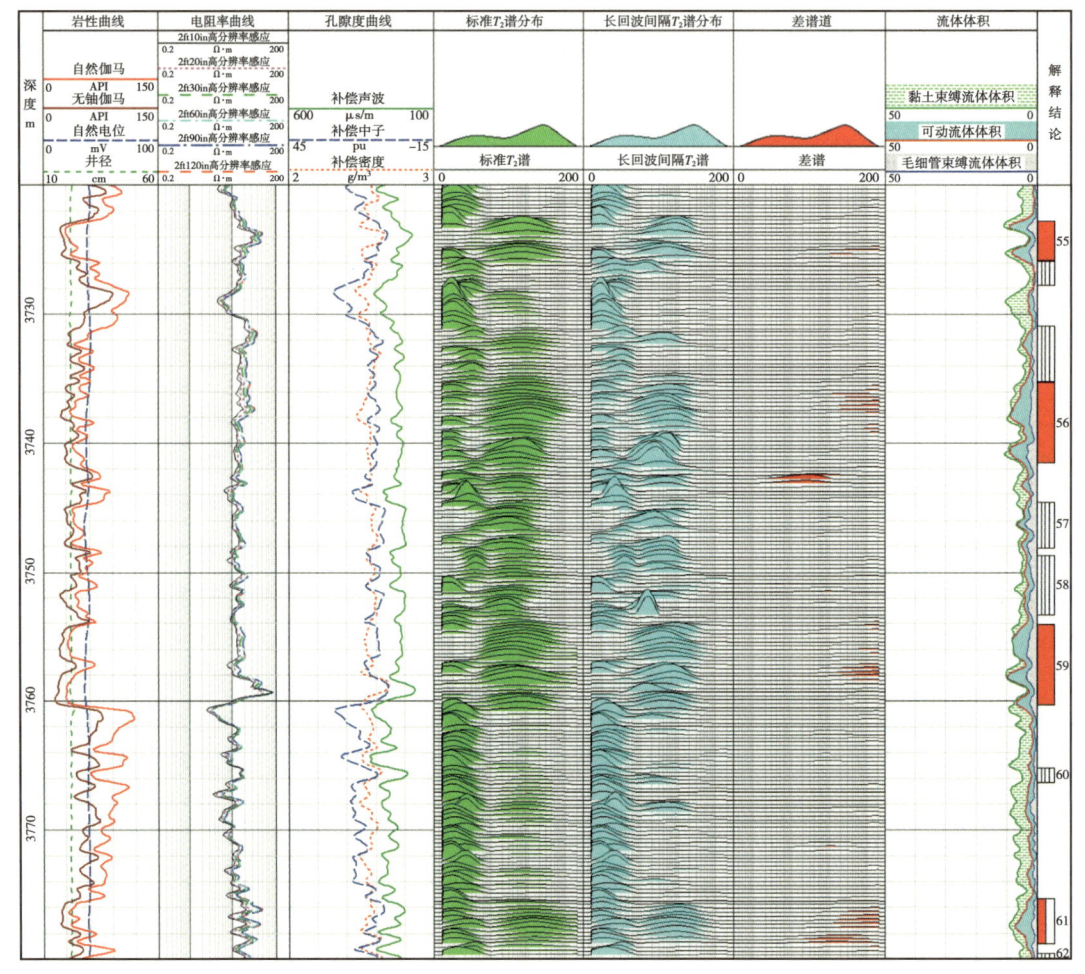

图 8-62　C64X1 井测井系列优化成果图

四、重点规模增储区应用效果

1. 南皮斜坡区

南皮斜坡位于沧东凹陷南缘，勘探面积 400km²，是在中生代逆冲推覆构造背景上，古近纪构造反转持续沉降形成的大型继承性斜坡,具有东西分带特征(图8-63)。孔二段储层以中—低孔、低—特低渗储层为主,微裂缝较发育。受储层、烃源岩双重控制,辫状河三角洲主体发育低孔渗砂岩油藏,前端及古湖盆中心发育致密油,连续分布,具有满坡含油的特点。斜坡东部孔一下发育浅水三角洲沉积,砂体分布稳定。利用低孔低渗储层综合评价技术,完成44口重点探井精细评价,解释符合率达到85.46%,获工业油流井35口,新增石油探明储量$626×10^4t$,控制石油地质储量$5618×10^4t$,石油预测地质储量$5031×10^4t$,合计$11275×10^4t$,实现勘探新突破与规模增储。

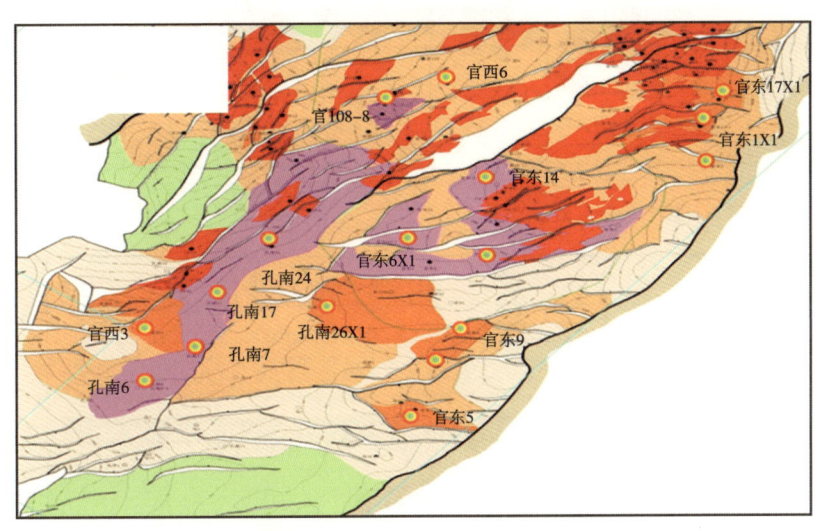

图8-63 南皮斜坡勘探成果图

GX3井为南皮斜坡一口预探井,钻探目的为评价孔二段含油气情况,测井系列优化设计为常规+高分辨率阵列感应+核磁共振测井,利用以孔隙结构表征、含油饱和度定量评价为核心的低孔渗储层综合评价技术对该井Ek_2开展储层综合评价,其综合评价成果如图8-64所示。该井储层物性较差,电性变化差异较大,149号、152号电阻率仅为$10Ω·m$左右,相对于其他层明显偏低,有效储层和流体性质评价难度大。应用以孔隙结构表征、饱和度定量评价为核心的低孔渗储层综合评价技术将148号、149号、152号、155号、157号、158号等层解释为油层。对149号、152号、155号、157号、158号层试油,压后油管畅放,日产油27t,试油结论为油层。证实了解释方法的有效性。

在南皮斜坡区完成44口重点探井精细评价,获工业油流井35口,新增三级储量亿吨级以上,实现勘探新突破与规模增储,应用效果显著。

2. 埕北低断阶

埕北断坡位于歧口凹陷南缘,为基底差异沉降与平行斜坡走向基底断裂共同控制形成的阶状断裂斜坡,由高斜坡、中断阶、低断阶构成。其低断阶储层埋藏较深(图8-65),主要含油气层系沙河街组整体表现为低孔低渗特征,且该区域位于浅海区,使用盐水钻井液钻井,盐水钻井液侵入进一步加剧了油气层评价的复杂性,利用经过盐水钻井液侵入校正的电性综合指数和基于孔隙结构与地层压力相结合的产能评价方法进行该区储层综合评价,完成62口井的精细评价,解释符合率达到86.3%,新增石油探明储量$264×10^4t$,石

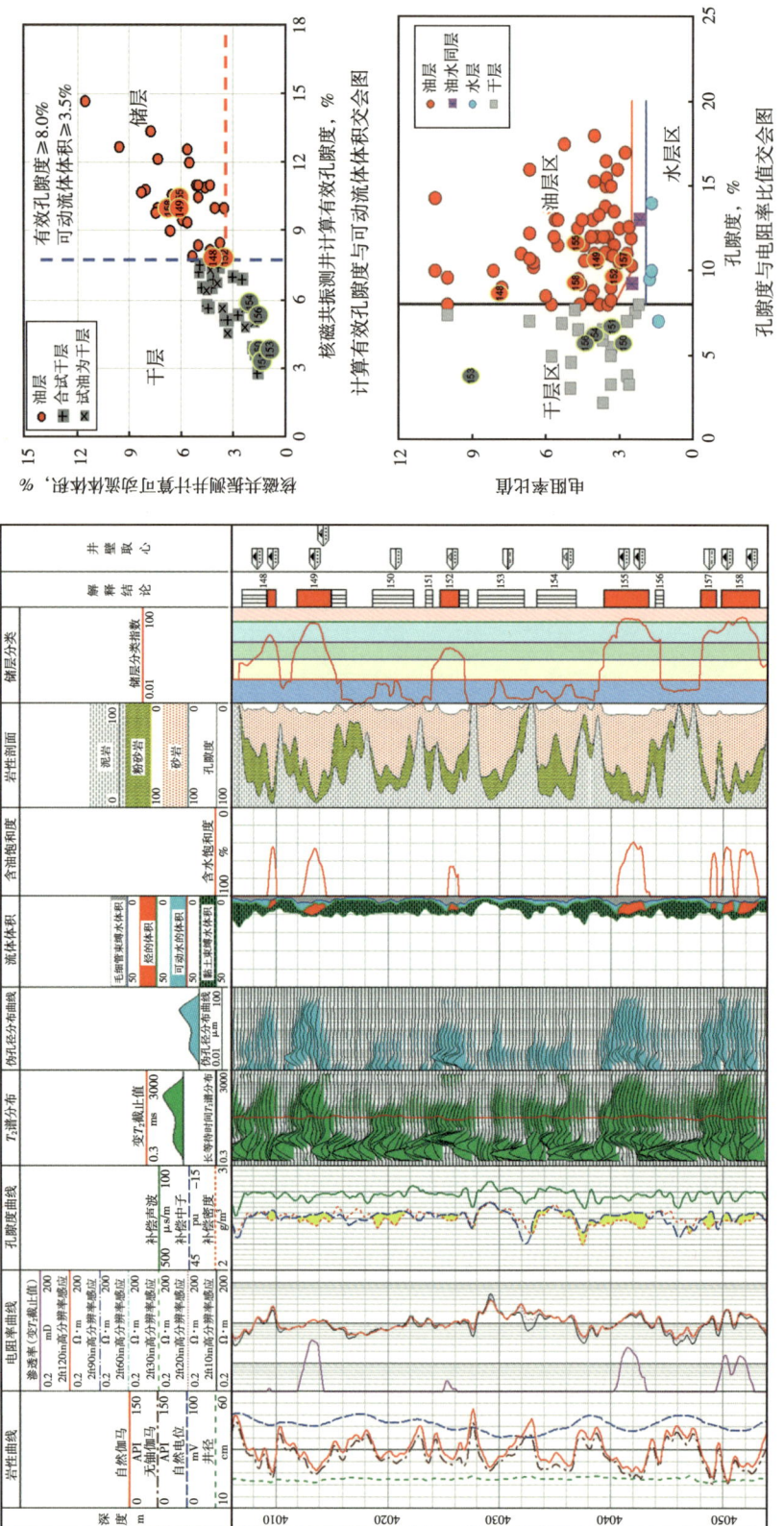

图8-64 GX3井孔二段综合解释成果图

油控制储量 8928×10^{4}t，石油预测储量 1512×10^{4}t，合计 10704×10^{4}t。

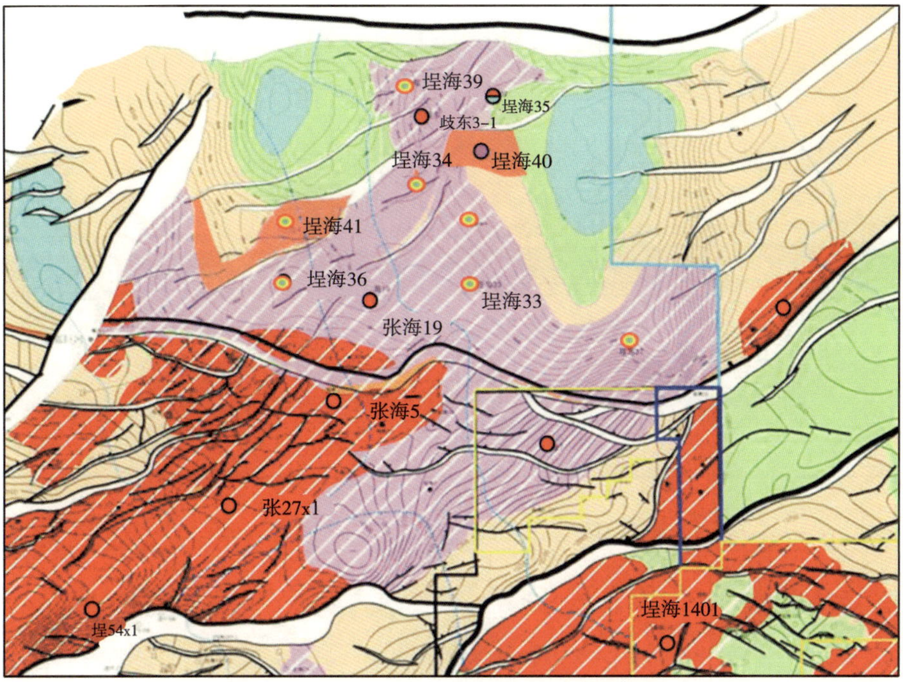

图 8-65　埕北断坡低断阶沙二段勘探成果图

如图 8-66 所示，处理井段为 3780～3835m。CH38 井处理前物性好的井段 3799m 和 3825m 处电阻率下降比较明显，计算的含油饱和度也偏低。经过电阻率校正后，电阻率及含油饱和度明显升高。107 号、111 号和 112 号 3 个层在评价图版中的位置也处在油层区，综合解释这 3 个层为油层。该井 3 层合试，使用 8mm 油嘴放喷，日产油 89.02t、气 22132m^3，证明了该方法进行流体性质识别的有效性。

如图 8-67 所示，该段岩性复杂，为砂泥岩和白云质灰岩互层，有效储层识别困难，134—144 号层虽然气测、岩屑录井都有一定显示，但因全井段在干层、水层均有一定的气测、岩屑录井显示，很难根据气测、录井资料识别有效储层，评价储层含油性。且常规三孔隙度曲线显示岩性致密，干层特征明显，利用常规测井资料精确计算储层孔隙度、识别储层有效性及判断储层流体性质均有很大难度。运用低孔低渗研究成果中基于孔隙结构差异和饱和度定量评价为核心的低孔渗储层综合评价技术，对该段开展储层有效性、流体性质和产能评价，尽管该套储层黏土束缚流体和毛细管束缚流体含量高，但仍有部分可动流体，通过变 m、n 计算含油饱和度明确该段以含油为主，可动水不明显；基于孔隙结构与地层压力产能预测技术，预测该段为异常高压井段，地层压力系数在 1.41～1.54，压后产能在 55t/d 左右，综合评价为油气层，建议对该套砂体精细试油并得到认可。对 134—144 号层试油，压裂后使用 5mm 油嘴放喷，日产油 49.3t、气 1410m^3，压力系数为 1.54；使用 8mm 油嘴放喷，日产油 100.8t、气 3140m^3，喜获高产工业油流。

2008—2014 年，应用低孔渗储层测井综合评价技术在埕北低断阶完成 62 口井的精细评价，解释符合率达到 86.3%，新增三级储量上亿吨。

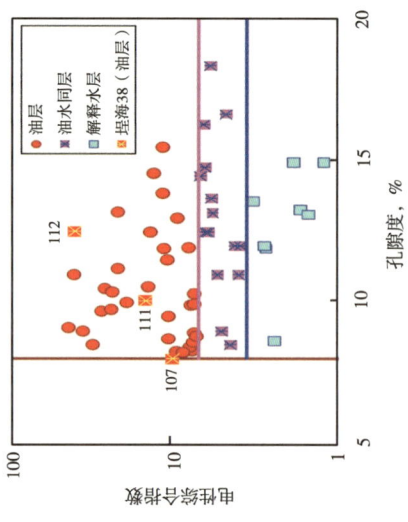

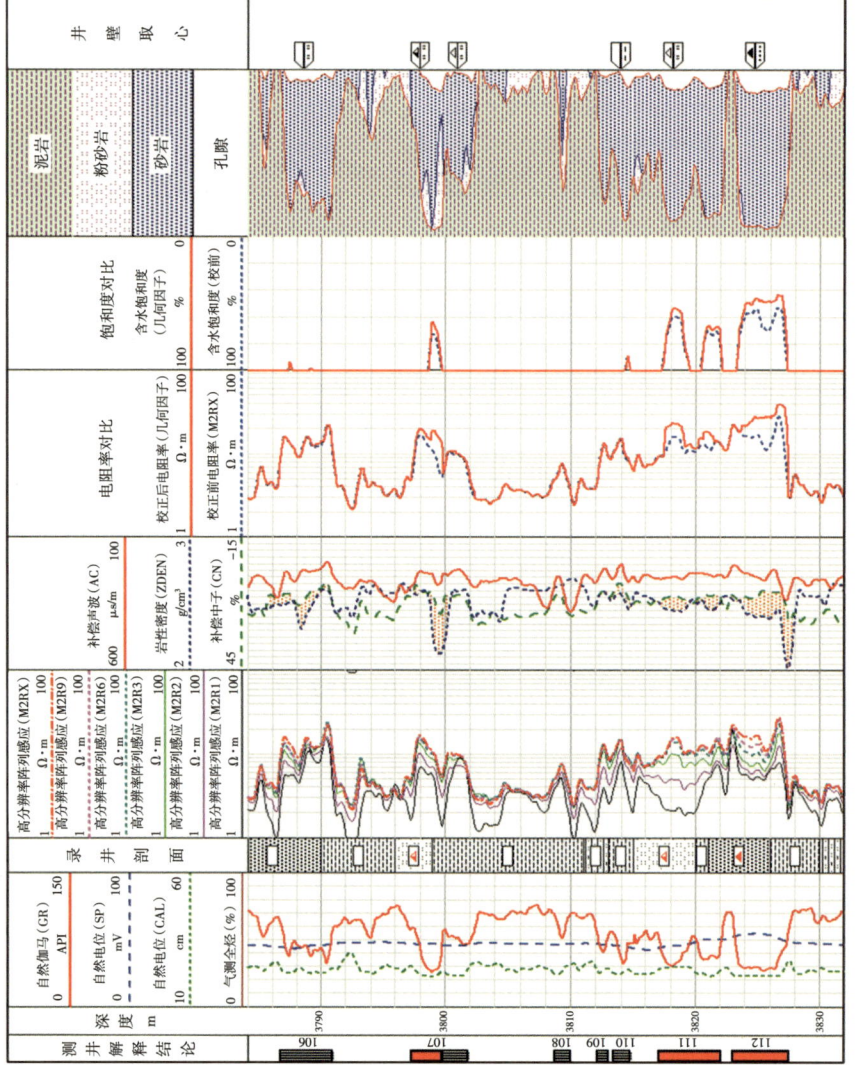

图 8-66 CH38 井 $Es_2^{上}$ 砂组综合解释成果图

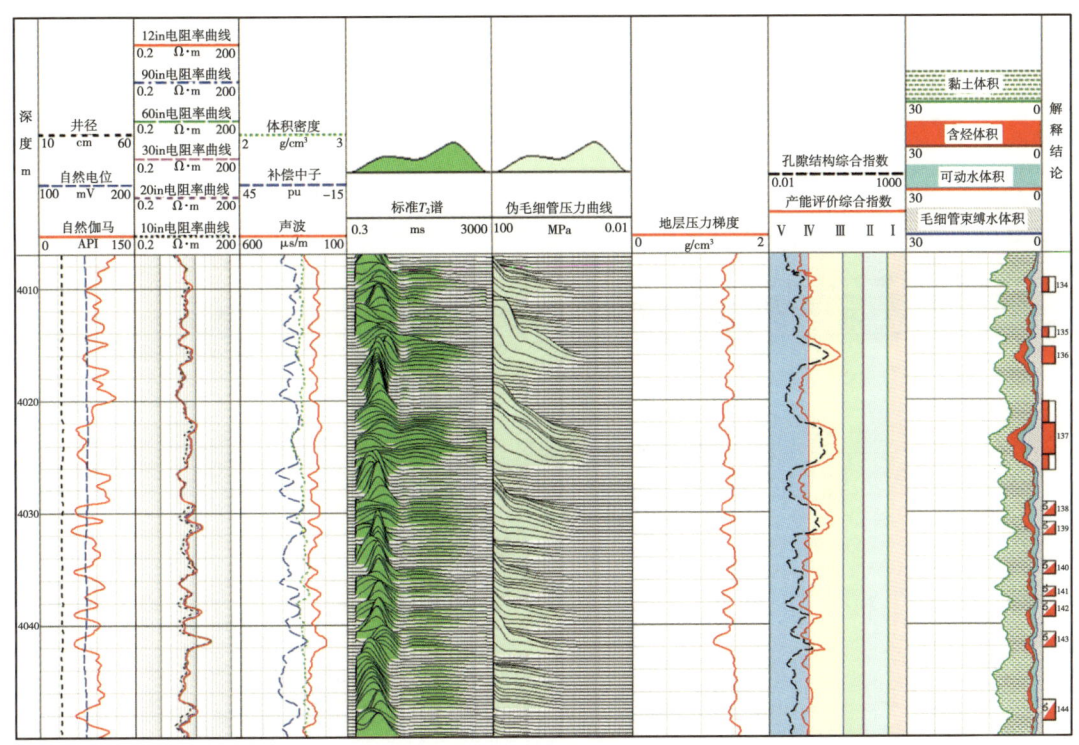

图 8-67　CH38 井 $Es_2^下$ 砂组复杂岩性低孔渗储层综合评价成果图

3. 板桥斜坡

板桥斜坡处于北大港构造带北翼，具有高、中、低三级斜坡结构。高斜坡主要发育地层油气藏，具有源外成藏、远距离运移、超剥带控藏、优势通道相+优势沉积相富集高产的特点；中斜坡主要发育岩性上倾尖灭油气藏，以近源成藏、旁生侧储、岩性圈闭控藏、断层两侧优势相富集高产为特征；低斜坡主要发育构造—岩性油气藏，表现出源内成藏、下生上储、上油下气、立体含油、优势沉积相富集高产的特点。利用低孔渗储层综合评价技术在板桥斜坡区共完成 45 口井精细评价，解释符合率达到 88%，获工业油流井 28 口，新增探明储量 $732×10^4 t$，石油控制储量 $1279×10^4 t$，石油预测储量 $1982×10^4 t$，落实圈闭资源量 $3150×10^4 t$。在该区停滞勘探 15 年后，油气勘探获得重要发现，为该区增储上产做出了重要贡献。

该区首先实施的 BS37 井完钻井深 4300m，目的层为 Es_2 滨Ⅲ、滨Ⅳ油组兼探滨Ⅱ油组及 Es_1，钻探目的是预探板北断鼻 Es_2 岩性圈闭含油气情况。该井 Es 层组主要为扇三角洲前缘沉积，砂体比较发育，含油层系多，油水关系较复杂，目的层物性偏差，为复杂的中—低孔渗储层特征。针对该井流体性质变化较大、储层物性差非均质性强造成的流体性质准确识别难题，利用低孔渗储层综合评价技术进行精细评价，解释含油气层 57.9m/17层（图 8-68）。对滨Ⅰ油组的 92 号、93 号层（3792.2~3802.7m）进行试油，使用 5mm 油嘴放喷求产，日产油 100.2t、气 $18160m^3$，获得高产，成为 2014 年大港油田陆地高效井[井深大于 3500m，试油日产量（油当量）为工业油气流标准 3 倍以上]。对滨Ⅱ油组 145号层（4249.5~4251.8m）试油，压后日产油 10.1t、气 $4120m^3$。

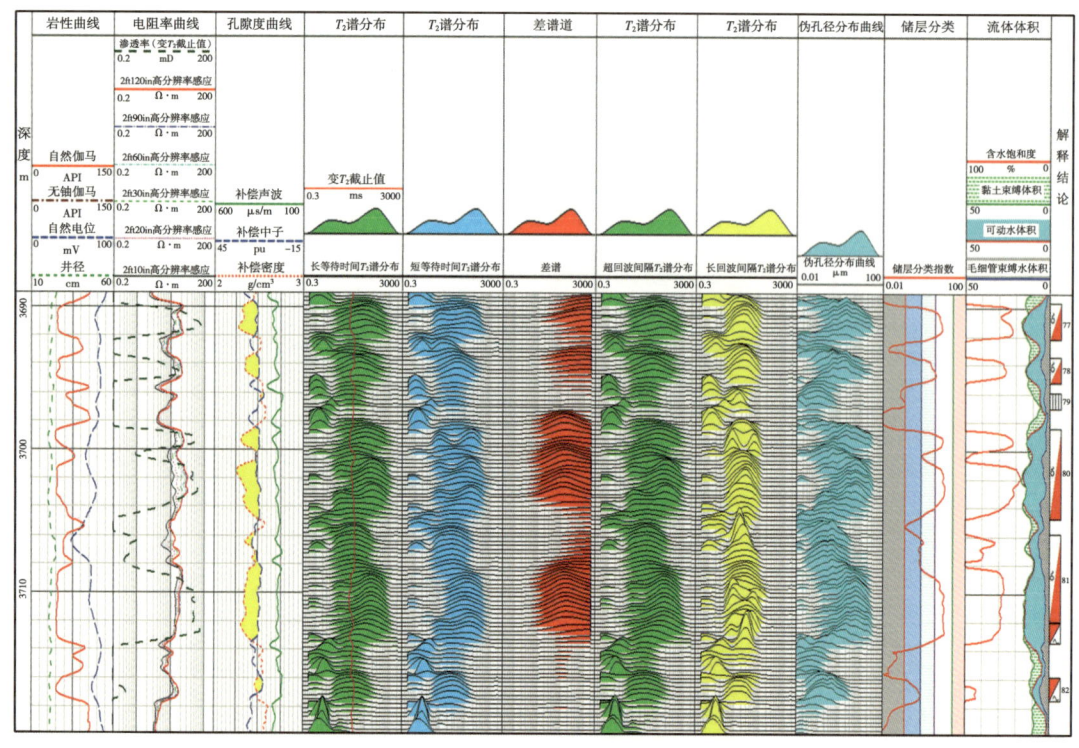

图 8-68　BS37 井综合评价成果图

利用低孔渗储层综合评价技术在板桥斜坡区共完成 45 口井精细评价，解释符合率达到 88%，获工业油流井 28 口，新增探明储量 732×10⁴t，石油控制储量 1279×10⁴t，石油预测储量 1982×10⁴t，落实圈闭资源量 3150×10⁴t。在该区停滞勘探 15 年后，油气勘探获得重要发现，为该区增储上产做出了重要贡献。

第四节　典型低孔低渗油气藏测井评价效果

低孔低渗油气藏是中国石油勘探开发的主要对象之一，是增储上产的重要领域。应用"十一五"和"十二五"期间在低孔低渗储层测井资料采集、岩石物理实验分析、油气层测井识别、储层参数精细评价、产能预测等方面取得的技术成果，在低孔低渗储层发育的中国典型盆地进行了应用，取得了较好的应用效果。除前述评价实例外，在以下几个地区低孔低渗油气藏评价应用中均具有较好的效果。

一、鄂尔多斯盆地华庆地区延长组长 6 段低孔低渗油藏

华庆地区位于延长组长 7 段湖盆生油凹陷中心部位，生油岩厚度大、有机质丰度高，油源供应充足，主要发育三叠系延长组和侏罗系延安组两套含油层系，成藏条件优越，属多油层复合发育区。三叠系延长组以三角洲沉积为主，油藏类型为三角洲岩性油藏，已发现了长 1 段、长 3 段、长 4+5 段、长 6 段和长 8 段油藏。随着油气勘探程度的加深，"低、深、难"的问题更加突出。实验分析结果表明，华庆地区长 6 段、长 8 段储层以细砂、粉

砂级长石岩屑砂岩为主，长 6_3 段孔隙度主要分布在 8%~13%，但渗透率一般低于 0.5mD，主要分布在 0.2~0.5mD；长 8 段平均孔隙度为 8.10%~14.3%，平均渗透率为 0.10~2.30mD，属于典型的低孔特低渗储层。

通过针对华庆地区测井评价工作存在的技术难题分析，经测井技术攻关，从储层地质特征出发，深入分析其岩石物理特征，建立了精细的储层参数精细解释模型和油层分类识别评价图版[2]，并确定了有效厚度下限，实现了测井解释符合率、试油达标率稳步上升，油层漏判率显著下降。统计华庆地区试油井油探井 14 口，评价井 24 口，共试油 73 层，测井解释符合 57 层，测井解释符合率为 78.8%；试油达标率为 58.90%；油层漏判率为 1.37%。

在研究过程中，测井评价紧密与油田勘探、评价相结合，在其他区块推广应用新建立的孔隙度、渗透率、含油饱和度模型，处理探井、评价井 350 余口。二次解释将现场一次解释结论提高共记 20 口井（已试油井）21 个试油层，其中差油层提高为油层 10 口井 10 个层，含油水、水层提高为油层 8 口井 8 个层，均获得工业油流。

二、鄂尔多斯盆地苏里格地区上古生界低孔低渗气藏

鄂尔多斯盆地晚古生代具北高南低、地势平缓的古地貌特点，二叠世早期沉积主要受盆地北部物源控制，各种风化作用形成的大量碎屑物被由北向南的河流搬运至盆地中北部地区形成三角洲平原沉积。苏里格地区位于苏里格河流—三角洲沉积体系，其主力储层段为盒 8 段和山 1 段砂岩。气层发育严格受储层展布及物性控制，在主砂体发育区，气层纵向上相互叠置，平面分布连续稳定，属典型的弹性气驱岩性圈闭气藏。

岩心观察、薄片鉴定表明盒 8 段、山 1 段储层岩性、孔隙类型相似，储层岩性主要包括石英砂岩、岩屑石英砂岩及岩屑砂岩，石英含量平均在 70% 以上，岩屑组分以火成岩岩屑和中浅变质的片岩、千枚岩、板岩及变质砂岩岩屑为主，其岩屑平均含量分布在 15%~35%。

储集砂岩以中—粗粒结构为主，主要粒径区间分布在 0.3~1.0mm。颗粒分选中等—较好，磨圆度主要为次棱角，颗粒间以线接触为主；胶结类型以孔隙式为主，岩心较疏松；孔隙类型主要以次生溶孔和高岭石晶间微孔为主，原生粒间孔隙在孔隙构成中居于次要地位，含少量收缩孔和微裂隙。

盒 8 段砂岩储层物性分析孔隙度一般在 6.0%~14.0%，平均为 8.8%；渗透率在 0.1~2.5mD，平均为 0.83mD。山 1 段储层物性分析孔隙度一般为 5.0%~14.0%，平均为 8.3%；渗透率在 0.1~1.0mD，平均为 0.52mD。

应用测井评价技术攻关成果对苏里格地区低孔低渗气藏从"四性"关系研究、气水层测井综合识别、储层参数精细计算等方面开展应用[3]，实现了测井解释符合率显著提高，统计苏里格西区 109 口井 200 个试气层，解释符合 168 层，解释符合率为 84.0%，比攻关前提高 10% 以上，漏判 2 层，漏判率 1.0%。同时通过二次精细解释，有 14 口井 18 层修正解释结论，获得试气证实，占完试井的 12.8%，其中 9 口井提高解释结论，试气获得工业气流。为苏里格西一区提交基本探明储量 $5803.94 \times 10^8 m^3$ 提供了技术支持。

三、四川盆地广安地区须家河组低孔低渗气藏

广安气田须家河组储层属于典型的低孔低渗储层，储层横向变化大，非均质性强，储

层识别存在较大困难。须家河组在广安气田稳定分布，厚度在 500~650m，根据地层岩性组合、电性特征，须家河组细分为六段，其中须一段、须三段、须五段以黑色页岩、泥岩为主夹薄层泥质粉砂岩、煤层或煤线，是须家河组的主要烃源层和盖层；须二段、须四段、须六段以灰色中粒、中—细粒岩屑长石砂岩、长石岩屑砂岩、岩屑石英砂岩为主，是须家河组含油气层的主要储层段。

广安气田须家河组纵向上须六段、须四段物性较好，须二段相对较差，总体上具有特低孔特低渗—低孔低渗特征。广安气田须六段 9 口取心井砂岩孔隙度最大为 15.55%，平均为 5.05%，主要分布在 2%~11%，其中孔隙度大于 6.0% 的占 33% 左右，平均为 8.05%；渗透率最大为 33.3mD，平均为 0.185mD，主要分布在 0.001~1.0mD，其中孔隙度大于 6% 以上储渗段平均渗透率为 0.307mD。广安气田须四段 12 口取心井砂岩孔隙度最大为 18%，平均为 6.3%，主要分布在 2%~12%，其中孔隙度大于 6.0% 的占 40% 左右，平均为 8.86%；渗透率最大 14.5mD，平均为 0.387mD，主要分布在 0.001~1.0mD，其中孔隙度大于 6.0% 以上储渗段平均渗透率为 0.452mD。

据岩心观察、薄片镜下鉴定、铸体薄片、扫描电镜等分析，广安气田须家河组储层孔隙类型主要为残余原生粒间孔、粒间溶孔、长石粒内溶孔，见胶结物溶孔、杂基孔、铸模孔和微裂缝等。储层的喉道类型主要以管状形喉道和粒间隙为主，另外还见有孔隙缩小型和缩颈型喉道。须六段储层的储集类型为孔隙型、须四段为裂缝—孔隙型。

在分析低孔低渗储层特征的基础上，充分结合地质岩心分析与测试资料，开展低孔低渗储层测井响应岩石物理基础研究，建立了一套适合广安地区须家河组低孔低渗储层测井评价方法和技术，为广安 2 井区块须六段气藏、广安 106 井区块须四段气藏描述及探明储量计算提供了可靠的储量参数。广安气田须六段气藏完钻探井 24 口 24 层测试，测井解释符合 20 层，解释符合率为 83.3%。广安须四段气藏完钻探井 26 口 26 层测试，测井解释符合 22 层，解释符合率为 84.6%。测井解释符合率较攻关前的 70% 有大幅度提高。通过与地质应用的紧密结合，有效发挥了测井精细解释评价的作用，解决了勘探生产中的一些实际问题。

参 考 文 献

[1] 石玉江，李长喜，李高仁，等. 特低渗透油藏源储配置与富集区优选测井评价方法 [J]. 岩性油气藏，2012，24 (4)：45-50.

[2] 李高仁，石玉江，周金昱，等. 华庆油田长 6 超低渗透油层测井定量评价方法研究 [J]. 低渗透油气田，2011 (1)：25-31.

[3] 时卓，石玉江，张海涛，等. 低渗透致密砂岩储层测井产能预测方法 [J]. 测井技术，2012，36 (6)：641-646.